iCourse·教材

工程力学

（第3版）

○ 王元勋　陈传尧　编

中国教育出版传媒集团

高等教育出版社·北京

内容提要

本书为第 3 版,第 1 版是普通高等教育"十一五"国家级规划教材。在前两版的基础上,第 3 版完善了名师课堂授课视频、工程案例等数字化资源。本书主要阐述刚体静力学、变形体静力学和流体静力学的基本概念、基本理论、基本方法及其应用,突出力的平衡、变形的几何协调、力与变形间的物理关系这一研究主线,力求概念准确,叙述简明,主干清晰,启发思维,使学生能对工程力学建立清晰的整体认识。

本书共 12 章。第 1~3 章为绪论,刚体静力学基本概念与理论,静力平衡问题,属刚体静力学。第 4~6 章为变形体静力学基础,杆的轴向拉伸和压缩,变形体静力学分析,结合杆的拉压强度和连接件设计阐述变形体静力学的基本概念与研究方法。第 7~9 章为圆轴的扭转,梁的平面弯曲,强度理论与组合变形,利用变形体静力学基本方法研究各种变形体力学问题。第 10 章为流体力、容器,用静力学方法研究静止流体作用在壁面上的力及容器的强度。第 11 章为压杆的稳定,分析压杆在满足强度条件下的屈曲问题。第 12 章为疲劳与断裂,深入浅出地介绍疲劳与断裂失效的基本概念、基本规律及现代设计控制方法,适应时代发展。

本书可作为高等学校工科非机类各专业工程力学课程(40~72 学时)教材,也可供高职高专及成人教育院校师生选用或参考。

图书在版编目(CIP)数据

工程力学 / 王元勋,陈传尧编. --3 版. --北京:
高等教育出版社,2024.4
ISBN 978-7-04-061598-2

Ⅰ.①工… Ⅱ.①王… ②陈… Ⅲ.①工程力学-高
等学校-教材 Ⅳ.①TB12

中国国家版本馆 CIP 数据核字(2024)第 024372 号

GONGCHENG LIXUE

策划编辑	安 莉	责任编辑 安 莉	封面设计 张申申	装一丹	版式设计	童 丹
责任绘图	邓 超	责任校对 马鑫蕊	责任印制 沈心怡			

出版发行	高等教育出版社		网 址	http://www.hep.edu.cn
社 址	北京市西城区德外大街 4 号			http://www.hep.com.cn
邮政编码	100120		网上订购	http://www.hepmall.com.cn
印 刷	人卫印务(北京)有限公司			http://www.hepmall.com
开 本	787mm×1092mm 1/16			http://www.hepmall.cn
印 张	20.75		版 次	2006 年 7 月第 1 版
字 数	450 千字			2024 年 4 月第 3 版
购书热线	010-58581118		印 次	2024 年 4 月第 1 次印刷
咨询电话	400-810-0598		定 价	49.00 元

本书如有缺页、倒页、脱页等质量问题,请到所购图书销售部门联系调换
版权所有 侵权必究
物 料 号 61598-00

工程力学

（第3版）

1 计算机访问 https://abooks.hep.com.cn/61598，或手机扫描下方二维码，访问新形态教材网小程序。

2 注册并登录，进入"个人中心"，点击"绑定防伪码"。

3 输入教材封底的防伪码（20位密码，刮开涂层可见），或通过新形态教材网小程序扫描封底防伪码，完成课程绑定。

4 在"个人中心"→"我的图书"中选择本书，开始学习。

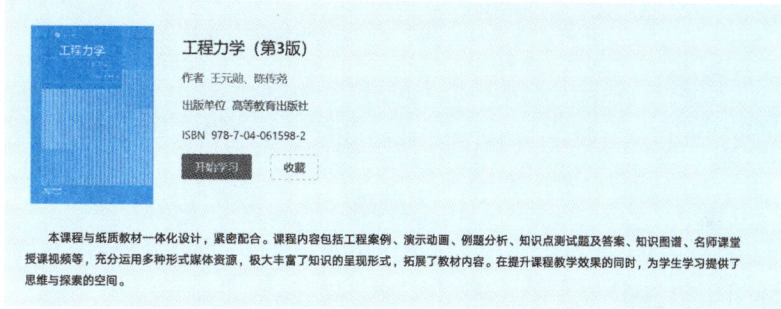

工程力学（第3版）

作者 王元勋、陈传尧

出版单位 高等教育出版社

ISBN 978-7-04-061598-2

开始学习　收藏

本课程与纸质教材一体化设计，紧密配合。课程内容包括工程案例、演示动画、例题分析、知识点测试题及答案、知识图谱、名师课堂授课视频等，充分运用多种形式媒体资源，极大丰富了知识的呈现形式，拓展了教材内容。在提升课程教学效果的同时，为学生学习提供了思维与探索的空间。

　　绑定成功后，课程使用有效期为一年。受硬件限制，部分内容无法在手机端显示，请按提示通过计算机访问学习。

　　如有使用问题，请发邮件至 abook@hep.com.cn。

扫描二维码
访问新形态教材网小程序

第 3 版前言

本书自 2006 年出版和 2018 年修订以来,受到广大教师和学生的欢迎,本次修订在征求兄弟高校教师和读者意见的基础上,力求强调基本概念的养成和研究思维的培养,以力的平衡、变形的几何协调(相容)、力与变形间的物理关系为主线,着重引导学生对工程构件受力的理解和认识。本次修订在内容和数字化资源方面进行了调整优化,具有以下主要特点:

1. 从工程构件外力(受力图)、内力(内力图)、应力(危险点应力状态)分析入手,使学生深刻理解工程构件力的分析概念和方法,深刻体会工程力学分析工程结构的清晰思路;

2. 增加章节知识图谱,修改扩充了原有工程案例等数字资源,增加了虚拟仿真实验和课程思政资源,便于学生清晰理解工程力学基本概念,了解工程力学知识在工程中的应用,培养学生正确价值理念和精神追求;

3. 对部分章节内容、例题、习题进行了调整,力求概念准确、叙述简明、主干清晰、启发思维,突出基本概念、基本原理、基本方法及其应用,增加了各章知识点测试题。

本书是爱课程网上工程力学国家级一流课程配套教材,具体可搜索相关网站查看。

名师课堂授课视频可登录新形态教材网查看,配套虚拟仿真实验可进入华中科技大学力学实验教学中心主页查看。

本书注重培养学生利用工程力学知识解决工程实际问题和研究型思维能力,可作为高等学校工科各专业工程力学课程教材,也可作为高职高专、成人教育相应专业的课程教材,亦可供有关工程技术人员学习参考。

本书修订过程中,华中科技大学工程力学课程组进行了多次交流讨论,魏俊红博士、罗俊教授、胡元太教授、胡洪平教授、熊启林教授、安群力博士等对本书的修订提出许多具体的宝贵意见。国家级教学名师西南交通大学龚晖教授对本书进行了审阅,提出了非常宝贵的修改意见,在此表示衷心的感谢。衷心感谢为本书的编写、试用、出版提供支持和帮助的所有同志们。

由于水平所限,书中疏漏与不足之处在所难免,敬请读者批评指正。

王元勋　陈传尧

2022 年 12 月于华中科技大学

第 2 版前言

本书自 2006 年出版以来,受到广大教师和学生的欢迎,本次修订听取了兄弟院校教师和读者的意见,从培养学生在工程中认识、提出力学问题并利用力学知识研究、解决问题的素质和能力出发,力求概念准确,叙述简明,主干清晰,启发思维,突出基本概念、基本原理、基本方法及其应用。本次修订,增加了大量紧扣工程力学教材内容的数字化资源,具有以下主要特点:

1. 资源内容丰富,便于学生理解基本概念和扩展学习,资源以二维码链接的形式在书中出现,便于学生及时扫描查阅;

2. 增加了工程案例资源,便于学生理解工程力学概念,了解工程力学知识在工程中的应用;

3. 增加了工程结构视频,便于学生体会理解工程问题力学模型的简化;

4. 增加了国家名师课堂视频,使更广泛的学生接触名师授课的风采。

本书注重学生思维能力的培养,经过多年的使用,取得较好的效果。本书是爱课程网上工程力学国家精品资源共享课和工程力学中国大学 MOOC 课程配套教材。具体可搜索相关网站查看。

本书可作为高等学校工科非机类各专业工程力学(40~72 学时)课程教材,也可作为高职高专、成人教育相应专业的自学和函授教材,还可供有关工程技术人员参考。

本书修订过程中,华中科技大学工程力学教研室进行了多次交流讨论,教研室罗俊教授、杨新华教授、胡元太教授、胡洪平副教授、安群力讲师、魏俊红讲师、熊启林讲师等对本书的修订提出了许多具体的宝贵意见,一并致谢。武汉理工大学李卓球教授对本书进行了审阅,提出了非常宝贵的修改意见,在此表示衷心的感谢。

特别感谢为本书的编写、试用、出版提供支持和帮助的所有同志们。

由于水平所限,书中疏漏与不足之处难免,敬请读者批评指正。

陈传尧 王元勋

2017 年 12 月于华中科技大学

第 1 版前言

以适应 21 世纪的社会发展和科技进步为目标,从培养学生在工程中认识、提出力学问题,并利用力学知识研究、解决问题的素质和能力出发,本教材的编写,主要希望能够做到以下几点:

(1)力求概念准确,叙述简明,主干清晰,启发思维。

(2)突出基本概念、基本原理、基本方法及其应用。以固体力学的基本研究方法——力的平衡、变形的几何协调(相容)、力与变形间的物理关系的研究,为分析研究工程力学问题的主线,贯穿全书。

(3)注重归纳思维方法。在讨论不同问题的个性(特点)的时候,突出共性的归纳。如不同基本变形应力分析方法的共性;静定问题与静不定问题的共性;不同材料物理模型下变形体力学分析的共性等。培养综合与扩散、求同与辨异等归纳思维方法。

(4)加强物理意义、几何意义的讨论与研究。在利用力学知识研究、解决问题的基础上,探讨问题、模型、假设、结论的物理意义、几何意义及其正确性条件等,有利于深化认识,培养研究性思维。

(5)用刚体静力学方法研究工程流体静力学问题。

(6)深入浅出地介绍疲劳与断裂失效的基本概念、基本规律及现代设计控制方法,贴近时代,扩大视野。

本书的编写,为教师留有较大的选择、扩充和深入空间,以适应不同的需求。考虑到学习本课程的学生再无后续力学课程,本书第 12 章对疲劳、断裂和疲劳裂纹扩展做了简洁而较系统的介绍,以便对疲劳与断裂失效及其控制方法有必要的了解,适应时代发展。

若安排 6~12 学时的相关实验,则建议课程为 64~72 学时。如果不讲第 7、11 和 12 章,减少实验学时,也可满足一些专业进行 48 学时力学通识教育的需求。

北京航空航天大学单辉祖教授审阅了本书,提出了许多精辟而中肯的意见,笔者在此表示由衷的感谢。由于水平所限,书中疏漏与不足之处难免,敬请读者批评指正。

衷心感谢为这本教材的编写、试用、出版提供支持和方便的所有同志们。

陈传尧

2005 年 12 月于华中科技大学

目　　录

第一章 绪 论

§1.1 什么是工程力学

力学是研究物质机械运动规律的科学。世界充满着物质,有形的固体、无形的空气,都是力学的研究对象。力学所阐述的物质机械运动的规律,与数学、物理等学科一样,是自然科学中的普遍规律。因此,力学是**基础科学**。同时,力学直接面向工程实际,力学研究所揭示的物质机械运动规律,在许多工程技术领域中可以直接获得应用,服务于工程实际。所以,力学又是**技术科学**。力学是工程技术学科的重要理论基础之一。工程技术在发展过程中不断提出新的力学问题,力学的发展又不断应用于工程实际并推动其进步,二者有着十分密切的联系。从这个意义上说,力学是沟通自然科学基础理论与工程技术实践的桥梁。

力学是研究力和(机械)运动的科学。从基于实验观察的规律和结果出发,建立假设和模型,由数学逻辑推演可对自然界物质运动的现象做出相当详尽的描述和预测。

力学是最古老的物理科学之一,可以回溯到阿基米德时代。力学探讨的问题十分广泛,研究的内容和应用的范围不断扩展,引起了几乎所有伟大科学家的兴趣。如伽利略、牛顿、达朗贝尔、拉格朗日、拉普拉斯、欧拉、爱因斯坦等。

工程力学(或**应用力学**,engineering mechanics)**是将力学原理应用于有实际意义的工程系统的科学**。其目的是:**了解工程系统的性态并为其设计提供合理的规则**。机械、机构、结构等如何受力,如何运动,如何变形,如何破坏,都是工程师们需要了解的工程系统的性态;只有认识了这些性态,才能够制定合理的设计规则、规范、手册,使机械、机构、结构等按设计要求实现运动、承受载荷,控制它们不发生影响使用功能的变形,更不能发生破坏。

工程系统在静力作用下的破坏指其所有实际结构或构件在静载荷作用下发生断裂、变形过大,或者塑性变形,或者不稳定而影响其正常使用。工程中分别称为结构或构件的强度、刚度、稳定性问题。

强度(intensity)是指工程材料或结构在受力时抵抗断裂和过度变形的力学性能。结构或构件足以承担预定的载荷而不发生断裂或过度变形,则称其具有足够的强度。一方面,不允许破坏的结构和构件,因为强度不足而发生破坏,是不能被允许的。另一方面,在某些情况下,如剪板机剪板、冲床冲孔、压力锅上的安全堵等,需要破坏的构件因为强度过大而不破坏,也是失败的设计。因此,所有的构件都有必要的强度要求。

刚度(stiffness)则是材料或结构在受力时抵抗弹性变形的能力,是材料或结构弹性变形难易程度的表征。结构或构件在设计载荷的作用下所发生的变形小,能保证结构或构

1.1 历史上著名力学科学家

1.2 工程中力学破坏案例

件完成其预定的功能,则称其具有足够的刚度。因为固体的弹性变形较小,刚度一般是足够的。但对于一些设计精度较高的、有特殊要求的结构或构件,如传动轴、大跨梁等,也必须考核其是否满足刚度要求,把变形限制在保证正常工作所允许的范围内。

稳定性(stability)是指构件在满足静强度条件下存在平衡稳定与不稳定的问题。构件的平衡受到外界干扰后,将会偏离平衡状态。若在外界的微小干扰消除后,构件能恢复原来的平衡状态,则称该平衡是稳定的;若在外界的微小干扰消除后构件不能恢复原来的平衡状态,则称该平衡是不稳定的。

§1.2　力学发展简史

力学发展史,就是人类从自然现象和生产活动中认识和应用物体机械运动规律的历史。"力"是人类对自然的省悟。人类历史有多久,力学的历史就有多久。

我国春秋时期,墨翟及其弟子的著作《墨经》中,就有关于力的概念、杠杆平衡、重心、浮力、强度和刚度的叙述。古希腊哲学家亚里士多德(Aristotle,前384—前322)的著作也有关于杠杆和运动的见解。为静力学(statics)奠定基础的是著名的古希腊科学家阿基米德(Archimedes,前287—前212)。

1.3　我国古代关于力学的理论

1687年,牛顿的著作《自然哲学的数学原理》出版,给出了运动三定律。牛顿运动定律的建立,是力学发展过程中的重要里程碑。

牛顿之后力学研究的历史大致可分为四个时期:

(1)17世纪初—18世纪末,经典力学(研究宏观物体的运动规律)的建立和完善

这一时期,力学在自然科学领域占据中心地位。最伟大的科学家几乎都集中在这一学科,如伽利略、惠更斯、牛顿、胡克、莱布尼茨、伯努利、拉格朗日、欧拉、达朗贝尔等。由于这些杰出科学家的努力,借助于当时已取得的数学进展,力学取得了十分辉煌的成就,在整个知识领域中起着支配作用。到18世纪末,经典力学的基础(静力学、运动学和动力学)已经建立并得到极大的完善。同时,还开始了材料力学、流体力学及固体和流体的物性研究。

(2)19世纪,力学各主要分支的建立

19世纪,欧洲各主要国家相继完成了工业革命,大机器工业生产对力学提出了更高的要求。为适应当时土木建筑、机械制造和交通运输的发展,材料力学、结构力学和流体力学得到了发展和完善。建筑、机械中出现的大量强度和刚度问题,由材料力学或结构力学计算;同时,作为探索普遍规律而进行的基础研究,弹性力学也取得了很大的进展。

1.4　我国早期力学开拓科学家

(3)1900—1960年,近代力学

这半个多世纪,力学的主要推动力来自以航空为代表的近代工程技术。1903年莱特兄弟(美国)飞行成功,飞机很快成为重要的战争和交通工具。1957年,人造地球卫星发射成功,标志着航天事业的开端。力学解决了各种飞行器的空气动力学性能问题、推进器动力学问题、飞行稳定性和操纵性问题及结构和材料的强度等问题。超声速飞行、航天器返回地面等关键问题,都是基于力学研究才得以解决的。由此,人们清楚地看到了力学研究对于工程技术的先导和促进作用。力学还解决了核爆炸中对猛烈炸药爆轰的

精密控制、强爆炸波的传播、反应堆的热应力等重要问题。

这一时期,由古老的材料力学、19 世纪发展起来的弹性力学和结构力学、20 世纪前期建立理论体系的塑性力学和黏弹性力学融合而成的固体力学发展迅速,建立和开辟了弹性动力学、塑性动力学等新的领域。空气动力学则是流体力学在航空、航天事业推动下发展起来的。在固体力学、流体力学形成力学分支的同时,以质点、质点系、刚体、多刚体系统等具有有限自由度的离散系统为研究对象的一般力学,也在技术进步的促进下继续发展。

（4）1960 年以后,现代力学

20 世纪 60 年代以来,力学同计算技术和其他自然科学学科广泛结合,进入了现代力学的新时代。随着计算机技术的飞跃发展和广泛应用,由于基础科学和技术科学各学科间的相互渗透和融合,以及宏、微观相结合的研究途径的开拓,力学出现了崭新的面貌。满足工程技术要求的能力也得到了极大的增强。

自 1946 年计算机问世以后,计算速度、存储容量和运算能力迅速提高。过去力学中大量复杂、困难而使人不敢问津的问题,因此而有了解决的希望。20 世纪 60 年代兴起的有限元法,发源于结构力学。一个复杂的连续体结构经离散化处理为有限单元的组合后,计算机可以对这种复杂的结构系统迅速计算出结果。有限元法一出现,就显示出无比的优越性,被广泛地应用于力学各领域甚至向传热学、电磁学等领域渗透。计算机的迅速发展,使力学除理论与实验这两种传统研究手段外,增加了第三种手段,即计算力学。不仅如此,理论与实验的某些部分也离不开计算模拟。钱学森先生曾经在中国力学学会讲过:"必须把计算机和力学工作结合起来,不然就不是现代力学,就不是现代化。"

力学与基础和技术学科间相互渗透,产生了许多新的力学生长点。例如,由冯元桢等创建的生物力学就是一个学科渗透的例证。生物力学在考虑生物形态和组织的基础上,测定生物材料的力学性能,确定其物理关系,再结合力学基本原理研究解决问题,在定量生理学、心血管系统临床问题和生物医学工程方面取得了不少成就,使人们认识到:"没有生物力学,就不能很好地了解生理学。"

材料中往往存在着大量裂隙、损伤,位错理论和断裂力学分别从微观和宏观的角度突出了缺陷材料行为的特性,两者之间的密切联系也是人们探求的问题。20 世纪 60 年代以来,断裂力学的迅速发展,改变了工程界对强度或安全设计和材料性能评价的传统观点,促进了设计技术的进步。

力学不仅有着悠久而辉煌的历史,而且随着工程技术的进步,近几十年来力学也在同样迅速地发展。力学研究的对象、涉及的领域、研究的手段都发生着深刻的变化,力学用来解决工程实际问题的能力得到极大的提高。

例如,由传统的金属材料、土木石材等力学行为的研究,扩大到新型复合材料、高分子材料、结构陶瓷、功能材料等力学行为的研究;由传统的连续体宏观力学行为的研究,发展到含缺陷体力学,细、微观(甚至纳观)力学行为的研究;由传统的电、光测实验技术研究,发展到全息、云纹、散斑、超声、光纤测量等力学实验技术;由传统的静强度、刚度设计,发展到断裂控制设计、抗疲劳设计、损伤容限设计、结构优化设计、动力响应计算、监测与控制、计算机数值仿真、耐久性设计和可靠性设计等。

机械、结构的小型、轻量化设计和电子工业产品的小型、超大规模集成化趋势,使力学应用的领域从传统的机械、土木、航空航天等扩大到包括控制、微电子和生物医学工程等几乎所有工程技术领域。计算机技术和计算力学的发展,给力学(尤其是应用力学)带来了更加蓬勃的生机,力学与工程结合、为工程服务的能力得到了极大的增强。计算机不仅成为辅助工程设计的有力工具,同时也是力学分析、数值计算、动态过程仿真的有力工具。力学在工程中应用的目的,除传统的保证结构与构件的安全和功能外,已经或正在向设计—制造—使用—维护的综合性分析与控制,功能—安全—经济的综合性评价,以及自感知、自激励、自适应(甚至自诊断、自修复)的智能结构设计与分析的方向延伸。

在力学学科发展的同时,还有一个十分重要的成果,那就是形成了一种"善于从错综复杂的自然现象、科学实验结果和工程技术实践中抓住事物的本质,提炼成力学模型,采用合理的数学工具,分析掌握自然现象的规律,进而提出解决工程技术问题的方案,最后与观察或实验结果反复校核直到接近为止的科学研究方法"。培养这种科学思维和研究方法,其重要性绝不亚于获取力学知识本身。

1.5　探究性学习与研究性思维

§1.3　力学与工程

1.6　力学与"两弹一星"

力学与工程是紧密相连的。工程技术的发展,不断提出新的力学问题;力学研究的发展又不断应用于工程实际并推动其进步。这里仅以力学与航空工程为例,做一简单的回顾。

人们向往能在天空自由自在地飞行。但直到 18 世纪初,除了有一些利用风筝或模拟翅膀,借助于风力的尝试外,人类自己还没有真正飞起来过。

起先开始的飞行是气球飞行。1783 年 6 月,法国的蒙高兄弟(M. Joseph 和 M. Etienne)公开表演了布袋式热气球飞行。9 月,他们又表演了载有生物(羊、鸡、鸭各一)的气球飞行。12 月,罗赛亚和阿兰迪乘蒙高兄弟的热气球飞到近千米的高空。后来,又开始了氢气球载人飞行,升空高度也不断增加,直到万米高空。但高空似乎并不欢迎这些陌生的游客,严寒和缺氧夺去了一些勇敢者的生命。1875 年的一次飞行中,三人乘气球升到一万米高空,回来的幸存者仅有梯萨德(G. Tissandier)一人。

19 世纪后,蒸汽机、电动机、内燃机等动力装置得到应用。出现了用动力装置作为辅助动力,靠充填氢、氦、热空气等产生升力的飞艇。为了能将沉重的机器带上空中,飞艇不得不做成很大的体积。但人们可以向周围任意方向飞行,比气球前进了一步。无论气球还是飞艇,升力都是由比空气轻的气体获得的,是空气静力飞行。

19 世纪末,经典流体力学基础已经形成。到 20 世纪,研究飞行器或其他物体在同空气作相对运动情况下的受力特性、气体流动规律的空气动力学从流体力学中发展出来,形成了一个新的学科分支。

航空要解决的主要问题是如何获得飞行器所需要的举力(升力),减小飞行器的阻力并提高飞行速度。这就需要从理论和实践两方面研究飞行器与空气相对运动时作用力的产生及其规律。1894 年到 1910 年,兰彻斯特(F. W. Lanchester,英国)、库塔(M. W. Kutta,德国)、茹科夫斯基(Н. Е. Щуковский,俄国)和普朗特(L. Prandte,德国)等,在无限翼展机翼举力理论、边界层理论、有限翼展机翼的举力线理论等方面的研究取得了重大进展,人类由此进入了利用空气动力飞行的时代。1946 年,琼斯(R. T. Jones,美国)提出了小展弦比机翼理论,可足够精确地求出机翼上的压力分布和表面摩擦阻力。

1903 年,莱特兄弟用他们自己制作的木制机身、双层帆布机翼螺旋桨飞机进行了第一次飞行。不久,美、俄等国研制的飞机(主要是军用飞机)即达上千架。第一次世界大战后,开始出现单翼机。这个时期制造飞机的主要材料还是木材和帆布,飞行的速度、高度、距离都还有限。

1939 年,随着燃气轮机的应用,第一架喷气式飞机诞生了。到 1949 年,英国研制成功第一架喷气式客机"彗星(Comet)号",可载客 80 名,最大起飞质量达 70 t,飞行的速度和距离得到了很大的提高。

飞行速度接近声速时,飞机的气动性能发生急剧变化,阻力突增,举力骤降,飞机的操纵性和稳定性也极度恶化,这就是声障。大推力发动机的出现使飞机冲过了声障,但并没有很好地解决复杂的跨声速流动问题。直到 1946 年,阿克莱特、李普曼、中国学者钱学森和郭永怀分析了流场中出现的边界层和冲击波的相互作用,才成功地解决了跨声速飞行中的空气动力学问题。相关力学理论的建立和工程中后掠式机翼的采用,使跨声速飞行成为现实。力学对突破航空中的声障起了关键作用。在不断提高飞机速度的驱动下,高超声速(马赫数①大于 5)空气动力学研究也已经进行并且正在继续发展中。20 世纪 50 年代以后,洲际导弹、航天技术、核爆炸技术等又不断地提出了许多新的力学问题,促进着力学的发展。

飞机能够在空中自由自在地飞行,除了必须提供足够的升力外,还必须保证结构的安全。1952 年,第一架喷气式客机"彗星号"在试飞 300 多小时后投入使用。1954 年1 月一次飞机检修后的第四天,飞行中突然发生空中爆炸,坠落在地中海。从海中打捞起残骸并进行了仔细的研究后表明,事故是由压力舱的疲劳破坏引起的,疲劳裂纹起源于机身开口拐角处。人们从事故中汲取经验教训,进一步推动了疲劳研究。20 世纪 60 年代末,美国空军 F-111 飞机连续多次发生灾难性事故,研究认为是由含裂纹构件的脆性断裂引起的,断裂力学方法也从此引入飞机设计中。以疲劳和断裂理论为基础,形成了破损安全设计、损伤容限设计、耐久性设计等新的设计准则。

由此可见,力学与工程是紧密结合的。力学在研究自然界物质运动普遍规律的同时,不断地应用其成果,服务于工程,促进工程技术的进步。反之,工程技术进步的要求,不断地向力学工作者提出新的课题。在解决这些问题的同时,力学自身也不断地得到丰富和发展,新的分支层出不穷。

力学是一门既古老又有永恒活力的学科。它对于近、现代科学技术的进步,有着重要的影响。

2000 年下半年,美国的三十几个专业工程协会评出了 20 世纪对人类影响最大的20 项技术,力学在其中多项技术的发展中起着重要甚至是关键的作用。

排在第一位的是电力系统技术,目前几乎所有输入电网的电力都是通过叶轮机带动

---

① 马赫数(流速比)流体的流动速度(v)和声音在该流体内传播的速度(c)之比,称为马赫数(M),$M=v/c$。在气体动力学中,它是划分气体流动类型的一个标准,又是判断气体压缩性的一个尺度。

发电机产生的。而叶轮机、发电机及输电线路的设计都离不开力学。现在全世界电网装机容量约为 $4×10^9$ kW,每年发电约 $2.8×10^{13}$ kW·h,总值约 10 000 亿美元。20 世纪后 50 年,由于力学的发展,叶轮机的设计得以改进,其效率提高约 1/3,这相当于每年节省电费达 3 000 亿美元。这里,尚未计入力学对锅炉燃烧过程效率提高的贡献。

排在第二位的是汽车制造技术。它同样离不开力学的支持。半个世纪以来,力学的发展使汽车发动机的效率提高了约 1/3。仅以小轿车为例,全世界每年节省燃料费约 2 000 亿美元,而排气的污染却减少了 90% 以上。这里,也并没有计及汽车结构轻量化所带来的效益。

排在第三位的航空技术和第十一位的航天技术,它们与力学的关系就更密切了。如前所述,航空和航天技术的每一个重大进展都依赖于力学的新突破。

21 世纪,纳米科技已成为科技界最具活力与前景的重大研究领域之一。由于力学内在的特质及其所研究问题的普遍性,加上力学工作者的敏感,现代力学的最新分支——纳米力学迅速形成,成为与物理、化学、生物、材料等进行交叉研究的新学科而得到蓬勃发展。

可以预言,在未来的科技发展中,力学仍将展示出永恒与旺盛的生命力并发挥出巨大的影响。

§1.4　学科分类

力学可一般地分为静力学(statics)、运动学(kinematics)和动力学(dynamics)三部分。

静力学研究力系或物体的平衡问题,不涉及物体的运动;运动学研究物体如何运动,不讨论运动与受力的关系;动力学则讨论力与运动的关系。

力学也可按照其所研究的对象分为一般力学(general mechanics)、固体力学(solid mechanics)和流体力学(fluid mechanics)三个分支。

一般力学的研究对象是质点、质点系、刚体、多刚体系统,称为离散系统。研究力及其与运动的关系。属于一般力学范畴的有理论力学(theoretical mechanics)(含静力学、运动学、动力学)、分析力学(analytical mechanics)、振动理论(theory of vibration)等。

固体力学的研究对象是可变形固体。研究在外力作用下,可变形固体内部各质点所产生的位移、运动、应力、应变及破坏等的规律。属于固体力学范畴的有材料力学(mechanics of materials)、结构力学(structural mechanics)、弹性力学(elastic mechanics)和塑性力学(plastic mechanics)等,研究对象都被假设为均匀连续介质。近些年发展起来的复合材料力学(mechanics of composite materials)、断裂力学(fracture mechanics)等,将研究范围扩大到了非均匀连续体及缺陷体。

流体力学的研究对象是气体和液体,也采用连续介质假设。研究在力的作用下,流体本身的静止状态、运动状态及流体和固体间有相对运动时的相互作用和流动规律等。属于流体力学的有水力学(hydraulics)、空气动力学(aerodynamics)、环境流体力学(environmental hydromechanics)等。

现代力学的主要研究手段包括理论分析、实验研究和数值计算三个方面。因此,还有实验力学(experimental mechanics)、计算力学(computational mechanics)两个方面的分支。

力学在各工程技术领域的应用也形成了诸如飞行力学（flight dynamics）、船舶结构力学（marine structural mechanics）、岩土力学（rock and soil mechanics）、建筑结构力学（structural mechanics of architecture）、生物力学（biomechanics）等各种应用力学分支。

§1.5 基本概念与基本方法

1.5.1 力和运动

工程构件破坏的主要因素包括受力、结构尺寸、材料性能等。因此,工程力学的研究离不开对力的研究。既要研究力,又要研究运动,还要将力和运动二者联系起来。

力（force）是物体间的相互作用。

相互直接接触的物体,通过接触表面,一定有力的相互作用（除非证明其为零）,这类力称为表面力。如两物体间的接触压力、容器壁上的液体压力等。表面力一般是分布在一定接触面积上的分布力,若接触面积很小时,可简化为集中力。

非直接接触的物体,也可以有力的相互作用,如物体的重力、惯性力等。这些力是作用在物体整个体积内的分布力,与其体积和质量有关,故称为体积力。电场力、磁场力等特殊场力的作用,也是体积力。

在本课程的研究中,分析和研究的主要是物体接触表面间的表面力。

运动的研究,可以分为两类。一类是整个物体的位置随时间而变化,称为运动（motion）；另一类是物体自身尺寸、形状的改变,称为变形（deformation）。例如飞机在空中飞行,有着复杂的整体运动；同时,机翼、机身等结构自身的尺寸和形状也有微小的变化（变形）,有时甚至可以看到机翼随飞机的升降而上下翘曲。这两种效应都是力作用的结果。

力与运动之关系的研究,属于动力学。可以以牛顿第二定律为基础,将力与运动联系起来。牛顿第二定律为:物体运动状态的改变（$\mathrm{d}\boldsymbol{v}/\mathrm{d}t=\boldsymbol{a}$）与作用于其上的力成正比,并发生于该力的作用线上,即

$$\boldsymbol{F} = m\boldsymbol{a}$$

上式是解决动力学问题的基本依据,故称为动力学基本方程。在速度远小于光速（3×10^5 km/s）的一般工程领域中,上述定律的正确性已有充分的实验根据。

若物体的运动状态不发生改变（$\boldsymbol{a}=0$）,则称物体处于平衡（equilibrium）状态。

力与固体的变形关系的研究,属于固体力学。将力与固体的变形联系起来的假设（或模型）是多种多样的,不同材料在不同加载条件和环境下,有不同的变形行为。如钢材和木材的力学行为不同,钢材在常温和高温下的力学行为不同,铸铁在拉伸和压缩下的力学行为不同等。在固体力学中,力与变形关系用物理方程（应力-应变关系）描述。

1.5.2 研究方法

工程力学研究解决问题的一般方法,可归纳为:

（1）选择有关的研究系统。

（2）对系统进行抽象简化,建立力学模型。其中包括几何形状、材料性能、载荷及约束等真实情况的理想化和简化。

（3）将力学原理应用于理想模型,进行分析、推理,得出结论。

（4）进行尽可能真实的实验验证或将问题退化至简单情况与已知结论相比较。

（5）验证比较后,若得出的结论不能满意,则需要重新考虑关于系统特性的假设,建立不同的模型,进行分析,以期取得进展。

例如,一个工程师首先要按照设计要求提出一个设计,然后需要假定其性态,建立模型,进行分析。如果分析的结果不能满足预期的功能,则必须修改设计,再次分析,直到获得可用的结果。可用性不仅包括满意的功能,也包括如经济、轻量化、易于制造等因素的考虑,还可能要考虑环境等因素。

上述方法中,力学模型的建立是最关键的。一个好的力学模型,既能使问题求解简化,又能使结果基本符合实际情况,满足所要求的精度。力学模型的建立,不仅需要对实际情况有充分的了解及分析问题的能力,还与知识面和经验有关。对由模型推出的结果进行实验验证或比较,有利于不断积累建立模型的经验。

例如,在处理普通工程构件（如杆、梁、轴等）时,可以先将其理想化为刚体（rigid body,如图1.1（a）所示）,研究作用于其上的力,达到一定的认识水平;进一步将其视为变形体（deformable body,如图1.1（b）所示）,并假定其变形是弹性（卸载后变形能完全恢复）的。研究在载荷作用下,构件的弹性变形情况,又达到了另一认识水平;如果再引入材料的塑性（卸载后变形不能恢复）性态,研究其弹-塑性行为,就会得到更进一步的启发。

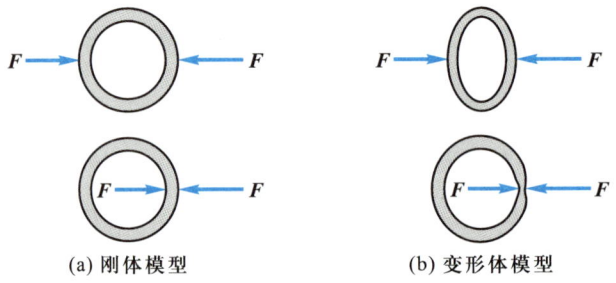

(a) 刚体模型   (b) 变形体模型

图1.1 工程力学材料模型

如图1.2（a）所示,研究桥面受力,车轮作用在桥面上的力分布在桥面表面上的面积远小于物体任何一个方向的尺寸,可以将车轮作用在桥面上的力简化为作用在桥面表面一个点上的集中力（concentrated force）F_1、F_2,使计算简化。如图1.2（b）所示,研究桥梁受力,由于桥面作用于桥梁上的力可以看成均匀作用在整个桥梁上,因此将桥面作用在桥梁上的力简化为单位长度的线均匀分布载荷（distributed load）q。均布载荷就是均匀分布在结构上的分布载荷,均布载荷有两种形式:线均布载荷和面均布载荷。对于细长杆件上的分布载荷,其单位一般是 N/m;对于板状零件上的分布载荷,其单位一般是 N/m^2。

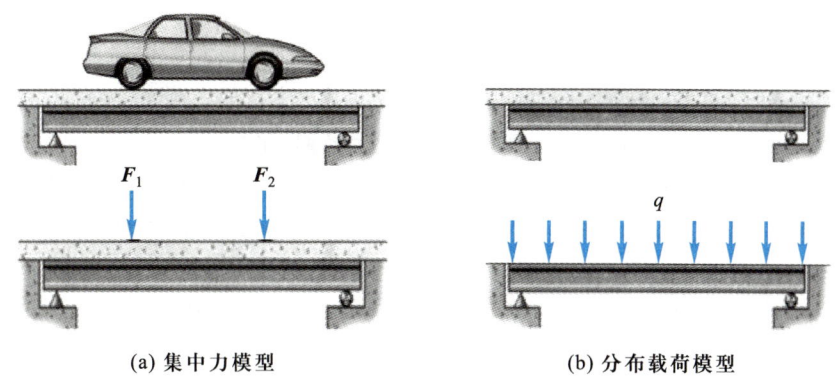

(a) 集中力模型   (b) 分布载荷模型

图 1.2   工程力学载荷模型

1.5.3   工程静力学的基本研究内容

工程力学主要以工程杆件为例研究工程结构的破坏问题。要解决这些问题,就要建立破坏判据条件。构件的强度破坏取决于两个因素:构件受力情况和材料自身抵抗破坏的能力。通过平衡方程求外力,再求外力作用下构件的内力,找到受力最大的危险截面、危险截面受力最大的危险点,得到构件受力情况。通过材料单向拉伸标准实验得到材料的强度指标来判断材料自身抵抗破坏的能力。

利用平衡方程求外力是工程力学分析工程问题的第一步,首先需要分析构件的受力情况,用受力图表示。工程构件一般都是受到一个一般力系作用,需要对一般力系进行等效简化。解决构件的外力后,要求解构件一点的最大内力,需要将构件还原为变形体。物体受力的大小不能科学反映物体的破坏,因为构件的破坏与受力和截面尺寸相关,于是去除构件的尺寸量纲,引入单位面积的力(即应力)、单位长度的变形(即应变)的概念更科学。这样,构件的破坏首先从构件内部最大应力点开始,需要弄清楚一点的应力概念和一点应力的分析。工程力学基本研究内容如图 1.3 所示。

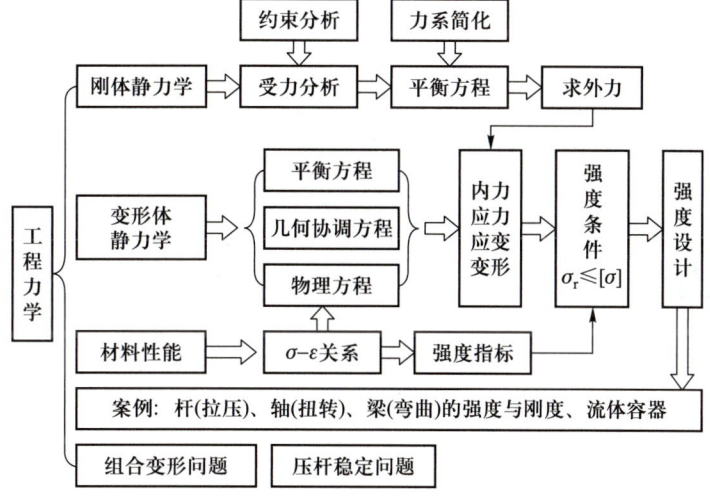

图 1.3   工程力学基本研究内容

力学问题的研究，一般都需要进行：

——力的研究；

——运动和变形的研究；

——联系力与运动或力与变形关系的假设（或模型）的研究。

对于大多数情况，上述三项都需要仔细分析。在某些特殊或理想简化情况下，可以不考虑其中的一项或两项。如物体因受约束而静止，则运动不必考虑；若再假设物体是完全刚性的，即物体被视为不发生变形的刚体，自然也无须考虑其变形。

本课程研究物体处于平衡状态（即 $a = 0$，物体运动状态不发生改变）的问题，称为工程静力学问题。工程静力学的基本分析研究内容包括下述三方面：

（1）受力分析及静力平衡条件

物体或物体系统受到什么力的作用，这是首先需要研究的。若物体或物体系统处于平衡状态，则系统整体或其中任何一部分的受力，显然应当满足一定的条件（静力平衡条件），研究静力平衡条件及其应用是静力学最重要的内容之一。受力分析及静力平衡条件的研究并不涉及材料的力与变形间的物理关系。在小变形情况下，一般也不涉及变形的几何关系。

（2）变形的几何协调条件

基于固体的连续性假设，固体不仅在受力前是均匀连续的，受力后只要未发生破坏，仍然应当是均匀连续的，即固体受力后发生的变形或位移，应满足几何协调条件。所谓几何协调的变形，就是指固体在变形后仍然应当是连续的，固体内既不引起"空隙"，也不会产生"重叠"。如直杆弯曲变形是可能的，但若直杆发生了折弯，则折弯处的物质显然不再连续。对于变形的几何协调条件的分析，是纯粹的几何分析，并不涉及材料间的物理关系。

（3）力与变形间的物理关系

物体受力时要发生变形。力与变形间的关系用应力-应变间的物理关系表达，它与材料本身的力学性能及变形形式有密切关系。材料不同、受力状态不同、环境不同、研究的问题不同，所用的材料物理关系也不同。这正是不同性质固体之间的主要区别所在。

在考虑力的时候，应当考虑平衡状态应有的条件。在考虑变形时，必须考虑结构各部分变形与整体变形的协调。在研究力与变形的联系时，则必须考虑特定材料的性能。力的平衡、变形的几何协调、材料的物理性能这三个方面，是研究工程静力学（也是研究固体力学）问题的核心内容和主线。

小　结

1.7　第一章
知识图谱

1. 力学是研究物质机械运动规律的科学。

2. 工程力学是将力学原理应用于有实际意义的工程系统的科学。其目的是了解工程系统的性态并为其设计提供合理的规则。

3. 强度是工程材料或结构在受力时抵抗断裂和过度变形的力学性能。刚度是材料或结构在受力时抵抗弹性变形的能力。稳定性是构件在满足静强度条件下存在平衡稳定与不稳定的问题。

4. 力是物体间的相互作用。直接接触物体间相互作用的力,称为表面力。非直接接触的物体间相互作用的力,称为体积力。

5. 运动可以分为两类:一类是整个物体的位置随时间而变化(外效应),称为运动;另一类是物体自身形状的改变(内效应),称为变形。

6. 若物体的运动状态不发生改变($a = 0$),则称该物体处于平衡状态。

7. 力学可一般地分为静力学、运动学和动力学三部分;也可以按照其研究的对象分为一般力学、固体力学和流体力学三个分支;力学的主要研究手段包括理论分析、实验研究和数值计算三个方面。因此,还有实验力学、计算力学两个方面的分支。

8. 工程静力学问题的研究主线是受力分析及平衡条件,变形所应当满足的几何协调条件,力与变形间的物理关系的研究。

9. 工程力学解决问题的一般方法可归纳为:提出问题,选择有关的研究系统;对系统进行抽象简化,建立力学模型;将力学原理应用于理想模型,分析、推理,得出结论;进行实验验证或与已知结论相比较;若不能满意,则重新建立模型,进行分析(图1.4)。即

1.8　第一章知识点测试题

1.9　第一章知识点测试题答案

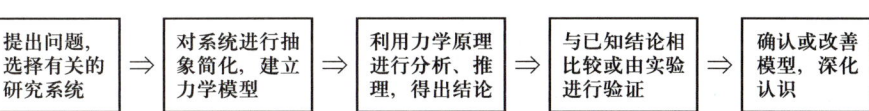

图 1.4　工程力学解决问题的一般方法

思　考　题

1.1　现代力学有哪些重要的特征?

1.2　力是物体间的相互作用。按其是否直接接触如何分类? 试举例说明。

1.3　工程静力学的基本研究内容和主线是什么?

1.4　试述工程力学研究问题的一般方法。

1.5　查阅相关文献,简述影响工程构件破坏的主要因素。

第二章　刚体静力学基本概念与理论

静力学(statics)是研究力学问题的基础。刚体静力学研究的是刚体在力系作用下的平衡问题。刚体静力学的研究对象是刚体。刚体(rigid body)是形状和大小不变,且内部各点的相对位置也不改变的物体。绝对刚体实际上是不存在的。在力的作用下,任何物体都会发生变形,只是变形量的大小不同而已。因此,刚体只是一种理想化模型。对于变形很小的固体,在暂时不研究物体变形的时候,这一简化模型为作用于物体上力系的研究提供了很大的方便。

刚体静力学的研究内容,是作用于物体(刚体)或物体系统之力的分析和力系的平衡问题。

平衡(equilibrium)是指物体相对于地面保持静止或作匀速直线运动的状态。此时,加速度矢量 $a=0$。由牛顿第二定律可知,若物体处于平衡状态,则作用在物体上的一群力[称为力系(system of force)],必须满足一定的条件,即力系的合力(resultant force)$F_R=0$。作用于物体上的力系使物体处于平衡状态所应当满足的条件,称为力系(或物体)的平衡条件。

在刚体静力学中,所研究的对象(物体或物体系统)被抽象为刚体,暂不考虑物体的变形;所讨论的状态是平衡状态,所以也不考虑物体运动状态的改变。因此,刚体静力学研究的基本问题是作用于刚体的力系平衡问题,包括:

(1)受力分析——分析作用在物体上的各种力,弄清被研究对象的受力情况。

(2)平衡条件——建立物体处于平衡状态时,作用在其上的力系所应满足的条件。

(3)利用平衡条件解决工程中的各种问题。

本章讨论刚体静力学的基本概念和基本理论,研究上述前两个问题。如何利用静力平衡条件解决工程实际问题,则在第三章讨论。

§2.1　力

力是物体间的相互作用,这种作用使物体的运动状态发生变化或使物体发生变形。

力对物体的作用有两种效应,一是有使物体的运动状态发生改变的趋势,称为外效应;二是有使物体发生变形的趋势,称为内效应。力是看不见也不可直接度量的,可以直接观察或度量的是力的作用效果。

使 1 kg(千克)质量的物体产生 1 m/s²(米每二次方秒)加速度的力,在国际单位制中就定义为 1 N(牛顿)。力的常用单位为 N 或 kN。

力是矢量。力不仅有大小,还有方向。力对物体的作用效果,取决于力的大小、方向

2.1　我国古代关于力的定义

和作点,称为力的三要素。对刚体而言,因为力可沿其作用线滑移而不改变对刚体的作用效果,故力的三要素为力的大小、方向和作用线。因此,对于刚体而言,力是滑移矢。

因为力是物体间的相互作用,所以一物体对另一物体有力作用的同时,也必然受到该物体的反作用力作用。所以,力(作用力和反作用力)是成对出现的,作用在不同的物体上。牛顿第三定律指出,两物体间相互作用的力,总是大小相等、方向相反、沿同一直线,分别作用在两个物体上。

若干个共点力,可以合成为一个合力。且力的合成满足矢量加法规则。

2.1.1　力的合成(几何法)

力矢量可以用平行四边形定则进行合成和分解,如图 2.1(a)所示。作用在刚体上的两个力 F_1、F_2,只要其作用线不平行,由于力可以沿其作用线滑移,总可以移至其作用线的交点 O,合力 F_R 即可用矢量和表示为

$$F_R = F_1 + F_2$$

合力 F_R 与其分力 F_1、F_2 对于刚体有着相同的作用效应。

图 2.1(a)中力的平行四边形可以简化为三角形。如图 2.1(b)所示,将两个分力首尾相接,则与分力首尾相对的第三边即为所求合力 F_R。这样得到的三角形,称为力三角形。

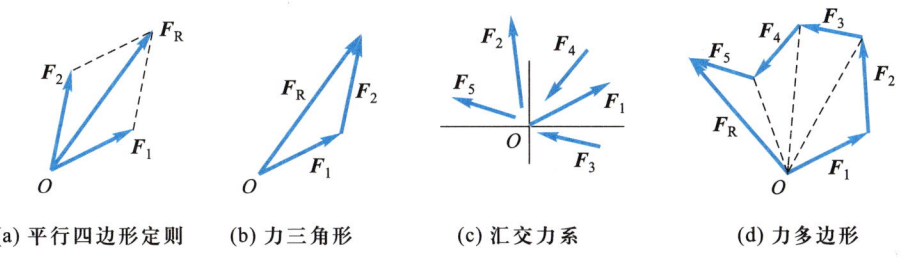

(a) 平行四边形定则　　(b) 力三角形　　(c) 汇交力系　　(d) 力多边形

图 2.1　力的合成(几何法)

图 2.1(c)中作用线汇交于同一点的若干个力组成的力系,称为汇交力系(concurrent force system)或共点力系。利用力三角形,将各力逐一相加,可得到从第一力到最后一力首尾相接的多边形,如图 2.1(d)所示;则多边形的封闭边即为该汇交力系的合力。用力多边形求汇交力系的合力时,同样应当注意,合力的指向是从第一力的起点(箭尾)指向最后一力的终点(箭头)。力矢量求和的方法,称为几何法。

例 2.1　图 2.2 中固定环上作用着两个力 F_1 和 F_2,若希望得到垂直向下的合力 F_R = 1 kN,又要求力 F_2 尽量小,试确定 θ 角和力 F_1、F_2 的大小。

解:作力三角形如图所示。由正弦定理有

$$F_1/\sin \theta = F_R/\sin(180° - 20° - \theta) \qquad (1)$$

$$F_2/\sin 20° = F_R/\sin(180° - 20° - \theta) \qquad (2)$$

由 F_2 最小的条件,还有

$$dF_2/d\theta = F_R \sin 20° \cos(160° - \theta)/$$
$$\sin^2(160° - \theta) = 0 \qquad (3)$$

图 2.2　例 2.1 图

由(3)式知 $\cos(160°-\theta)=0$，即 $\theta=70°$ 时，F_2 最小。

将 $\theta=70°$ 代入(1)式和(2)式，即可求得

$$F_1=940\ \text{N}, \quad F_2=342\ \text{N}$$

2.1.2　力的合成（投影解析法）

下面讨论利用力的投影求汇交力系合力的方法。

力 F 在任一轴 x 上的投影，定义为力的大小乘以力与轴正向夹角的余弦。

如图 2.3(a)所示，力 F 在任一轴 x 上的投影为

$$F_x=F\cos\alpha \tag{2.1}$$

显然，若力与轴正向夹角大于 $90°$，则力在轴上的投影为负，故力的投影是代数量。在图 2.3(b)中，力 F_1 与轴 x 正向夹角是锐角，投影 F_{1x} 为正，其大小等于 ac；力 F_2 与轴 x 正向夹角是钝角，故投影 F_{2x} 为负，大小等于 bc。因此，力在任一轴上投影的大小等于力的大小乘以力与轴所夹锐角的余弦，其正负则由从力矢量起点到终点的投影指向与轴的指向是否一致确定，指向相同为正，相反为负。

图 2.3(b)中，F_R 是 F_1、F_2 的合力，其在轴 x 上的投影为正且大小等于 ab。可见

$$F_{Rx}=ab=ac+(-bc)=F_{1x}+F_{2x} \tag{2.2}$$

即合力在任一轴上的投影等于各分力在该轴上投影的代数和，此即合力投影定理。

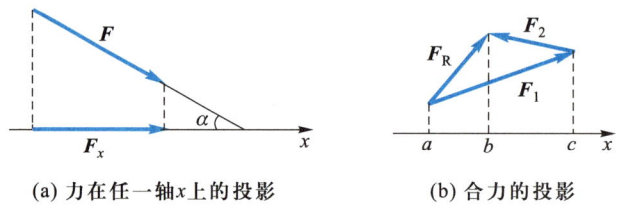

(a) 力在任一轴 x 上的投影　　　　(b) 合力的投影

图 2.3　力在轴上的投影

例 2.2　推力 $F=200\ \text{N}$，作用在置于斜面的物体上，如图 2.4(a)所示。试求：

1）力 F 沿斜面法向 y 和切向 x 的分力及力 F 在轴上的投影。

2）力 F 沿铅垂方向 y' 和斜面切向 x 的分力及其在轴上的投影。

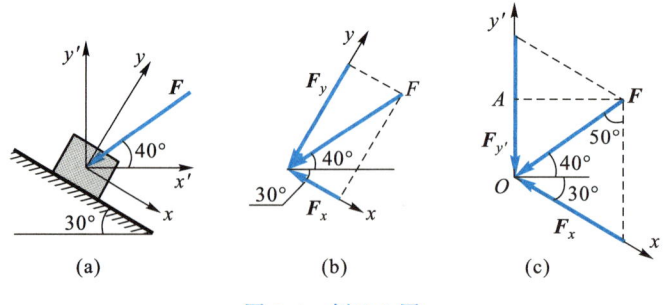

(a)　　　　　(b)　　　　　(c)

图 2.4　例 2.2 图

解：1）力 F 沿正交坐标轴 x、y 的分力和力 F 在 x、y 轴上的投影。

依据平行四边形定则,以合力 F 为对角线作图[图 2.4(b)]。则分力的大小为

$$|F_x| = F\cos 70° = 68.4\ \text{N}$$
$$|F_y| = F\cos 20° = 187.9\ \text{N}$$

力 F 在 x 和 y 轴上的投影为

$$F_x = -F\cos 70° = -68.4\ \text{N}$$
$$F_y = -F\cos 20° = -187.9\ \text{N}$$

可见,力 F 在正交(直角)坐标系 x、y 中的投影分量与沿坐标轴分解的分力大小相等。

2) 力 F 沿非正交的铅垂方向 y' 和斜面切向 x 的分力和力 F 在 x、y' 轴上的投影。

作平行四边形,如图 2.4(c)所示。在力三角形中 F、F_x、$F_{y'}$ 的对角分别为 60°、50°、70°。

力 F 沿铅垂方向 y' 和斜面切向 x 的分力可由正弦定理求得,即

$$|F_x|/\sin 50° = F/\sin 60°,\quad |F_x| = 176.9\ \text{N}$$
$$|F_{y'}|/\sin 70° = F/\sin 60°,\quad |F_{y'}| = 217.0\ \text{N}$$

力在 x、y' 轴上的投影则为

$$F_x = -F\cos 70° = -68.4\ \text{N},\quad F_{y'} = AO = -F\cos 50° = -128.6\ \text{N}$$

显然可见:力 F 在非正交坐标系 x、y' 中的投影分量与沿坐标轴分解的分力的大小是不相等的。

由力的投影定义(2.1)式可见,力在任一轴上的投影的大小都不大于力的大小。而力的平行四边形中的对角线却不一定大于两条边,故分力的大小不一定都小于合力。如上例所示。

由以上讨论可知,在正交坐标系中,若干个共点力 $F_1,F_2,\cdots,F_n$ 的合力 F_R 沿坐标轴的分量 F_{Rx}、F_{Ry} 的大小分别等于力在坐标轴上的投影 F_{Rx}、F_{Ry},利用合力投影定理则有

$$\left.\begin{array}{l}F_{Rx} = F_{1x}+F_{2x}+\cdots+F_{nx} = \sum F_x\\F_{Ry} = F_{1y}+F_{2y}+\cdots+F_{ny} = \sum F_y\end{array}\right\} \tag{2.3}$$

故合力 F_R 的大小和方向可写为

$$\left.\begin{array}{l}F_R = \sqrt{F_{Rx}^2+F_{Ry}^2} = \sqrt{\left(\sum F_x\right)^2+\left(\sum F_y\right)^2}\\\tan\alpha = \left|\dfrac{F_{Ry}}{F_{Rx}}\right| = \left|\dfrac{\sum F_y}{\sum F_x}\right|\end{array}\right\} \tag{2.4}$$

α 表示合力 F_R 与 x 轴所夹的锐角,合力的指向由 F_{Rx}、F_{Ry} 的正负判定。

由(2.3)式、(2.4)式求合力的方法,称为解析法。

例 2.3　试求图 2.5 所示作用在 O 点的共点力系的合力。

解:取正交坐标系如图所示,合力 F_R 在坐标轴上的投影为

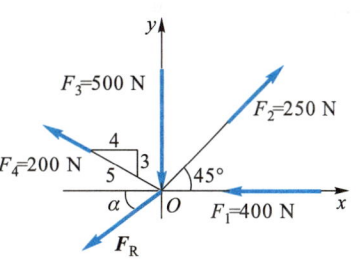

图 2.5　例 2.3 图

$$F_{Rx} = \sum F_x = -400 \text{ N} + 250 \text{ N} \times \cos 45° - 200 \text{ N} \times 4/5 = -383.2 \text{ N}$$

$$F_{Ry} = \sum F_y = 250 \text{ N} \times \sin 45° - 500 \text{ N} + 200 \text{ N} \times 3/5 = -203.2 \text{ N}$$

则有

$$F_R = \sqrt{F_{Rx}^2 + F_{Ry}^2} = 433.7 \text{ N}$$

$$\alpha = \arctan(203.2 \text{ N}/383.2 \text{ N}) = 27.9°$$

由于 F_{Rx}、F_{Ry} 均为负,故 α 在第三象限,如图 2.5 所示。

2.1.3　二力平衡公理

现在讨论作用于物体上的两个力使物体处于平衡状态的最简单问题。

作用于刚体上的两个力平衡的必要和充分条件是:这两个力大小相等、方向相反,并作用在同一直线上。如图 2.6(a)所示,这是显而易见的公理,称为二力平衡公理。

反之,若刚体在且仅在两个力的作用下处于平衡状态,则此二力必大小相等、方向相反,且作用在两受力点的连线上。

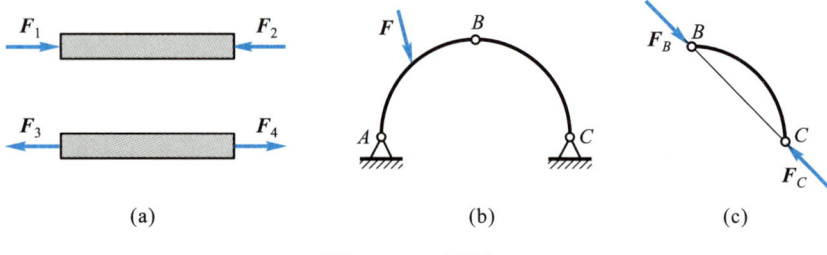

图 2.6　二力平衡

图 2.6(b)中的三铰拱在力 F 的作用下处于平衡状态,曲杆 AB、BC 两部分各自也是平衡的。若不计杆的自重,则 BC 杆是在 B、C 处受二力作用而平衡的,故 B、C 处的两个力必作用在两受力点 B、C 的连线上,且大小相等、方向相反,如图 2.6(c)所示。这类只在两点受力的无重杆或无重构件,在工程实际中较为常见,称为二力杆或二力构件(members subjected to the action of two force)。

平衡的二力,对刚体的运动状态无影响。故可推知,在力系中加上或减去一平衡力系并不改变原力系对刚体的作用效果。

§2.2　力偶

作用在同一平面内,大小相等、方向相反、作用线相互平行而不重合的两个力,称为力偶(couple)。

力的作用效应是使刚体的移动状态发生变化,力偶的作用效应是使刚体的转动状态发生改变。从这个意义上说,力偶可以视为又一基本量。

图 2.7 中作用在 Oxy 平面内的力偶由 (F, F') 组成,两力作用线间的距离 h 称为力偶臂。力偶对刚体的转动效应显然与力的大小 F 和力偶臂 h 成正比。定义 F 与 h 之积为

度量力偶对刚体的转动效应的物理量,称为力偶矩。记作

$$M = M(\boldsymbol{F}, \boldsymbol{F}') = \pm F \cdot h \qquad (2.5)$$

上式表明,在平面内,力偶矩 M 是一个代数量,正负号表示其转动的方向,通常规定逆时针转动为正。力偶矩 M 的单位为 N·m 或 kN·m。

由此可见,力偶对刚体的作用效应,取决于力偶的作用平面、转向和力偶矩的大小,这就是力偶的三要素。这三个要素,可以用一个矢量来描述。如图 2.7 中的矢量 $\boldsymbol{M}$,其长度(按一定的比例)表

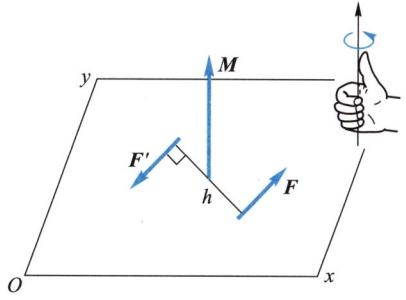

图 2.7　力偶

示力偶矩的大小;其作用线是力偶作用平面的法线;其指向则按右手螺旋定则确定了力偶的转动方向。图中右手四指沿力偶转动方向时拇指向上,故 $\boldsymbol{M}$ 的指向应向上。如此定义的矢量 $\boldsymbol{M}$ 称为力偶矩矢。

因为力偶矩 M 是力偶对刚体转动效应的度量,故在同一平面内的两个力偶,只要其力偶矩相等,则二力偶等效。这就是平面力偶等效定理。

图 2.8 中,同一平面内的各力偶的力偶矩均为 $M = +24$ N·m,它们对于刚体的转动效应是相同的。因此,可有如下推论:

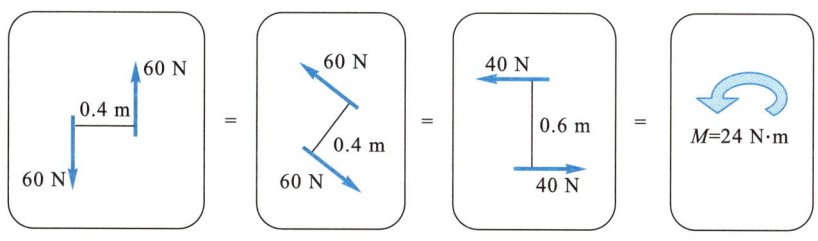

图 2.8　等效平面力偶

(1) 力偶可以在刚体作用面内任意移转。由此可知,对于刚体而言,力偶矩矢 $\boldsymbol{M}$ 的作用点可以在作用平面和与作用面平行的平面内(即沿力偶矩矢方向)任意移动,即力偶矩矢是自由矢。

(2) 在保持力偶矩不变的情况下,可以任意改变力和力臂的大小。由此即可方便地进行力偶的合成。

图 2.9 给出了两个力偶合成的例证。只需将图 2.9(a) 中力偶 $M_2(\boldsymbol{F}_2, \boldsymbol{F}_2')$ 的力和力臂的大小同时改变,使力臂等于 h_1,并保持力偶矩 $M_2 = F_2 h_2$ 不变,移转 M_2,即可得到图 2.9(b),进而得到合力偶 $M = M_1 + M_2$。

由此可知,同平面内若干个力偶 M_1、M_2、$\cdots$、M_n 组成的力偶系,可以合成为一个合力偶,合力偶的力偶矩 M 等于力偶系中各力偶的力偶矩的代数和,这就是合力偶定理。

即对于平面力偶系有

$$M = \sum M_i \qquad (2.6)$$

对于力和力偶的比较可汇总于表 2.1。

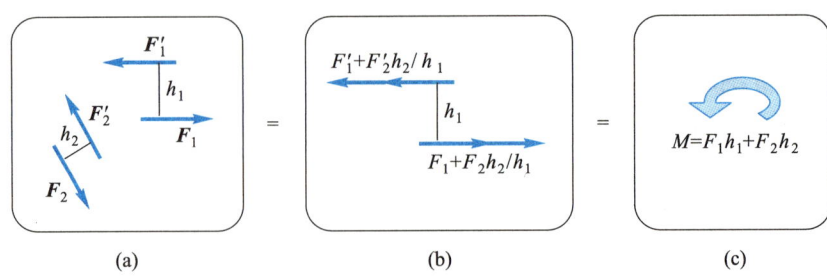

图 2.9   平面力偶的合成

表 2.1   力和力偶的比较

力	力偶
力的作用是使物体沿其作用线移动	力偶的作用是使物体在其作用面内转动
力矢量是滑移矢	力偶矩矢量是自由矢。平面力偶矩是代数量
力的三要素是其大小、方向与作用线	力偶的三要素是其大小、方向与作用面
共点力系可合成为一合力	平面力偶系可合成为一合力偶
合力投影定理： $$F_{Rx} = F_{1x} + F_{2x} + \cdots + F_{nx} = \sum F_x$$ $$F_{Ry} = F_{1y} + F_{2y} + \cdots + F_{ny} = \sum F_y$$	合力偶定理： $$M = \sum M_i$$

§2.3   约束与约束力

可以在空间作任意运动的物体称为自由体(free body)。运动受到限制的物体则为非自由体。工程力学中研究的物体基本上都是非自由体,如重物受到绳索的限制(图 2.10),火车受到铁轨的限制,传动轴受到两端轴承的限制等。非自由体的运动受到限制,是因为有周围物体的约束。

限制物体运动的周围物体,称为约束(constraint)。如绳索是所吊重物的约束,铁轨是火车的约束,轴承是轴的约束等。

约束是通过力的作用来限制被约束物体的运动的。例如,图 2.10 中绳索作用于重物的拉力 F_T,限制了重物向下的运动。

约束作用于被约束物体的力,称为约束力(constraint force)。

约束力是被动力,其大小取决于物体受到的主动力,故通常是未知的。例如图 2.10 中,绳索作用于重物的拉力 F_T 的大小取决于重物的重力 W 的大小。约束力作用在约束与被约束物体的接触面上。

约束力的作用方向应与约束所能限制的物体运动方向相反。分析约束对于物体运动的限制,常常可以帮助我们确定约束力的作用方向。下面分类讨论常见约束的约

2.2   约束与约束力

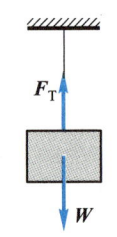

图 2.10   重物受绳索限制

束力。

（1）可确定约束力方向的约束

柔性约束：如绳索、带、链条等。只能限制物体沿柔性体自身使柔性体伸长的运动，故其约束力只能是沿柔性体自身的拉力，如图 2.11 所示。

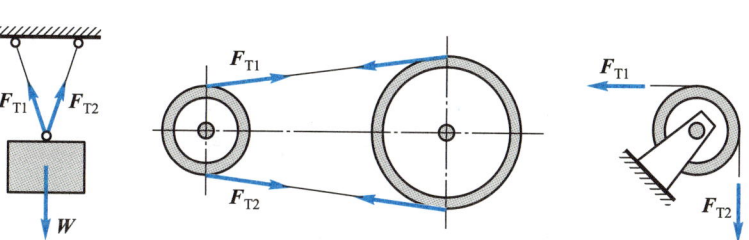

图 2.11　柔性约束（沿柔性体自身的拉力）

光滑约束：是指不考虑接触面间摩擦的光滑接触。光滑约束只能限制物体沿接触面公法线方向朝向约束的运动，故约束力是沿接触处的公法线且指向物体的压力，如图 2.12所示。齿轮两接触面公法线与其节圆切向的夹角称为压力角，约束力如图 2.12所示。

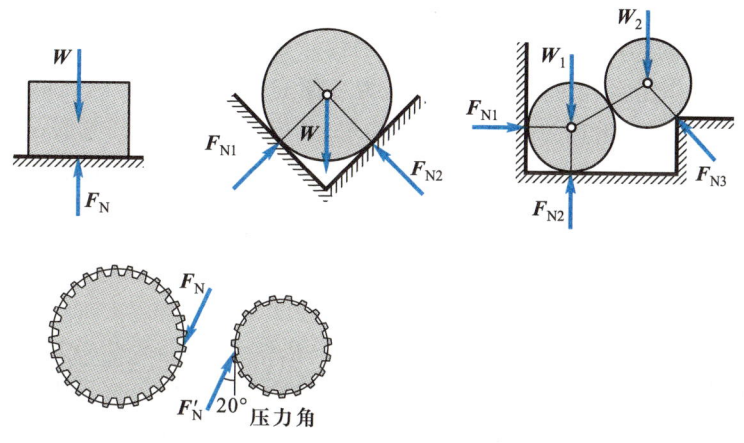

图 2.12　光滑约束（接触面上的法向压力）

（2）可确定约束力作用线的约束

滚动支座：又称滚动铰或可动铰，如图 2.13 所示。它可以沿支承面滚动，故只能限制物体在铰接处垂直于支承面的运动，约束力的作用线通过铰链中心且垂直于支承面。其指向取决于物体受力情况，未知待定（先假设约束力的方向）。

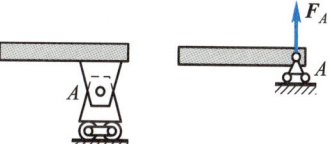

图 2.13　滚动支座

滑块受**滑道**的约束，滑套受**导轨**的约束，如图 2.14 所示。滑道、导轨只能限制物体在垂直于滑道或导轨方向的运动，并不能限制物体沿滑道或导轨的运动。故其约束力应垂直于滑道、导轨，指向待定（先假设约束力的方向）。

2.3　柔性约束

2.4　滚动铰约束

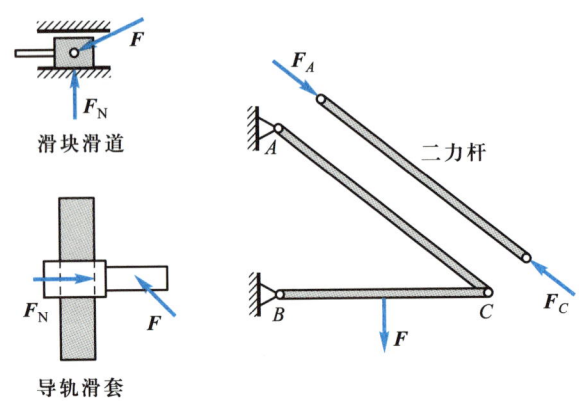

图 2.14   可确定约束力作用线的约束

自重可以不计,且只在两点受约束力作用而处于平衡的杆或构件(如图 2.14 中的 AC 杆,其重力与受力相比是小量,可忽略重力影响),是二力杆或二力构件。二力杆两约束处的约束力必作用在两点的连线上,大小相等、方向相反,指向待定(先假设约束力的方向)。

(3) 可确定作用点的约束

固定铰链:又称固定铰,固定铰链约束如图 2.15(a)所示,它只允许物体绕铰链中心 A 转动。在销与孔接触处有约束力(压力)作用。假定接触在 K 处,约束力则为 F_{RA}。固定铰链约束力 F_{RA} 的作用线沿销与孔接触面的公法线,故必通过铰链中心。其大小和方向待定,均取决于作用在物体上的主动力。为方便起见,固定铰链的约束力可用作用于铰链中心 A 的两个相互垂直的分力 F_{Ax}、F_{Ay} 表示,其待定指向可先任意假设方向。连接两物体的中间铰如图 2.15(b)所示,中间铰的约束力同样也可由该处两相互垂直的分力 F_{Cx}、F_{Cy} 表示,先假设约束力的方向。

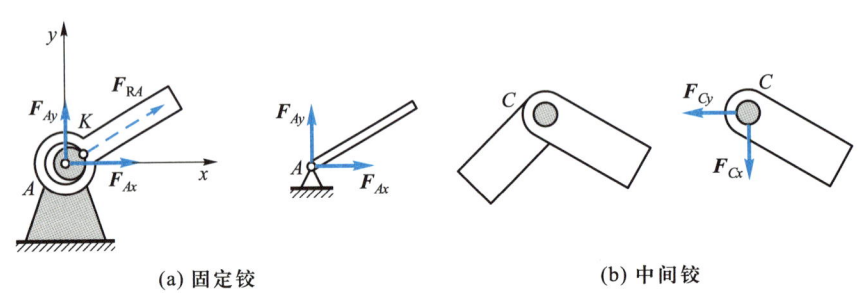

(a) 固定铰   (b) 中间铰

图 2.15   固定铰和中间铰

(4) 几种常见约束

图 2.16 列出了几种常见约束。

空间球形铰链:简称球铰,如图 2.16(a)所示。球铰只允许被约束物体绕球心转动,限制沿所有方向的移动,故约束力以作用线过球铰中心的 F_{Ax}、F_{Ay}、F_{Az} 三个分力表示,方向先假设。如果讨论的是 xy 平面内的问题,力系中各力都作用在 xy 平面内,则 z 方向不存在移动,相当于固定铰,约束力用 F_{Ax}、F_{Ay} 两个分力表示,方向先假设。

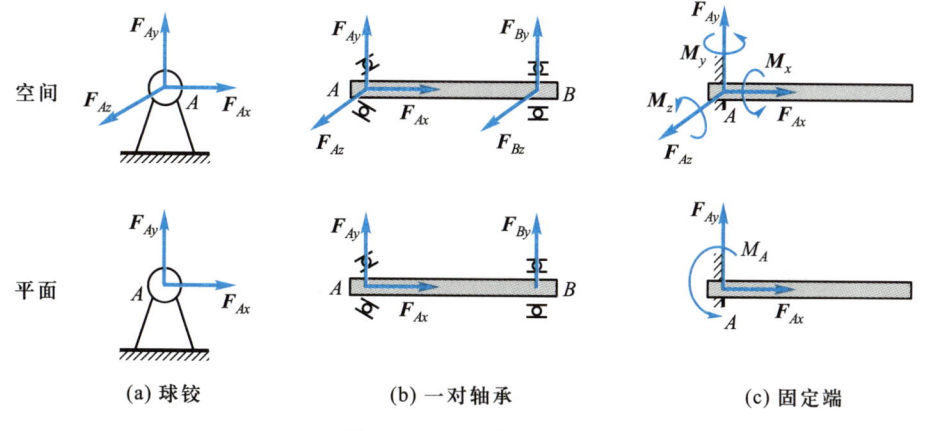

(a) 球铰   (b) 一对轴承   (c) 固定端

图 2.16   几种常见约束

一对轴承：由于轴承有间隙，单个轴承不约束轴的转动。一对轴承作为轴的约束，使轴只能绕轴线（x 轴）转动，故在空间中约束力共有五个。单个轴承对轴的约束力，在轴承 A 端用假设指向的 F_{Ax}、F_{Ay}、F_{Az} 三个分力表示（角接触轴承限制轴的轴向窜动），其中 x 方向的约束力 F_{Ax} 限制轴沿 x 方向的移动（可以用台阶或推力轴承实现）；另一端向心轴承用假设指向的 F_{By}、F_{Bz} 两个分力表示，x 方向没有约束力，以适应轴因热胀冷缩发生的轴向尺寸的微小改变。对于平面力系问题，轴不能在平面内作任何移动或转动，故共有三个约束力，在轴承一端用 F_{Ax}、F_{Ay} 两个分力表示，另一端只有一个约束力 F_{By}，如图 2.16（b）所示。

固定端：固定端限制物体的所有运动，固定端约束构件既不能移动，也不能转动，共有六个约束力，用沿坐标轴的三个约束力 F_{Ax}、F_{Ay}、F_{Az}（假设方向）和绕坐标轴的三个约束力偶 M_x、M_y、M_z（假设方向）表示，如图 2.16（c）所示。若讨论的是平面问题，则固定端限制物体在平面内的运动，用两个力和一个力偶表示即可。图中 xy 平面内的力偶 M_A，在空间状态中就是绕 z 轴转动的力偶 M_z，约束力均先假设方向。

指向不能确定的约束力，可以先任意假设一个指向。以后求解的结果为正，说明所设指向是正确的；若求解结果为负，则实际指向应与假设相反。

§2.4 受力图

将所要研究的对象（物体或物体系统）从周围物体的约束中分离出来，画出作用在研究对象上的全部力（包括力偶），这样的图称为**受力图**，也称为**分离体图**（free body diagram）。

画受力图时必须清楚：研究对象是什么？作用在研究对象上的已知力和力偶有哪些？将研究对象分离出来需要解除哪些约束？所解除的约束处如何正确分析其约束力？

画受力图是对物体进行受力分析的第一步，也是最重要的一步。如果对于作用在物体上的力（尤其是约束力）的表达有错误，则分析计算不可能得到正确的结果。因此，必须十分认真仔细。

例 2.4　球 G_1、G_2 置于墙和板 AB 间，BC 为绳索。试画出图 2.17 中各物体或物体系统的受力图。

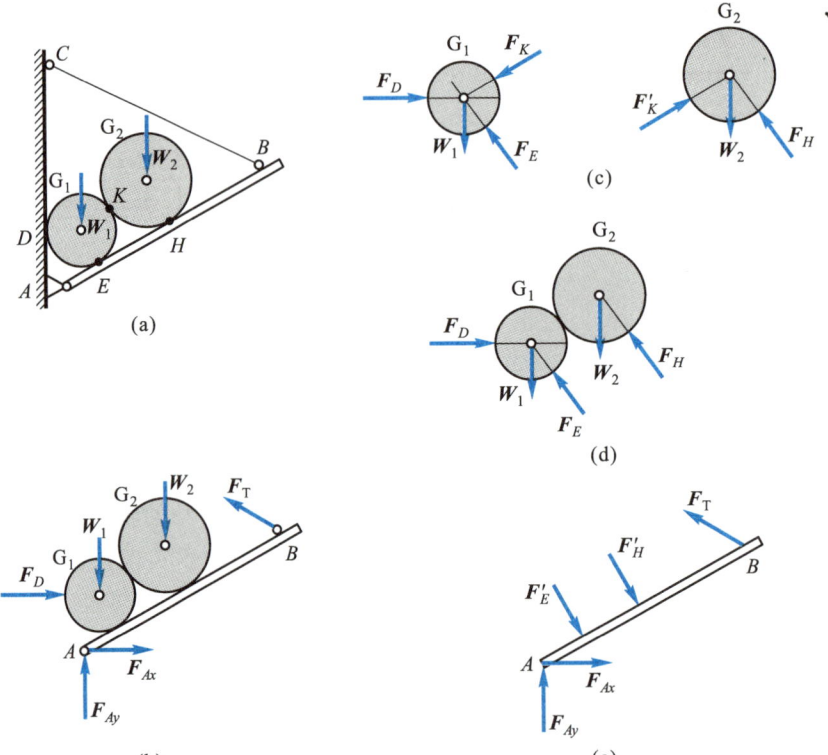

2.10　例 2.4
分析

图 2.17　例 2.4 图

解：1）系统整体：以板、球系统整体为研究对象，解除绳索、墙面及固定铰 A 之约束，将其分离出来，如图 2.17（b）所示。图 2.17（b）研究对象上，已知的力为重力 W_1、W_2。绳索为柔性约束，约束力是沿绳索自身的拉力 F_T；墙与球之间是光滑约束，约束力为垂直于墙面且过该球球心的压力 F_D；A 处为固定铰，约束力用作用于 A 处的两个分力 F_{Ax}、F_{Ay} 表示。整体受力图一般可画在原图 2.17（a）上。

2）球 G_1 或 G_2：图 2.17（c）中分别画出了球 G_1、G_2 的受力图。研究对象球 G_1 除受重力 W_1 作用外，有墙、板、球 G_2 三处（D、E、K）光滑约束的约束力，即约束力 F_D、F_E、F_K，均为压力且作用线沿接触处的公法线，通过球心。同样，研究对象球 G_2 除受重力 W_2 作用外，有板、球 G_1 两处光滑约束的约束力，即约束力 F_H、F_K'，作用线通过球心。注意 F_K 为球 G_2 对球 G_1 的作用力，画在球 G_1 的受力图上；则球 G_1 对于球 G_2 的约束力 F_K' 与 F_K 是作用力与反作用力的关系，二者等值、反向、共线，作用在不同物体上。

3）二球系统：图 2.17（d）将两个球作为一个物体系统取为研究对象，作用在其上的除重力 W_1、W_2 外，只有板、墙对其有约束，约束力作用在三个接触点处，即 F_D、F_E、F_H。注意，取出此研究对象时并不解除两个球间的相互约束，故两个球间的作用力与反作用力（F_K 与 F_K'），对于取两个球为系统的研究对象而言是内力，不画出。

4）板 AB：图 2.17(e)是以板 AB 为研究对象的受力图。板自重不计。受周围物体绳、球 G_1、球 G_2 与固定铰 A 的约束，故有绳的约束力 F_T、球的约束力 F'_E、F'_H 和固定铰约束力 F_{Ax}、F_{Ay}。同样要注意到 F'_E、F'_H 与 F_E、F_H 间的作用力与反作用力关系。还要注意，固定铰约束力 F_{Ax}、F_{Ay} 的指向必须与整体受力图一致，因为它们都是固定铰 A 对板的约束力。

例 2.5　连杆滑块机构如图 2.18(a)所示，受力偶 M 和力 F 作用。试画出各构件和整体的受力图。

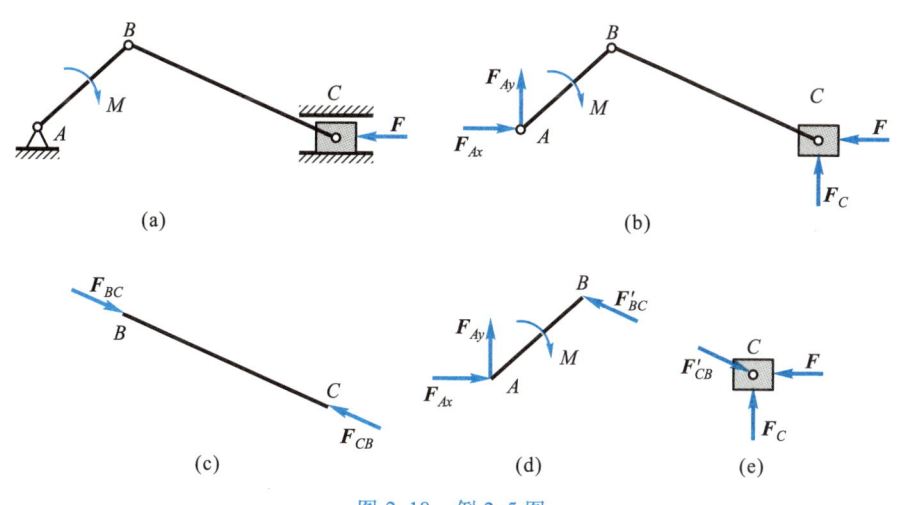

2.11　例 2.5
分析

图 2.18　例 2.5 图

解：整体受力如图 2.18(b)所示(去掉固定铰支座 A 和导轨 C 的约束)。作用于研究对象上的外力有力偶 M 和力 F。A 处为固定铰，约束力用 F_{Ax}、F_{Ay} 表示，滑道约束力 F_C 的作用线垂直于滑道；指向分别假设如图所示。杆 BC 的受力如图 2.18(c)所示。注意：自重不计时，杆 BC 是二力杆。约束力 F_{CB} 与 F_{BC} 沿 B、C 两点的连线，图中假设指向是压力。

图 2.18(d)是杆 AB 的受力图。外载荷有力偶 M(因此不是二力杆)。A 处固定铰约束力 F_{Ax}、F_{Ay} 也是铰链 A 作用于杆 AB 的力，故应注意与整体图指向假设的一致性。B 处中间铰作用在 AB 杆上的约束力 F'_{BC} 与作用在 BC 杆上 F_{BC} 互为作用力与反作用力，故 F'_{BC} 应依据图 2.18(c)上的 F_{BC} 按作用力与反作用力关系画出。

图 2.18(e)为滑块的受力图。铰链 C 处的约束力 F'_{CB} 与作用于 BC 杆上的 F_{CB} 互为作用力与反作用力，其指向同样应依据二力杆 BC 的受力图确定，滑道的约束力仍为 F_C。

最后要注意，若将各个分离体受力图(c)、(d)、(e)组装到一起，则成为系统整体；此时 F_{CB} 与 F'_{CB}，F_{BC} 与 F'_{BC} 成为成对的内力，相互抵消，应当得到与整体受力图相同的结果。正确画出的受力图必须满足这一点。

例 2.6　试画出图 2.19(a)所示梁 AB 及 BC 的受力图。

解：对于由 AB 梁和 BC 梁组成的结构系统整体受力如图 2.19(b)所示(去除 A 处固定端约束、C 处活动铰支座约束)，承受的外载荷是 AB 梁上的均匀**分布载荷**(distributed load)q 和 BC 段上的部分均布载荷 q 和集中力 F。A 端的约束是固定端约束，其两个约束力和一个约束力偶分别用 F_{Ax}、F_{Ay} 和 M_A 表示，方向假设如图。C 端为滚动支座，约束力 F_C 的作用线垂直于支承面且通过铰链 C 的中心。

2.12 例 2.6 分析

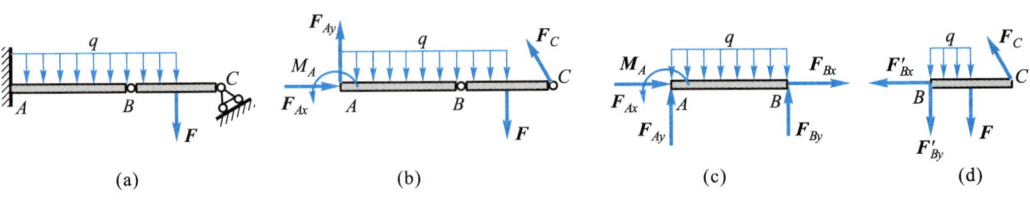

图 2.19　例 2.6 图

梁 AB 的受力如图 2.19(c) 所示。梁上作用着分布载荷 q。固定端 A 处约束力的表示应与图 2.19(b) 一致，即有 F_{Ax}、F_{Ay} 和 M_A。B 处中间铰约束力用 F_{Bx} 和 F_{By} 表示，方向假设如图所示。

图 2.19(d) 中梁 BC 受均布载荷 q 和外力 F 作用，依据图 2.19(c)，由作用力与反作用力关系可将 B 处中间铰对梁 BC 的约束力表示为 F'_{Bx} 和 F'_{By}。C 处约束力即图2.19(b) 中的 F_C。

综上所述，可将正确画出受力图的一般步骤归纳为：

（1）选取研究对象。所选取的研究对象可以是单个物体，可以是若干相邻物体组成的系统，也可以是系统整体。解除周围物体对研究对象的约束，将研究对象分离出来，画出其轮廓图形。

（2）画出研究对象所受到的全部力（包括力偶），应考虑以下两点。

已知外力　包括问题中给出的已知力、力偶及需要考虑的体积力。

约束力　逐一考察将研究对象从物体系中分离出来所必须解除的约束处的约束力，约束力应按前述的约束性质、类型的分析来表示；或依据约束所能限制的运动分析确定，切忌想当然。包含在研究对象内不必解除的约束，不画约束力。

2.13 受力分析拓展案例

（3）注意不考虑自重且只在两点受力的物体，判断其是否为二力杆。

（4）注意作用力与反作用力的关系。若约束力指向待定，则当其中之一假设了指向之后，互相作用的另一个物体上的力，必须按照作用力与反作用力关系画出。

（5）注意各构件受力图与整体受力图中同一约束处约束力的一致性，不可有相互矛盾的指向假设。

§2.5　平面力系的平衡条件

选取研究对象，解除其约束，画出受力图之后，就得到了该研究对象的一个力学模型。这一模型中，重要的不是研究对象的形状、尺寸等，而是作用在物体上的一个力系。若力系中各力和力偶都在同一平面内，则力系称为平面力系（coplanar force system）。下面研究平面力系的简化及其平衡条件。

2.5.1　力的平移与力对点之矩

若力系中各力均汇交于一点，即可求其合力，或者说不难将该力系简化；但实际工程中平面力系中各力一般并不汇交于一点。那么,能否将一个力平行地移到另一点呢? 回答如果是肯定的,则可以方便地讨论平面力系的简化,进而研究其平衡条件。

1. 力的平移定理

作用在刚体上的力 $\boldsymbol{F}$,可以平移到其上任一点,但必须同时附加一力偶,力偶之矩等于力 $\boldsymbol{F}$ 对平移点之矩。

如图 2.20 所示,要将力 $\boldsymbol{F}$ 平移至 O 点,可在 O 点加一对平衡力 $(\boldsymbol{F}', \boldsymbol{F}'')$,使 $\boldsymbol{F}'$ 平行于 $\boldsymbol{F}$,且 $F' = F'' = F$。由于在刚体上加上一对平衡力,并不改变原来的力或力系的作用效果,故变换是等效的。因为 $(\boldsymbol{F}, \boldsymbol{F}'')$ 组成一力偶,则原来的力 $\boldsymbol{F}$ 就等效地变换成为作用在 O 点的力 $\boldsymbol{F}'$ 和力偶 M。显然,力偶矩为 $M_O = F \cdot h$,其大小和正负是与平移点 O 的位置有关的。

2.14 力的平移定理

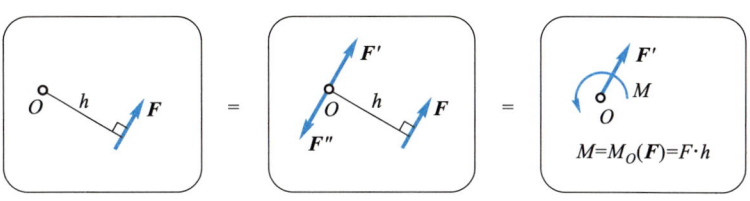

图 2.20 力的平移

2. 力对点之矩(moment of a force about a point)

作用于刚体上的力 $\boldsymbol{F}$ 对刚体的作用效果是使刚体移动。假若如图 2.20 所示,刚体在 O 点由铰链固定,显然可知力 $\boldsymbol{F}$ 还将有使刚体绕 O 点转动的效果。力 $\boldsymbol{F}$ 使刚体绕 O 点转动的效果可用力 $\boldsymbol{F}$ 对 O 点之矩 $M_O(\boldsymbol{F})$ 来度量,利用力的平移定理,力 $\boldsymbol{F}$ 对任一点 O 之矩(力矩)为

$$M_O(\boldsymbol{F}) = \pm F \cdot h \tag{2.7}$$

式中,h 为 O 点(称为力矩中心或简称矩心)到力 $\boldsymbol{F}$ 作用线的垂直距离,称为力臂。正负号仍然表示转动方向,逆时针转动为正。力矩的单位为 $\mathrm{N \cdot m}$ 或 $\mathrm{kN \cdot m}$。

力的作用线到矩心 O 的距离越远,力臂 h 越大,力矩 $M_O(\boldsymbol{F})$ 值越大;力的作用线通过矩心 O,力臂 h 等于零,则力对 O 点之矩为零。

应当注意,与力偶可使刚体转动状态发生改变相比,尽管一个力也有使刚体绕某点转动的效果,但同时还有平移至该点的力作用在刚体上。

例 2.7 试求图 2.21 中力 $\boldsymbol{F}$ 对 O 点之矩。

解:1)按定义 (2.7)式直接求解,有

$$M_O(\boldsymbol{F}) = F \cdot h = F(OA\sin\alpha + AB\cos\alpha + BC\sin\alpha)$$

2)将 $\boldsymbol{F}$ 分解为两个分力 $\boldsymbol{F}_x$、$\boldsymbol{F}_y$,有

$$M_O(\boldsymbol{F}_x) + M_O(\boldsymbol{F}_y) = F\cos\alpha \cdot AB + F\sin\alpha \cdot (OA + BC)$$
$$= M_O(\boldsymbol{F})$$

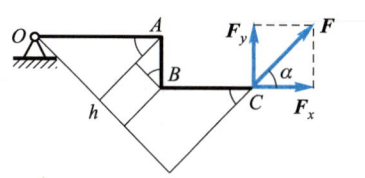

图 2.21 例 2.7 图

可见,合力对某点之矩等于其各分力对该点之矩的代数和,这就是合力矩定理。

从物理意义上说,合力与其各分力对刚体的作用应当是等效的。因此,二者使刚体

绕某点转动的效果(用力矩度量)必然是相同的。

合力矩定理为求力对点之矩提供了另一种方法,在很多情况下可以避免复杂的几何分析。

例 2.8　试求图 2.22 中力 $\boldsymbol{F}$ 对 C 点之矩。

解:先将力 $\boldsymbol{F}$ 分解为 $\boldsymbol{F}_x$、$\boldsymbol{F}_y$,有

$$F_x = F\cos 30°, \qquad F_y = F\sin 30°$$

利用合力矩定理,得到

$$
\begin{aligned}
M_C(\boldsymbol{F}) &= M_C(\boldsymbol{F}_x) + M_C(\boldsymbol{F}_y) \\
&= F_x \times 0.5 \text{ m} - F_y \times 0.2 \text{ m} \\
&= 300 \text{ N} \times 0.866 \times 0.5 \text{ m} - 300 \text{ N} \times 0.5 \times 0.2 \text{ m} \\
&= 99.9 \text{ N} \cdot \text{m}
\end{aligned}
$$

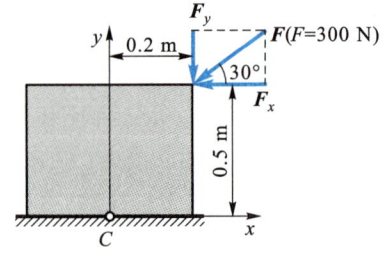

图 2.22　例 2.8 图

2.5.2　平面一般力系的简化

若作用于物体上所有的力(包括力偶)都在同一平面内,则力系称为<u>平面力系</u>。

若平面力系中各力的作用线相互平行,则称为<u>平面平行力系</u>(system of coplanar parallel force),如图 2.23(a)所示。平面平行力系中可以包含力偶。因为对于刚体,力偶在平面内可任意移转,故总可将组成力偶的两个力转动至与其他力相互平行的位置。

若平面力系中各力的作用线汇交于同一点,则称为<u>平面汇交力系</u>(system of coplanar concurrent force)或<u>平面共点力系</u>,如图 2.23(b)所示。平面汇交力系中不能包含力偶,因为组成力偶的两个力不可能共点。

若平面力系中的各力作用线既不相互平行,又不汇交于一点,则其称为<u>平面一般力系</u>。如图 2.23(c)所示。

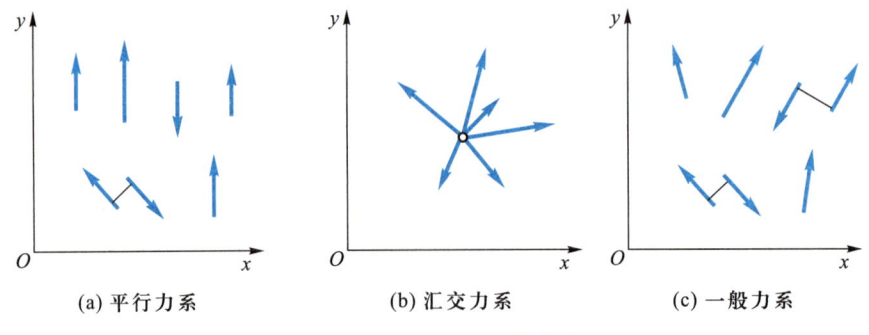

(a) 平行力系　　　　　　　(b) 汇交力系　　　　　　　(c) 一般力系

图 2.23　平面力系及其分类

对于图 2.24(a)所示的平面一般力系,选取任一 O 点作为<u>简化中心</u>,将力系中各力平移至 O 点并附加相应的力偶;由力的平移定理可知,所附加的相应的力偶为各力对简化中心 O 点之矩。于是,得到一个汇交于 O 点的共点力系和一个平面力偶系,如图 2.24(b)所示。

图 2.24(b)中共点力系可合成为一个力 $\boldsymbol{F}_R'$,如 2.1 节所述,由矢量加法得

$$\boldsymbol{F}_R' = \boldsymbol{F}_1 + \boldsymbol{F}_2 + \cdots + \boldsymbol{F}_n = \sum \boldsymbol{F}_i \tag{2.8}$$

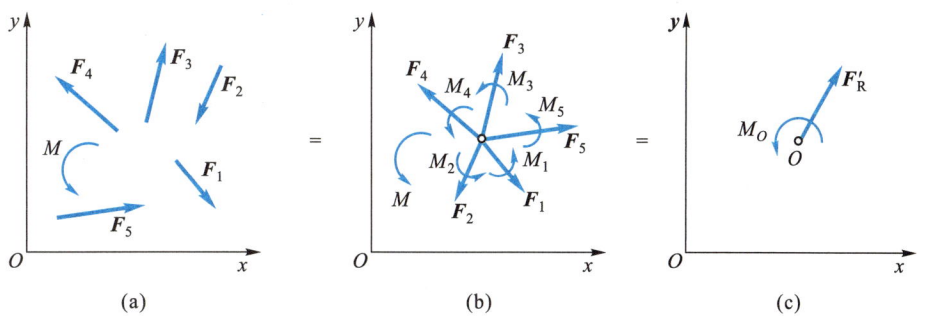

图 2.24 平面一般力系的简化

或用解析法将 $\boldsymbol{F}'_R$ 写为

$$F'_R = \sqrt{F'^2_{Rx} + F'^2_{Ry}} = \sqrt{\left(\sum F_x\right)^2 + \left(\sum F_y\right)^2} \tag{2.9}$$

$$F'_{Rx} = F_{1x} + F_{2x} + \cdots + F_{nx} = \sum F_x \tag{2.10}$$

$$F'_{Ry} = F_{1y} + F_{2y} + \cdots + F_{ny} = \sum F_y \tag{2.11}$$

$\boldsymbol{F}'_R$ 与 x 轴所夹锐角 α 为 $\tan\alpha = \left|F'_{Ry}/F'_{Rx}\right|$，方位由 F'_{Rx}、F'_{Ry} 的正负确定。$\boldsymbol{F}'_R$ 称为原力系的 **主矢**（principal vector），其大小和方向与简化中心 O 点的位置选取是无关的。

必须注意，$\boldsymbol{F}'_R$ 不是原力系的合力。因为与原力系等效的不是 $\boldsymbol{F}'_R$，而是 $\boldsymbol{F}'_R$ 与图 2.24(b) 中平面力偶系的共同作用。

图 2.24(b) 中的平面力偶系可以合成为一个合力偶，合力偶矩 M_O 是各力偶矩的代数和，即

$$M_O = M_O(\boldsymbol{F}_1) + M_O(\boldsymbol{F}_2) + \cdots + M_O(\boldsymbol{F}_n) + M = \sum M_O(\boldsymbol{F}_i) \tag{2.12}$$

$\boldsymbol{M}_O$ 称为原力系对简化中心 O 的 **主矩**（principal moment）。M_O 是原力系中各力对简化中心 O 点之矩再加上原力系中所包含的力偶矩 M 的代数和。注意，原力系中作用于刚体的力偶 $M(\boldsymbol{F}, \boldsymbol{F}')$ 中的两个力，对于任一点 O 之矩就等于该力偶矩，即有 $M = M_O(\boldsymbol{F}) + M_O(\boldsymbol{F}')$，故 (2.12) 式右端已经包含了力系中的各力偶。

显然，由于各力向 O 点平移时所附加的力矩 $M_O(\boldsymbol{F}_i)$ 与 O 点位置有关，主矩 M_O 当然也与简化中心 O 点的位置有关，故均以脚标表示简化中心 O。

讨论 1：平面一般力系简化的最终结果

平面一般力系向简化中心 O 点简化，得到了主矢 $\boldsymbol{F}'_R$ 和主矩 M_O，如图 2.24(c) 所示。若主矢 $\boldsymbol{F}'_R$ 和主矩 M_O 都不等于零，则可逆向利用力的平移定理，将二者进一步合成为一个力。假定最后的合力为 $\boldsymbol{F}_R$，则 $\boldsymbol{F}_R$ 移回 O 点后得到的力和力矩，应分别为 $\boldsymbol{F}'_R$ 和 M_O；故由力的平移定理可知，合力 $\boldsymbol{F}_R$ 的大小应为 $F_R = F'_R$，合力 $\boldsymbol{F}_R$ 的作用线到 O 点的距离应为 $h = \left|M_O\right|/F'_R$；作用线在 O 点的哪一边，则由 M_O 的符号决定，如图 2.25 所示。

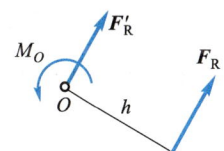

图 2.25 合力的确定

表 2.2 分四种情况讨论了平面一般力系简化的最终结果。

表 2.2   平面一般力系简化的最终结果

情况分类	向 O 点简化的结果		力系简化的最终结果（与简化中心无关）
	主矢 F'_R	主矩 M_O	
1	$F'_R = 0$	$M_O = 0$	平衡状态（力系对物体的移动和转动作用效果均为零）
2	$F'_R = 0$	$M_O \neq 0$	一个力偶（合力偶 M_R），力偶矩 $M_R = M_O$
3	$F'_R \neq 0$	$M_O = 0$	一个力（合力 F_R），合力 $F_R = F'_R$，作用线过 O 点
4	$F'_R \neq 0$	$M_O \neq 0$	一个力（合力 F_R），其大小为 $F_R = F'_R$，F_R 的作用线到 O 点的距离为 $h = \lvert M_O \rvert / F'_R$。$F_R$ 作用在 O 点的哪一边，由 M_O 的符号决定

由表可见，平面一般力系简化的最终结果，只有三种可能：合成为一个力；合成为一个力偶；或为平衡力系。

利用力系简化的方法，可以求得平面任意力系的合力。

例 2.9   图 2.26(a) 所示平面力系中，$F_1 = 1$ kN，$F_2 = F_3 = F_4 = 5$ kN，$M = 3$ kN·m。试求力系的合力。

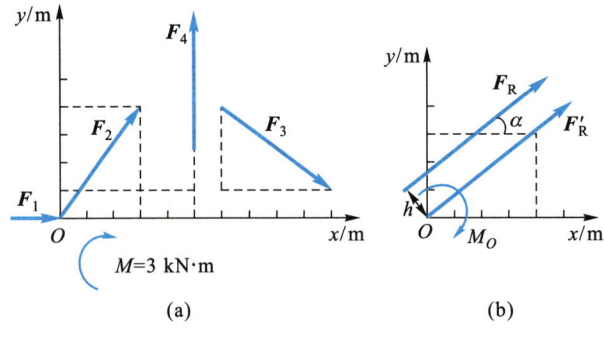

(a)   (b)

图 2.26   例 2.9 图

解：将各力向 O 点简化，主矢为

$$F'_{Rx} = \sum F_x = F_1 + \frac{3}{5}F_2 + \frac{4}{5}F_3 = 1 \text{ kN} + 3 \text{ kN} + 4 \text{ kN} = 8 \text{ kN}$$

$$F'_{Ry} = \sum F_y = \frac{4}{5}F_2 - \frac{3}{5}F_3 + F_4 = 4 \text{ kN} - 3 \text{ kN} + 5 \text{ kN} = 6 \text{ kN}$$

得到力系的主矢为

$$F'_R = \sqrt{F'^2_{Rx} + F'^2_{Ry}} = 10 \text{ kN}$$

主矢 F'_R 与 x 轴的夹角 α 为

$$\tan \alpha = F'_{Ry} / F'_{Rx} = \frac{3}{4}$$

因为 $F'_{Rx} > 0, F'_{Ry} > 0$，故 α 在第一象限。

主矩为

$$
\begin{aligned}
M_O &= \sum M_O(F_i) = -F_{3x} \times 4\ \mathrm{m} - F_{3y} \times 6\ \mathrm{m} + F_4 \times 5\ \mathrm{m} - M \\
&= -4\ \mathrm{kN} \times 4\ \mathrm{m} - 3\ \mathrm{kN} \times 6\ \mathrm{m} + 5\ \mathrm{kN} \times 5\ \mathrm{m} - 3\ \mathrm{kN} \cdot \mathrm{m} \\
&= -12\ \mathrm{kN} \cdot \mathrm{m}
\end{aligned}
$$

因为 $F'_R \neq 0, M_O \neq 0$，故力系可合成为一个合力，且有

$$
F_R = F'_R = 10\ \mathrm{kN}
$$

作用线距简化中心 O 点的距离为

$$
h = |M_O| / F'_R = 12\ \mathrm{kN} \cdot \mathrm{m} / 10\ \mathrm{kN} = 1.2\ \mathrm{m}
$$

注意到 M_O 为负，故合力 $\boldsymbol{F}_R$ 的作用位置应如图 2.26(b) 所示。

讨论 2：同向分布平行力系的合成

图 2.27 所示为作用在梁上的同向分布平行力系。载荷（力）的分布集度（单位长度上作用的力）为 $q(x)$，单位为 N/m 或 kN/m。

为求同向分布平行力系的合力，在距 O 点 x 处取微段 $\mathrm{d}x$，作用在该微段上的力为 $q(x)\mathrm{d}x$。以 O 点为简化中心，将各微段上的力均平移至 O 点，得主矢：

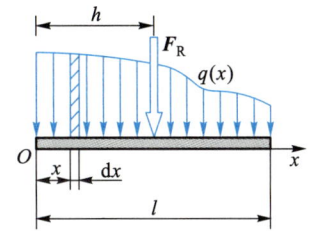
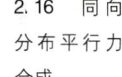

图 2.27　分布平行力系的合成

2. 16　同向分布平行力合成

$$
F'_R = \sum q(x)\mathrm{d}x = \int_0^l q(x)\mathrm{d}x
$$

主矩：

$$
M_O = \sum x q(x)\mathrm{d}x = \int_0^l x q(x)\mathrm{d}x
$$

因为 $F'_R \neq 0$ 且 $M_O \neq 0$，故同向分布平行力系可合成为一个合力 $\boldsymbol{F}_R$，且合力 $\boldsymbol{F}_R$ 的大小为

$$
F_R = F'_R = \int_0^l q(x)\mathrm{d}x \tag{2.13}
$$

(2.13) 式表示合力 $\boldsymbol{F}_R$ 的大小等于分布载荷图形的面积。

合力 $\boldsymbol{F}_R$ 的作用线到 O 点的距离为

$$
h = M_O / F'_R = \int_0^l x q(x)\mathrm{d}x \Big/ \int_0^l q(x)\mathrm{d}x \tag{2.14}
$$

(2.14) 式是分布载荷图形的形心公式，故合力 $\boldsymbol{F}_R$ 的作用线通过分布载荷图形的形心。

因此，同向分布平行力系可合成为一个合力，合力的大小等于分布载荷图形的面积，作用线通过该图形的形心，指向与原力系相同。

图 2.28 给出了几种常见同向分布平行力系的合成结果。图 2.28(a) 是均匀分布载荷，其合力在数值上等于载荷图形（矩形）的面积（$q \cdot l$），作用线通过载荷图形的形心，距两端为 $l/2$。图 2.28(b) 是线性分布载荷，其合力在数值上等于载荷图形（三角形）的面积 $ql/2$，作用线通过载荷图形的形心，即距右端为 $l/3$。分布力系图形复杂时，可以先分成若干部分，各部分分别合成，如图 2.28(c) 和图 2.28(d) 所示，然后求其最终的合力。

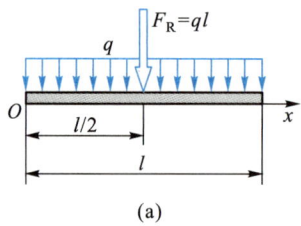

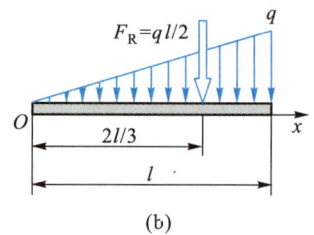

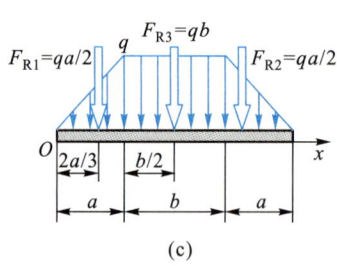

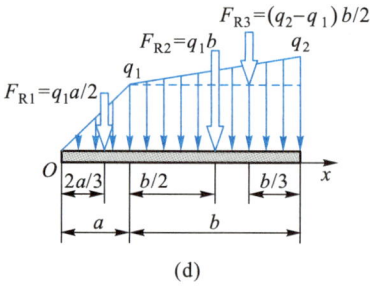

图 2.28   常见载荷图形同向分布平行力系的合成

例 2.10   图 2.29 所示梁上的分布载荷 $q_1 = 0.8$ kN/m，$q_2 = 0.2$ kN/m。试求作用在梁上的合力。

解：将载荷图形分为图示三部分，各自合成为

$$F_{R1} = 0.8 \text{ kN/m} \times 2 \text{ m} = 1.6 \text{ kN，作用线距 } O \text{ 点 } 1 \text{ m}$$
$$F_{R2} = 0.2 \text{ kN/m} \times 3 \text{ m} = 0.6 \text{ kN，作用线距 } O \text{ 点 } 3.5 \text{ m}$$
$$F_{R3} = 0.6 \text{ kN/m} \times 3 \text{ m}/2 = 0.9 \text{ kN，作用线距 } O \text{ 点 } 3 \text{ m}$$

合力的大小为

$$F_R = F_{R1} + F_{R2} + F_{R3} = 3.1 \text{ kN}$$

合力的指向与分布载荷相同。

2.17   例 2.10
分析

设合力 F_R 距 O 点为 x，由合力矩定理有

$$-F_R x = -F_{R1} \times 1.0 \text{ m} - F_{R2} \times 3.5 \text{ m} - F_{R3} \times 3.0 \text{ m}$$
$$= -(1.6 \text{ kN} \cdot \text{m} + 2.1 \text{ kN} \cdot \text{m} + 2.7 \text{ kN} \cdot \text{m})$$
$$= -6.4 \text{ kN} \cdot \text{m}$$

得

$$x = 6.4 \text{ kN} \cdot \text{m}/3.1 \text{ kN} = 2.06 \text{ m}$$

故合力为 $F_R = 3.1$ kN，作用在距 O 点 2.06 m 处，方向向下，如图 2.29 所示。

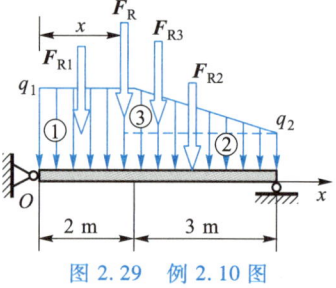

图 2.29   例 2.10 图

例 2.11   如图 2.30 所示，梁上的非线性分布载荷为 $q(x) = 60x^2$ [$q(x)$ 以 N/m 计]。试求其合力 F_R 的大小和作用位置。

解：由 (2.13) 式可知，合力为

$$F_R = \int_0^l q(x) \, \text{d}x = \int_0^2 60x^2 \, \text{d}x = 20x^3 \Big|_0^2 = 160 \text{ N}$$

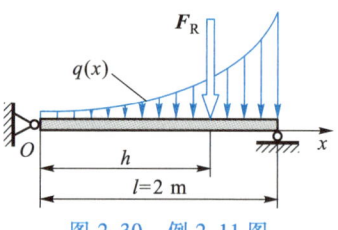

图 2.30   例 2.11 图

设合力 F_R 距 O 点的距离为 h，由（2.14）式有

$$h = \int_0^l xq(x)\,\mathrm{d}x \Big/ \int_0^l q(x)\,\mathrm{d}x$$
$$= (60l^4/4)/(60l^3/3) = 3l/4 = 1.5 \text{ m}$$

2.5.3　平面力系的平衡条件

由 2.5.2 节讨论可知，若物体在平面一般力系作用下处于平衡状态，即移动和转动状态均不发生改变，则其充分和必要条件为力系的主矢 F'_R 和主矩 M_O 都等于零。故由（2.9）式和（2.12）式，可写出平面一般力系的平衡方程为

$$\left.\begin{array}{l} F_{Rx} = \sum F_x = 0 \\[1mm] F_{Ry} = \sum F_y = 0 \\[1mm] \sum M_O(\boldsymbol{F}) = 0 \end{array}\right\} \quad (x \text{ 轴不平行于 } y \text{ 轴}) \qquad (2.15)$$

式中，F_x、F_y 分别是力系中各力在任取的坐标轴 x、y 上的投影，注意力偶对于任一轴的投影的代数和为零，故写力的投影方程时不必考虑力偶。$M_O(\boldsymbol{F})$ 是力系中各力对任取的一点 O（矩心）之矩，力矩方程中必须包括力系中所含的力偶矩。注意力偶矩与矩心的选取位置无关，且等于组成力偶的二力对任一点之矩的代数和，即力偶矩本身。

（2.15）式是平面一般力系平衡方程的基本形式（一力矩式）。满足第一式，表示力系若有合力，则其作用线必垂直于 x 轴（因为其在 x 轴上的投影为零）；满足第二式，表示力系若有合力，则其作用线必垂直于 y 轴。只要 x 轴不平行于 y 轴，力系就不可能合成为一合力。满足第三式（力矩方程），即表示力系不可能合成为一力偶。力系既不可能合成为一力，也不可能合成为一力偶，则必为平衡力系。

平面一般力系平衡方程还可以由下列两种形式表达为

$$\left.\begin{array}{l} \sum F_x = 0 \\[1mm] \sum M_A(\boldsymbol{F}) = 0 \\[1mm] \sum M_B(\boldsymbol{F}) = 0 \end{array}\right\} \quad (A \text{、} B \text{ 连线不垂直于 } x \text{ 轴}) \qquad (2.16)$$

（2.16）式称为二力矩式平衡方程。类似如前分析可知：满足任一力矩方程，则力系不可能合成为一力偶；若力系可简化为一合力，则由第一式知其必垂直于 x 轴，第二式则要求其必过矩心 A 点，而第三式又要求合力过 B 点，故只要 A、B 连线不垂直于 x 轴，就不可能有合力存在，力系必然为平衡力系。

$$\left.\begin{array}{l} \sum M_A(\boldsymbol{F}) = 0 \\[1mm] \sum M_B(\boldsymbol{F}) = 0 \\[1mm] \sum M_C(\boldsymbol{F}) = 0 \end{array}\right\} \quad (A \text{、} B \text{、} C \text{ 三点不共线}) \qquad (2.17)$$

（2.17）式称为三力矩式平衡方程。力系同样不可能合成为一力偶；若力系可简化为一合力，则由第一式知其过 A 点，由第二式则知其必过 B 点，而第三式又要求合力过 C 点，只要 A、B、C 三点不共线，就不可能有合力存在，力系处于平衡状态。

　　注意到上述平衡方程中,投影轴和矩心可任意选取,故可以写出无数个平衡方程。但只要满足了其中一组,其余方程均应自动满足。所以,平面一般力系独立的平衡方程只有三个。

　　上述三组平衡方程,只要所选取的投影轴和矩心满足各自的要求,都是充分的。

　　对于平面汇交力系,取汇交点为矩心,力矩方程将自动满足。因此,独立平衡方程只有两个(x 轴不平行于 y 轴,A、B 点不为力的汇交点),并可写为

$$\left. \begin{array}{l} \sum F_x = 0 \\ \sum F_y = 0 \end{array} \right\} \quad 或 \quad \left. \begin{array}{l} \sum F_x = 0 \\ \sum M_A(F_i) = 0 \end{array} \right\} \quad 或 \quad \left. \begin{array}{l} \sum M_A(F_i) = 0 \\ \sum M_B(F_i) = 0 \end{array} \right\} \qquad (2.18)$$

　　对于平面平行力系,取 x 轴垂直于各力,则关于 x 轴的投影方程自动满足。独立平衡方程也只有两个,并可写为

$$\left. \begin{array}{l} \sum F_y = 0 \\ \sum M_A(F_i) = 0 \end{array} \right\} \quad 或 \quad \left. \begin{array}{l} \sum M_A(F_i) = 0 \\ \sum M_B(F_i) = 0 \end{array} \right\} \quad (A、B \text{ 连线不垂直于 } x \text{ 轴}) \qquad (2.19)$$

　　由力系的平衡条件,可以得到关于简单力系平衡问题的如下推论:

　　推论一　二力平衡必共线。

　　如图 2.31 所示,若有不共线的二力 F_1、F_2 作用在物体上,则取其中任一力作用线上的任一点 O(二力交点除外)为矩心,必有 $\sum M_O(F_i) \neq 0$,故**二力平衡必共线**。

　　推论二　三力平衡必共点。

　　如图 2.32 所示,有三个力 F_1、F_2、F_3 作用在物体上,若其中有两个力交于某点 O,而第三力不过 O 点,则必有 $\sum M_O(F_i) \neq 0$。故**三力平衡时,若有二力相交,则第三力必过此交点**。

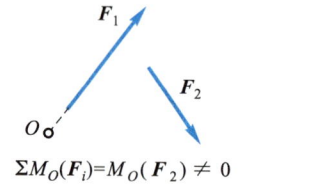

$$\sum M_O(F_i) = M_O(F_2) \neq 0$$

图 2.31　二力平衡必共线

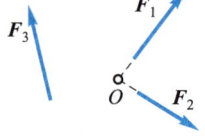

$$\sum M_O(F_i) = M_O(F_3) \neq 0$$

图 2.32　三力平衡必共点

　　例 2.12　试确定图 2.33 中铰链 A 处约束力的方向。

　　解: 构件 AB 上作用着外力 F,B 处为滚动铰,约束力 F_B 的作用线垂直于其支承面,如图 2.33 所示。A 处为固定铰,其约束力 F_A 的指向一般不能确定(故通常是用两个垂直分量表示的)。

　　在本题中,构件 AB 处于平衡状态,作用在 AB 上的只有 F、F_A、F_B 三个力,此三力组成平衡力系。设力 F 和力 F_B 作用线的交点为 C,由平衡方程必有

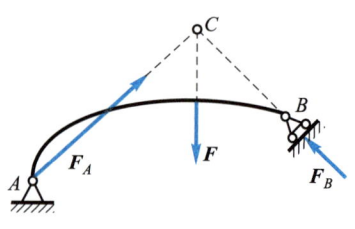

图 2.33　例 2.12 图

$$\sum M_C(\boldsymbol{F}) = M_C(\boldsymbol{F}_A) = 0$$

所以,A 处约束力 $\boldsymbol{F}_A$ 的作用线必过其余二力的交点 C。

小　结

本章要求深入理解力、力偶、约束三个最基本的概念;具备计算力的投影、力对点之矩和画受力图三种基本能力;掌握并熟练应用合力投影定理、合力矩定理及力的平移定理三个基本定理;正确列出平面一般力系、汇交力系及平行力系情况下的三组平衡方程。主要内容如下。

1. 刚体静力学研究的基本内容是受力分析、力系的平衡条件及利用平衡条件解决工程实际中的问题。

2.18　第二章知识图谱

2. 力是矢量。可用矢量加法规则求和,即有

几何法(平行四边形法则):

$$\boldsymbol{F}_R = \boldsymbol{F}_{R1} + \boldsymbol{F}_{R2} + \cdots + \boldsymbol{F}_{Rn}$$

或解析法:

$$F_{Rx} = F_{1x} + F_{2x} + \cdots + F_{nx} = \sum F_x$$

$$F_{Ry} = F_{1y} + F_{2y} + \cdots + F_{ny} = \sum F_y$$

合力的大小和方向则为

$$F_R = \sqrt{F_{Rx}^2 + F_{Ry}^2} = \sqrt{\left(\sum F_x\right)^2 + \left(\sum F_y\right)^2}$$

$$\tan \alpha = \left|\frac{F_{Ry}}{F_{Rx}}\right| = \left|\frac{\sum F_y}{\sum F_x}\right|$$

3. 只在两点受力而处于平衡状态的无重杆(或构件),是二力杆(或构件)。

4. 力偶的作用效应是使刚体在其作用平面内的转动状态发生改变,用力偶矩 M 度量。

$$M = M(\boldsymbol{F}, \boldsymbol{F}') = \pm F \cdot h$$

力偶矩 M 是代数量。平面力偶系的合力偶矩等于各力偶之矩的代数和($M = \sum M_i$)。

5. 限制物体运动的周围物体称为约束。约束力的作用方向与其所能限制的运动方向相反。

6. 正确画出受力图的一般步骤归纳为图 2.34 所示。

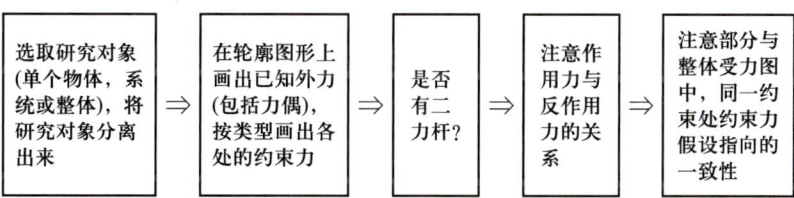

图 2.34　正确画出受力图的一般步骤

7. 力 F 对任一点 O 之矩（力矩）为 $M_o(F) = \pm F \cdot h$。力臂 h 是点 O（矩心）到力 F 作用线的垂直距离，力矩是代数量。合力对某点之矩等于其分力对该点之矩的代数和。

8. 作用在刚体上的力 F，可以平移到其上任一点，但必须同时附加一力偶，力偶之矩等于力 F 对平移点之矩。

9. 平面一般力系简化的最终结果，只有三种可能：合成为一力、合成为一力偶或为平衡力系。

10. 同向分布平行力系可合成为一个合力，合力的大小等于分布载荷图形的面积，作用线通过分布载荷图形的形心，指向与原力系相同。

11. 平面力系的平衡方程（基本形式）为

一般力系：

$$\sum F_x = 0$$

$$\sum F_y = 0$$

$$\sum M_o(F) = 0$$

汇交力系：

$$\sum F_x = 0$$

$$\sum F_y = 0$$

平行力系：

$$\sum F_y = 0$$

$$\sum M_o(F) = 0$$

2.19　第二章知识点测试题

2.20　第二章知识点测试题答案

思 考 题

2.1　力在任一轴上的投影可否求得？力沿任一轴的分力可否求得？

2.2　合力是否一定大于分力？

2.3　运动可以直接观测，变形也可以直接观测，力是否可以直接观测？

2.4　力可以在刚体内沿其作用线移动。试判断下列各图的分析是否正确。

（a）F 在原位置的架梯整体受力图；

（b）F 移至 K 点后的整体受力图；

（c）杆 DE 的受力图；

（d）F 移至 K 点后杆 DE 的受力图。

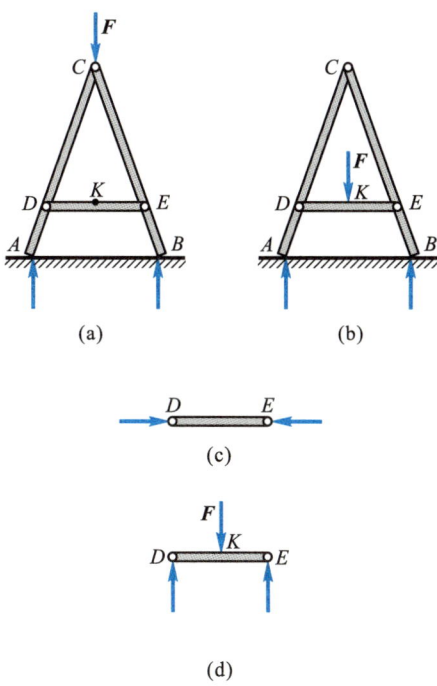

思考题 2.4 图

2.5　用分布力系的合力代替分布力,进行受力分析。试判断下列各图的分析是否正确。

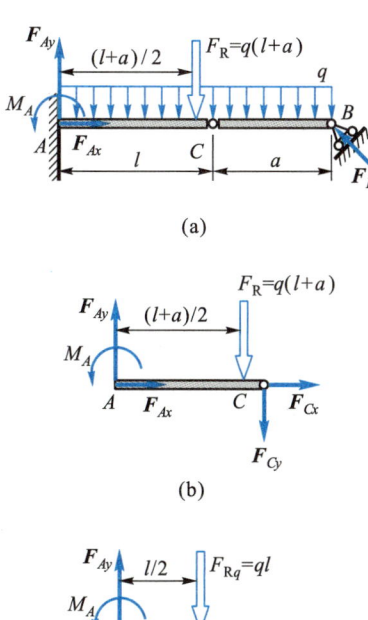

思考题 2.5 图

2.6 对于图中力系，试判断所列平衡方程组是否必要且充分。请说明理由。

(a)

$$\sum F_x = 0$$

$$\sum M_O(\boldsymbol{F}) = 0$$

$$\sum M_A(\boldsymbol{F}) = 0$$

(b)

$$\sum F_y = 0$$

$$\sum M_O(\boldsymbol{F}) = 0$$

$$\sum M_A(\boldsymbol{F}) = 0$$

(c)

$$\sum M_O(\boldsymbol{F}) = 0$$

$$\sum M_A(\boldsymbol{F}) = 0$$

$$\sum M_C(\boldsymbol{F}) = 0$$

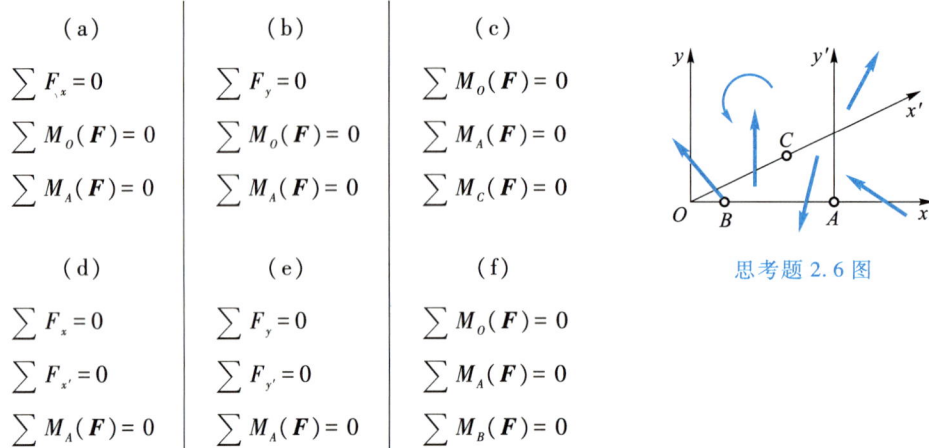

思考题 2.6 图

(d)

$$\sum F_x = 0$$

$$\sum F_{x'} = 0$$

$$\sum M_A(\boldsymbol{F}) = 0$$

(e)

$$\sum F_y = 0$$

$$\sum F_{y'} = 0$$

$$\sum M_A(\boldsymbol{F}) = 0$$

(f)

$$\sum M_O(\boldsymbol{F}) = 0$$

$$\sum M_A(\boldsymbol{F}) = 0$$

$$\sum M_B(\boldsymbol{F}) = 0$$

2.7 观察工程中的工程结构，举例并解释工程结构中的约束形式。

习 题

2.1 试求图中作用在托架上的合力 $\boldsymbol{F}_R$。

2.2 已知 $F_1 = 7$ kN，$F_2 = 5$ kN。试求图中作用在耳环上的合力 $\boldsymbol{F}_R$。

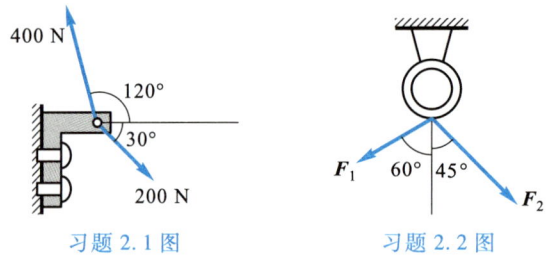

习题 2.1 图   习题 2.2 图

2.3 试求图中汇交力系的合力 $\boldsymbol{F}_R$。

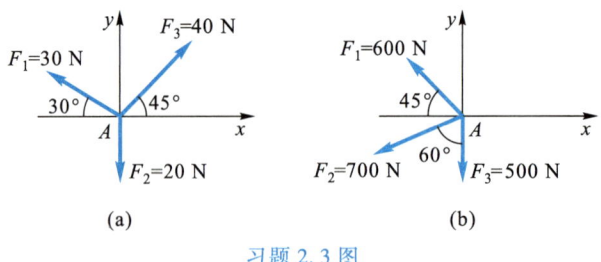

(a)   (b)

习题 2.3 图

2.4 试求图中力 $\boldsymbol{F}_2$ 的大小和其方向角 α。使（1）合力 $F_R = 1.5$ kN，方向沿 x 轴；（2）合力为零。

2.5 二力作用如图，$F_1 = 500$ N，为提起木桩，欲使垂直向上的合力为 $F_R = 750$ N。试求力 $\boldsymbol{F}_2$ 的大小和角 α。

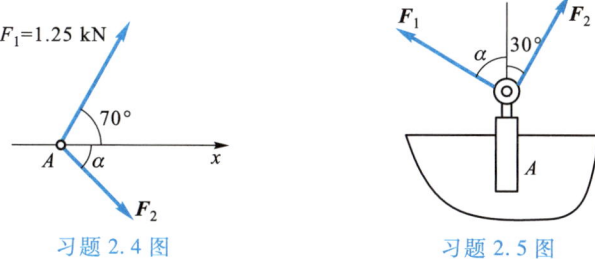

习题 2.4 图　　　　　　　习题 2.5 图

2.6　画出图中各物体的受力图。

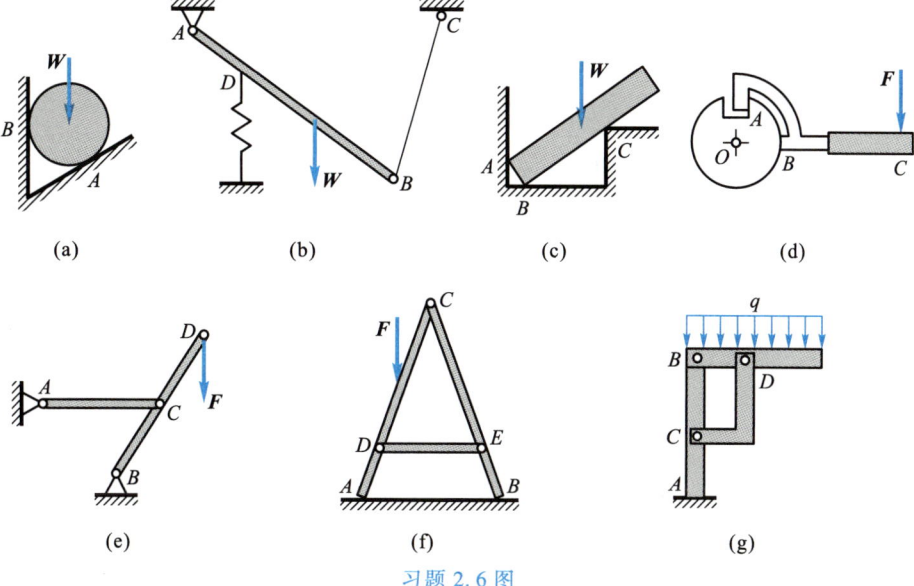

习题 2.6 图

2.7　试画出图中各物体的受力图。

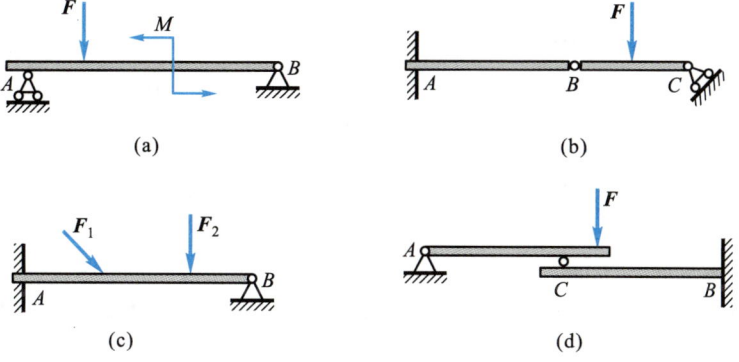

习题 2.7 图

2.8   试计算图中各种情况下力 F 对 O 点之矩。

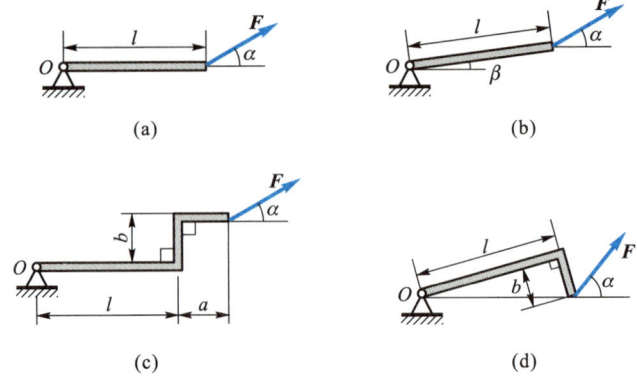

(a)   (b)

(c)   (d)

习题 2.8 图

2.9   试求图中力系的合力 F_R 及其作用位置。

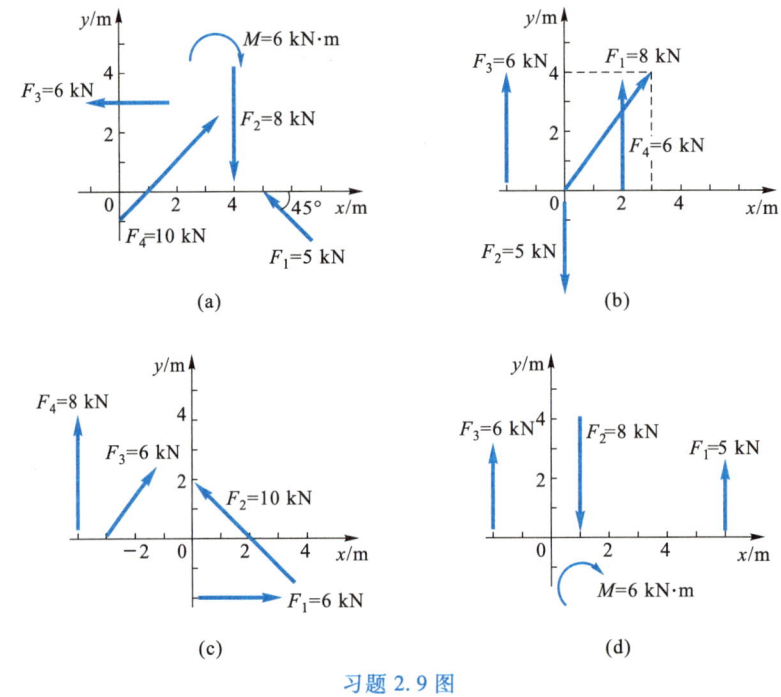

(a)   (b)

(c)   (d)

习题 2.9 图

2.10   试求图中作用在梁上的分布载荷的合力 F_R 及其作用位置。

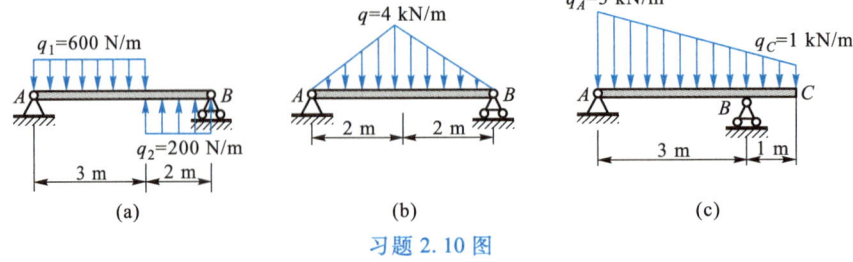

(a)   (b)   (c)

习题 2.10 图

2.11　图示悬臂梁 AB 上作用着分布载荷,$q_1 = 400$ N/m,$q_2 = 900$ N/m,若欲使作用在梁上的合力为零,试求尺寸 a、b 的大小。

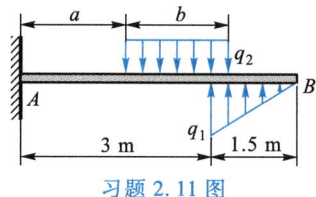

习题 2.11 图

第三章　静力平衡问题

前一章讨论了刚体静力学的基本概念和理论,建立了平面一般力系的平衡条件,其目的是要解决工程中常见的静力平衡问题。

工程中常见的基本静力平衡问题,一般可分为两类:一类是完全被约束住的物体或物体系统,此时,物体或物体系统没有运动的可能,处于平衡状态,在已知外载荷的作用下,求约束力;另一类是未被完全约束住的物体或物体系统。此时,物体或物体系统有某种运动的可能,必须满足平衡条件才能处于平衡状态,求解平衡时外载荷所应满足的条件及约束力。

本章讨论静力平衡问题的求解。

3.1　静力平衡问题(1)

§3.1　平面力系的平衡问题

3.2　静力平衡问题(2)

3.1.1　平面力系平衡问题的分析方法

下面先看若干例题,以弄清平面力系平衡问题的一般分析方法。

3.3　例3.1分析

例3.1　试求图3.1所示结构中铰链 A、B 处的约束力。

解:1)取系统整体为研究对象。画受力如图所示。固定铰 A 处约束力用 F_{Ax}、F_{Ay} 表示。

注意到 BC 为二力杆,固定铰约束力 F_B 作用线沿 BC 两点连线,指向假设如图所示。

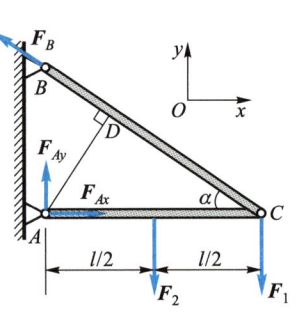

图3.1　例3.1图

2)取参考坐标如图所示,列平衡方程,由 $\sum F_x = 0$:

$$F_{Ax} - F_B \cos \alpha = 0 \tag{1}$$

由 $\sum F_y = 0$:

$$F_{Ay} + F_B \sin \alpha - F_1 - F_2 = 0 \tag{2}$$

取 A 点为矩心,由 $\sum M_A(\boldsymbol{F}) = 0$ 有

$$F_B l \sin \alpha - F_1 l - F_2 l/2 = 0 \tag{3}$$

注意,矩心取在两未知力交点 A 处,力矩方程中只有 1 个未知量,可直接求解。

3)解方程。得到

$$F_B = \frac{F_1 + F_2/2}{\sin \alpha}, \quad F_{Ax} = \frac{F_1 + F_2/2}{\tan \alpha}, \quad F_{Ay} = \frac{F_2}{2}$$

作为验算,可任意再写 1 个不独立的平衡方程,看是否满足。如:

$$\sum M_B(\boldsymbol{F}) = F_{Ax}l\tan\alpha - F_2l/2 - F_1l = (F_1+F_2/2)l - F_2l/2 - F_1l = 0$$

结果正确。

例 3.2 试求图 3.2 所示梁 AB 所受的约束力。

解:1)画受力图。固定铰 A 处约束力为 $\boldsymbol{F}_{Ax}$、$\boldsymbol{F}_{Ay}$,滚动铰 B 处约束力为 $\boldsymbol{F}_{By}$,分布载荷 q 可用其合力 $\boldsymbol{F}_{Rq}$ 代替,$\boldsymbol{F}_{Rq}$ 的大小等于分布载荷图形面积 $qa/2$;$\boldsymbol{F}_{Rq}$ 的作用线过图形形心,距 A 点 $a/3$。

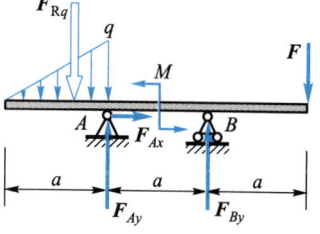

图 3.2 例 3.2 图

2)列平衡方程:

$$\sum F_x = F_{Ax} = 0 \tag{1}$$

$$\sum F_y = F_{Ay} + F_{By} - F - F_{Rq} = 0 \tag{2}$$

$$\sum M_A(\boldsymbol{F}) = F_{Rq}a/3 + M + F_{By}a - 2Fa = 0 \tag{3}$$

3)注意到 $F_{Rq} = qa/2$,代入上述方程求解得

$$F_{Ax} = 0, \quad F_{By} = 2F - \frac{1}{6}qa - \frac{M}{a}, \quad F_{Ay} = \frac{2}{3}qa - F + \frac{M}{a}$$

验算:

$$\sum M_B(\boldsymbol{F}) = (4a/3)F_{Rq} + M - F_{Ay}a - Fa = 2qa^2/3 + M - 2qa^2/3 + Fa - M - Fa = 0$$

结果正确。

如果 $F = 30$ kN,$q = 6$ kN/m,$M = 30$ kN·m,$a = 3$ m,代入上述结果后知约束力为

$$F_{By} = 2\times30 \text{ kN} - 6 \text{ kN/m}\times3 \text{ m}/6 - 30 \text{ kN·m}/3 \text{ m} = 47 \text{ kN}$$

$$F_{Ay} = 2\times6 \text{ kN/m}\times3 \text{ m}/3 - 30 \text{ kN} + 30 \text{ kN·m}/3 \text{ m} = -8 \text{ kN}$$

故知:$F_{By} = 47$ kN,力的指向如图所示;$F_{Ay} = -8$ kN,即其大小为 8 kN,但指向与图中假设的方向相反。

例 3.3 夹紧装置如图 3.3(a)所示。设各处接触均为光滑接触,试求力 $\boldsymbol{F}$ 作用下工件 C 所受到的夹紧力。

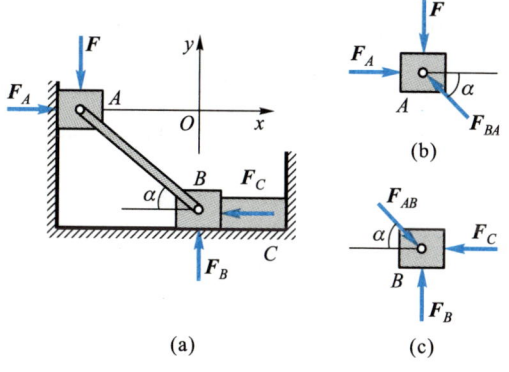

图 3.3 例 3.3 图

解：取 A、B 滑块和杆 AB 组成的系统为研究对象，画受力图。各光滑约束处约束力均为压力。$\boldsymbol{F}_C$ 是工件 C 作为约束的约束力，工件 C 所受到的压力是 $\boldsymbol{F}'_C = -\boldsymbol{F}_C$。因此，需要求的是 $\boldsymbol{F}_C$。

由系统整体受力图，可列平衡方程为

$$\sum F_y = F_B - F = 0, \quad F_B = F$$

$$\sum M_A(\boldsymbol{F}) = F_B \cdot AB\cos\alpha - F_C \cdot AB\sin\alpha = 0, \quad F_C = F\cot\alpha$$

可见 α 越小，夹紧力越大。

讨论 1：若将矩心取在 $\boldsymbol{F}_A$、$\boldsymbol{F}_B$ 二未知力交点 O 处，则由力矩方程直接可得

$$\sum M_O(\boldsymbol{F}) = F \cdot AB\cos\alpha - F_C \cdot AB\sin\alpha = 0, \quad F_C = F\cot\alpha$$

讨论 2：分别取 A、B 二滑块为研究对象，先研究 A 滑块的平衡，受力如图 3.3（b）所示。已知 F，由汇交力系的 2 个平衡方程可求得 F_A、F_{BA}；再研究 B 滑块的平衡，由作用力与反作用力关系知 $\boldsymbol{F}_{AB} = -\boldsymbol{F}_{BA}$，即可求得 F_B 和 F_C。

为求 F_C，只需分别列出如下平衡方程：

由 A 滑块的受力图，有

$$F_{BA}\sin\alpha - F = 0$$

得

$$F_{BA} = F/\sin\alpha$$

由 B 滑块的受力图，有

$$F_{AB}\cos\alpha - F_C = 0$$

得

$$F_C = F_{AB}\cos\alpha = F\cot\alpha$$

结果是相同的。

例 3.4　梁 ACB 如图 3.4 所示，梁上起重小车自重 $W = 50\ \text{kN}$，吊重 $P = 10\ \text{kN}$，$a = 1\ \text{m}$。试求 A、B 处的约束力。

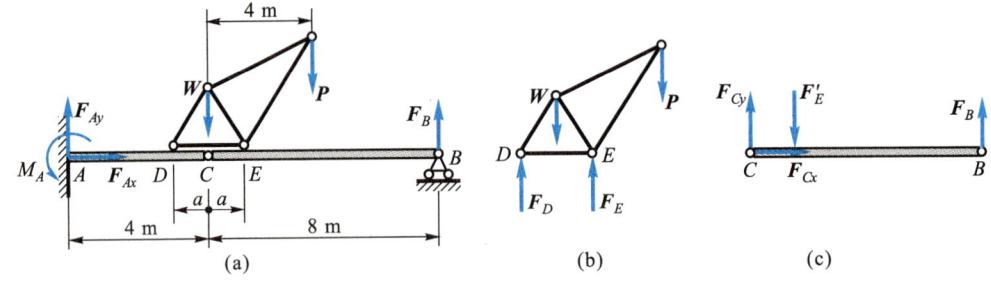

图 3.4　例 3.4 图

解：1）取系统整体为研究对象，画受力图如图 3.4（a）所示。

2）列平衡方程，有

$$\sum F_x = F_{Ax} = 0 \tag{1}$$

$$\sum F_y = F_{Ay} + F_B - P - W = 0 \tag{2}$$

$$\sum M_A(\boldsymbol{F}) = M_A + F_B \times 12\ \text{m} - W \times 4\ \text{m} - P \times 8\ \text{m} = 0 \tag{3}$$

由(1)式知,$F_{Ax}=0$。剩余的 2 个方程中含 F_{Ay}、F_B 和 M_A 共 3 个未知约束力,不足以求解。

3) 取小车为研究对象,画受力图如图 3.4(b)所示。

列平衡方程,有

$$\sum M_D(\boldsymbol{F}) = F_E \times 2\ \text{m} - W \times 1\ \text{m} - P \times 5\ \text{m} = 0$$

故有

$$F_E = (50\ \text{kN} + 50\ \text{kN})/2 = 50\ \text{kN}$$

有

$$\sum F_y = F_D + F_E - W - P = 0$$
$$F_D = W + P - F_E = 10\ \text{kN}$$

仍然还不能解出 F_{Ay}、F_B 和 M_A 这 3 个未知约束力。

4) 再取 BC 梁为研究对象,画受力图如图 3.4(c)所示,求 F_B。平衡方程为

$$\sum M_C(\boldsymbol{F}) = F_B \times 8\ \text{m} - F'_E \times 1\ \text{m} = 0$$

解得

$$F_B = F'_E/8 = 6.25\ \text{kN}$$

5) 将 $F_B = 6.25\ \text{kN}$ 代入(2)式、(3)式,即可求得

$$F_{Ay} = P + W - F_B = (50 + 10 - 6.25)\text{kN} = 53.75\ \text{kN}$$
$$M_A = W \times 4\ \text{m} + P \times 8\ \text{m} - F_B \times 12\ \text{m}$$
$$= 4\ \text{m} \times 50\ \text{kN} + 8\ \text{m} \times 10\ \text{kN} - 12\ \text{m} \times 6.25\ \text{kN}$$
$$= 205\ \text{kN} \cdot \text{m}$$

归纳一下,求解平面力系平衡问题的一般方法和步骤如下:

(1) 弄清题意,标出已知量。

(2) 画出整体受力图,列出平衡方程,分析是否足以求解。当未知量多于独立平衡方程个数而不足以求解时,选择适当的补充研究对象进一步研究。

(3) 按前述方法,认真画好所取补充研究对象的受力图,这是十分重要的。

(4) 选取适当的坐标轴和矩心,写出投影平衡方程和力矩平衡方程。使投影轴垂直于未知力,将矩心选取在未知力的交点处,可以减少平衡方程中出现的未知量的个数。力的投影和力矩均为代数量,注意其正、负。

(5) 平面一般力系有 3 个独立平衡方程,平行、汇交力系的独立平衡方程为 2 个。不独立的平衡方程可用作验算。

3.1.2　静不定问题的概念

前面讨论的平面力系平衡问题,都是未知量的数目等于独立平衡方程数目的问题,这类问题仅由静力平衡方程即可解决,称为静定问题(statically determinate problem)。

　　当物体系统在力系的作用下处于平衡状态时,系统中的每一个物体都必须处于平衡状态。在平面力系作用下,一个物体处于平衡状态,可写出 3 个平衡方程;由 n 个物体所组成的、完全约束住的物体及系统,在平面力系作用下处于平衡状态时,共可写出 $3n$ 个平衡方程。如果约束力未知量也为 $3n$ 个,则问题是静定的。

　　对于被完全约束住的物体及系统,如例 3.1 中,系统共有 2 根杆件,各可列出 3 个独立平衡方程;其约束为 A、B、C 三处铰链,约束力各有 2 个未知量。6 个平衡方程求解 6 个未知量,故问题可以得到唯一确定的解答。例 3.1 中,若将 BC 杆视为二力杆,则 B、C 处约束力的作用线可依据二力杆而定,约束力的未知量减少了 2 个;但此时作用在 BC 杆上的力系是共线的,独立平衡方程也减少 2 个;故问题的未知约束力为 4 个,独立平衡方程也有 4 个,还是静定问题。例 3.2 中,AB 杆受平行力系作用,有 $F_{Ax}=0$,未知约束力为 2 个,平行力系的平衡方程也只有 2 个,仍然是静定问题。

　　对于未被完全约束住的物体及系统,约束力未知量的数目若少于独立平衡方程数,则物体有运动的可能。如例 3.4,组成系统的有 AC、CB 梁和小车 3 个物体,9 个独立平衡方程,但约束力只有 8 个。显然,小车上的外载荷若不平行于 y 轴,则将沿水平方向发生运动。

　　例 3.4 中小车上的外载荷平行于 y 轴,则小车受平行力系作用;若 AC、CB 梁是平面一般力系,则 3 个物体共有 8 个独立平衡方程;约束力也为 8 个,可视为静定问题。本题中整个物体系统是在平行于 y 轴的平行力系作用下处于平衡状态的,故 3 个物体只能列出 6 个独立平衡方程;未知约束力在 A 处有 2 个(F_{Ay} 和 M_A,注意此时 $F_{Ax}=0$);C 处 1 个(F_{Cy},注意同样有 $F_{Cx}=0$);加上 B、D、E 处约束力各 1 个,共 6 个,仍然是静定问题。可见,未完全约束的物体及系统,在某些特殊受力情况下,可以是静定问题。

　　对于被完全约束住的物体或系统,如果约束力的数目多于可写出的独立平衡方程数,则问题的解答不能仅由平衡方程获得。这类问题称为静不定问题(statically indeterminate problem)或超静定问题。

　　一般地,由 n 个物体所组成的物体系统,独立平衡方程数为 $3n$;设未知约束力数为 m 个,则若 $m<3n$,是未完全约束的物体系统;若 $m=3n$,是静定问题;若 $m>3n$,则是静不定问题。

　　约束力数 m 与独立平衡方程数 $3n$ 两者之差 $m-3n$,称为静不定的次数。对于如图 3.5(a)所示之平面力系问题,约束力有 4 个,独立平衡方程只有 3 个,是一次静不定问题。图 3.5(b)中物体两端固定,有 6 个约束力未知,独立平衡方程也只有 3 个,故是三次静不定问题。静不定问题的求解需要研究物体的变形,将在以后讨论。

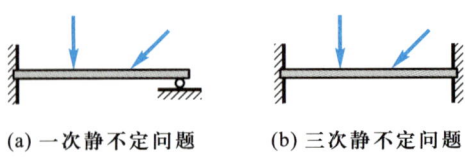

(a) 一次静不定问题　　　　(b) 三次静不定问题

图 3.5　静不定问题

§3.2　含摩擦的平衡问题

前面的讨论中,物体间接触表面都被看作是绝对光滑的。事实上,接触面绝对光滑是不可能的,在接触面间多少总有摩擦(friction)存在。摩擦会给物体间的机械运动带来阻力,消耗能量,降低效率,这是其不利的一面;利用摩擦进行传动(如带轮)、驱动(车辆)、制动(刹车),这是其有利的一面。因此,应当加以研究。

3.2.1　静滑动摩擦

摩擦是两物体接触表面间有相对运动(或运动趋势)时的阻碍作用。两物体接触表面间有相对滑动(或滑动趋势)时的阻碍作用,称为滑动摩擦(sliding friction);两物体接触表面间有相对滚动(或滚动趋势)时的阻碍作用,称为滚动摩擦。与滚动摩擦相比,滑动摩擦的阻碍作用大得多,故在此仅讨论滑动摩擦。两物体接触表面间有相对滑动时的阻碍作用,称为动滑动摩擦;两物体接触表面间只有相对滑动趋势而并未发生滑动时的阻碍作用,称为静滑动摩擦(static sliding friction)。本节主要讨论静滑动摩擦。

设有 A 物体置于 B 物体上,如图 3.6(a)所示。当 A 物体受法向力 F_L 和切向力 F_T 作用时,若接触面是绝对光滑的,则无论 F_T 如何小,物体都将发生沿切向的滑动。事实上,接触面并非绝对光滑,力 F_T 较小的时候,物体并不发生滑动。这是因为,有摩擦力 F 起着阻碍作用。A 物体的受力如图 3.6(b)所示。

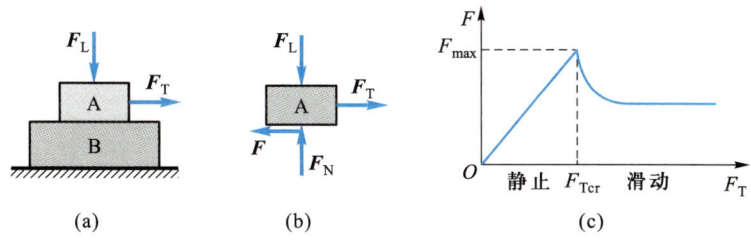

图 3.6　滑动摩擦

当滑动尚未发生,A 物体仍处于静止(平衡)时,沿切向的平衡方程 $\sum F_x = 0$ 给出

$$\sum F_x = F_T - F = 0 \quad \Rightarrow \quad F = F_T$$

即相对滑动尚未发生前,摩擦力 F 由平衡方程确定,F 沿接触面切向且指向与运动趋势相反的方向。只要滑动没有发生,就有 $F = F_T$;随着 F_T 增大,摩擦力 F 也增大,直到 F_T 到达某临界值 F_{Tcr} 时,$F = F_{cr} = F_{max}$,这是临界状态;若 $F_T > F_{Tcr}$,则物体发生滑动。故摩擦力 F 也是一种被动力,它阻碍物体的运动,但不能完全约束物体的运动。可以表示为

$F_T = 0$,　　静止,无运动趋势;　　静摩擦力:　　　　$F = 0$

$F_T < F_{Tcr}$,　　静止,有运动趋势;　　静摩擦力:　　　　$F = F_T$

$F_T = F_{Tcr}$,　　临界状态;　　　　　最大静摩擦力:　$F = F_T = F_{Tcr} = F_{max}$

$F_T > F_{Tcr}$,　　运动状态;　　　　　动摩擦力:　　　　一般有 $F < F_{max}$

F_T-F 关系如图 3.6(c)中曲线所示。

我们主要关心的是临界状态。实验研究的结果表明，临界状态下接触面间的最大静（滑动）摩擦力与法向约束力的大小成正比，即

$$F_{\max} = f_s F_{\mathrm{N}} \tag{3.1}$$

式中，f_s 是静摩擦因数，F_{N} 是接触面间的法向约束力，摩擦力沿接触面切向且指向与运动趋势相反的方向。

静摩擦因数 f_s 与两接触面材料和润滑情况有关，与接触面积无关。表 3.1 列出了若干常用参考值。

表 3.1   常用材料的摩擦因数参考值

材料	摩擦因数			
	静摩擦因数 f_s		动摩擦因数 f	
	无润滑剂	有润滑剂	无润滑剂	有润滑剂
钢−钢	0.15	0.10~0.12	0.15	0.05~0.10
钢−铸铁	0.30	—	0.18	0.05~0.15
铸铁−铸铁	—	0.18	0.15	0.07~0.12
皮革−铸铁	0.30~0.50	0.15	0.60	0.15
橡胶−铸铁	—	—	0.80	0.50
木材−木材	0.40~0.60	0.10	0.20~0.50	0.07~0.15

3.2.2   含摩擦的平衡问题的分析方法

考虑摩擦时的平衡问题有如下特点：

（1）问题中含有可能发生相对滑动的摩擦面。

（2）受力图中应包括摩擦力，摩擦力沿滑动面切向，指向与物体运动趋势相反的方向。

（3）两物体接触面间的摩擦力，也是相互作用的作用力与反作用力。

（4）考虑可能发生滑动的临界状态，并由此判断摩擦力指向。

（5）列平衡方程求解时，有补充方程 $F_{\max} = f_s F_{\mathrm{N}}$，$F_{\mathrm{N}}$ 为滑动接触面上的法向约束力。

讨论含摩擦的平衡问题时，应当注意分析将要发生滑动的临界状态。下面通过若干例题来讨论考虑摩擦时平衡问题的分析与求解方法。

例 3.5   某刹车装置如图 3.7 所示。作用在半径为 r 的制动轮 O 上的力偶的力偶矩为 M，摩擦面到刹车手柄中心线间的距离为 e，摩擦块 C 与轮子接触表面间

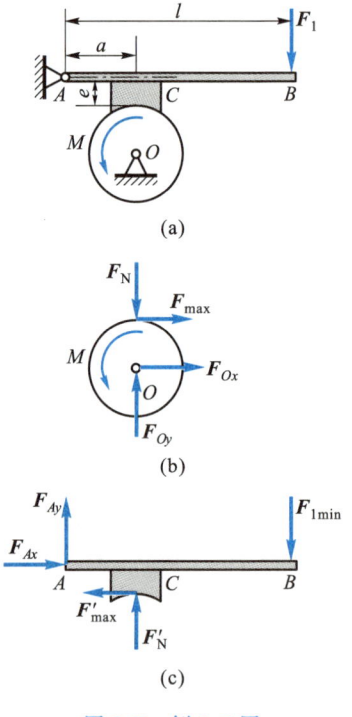

图 3.7   例 3.5 图

的静摩擦因数为 f_s。试求制动所必需的最小作用力 F_{1min}。

解：要求 F_1 最小而制动，摩擦力应达到最大，讨论摩擦力到达最大值 F_{max} 时的临界状态。

1）取轮 O 为研究对象，画受力图。摩擦力 F 沿接触面切向且阻止轮 O 逆时针转动，故其指向应与轮 O 欲滑动的方向相反，如图 3.7(b) 所示。在临界状态下，有平衡方程

$$\sum M_O(F) = M - F_{max}r = 0 \tag{1}$$

2）再研究制动杆的平衡，其受力如图 3.7(c) 所示。

注意 (F_N, F_N')、(F_{max}, F_{max}') 间的作用力与反作用力关系，有平衡方程

$$\sum M_A(F) = F_N a - F_{max}e - F_{1min}l = 0 \tag{2}$$

和摩擦补充方程

$$F_{max} = f_s F_N \tag{3}$$

由(1)式、(3)式可得到

$$F_N = F_{max}/f_s = M/(f_s r)$$

再代入(2)式，即可求得

$$F_{1min} = [Ma/(f_s r) - Me/r]/l = M(a - f_s e)/(f_s rl)$$

故制动的要求是

$$F_1 > F_{1min} = M(a - f_s e)/(f_s rl)$$

可见，杆越长，轮直径越大，静摩擦因数越大，刹车越省力。

注意，由上述两个研究对象的受力图还可各列出 2 个独立平衡方程，由这些平衡方程可以求出 O、A 两铰链处的约束力 F_{Ox}、F_{Oy} 和 F_{Ax}、F_{Ay}。

例 3.6　图 3.8 所示机构中，悬臂可沿立柱滑动，静摩擦因数为 f_s。为保证悬臂不会被卡住，试确定力 F 的作用位置。

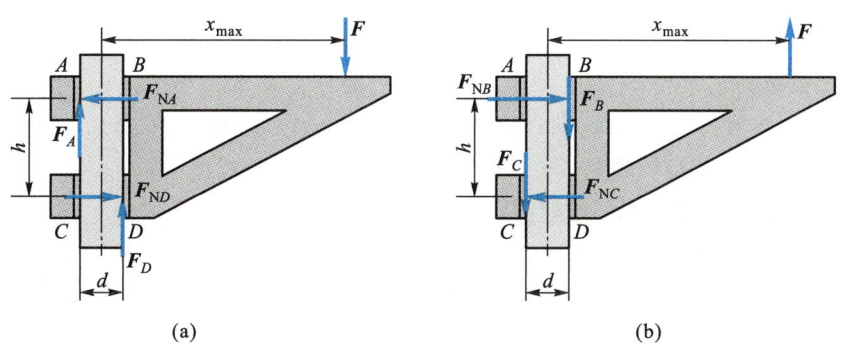

(a)　　　　　　　　　　　　　　(b)

图 3.8　例 3.6 图

解：悬臂上下滑动，均不允许被卡住，分别讨论这两种临界情况。

1）若力 F 向下，悬臂下滑。当 x 过大时，悬臂将在 A、D 两处卡住。临界状态时 $x = x_{max}$，悬臂受力如图 3.8(a) 所示。有平衡方程

$$\sum F_x = F_{ND} - F_{NA} = 0 \tag{1}$$

$$\sum F_y = F_A + F_D - F = 0 \tag{2}$$

$$\sum M_A(\boldsymbol{F}) = F_{ND}h + F_D d - F(x_{max} + d/2) = 0 \tag{3}$$

及摩擦方程

$$F_A = f_s F_{NA} \tag{4}$$

$$F_D = f_s F_{ND} \tag{5}$$

利用上述 5 式,可解出 F_{NA}、F_{ND}、F_A、F_D 和 x_{max} 5 个未知量。

由(1)式可知,$F_{NA} = F_{ND}$,再将(4)式、(5)式代入(2)式,即

$$F_{NA} = F_{ND} = F/(2f_s)$$

于是(3)式成为

$$\frac{Fh}{2f_s} + \frac{Fd}{2} - F\left(x_{max} + \frac{d}{2}\right) = 0$$

最后解得

$$x_{max} = h/(2f_s)$$

2) 若力 $\boldsymbol{F}$ 向上,悬臂上滑。当 x 过大时,将在 B、C 两处卡住。临界状态时 $x = x_{max}$,悬臂受力如图 3.8(b) 所示。有平衡方程

$$\sum F_x = F_{NB} - F_{NC} = 0 \tag{1}$$

$$\sum F_y = F - F_B - F_C = 0 \tag{2}$$

$$\sum M_B(\boldsymbol{F}) = -F_{NC}h + F_C d + F(x_{max} - d/2) = 0 \tag{3}$$

及

$$F_B = f_s F_{NB} \tag{4}$$

$$F_C = f_s F_{NC} \tag{5}$$

同样可解得

$$F_{NB} = F_{NC} = F/(2f_s), \quad x_{max} = h/(2f_s)$$

因此,要使悬臂上下均不卡住,应有 $x_{max} < h/(2f_s)$,而与力 $\boldsymbol{F}$ 的大小无关。

在需要卡住时(如例 3.8),则必须要求 $x_{max} > h/(2f_s)$,才能保证安全。

讨论 1:摩擦角及自锁现象

考虑一物体置于支承面上,如图 3.9 所示。支承面法向约束力 $\boldsymbol{F}_N$ 和摩擦力 $\boldsymbol{F}$,都是支承面对物体的作用力,它们可以合成为一个力 $\boldsymbol{F}_R$,称为支承面对物体的全约束力。

临界状态时,$F = F_{max}$,此时,全约束力 $\boldsymbol{F}_R$ 与法向约束力 $\boldsymbol{F}_N$ 间的夹角 φ_f 称为摩擦角(angle of friction)。显然有

$$\tan \varphi_f = \frac{F_{max}}{F_N} = \frac{f_s F_N}{F_N} = f_s \tag{3.2}$$

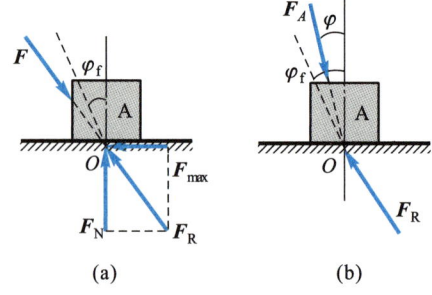

图 3.9　全约束力、摩擦角与自锁

即摩擦角 φ_f 的正切等于静摩擦因数(static friction factor)f_s。当 $F = F_{max}$ 时,全约束力 F_R 与接触面法向之夹角的值最大,故全约束力 F_R 的作用线只能在摩擦角 φ_f 之内。若问题是三维的,则全约束力 F_R 的作用线只能在以 O 为顶点、以 φ_f 为半顶角的摩擦锥之内。

若作用于 A 物体上的外力(主动力)的合力 F 的作用线在摩擦角(锥)之内,则无论 F 多大,总有一个全约束力 F_R 与之平衡,使物体保持静止。这种现象称为自锁(self-lock),如图 3.9(b)所示。若主动力的合力 F 的作用线在摩擦角(锥)之外,则无论 F 多小,滑动面上的摩擦力都小于 F 的切向分量,物体将不再能保持平衡。

若作用于物体上外力的合力与接触面法向的夹角为 α,则自锁条件为

$$\alpha \leqslant \varphi_f,\text{或写为} \tan \alpha \leqslant \tan \varphi_f = f_s \tag{3.3}$$

例 3.7   重物置于斜面上,如图 3.10 所示,静摩擦因数 $f_s = 0.2$,试求其满足自锁条件的临界倾角 α。

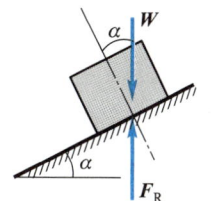

解:重物受重力 W 和全约束力 F_R 作用。当 α 较小时,重物在斜面上不会下滑。此时,重物在 F_R 与 W 两个力的作用下处于平衡状态,故 F_R 与 W 应是等值、反向、共线的。自锁的条件是 W 在摩擦锥内,即

$$\alpha \leqslant \varphi_f = \arctan f_s$$

图 3.10　例 3.7 图

故满足自锁条件的临界倾角为

$$\alpha_{max} = \arctan f_s = 11°18'$$

例 3.8   线路工用脚钩攀登电线杆,如图 3.11 所示。若脚钩与电线杆间的静摩擦因数为 f_s,试确定能保证脚钩不致下滑的 x_{min}。

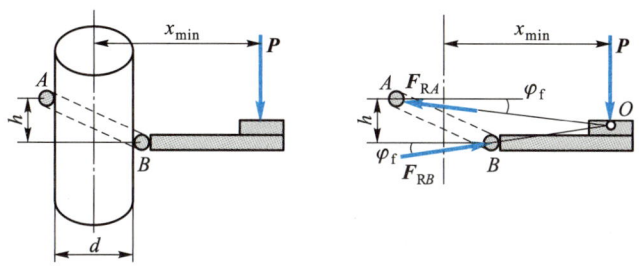

图 3.11　例 3.8 图

解:设线路工体重为 P。在将要下滑的临界状态下,脚钩在 A、B 两处的全约束力 F_{RA}、F_{RB} 和 P 三力的作用下处于平衡状态。因为 A、B 两处摩擦因数相同,故两处的全约束力与接触面法向(即水平方向)的夹角均为摩擦角 φ_f;设此两个力交于 O 点,则由三力平衡可知,力 P 的作用线必过 O 点,如图所示。

注意到在临界状态下,全约束力 F_{RA}、F_{RB} 与接触面法向夹角为摩擦角 φ_f,故有

$$h = (x_{min} + d/2) \tan \varphi_f + (x_{min} - d/2) \tan \varphi_f = 2x_{min} \tan \varphi_f$$

得

$$x_{min} = h/(2\tan \varphi_f) = h/(2f_s)$$

由此可见,利用自锁的概念,有时可迅速得到结果。当然,用例 3.6 的方法也可获得同样的解答。

3.4　摩擦角的测量

讨论 2：静摩擦因数的测定

利用斜面和自锁条件,可以给出一种测定静摩擦因数的实验方法。可转动斜面如图 3.12 所示,逐渐增大斜面倾角 α,记录物体开始下滑时的临界角度 $\alpha_{\max}$,则显然可知被测物体和斜面材料间的静摩擦因数为

$$f_s = \tan \alpha_{\max}$$

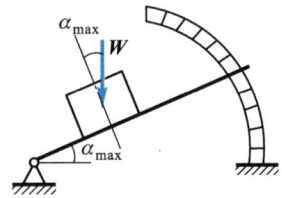

图 3.12　摩擦角的测量

*讨论 3：带传动的摩擦力

带传动是工程中常见的传动方式之一。如图 3.13(a) 所示,带在半径为 r 的轮 O 上,包角(带与轮接触处两半径的夹角)为 β。轮 O 传递力矩为 M,带两端拉力是不同的。设 F_{T2} 是紧边拉力,F_{T1} 为松边拉力,轮 O 逆时针转动。

带受力如图 3.13(b) 所示。轮与带接触面上各处的法向压力 F_N 大小未知,它是 α 的函数,故摩擦力 F 也是 α 的函数。

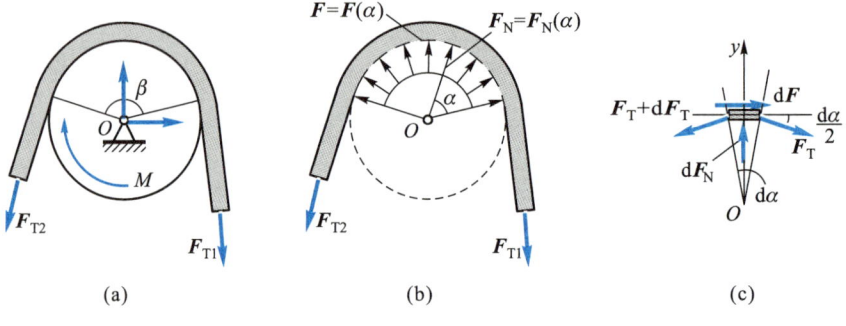

图 3.13　带传动

在轮与带接触部分取一带微段 $r\mathrm{d}\alpha$,如图 3.13(c) 所示。带微段两端的拉力分别为 $F_T+\mathrm{d}F_T$ 和 F_T,还有法向压力 $\mathrm{d}F_N$ 及摩擦力 $\mathrm{d}F$ 作用。匀速转动时,带微段处于平衡状态。在带将打滑的临界状态下,$\mathrm{d}F=\mathrm{d}F_{\max}=f_s\cdot\mathrm{d}F_N$,$f_s$ 为静摩擦因数。

由带微段的受力分析,可列出平衡方程为

$$\sum F_x = F_T\cos\frac{\mathrm{d}\alpha}{2}+f_s\mathrm{d}F_N-(F_T+\mathrm{d}F_T)\cos\frac{\mathrm{d}\alpha}{2}=0$$

$$\sum F_y = \mathrm{d}F_N-F_T\sin\frac{\mathrm{d}\alpha}{2}-(F_T+\mathrm{d}F_T)\sin\frac{\mathrm{d}\alpha}{2}=0$$

注意到 $\mathrm{d}\alpha$ 是小量,有 $\sin\dfrac{\mathrm{d}\alpha}{2}=\dfrac{\mathrm{d}\alpha}{2}$,$\cos\dfrac{\mathrm{d}\alpha}{2}=1$,且不计二阶小量 $\mathrm{d}F_T\mathrm{d}\alpha$。上述两式给出

$$f_s\mathrm{d}F_N=\mathrm{d}F_T \quad 和 \quad \mathrm{d}F_N=F_T\mathrm{d}\alpha$$

消去 $\mathrm{d}F_N$,即得

$$\mathrm{d}F_T/F_T=f_s\mathrm{d}\alpha$$

积分上式,并注意 $\alpha=0$ 时,$F_T=F_{T1}$;$\alpha=\beta$ 时,$F_T=F_{T2}$,则有

$$\int_{F_{T1}}^{F_{T2}} \frac{\mathrm{d}F_T}{F_T} = f_s \int_0^\beta \mathrm{d}\alpha$$

即

$$\ln(F_{T2}/F_{T1}) = f_s\beta$$

最后得

$$F_{T2} = F_{T1} \mathrm{e}^{f_s\beta}$$

由上述结果可知:

(1)若静摩擦因数 $f_s=0$,即所谓光滑接触,此时有 $F_{T1}=F_{T2}$,无紧、松边之分;且由图 3.13(a)可列出平衡方程

$$\sum M_O(\boldsymbol{F}) = (F_{T2}-F_{T1})r-M = 0$$

得

$$M = 0$$

即若无摩擦力作用,则带轮不能传递力矩。

(2)有摩擦存在时,由图 3.13(a)可知平衡状态下必有力矩 M 作用在轮上,且

$$M = (F_{T2}-F_{T1})r = F_{T2} \cdot r[1-\exp(-f_s\beta)]$$

故欲传递较大的力矩 M,应增大轮径 r,增大带包角 β 或静摩擦因数 f_s,增大带紧边拉力 F_{T2}。

§3.3　平面桁架

工程中常常碰到许多由直杆组成的、几何形状不变的框架结构,称为桁架(truss)。若组成桁架的杆件轴线和所受外力都在同一平面内,则称为平面桁架(coplanar truss),如图 3.14 所示。杆件之间的结合点称为节点。

3.5　工程中的桁架结构

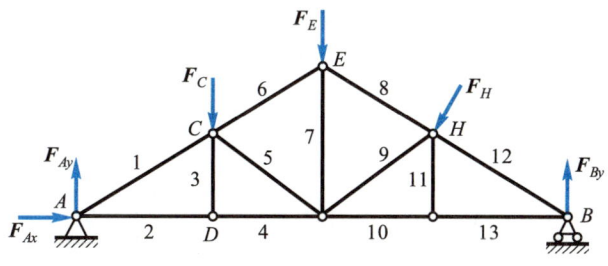

图 3.14　平面桁架

桁架的构造和受力情况是比较复杂的。在进行桁架各杆所受内力的分析计算时,常常采用下述基本假设以使问题得到简化。

平面桁架的基本假设:

(1)组成桁架的杆均为直杆,节点均为铰接点。

(2)载荷(包括外力、自重)都作用于桁架的节点处,或者可以作为集中载荷分配到

节点处。

（3）桁架只在节点处受到约束。

由此可推知,作用于平面桁架的力系是平面力系;所有的杆都只在两端节点处受力,均为二力杆,故杆所受到的力是沿杆本身的拉力或压力。

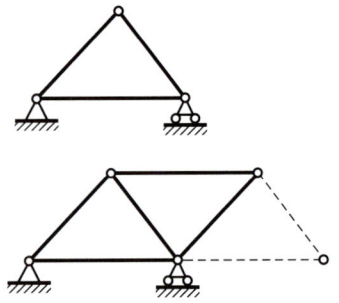

桁架是由杆和节点组成的几何形状不发生改变的结构。为保证几何形状不变,最简单的是三角形框架。以基本三角形框架为基础,每增加一个节点就需增加 2 根杆,这是保证桁架形状不变的必要条件。这样的桁架称无余杆桁架(图 3.15)。在无余杆桁架中除掉任意一根杆,桁架便不能保持其形状。

因为基本三角形有 3 根杆和 3 个节点,其余 $n-3$ 个节点各对应 2 根杆,故无余杆桁架中杆数 m 和节点数 n 应当满足

图 3.15   无余杆桁架

$$m = 3 + 2(n-3)$$

即

$$m = 2n-3 \tag{3.4}$$

由于各节点均为汇交力系,每一节点有 2 个独立的平衡方程,故桁架共可列出 $2n$ 个独立平衡方程;未知量包括 m 根杆受到的力(内力)和桁架整体约束所需的3 个约束力未知量,则静定问题的条件为 $m+3=2n$。可见,无余杆桁架是静定桁架。显然,有余杆桁架($m>2n-3$)则是静不定的。

静不定桁架的问题仅由平衡方程是不能解决的。在此,只讨论静定桁架问题。注意,若桁架整体约束力未知量多于 3 个,尽管桁架是无余杆的,问题也将是静不定的。

3.3.1   节点法

节点法(method of joints)求平面桁架中杆所受内力的步骤如下。

（1）研究整体,画受力图,求约束力(如图 3.14 中 F_{Ax}、F_{Ay} 和 F_{By})。

（2）选取节点为研究对象,画受力图。由于杆均为二力杆,故杆对节点的作用力沿杆自身,假定为拉力(指向离开节点)。图 3.16 中绘出了图 3.14 所示桁架中 A、C、D 三节点的受力图(均为汇交力系)。

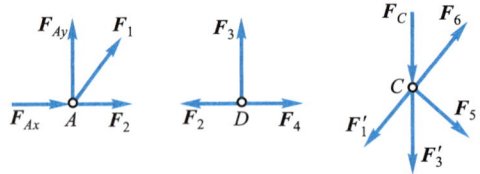

图 3.16   节点受力图

（3）从含已知力(包括已知外力或已求出的约束力)且只有 2 个未知力的节点开始,逐一列平衡方程求解。若求得结果为负,则表示该力指向与所设相反,是压力。

如图 3.16 中，F_{Ax}、F_{Ay} 求得后，即可由 A 节点的汇交力系确定 F_1、F_2；进而由 D 节点确定 F_3、F_4；然后，可再求 C 节点上的未知力 F_5、F_6。所求出的力 F_i，即第 i 根杆所受到的内力，正者为拉力，负者是压力。

例 3.9 桁架如图 3.17(a) 所示。已知 $F_K = 1.2$ kN，$F_E = 0.4$ kN，$a = 4$ m，$b = 3$ m。试求各杆内力。

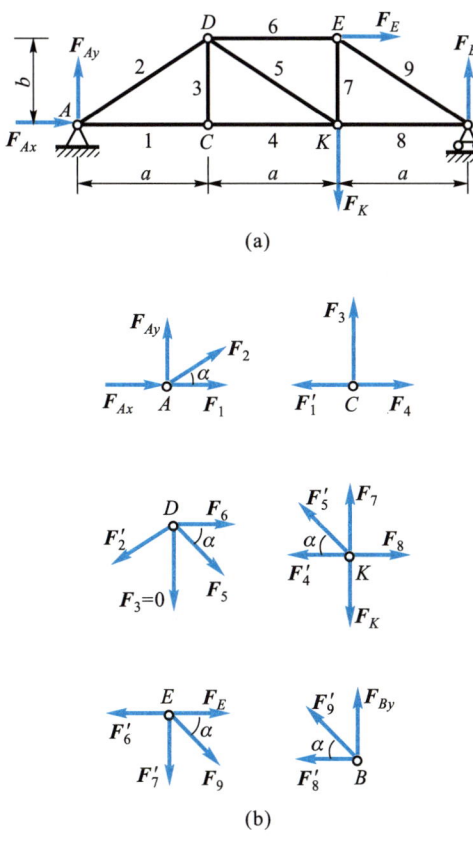

(a)

(b)

图 3.17 例 3.9 图

解: 1) 研究整体，受力如图 3.17(a) 所示。有

$$\sum F_x = F_{Ax} + F_E = 0$$

$$F_{Ax} = -F_E = -0.4 \text{ kN}$$

$$\sum M_A(\boldsymbol{F}) = F_{By} \times 3a - F_E b - F_K \times 2a = 0$$

$$F_{By} = (F_E b + F_K \times 2a)/(3a) = 0.9 \text{ kN}$$

$$\sum F_y = F_{Ay} + F_{By} - F_K = 0$$

$$F_{Ay} = F_K - F_{By} = 1.2 \text{ kN} - 0.9 \text{ kN} = 0.3 \text{ kN}$$

2) 研究节点 A，受力如图 3.17(b) 所示。有

$$\sum F_y = F_{Ay} + F_2 \sin \alpha = 0, \quad F_2 = -0.5 \text{ kN（压力）}$$

$$\sum F_x = F_{Ax} + F_1 + F_2 \cos \alpha = 0, \quad F_1 = 0.8 \text{ kN}$$

3）研究节点 C，受力如图 3.17(b)所示。有

$$\sum F_y = F_3 = 0, \quad F_3 = 0$$

$$\sum F_x = F_4 - F_1' = 0, \quad F_4 = 0.8 \text{ kN}$$

4）研究节点 D，有

$$\sum F_y = F_3 - F_5 \sin \alpha - F_2' \sin \alpha = 0, \quad F_5 = 0.5 \text{ kN}$$

$$\sum F_x = F_6 + F_5 \cos \alpha - F_2' \cos \alpha = 0, \quad F_6 = -0.8 \text{ kN（压力）}$$

5）研究节点 K，有

$$\sum F_y = F_7 + F_5' \sin \alpha - F_K = 0, \quad F_7 = 0.9 \text{ kN}$$

$$\sum F_x = F_8 - F_4' - F_5' \cos \alpha = 0, \quad F_8 = 1.2 \text{ kN}$$

6）研究节点 E，有

$$\sum F_y = -F_9 \sin \alpha - F_7' = 0, \quad F_9 = -1.5 \text{ kN（压力）}$$

或由 B 点也可得

$$\sum F_y = F_{By} + F_9' \sin \alpha = 0, \quad F_9' = -1.5 \text{ kN（压力）}$$

由上可见，桁架在本例的载荷条件下，杆 2、6、9 为压杆，杆 1、4、5、7、8 为拉杆，杆 3 为零杆（不受力）。

3.3.2   截面法

用截面法（method of section）求解桁架问题时，不需进行逐个节点的分析，往往可直接求得所需要的结果。其分析方法可归纳如下。

（1）研究整体，求约束力。

（2）任取一截面，截取部分桁架作为研究对象并将其分离出来，画受力图。被截断杆处应画上杆的内力（假定为沿杆的拉力）。

（3）列平衡方程求解。因为研究对象是平面一般力系，可以求解 3 个未知量。

例 3.10   试用截面法求例 3.9 中 6、7、8 三杆受力。

解：1）研究整体，求得约束力为

$$F_{Ax} = -0.4 \text{ kN}, \quad F_{Ay} = 0.3 \text{ kN}, \quad F_{By} = 0.9 \text{ kN}$$

2）用一截面截断 6、7、8 三杆，取右端部分研究，受力如图 3.18 所示。

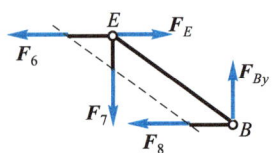

3）列平衡方程，有

$$\sum F_y = F_{By} - F_7 = 0, \quad F_7 = F_{By} = 0.9 \text{ kN}$$

$$\sum M_E(\boldsymbol{F}) = F_{By}a - F_8 b = 0, \quad F_8 = 4F_{By}/3 = 1.2 \text{ kN}$$

图 3.18   例 3.10 图

$$\sum F_x = F_E - F_8 - F_6 = 0, \quad F_6 = F_E - F_8 = -0.8 \text{ kN}$$

即得到与例 3.9 中节点法相同的结果。

例 3.11　试求图 3.19(a)所示桁架中各杆内力。

解：1）整体受力如图 3.19(a)所示，列平衡方程可求得

$$F_{Ax} = 0, \quad F_{Ay} = F_E/3, \quad F_{By} = 2F_E/3$$

2）用一截面截断 1、2、3 杆，取上部研究，受力如图 3.19(b)所示。有

$$\sum F_x = F_2 = 0$$

$$\sum M_D(\boldsymbol{F}) = -F_E \times 2a/3 - F_3 a = 0, \quad F_3 = -2F_E/3$$

$$\sum F_y = -F_E - F_3 - F_1 = 0, \quad F_1 = -F_E/3$$

3）研究节点 D，可求得 F_4、F_6；

4）研究节点 C，可求得 F_5、F_6；

5）研究节点 B，可求得 F_8、F_9；

6）研究节点 A，可求得 F_7、F_9。

有兴趣的读者可自行求解。重复结果可相互校正。可见，综合应用截面法和节点法，可提高求解的效率。

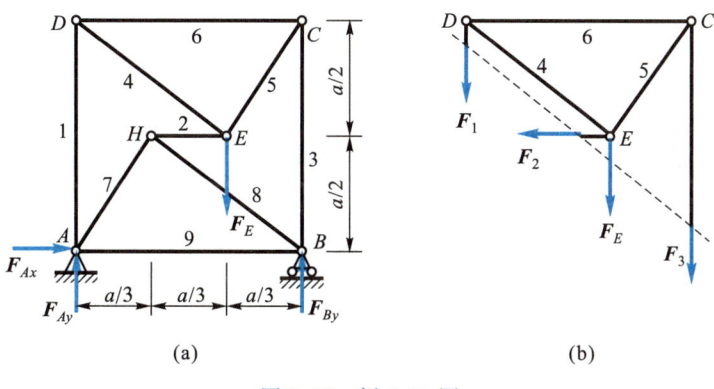

图 3.19　例 3.11 图

特别地，研究例 3.11 中的节点 H，由于 $F_2 = 0$，F_7、F_8 不共线，故必有 $F_7 = F_8 = 0$。再研究 B 点，还可知 $F_9 = 0$。因此，例 3.11 桁架中的 2、7、8、9 杆均为零杆。应当指出的是，零杆只是在桁架承受图示载荷下的特例，为保证适应不同的载荷，保证桁架满足静定条件（$m+3=2n$），不能随意去除零杆。

§3.4　空间力系的平衡问题

空间力系（three dimensional force system）是最一般的力系。如图 3.20 所示的传动轴，其上作用着齿轮传递的径向、切向载荷及 5 个约束力，各力并非作用在同一平面内，是空间力系问题。

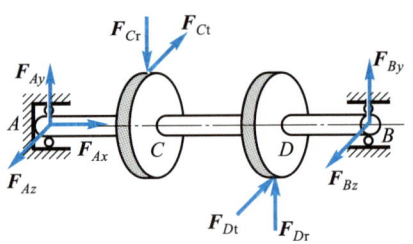

图 3.20　两端轴承支承的传动轴

3.4.1　力在空间坐标轴上的投影

设在空间坐标系 $Oxyz$ 中 $A(x,y,z)$ 处作用着力 F，如图 3.21 所示。

力 F 在平面 $ACBD$ 内，可沿平行于 z 轴的铅垂和水平方向分解成 F_z 和 F_{xy}，力 F_{xy} 又可在垂直于 z 轴的平面 $AEDK$ 内进一步分解成 F_x 和 F_y，如图 3.21 所示。故有

$$F = F_{xy} + F_z = F_x + F_y + F_z$$

且

$$F_x = F\cos\angle BAE$$

$$F_y = F\cos\angle BAK$$

$$F_z = F\cos\angle BAC$$

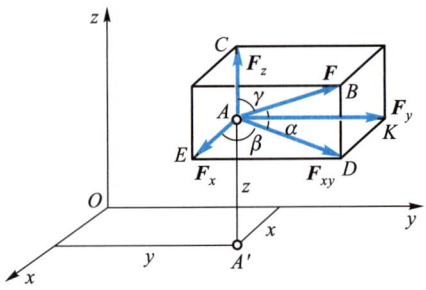

由第二章中力在轴上投影的定义显然可知，在空间正交坐标系中，力在坐标轴上的投影与力沿坐标轴方向分解的分量同样是大小相等的。但仍应注意，分力是矢量；力在轴上的投影

图 3.21　力在空间坐标轴上的投影

是代数量，其正负由从力起点到终点的投影指向与轴的指向是否一致确定。

当已知力与坐标轴的夹角如图 3.21 所示时，也可以由下式求其投影：

$$\left.\begin{array}{l} F_x = F\cos\alpha\cos\beta = F\sin\gamma\cos\beta \\ F_y = F\cos\alpha\sin\beta = F\sin\gamma\sin\beta \\ F_z = F\sin\alpha = F\cos\gamma \end{array}\right\} \tag{3.5}$$

由(3.5)式求空间坐标中力在坐标轴上的投影的方法称为二次投影法。

3.4.2　力对轴之矩

在平面力系作用下，物体只能在平面内绕某点转动；力使物体发生转动状态改变的效果是用力对点之矩度量的。在空间问题中，物体发生的绕某轴转动状态改变的效果，则用力对轴之矩度量。现在，以门绕 z 轴的转动为例，如图 3.22 所示，讨论力对轴之矩。

图 3.22 中，F_1、F_2 与 z 轴同在该门平面内，显然，都不能使物体(门)产生绕 z 轴转动状态改变的效果。故力与轴在同平面内(包括力与轴平行或相交)时，力对轴之矩(moment of a force about an axis)为零。F_3 与 z 轴不在同一平面内，有使门绕 z 轴转动状

态改变的效果。

如前所述,对于空间中的任一力 F,可将其分解成 F_z(平行于 z 轴)和 F_{xy}(在垂直于 z 轴的 xy 平面内)。显然可知,F_z 对 z 轴的转动效果为零;F_{xy} 对 z 轴的转动作用,即力 F_{xy} 对 z 轴之矩,等于在 xy 平面内力 F_{xy} 对 z 轴与该平面交点 O 之矩。

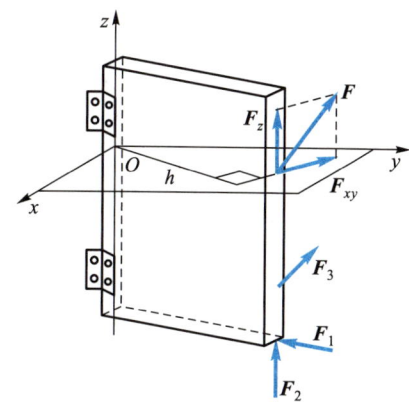

故力 F 对 z 轴之矩可写为

$$M_z(F) = M_O(F_{xy}) = \pm F_{xy} h$$

即力 F 对 z 轴之矩 $M_z(F)$,等于力在垂直于 z 轴的 xy 平面内的分量 F_{xy} 对 z 轴与 xy 平面交点 O 之矩。正负依据转动方向用右手螺旋定则确定,即右手四指与转动方向一致时,拇指指向轴的正向则为正(图3.22中力 F 对 z 轴之矩为正)。

图 3.22　力对轴之矩

若在空间直角(正交)坐标系中,将力分解为沿三个坐标方向的分力之和,则引用合力矩定理,同样可将力对轴之矩表达为各分力对该轴之矩的代数和,即

$$M_z(F) = M_z(F_x) + M_z(F_y) + M_z(F_z) = M_z(F_x) + M_z(F_y) \tag{3.6}$$

注意到 F_z 平行于 z 轴,其对 z 轴之矩为零。

例 3.12　力 $F = 100$ N,$\alpha = 60°$,$\beta = 30°$(图 3.23),试求力 F 在各正交坐标轴上的投影及力对轴之矩。

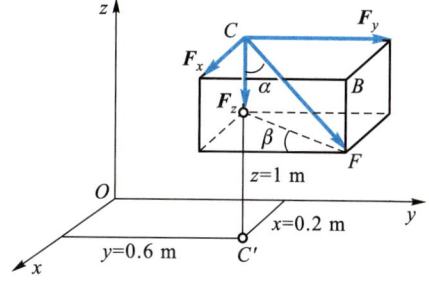

解: F 在各坐标轴上的投影为

$$F_z = -F\cos\alpha = -100 \text{ N} \times 0.5 = -50 \text{ N}$$
$$F_x = F\sin\alpha\sin\beta$$
$$= 100 \text{ N} \times 0.866 \times 0.5 = 43.3 \text{ N}$$
$$F_y = F\sin\alpha\cos\beta = 100 \text{ N} \times 3/4 = 75 \text{ N}$$

图 3.23　例 3.12 图

力 F 对各坐标轴之矩为

$$M_z(F) = M_z(F_x) + M_z(F_y) = -F_x y + F_y x = -10.98 \text{ N} \cdot \text{m}$$
$$M_x(F) = M_x(F_y) + M_x(F_z) = -F_y z - F_z y = -105 \text{ N} \cdot \text{m}$$
$$M_y(F) = M_y(F_x) + M_y(F_z) = F_x z + F_z x = 53.3 \text{ N} \cdot \text{m}$$

讨论: 空间中力对点之矩与力对轴之矩间的关系

如 §2.2 节所述,空间中的力偶也可用一个矢量 M 来表示(图3.24)。力偶矩矢的长度(按一定的比例)表示力偶矩的大小;矢的指向沿力偶作用平面的法向;转动的方向则由右手螺旋定则确定。对于刚体而言,力偶矩矢是自由矢,可以在空间中沿作用线或平行于作用线移动。

图 3.25 所示的力 F 对 O 点之矩用矢量 M_O 表示,则 M_O 垂直于 OAB 平面且大小为

$$M_O = M_O(F) = 2A_{\triangle OAB}$$

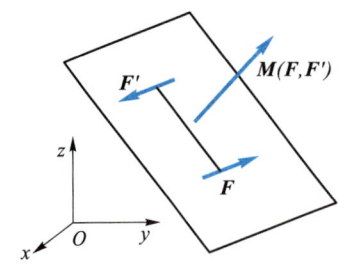

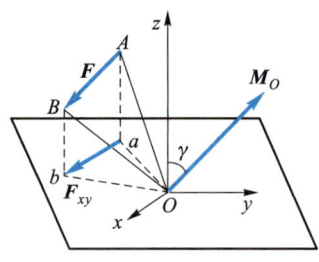

图 3.24   力偶矩矢

图 3.25 M_O 与 $M_z(\boldsymbol{F})$ 的关系

力 $\boldsymbol{F}$ 对过 O 点的 z 轴之矩,等于力 $\boldsymbol{F}$ 在过 O 点且垂直于轴的平面上的分量 $\boldsymbol{F}_{xy}$ 对 O 点之矩,即

$$M_z(\boldsymbol{F}) = 2A_{\triangle Oab} = 2A_{\triangle OAB} \cdot \cos \gamma$$

注意到 OAB 平面与 Oab 平面之夹角等于其法线的夹角 γ,而力偶矩矢 $\boldsymbol{M}_O$ 在 z 轴上的投影亦为 $2A_{\triangle OAB} \cdot \cos \gamma$,故可知力对某点之矩矢在过点任一轴上的投影等于力对该轴之矩。

3.4.3   空间力系的平衡方程及其求解

现在先来讨论空间一般力系的简化。

用与第二章讨论平面问题时力的平移相同的方法,空间中的力 $\boldsymbol{F}$,也可以平移到任一点 O;同时附加一力偶,该力偶的力偶矩等于力 $\boldsymbol{F}$ 对点 O 之矩,如图 3.26 所示。即力 $\boldsymbol{F}$ 平移到 A 点后,得到作用于 O 点的平行力 $\boldsymbol{F}'$ 和以力偶矩矢表示的力偶 $\boldsymbol{M} = \boldsymbol{M}_O(\boldsymbol{F})$,$\boldsymbol{M}$ 垂直于力偶作用平面 Obc。

对于任一空间一般力系,将力系中各力向坐标原点 O 平移,将得到一个空间汇交力系和一个同样汇交于 O 点的由力偶矩矢量表示的空间力偶系。按照矢量加法,汇交于 O 点的空间力系可合成为一个力 $\boldsymbol{F}'_R$,是空间力系的主矢;空间力偶系也可按力偶矩矢量求和,合成为一个力偶 $\boldsymbol{M}_O$,是空间力系的主矩。

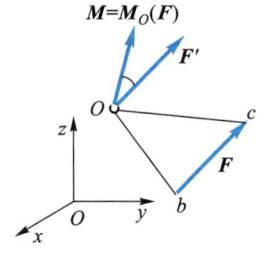

图 3.26   力向空间一点平移

因此,空间一般力系向一点简化的结果将得到一个主矢和一个主矩。当主矢和主矩都等于零(它们在坐标轴上的投影均为零)时,空间力系为平衡力系。主矢等于零,则其在各轴上的投影必为零;主矩等于零,则其在各轴上的投影(即对各轴之矩)必为零。故空间一般力系的平衡条件为

$$\left. \begin{array}{ll} \sum F_x = 0, & \sum M_x(\boldsymbol{F}) = 0 \\ \sum F_y = 0, & \sum M_y(\boldsymbol{F}) = 0 \\ \sum F_z = 0, & \sum M_z(\boldsymbol{F}) = 0 \end{array} \right\} \tag{3.7}$$

另一方面,在空间中的物体,可能发生沿 x、y、z 三个方向的移动状态和绕三个坐标轴的转动状态的改变,若这六种运动状态均不发生改变,则物体必处于平衡状态。上述 6 个

独立平衡方程限制了物体在空间中的所有移动和转动状态的改变,同样表达了满足刚体平衡的充分必要条件。

例 3.13 传动轴如图 3.20 所示,齿轮 C、D 的半径分别为 r_1、r_2。试写出其平衡方程组。

解:画受力图。约束为一对轴承,约束力如图 3.20 所示。为避免在列平衡方程时发生遗漏或错误,可如下表所示,逐一列出各力在坐标轴上的投影及其对轴之矩。

	F_{Ax}	F_{Ay}	F_{Az}	F_{By}	F_{Bz}	F_{Ct}	F_{Cr}	F_{Dt}	F_{Dr}
F_x	F_{Ax}	0	0	0	0	0	0	0	0
F_y	0	F_{Ay}	0	F_{By}	0	0	$-F_{Cr}$	0	F_{Dr}
F_z	0	0	F_{Az}	0	F_{Bz}	$-F_{Ct}$	0	$-F_{Dt}$	0
$M_x(\boldsymbol{F})$	0	0	0	0	0	$-F_{Ct}\cdot r_1$	0	$F_{Dt}\cdot r_2$	0
$M_y(\boldsymbol{F})$	0	0	0	0	$-F_{Bz}\cdot AB$	$F_{Ct}\cdot AC$	0	$F_{Dt}\cdot AD$	0
$M_z(\boldsymbol{F})$	0	0	0	$F_{By}\cdot AB$	0	0	$-F_{Cr}\cdot AC$	0	$F_{Dr}\cdot AD$

由表中各行可以清楚地列出平衡方程如下:

$$\sum F_x = F_{Ax} = 0 \tag{1}$$

$$\sum F_y = F_{Ay}+F_{By}-F_{Cr}+F_{Dr} = 0 \tag{2}$$

$$\sum F_z = F_{Az}+F_{Bz}-F_{Ct}-F_{Dt} = 0 \tag{3}$$

$$\sum M_x(\boldsymbol{F}) = -F_{Ct}\cdot r_1+F_{Dt}\cdot r_2 = 0 \tag{4}$$

$$\sum M_y(\boldsymbol{F}) = F_{Ct}\cdot AC+F_{Dt}\cdot AD-F_{Bz}\cdot AB = 0 \tag{5}$$

$$\sum M_z(\boldsymbol{F}) = F_{By}\cdot AB-F_{Cr}\cdot AC+F_{Dr}\cdot AD = 0 \tag{6}$$

利用上述 6 个方程,除可求 5 个约束力外,还可确定平衡时轴所传递的载荷。

上述求解空间力系平衡问题的方法,称为直接求解法。

空间力系若为平衡力系,则空间平衡力系中各力在正交坐标系中任一平面上的分量(其大小等于力在该平面上的投影)所形成的平面力系,也必为平衡力系。因为处于平衡状态的物体,不能在任何平面内发生移动或转动状态的改变。

如将图 3.20 所示的空间力系向坐标平面 Axy 投影,得到图 3.27(a)所示的平面力系,平衡方程为

$$\sum F_x = F_{Ax} = 0 \tag{1}$$

$$\sum F_y = F_{Ay}+F_{By}-F_{Cr}+F_{Dr} = 0 \tag{2}$$

$$\sum M_A(\boldsymbol{F}) = \sum M_z(\boldsymbol{F}) = F_{By}\cdot AB-F_{Cr}\cdot AC+F_{Dr}\cdot AD = 0 \tag{6}$$

由图 3.27(b)所示的 Axz 平面力系,可写出平衡方程

$$\sum F_x = F_{Ax} = 0 \tag{1}$$

$$\sum F_z = F_{Az}+F_{Bz}-F_{Ct}-F_{Dt} = 0 \tag{3}$$

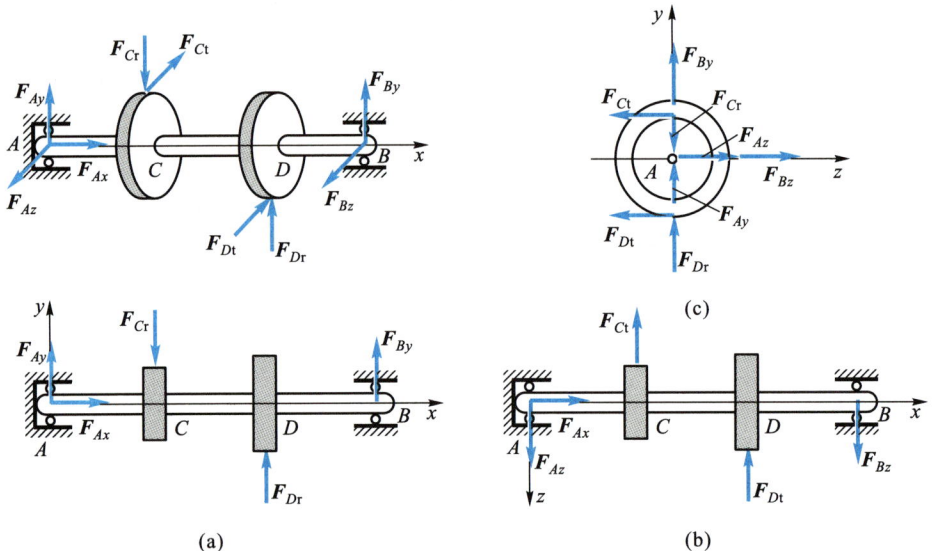

图 3.27　例 3.13 中空间力系在坐标平面上的投影

$$\sum M_A(\boldsymbol{F}) = \sum M_y(\boldsymbol{F}) = F_{Ct} \cdot AC + F_{Dt} \cdot AD - F_{Bz} \cdot AB = 0 \tag{5}$$

由图 3.27(c)所示的 Ayz 平面力系,可写出平衡方程

$$\sum F_y = F_{Ay} + F_{By} - F_{Cr} + F_{Dr} = 0 \tag{2}$$

$$\sum F_z = F_{Az} + F_{Bz} - F_{Ct} - F_{Dt} = 0 \tag{3}$$

$$\sum M_A(\boldsymbol{F}) = \sum M_x(\boldsymbol{F}) = -F_{Ct}r_1 + F_{Dt}r_2 = 0 \tag{4}$$

　　这样写出的平衡方程,与直接求解法是完全相同的。但应注意,由三个投影平面力系写出的 9 个平衡方程中,只有 6 个是独立的。三个力的投影方程各写了两次,两次是否一致可检查投影或投影方程的正确性。以坐标原点为矩心,在平面内写出的力矩方程,则分别是空间力系中对垂直于该平面的坐标轴的力矩方程。如在 Axy 平面内,力系对 A 点之矩 $\sum M_A(\boldsymbol{F})$,就是空间力系对于 z 轴之矩 $\sum M_z(\boldsymbol{F})$ 等。

　　只要能正确地将空间力系投影到三个坐标平面上,空间力系的平衡问题即可转化成平面力系的平衡问题,用前面所学的方法求解。这种方法称为投影法,其优点是图形简明,几何关系清楚,在工程中常常采用。

　　对于图 3.28 中的空间汇交力系,若将坐标原点选取在汇交点上,因为汇交力系中各力均与过汇交点之轴相交,对轴之矩为零,显然有 $\sum M_x(\boldsymbol{F})$、$\sum M_y(\boldsymbol{F})$、$\sum M_z(\boldsymbol{F})$ 均恒为零。故剩下的 3 个独立平衡方程是

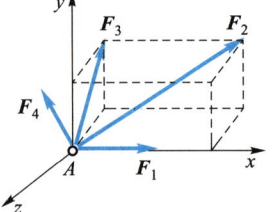

$$\sum F_x = 0, \qquad \sum F_y = 0, \qquad \sum F_z = 0 \tag{3.8}$$

(3.8)式是空间汇交力系的平衡方程。

图 3.28　空间汇交力系

对于图 3.29 中的空间平行力系,若选取坐标轴 y 与各力平行,由于力系中各力平行于 y 轴,故 $\sum M_y(\boldsymbol{F})$ 恒为零;且各力均垂直于 x、z 轴,故有 $\sum F_x$、$\sum F_z$ 恒为零。剩下的 3 个独立平衡方程是

$$\sum F_y = 0, \quad \sum M_x(\boldsymbol{F}) = 0, \quad \sum M_z(\boldsymbol{F}) = 0 \quad (3.9)$$

(3.9)式是空间平行力系的平衡方程。

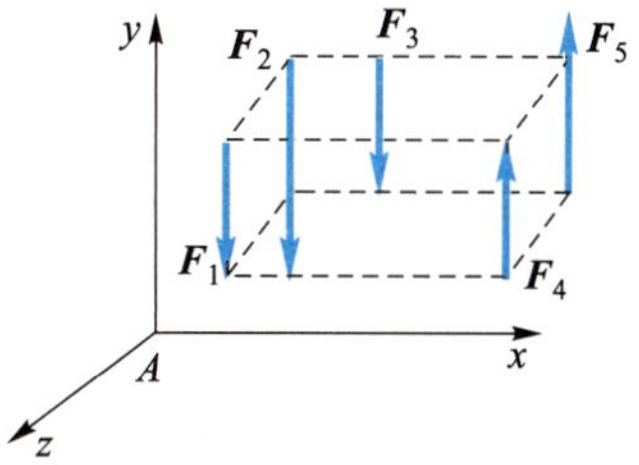

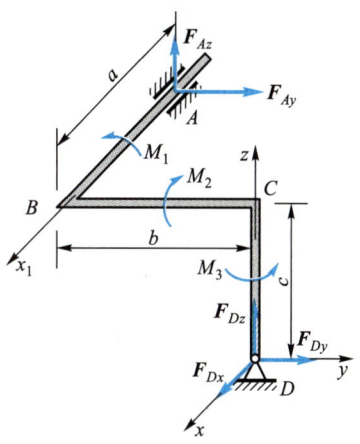

图 3.29　空间平行力系

例 3.14　图 3.30 中曲杆 $ABCD$ 有两个直角,$\angle ABC = \angle BCD = 90°$,$AB = a$,$BC = b$,$CD = c$,$BC$ 与 CD 分别受力偶 M_2、M_3 作用,求支座 A、D 的约束力及 AB 杆上作用的力偶 M_1。

解: A 支座限制 AB 杆沿径向的运动,只有沿 y、z 方向的二个未知约束力,D 支座限制 CD 杆的移动,受力如图 3.30 所示。

列平衡方程有

$$\sum F_x = F_{Dx} = 0$$

$$\sum M_{Dz}(\boldsymbol{F}) = M_3 - F_{Ay}a = 0, \quad F_{Ay} = M_3/a$$

$$\sum M_{Dy}(\boldsymbol{F}) = -M_2 + F_{Az}a = 0, \quad F_{Az} = M_2/a$$

$$\sum F_y = F_{Ay} + F_{Dy} = 0, \quad F_{Dy} = -M_3/a$$

$$\sum F_z = F_{Az} + F_{Dz} = 0, \quad F_{Dz} = -M_2/a$$

$$\sum M_{x1}(\boldsymbol{F}) = M_1 + F_{Dz}b + F_{Dy}c = 0, \quad M_1 = M_2 b/a + M_3 c/a$$

图 3.30　例 3.14 图

3.4.4　重心

物体的重心(center of gravity)是物体各部分所受重力之合力的作用点。物体的每一微小部分都受地球引力作用,即每个微小体积上都有重力作用。这些重力可以看成铅垂向下的同向平行力系。其合力即为物体的重力。无论物体如何放置,重力的作用线总是通过固定于物体的空间坐标系中的一个确定点,此点是物体各微小部分重力合力的作用点而与物体的放置情况无关,所以称为重心。

重心的位置在工程中有着重要的意义。例如,起重机要正常工作,重心位置应满足一定的条件,保证其不至翻倾;船舶重心位置将直接影响其稳定性;高速旋转机械中旋转件的重心若偏离了旋转轴线,将引起机械剧烈的振动等。

若均质物体有对称轴(面、点),则重力的作用点(重心)通过物体的对称轴(面、点)。故均质物体的重心,就是其形心(centroid)。非均质物体的重心一般不在形心处,但若其几何和质量均对称于形心或者形心轴,则重心仍在形心或形心轴上。如图 3.31 所示的物体可视为一车轮,外圈是轮胎,内圈为钢轮毂,组成非均质物体。O 点为物体的形心,除几何对称外,内、外圈物体质量也关于形心对

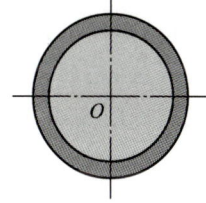

图 3.31　车轮的重心

称,故其重心仍在形心 O 处。

关于物体形心和重心的一般解析公式,在高等数学中已经讨论过,在此不再赘述。本节主要讨论确定物体重心的若干工程方法。

1. 垂吊法

图 3.32 所示为一均质等厚度开口圆环。O 为圆心,OA 是开口圆环的对称轴。由对称性可知,均质等厚度开口圆环的重心在对称线 OA 上。由于开口,O 点已不是物体的形心,当然也不是物体的重心。

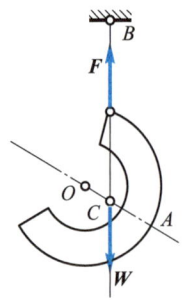

垂吊法是将重量为 W 的物体在任一点用力 F 将其吊起,平衡后的位置如图3.32所示。物体受 F、W 二力作用而处于平衡状态,有 $F = W$,且重力 W 与 F 必须共线而反向,故可知重力 W 的作用点(重心)一定在 BC 连线上。

由对称性知均质等厚度开口圆环的重心在 OA 上,由垂吊法又知其重心在 BC 上,故物体的重心应当在 OA 与 BC 两条直线的交点 C

图 3.32   垂吊法

处。一般来说,任何复杂形状物体(无论是否均质物体)的重心都可用垂吊法确定。对于任一非均质物体,可在不同位置垂吊两次(平面)或三次(空间),由重力作用线交点即可确定重心位置。

2. 称重法

对于一些重量大、不便于垂吊的物体,可以用称重法确定其重心位置。如图 3.33 所示的车辆,前轮处的约束力 F_B 由地秤给出,以后轮与地面接触的 A 点为矩心,设重力作用在距 A 点 x 处,则可列平衡方程

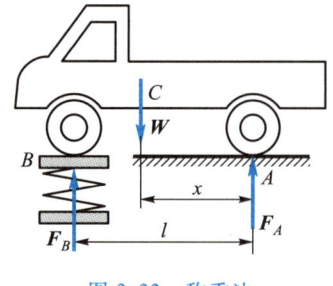

$$\sum M_A(F) = Wx - F_B l = 0$$

由此可求出 x。若将前轮抬高一些再称一次,还可以再确定重心的另一个坐标。由两次获得的过重心的作用线的交点即可确定重心。

图 3.33   称重法

可见,垂吊法和称重法,都是利用物体的平衡条件确定重心位置的方法。

3. 组合法

对于由若干均质简单图形组合而成的物体,已知各部分图形的重力及其作用位置,则组合体的重力是各部分重力的合力。因此,确定组合图形重心的问题就转化为求由各部分重力组成的平行力系之合力的问题。这种方法称为组合法。

图 3.34(a)中组合板重力为 W,可看成由 W_1($a×5a$ 的矩形板,单位体积的重量 $\gamma_1 = \gamma$)、W_2($a×4a$ 的矩形板,单位体积的重量 $\gamma_2 = 2\gamma$)和 W_3($a×5a$ 的矩形板,单位体积的重量 $\gamma_3 = 2\gamma$)三部分材料拼成。设组合板厚度为 1,取坐标系如图 3.34(a)所示。各部分重力及其作用线到 O 点的距离为

$$W_1 = 5a^2\gamma, \quad x_1 = 2.5a$$
$$W_2 = 4a^2 \times 2\gamma = 8a^2\gamma, \quad x_2 = 0$$
$$W_3 = 5a^2 \times 2\gamma = 10a^2\gamma, \quad x_3 = 2.5a$$

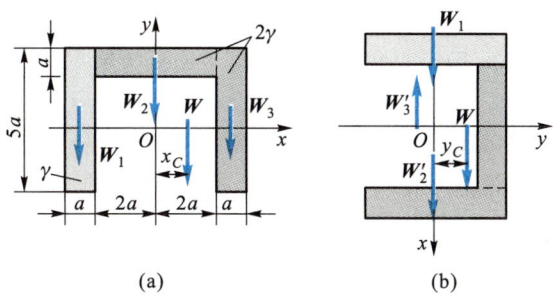

图 3.34　组合法求重心

则组合板重力 W 为

$$W = W_1 + W_2 + W_3 = 23a^2\gamma$$

设重力 W 到 O 点的距离为 x_c,以 O 点为矩心,利用合力矩定理,有

$$-Wx_c = W_1 \times 2.5a + W_2 \times 0 - W_3 \times 2.5a$$

可解出重力 W 作用点(重心)坐标为

$$x_c = 25a/46$$

将组合体连同坐标系一起旋转 90°,重复上述分析和计算,即可求得另一重心坐标为 $y_c = 16a/23$。

讨论: 用组合法求上述组合板重心坐标 y_c 时,还可将组合板看成由 W_1($a \times 5a$ 的矩形板,单位体积的重量 $\gamma_1 = \gamma$)加上 W_2'($5a \times 5a$ 的矩形板,单位体积的重量 $\gamma_2 = 2\gamma$)再减去 W_3'($4a \times 4a$ 的矩形板,单位体积的重量 $\gamma_3 = 2\gamma$)组合而成。各部分重力及其作用位置如图 3.34(b)所示,注意所减去的 W_3',等于加上一个负值,故指向朝上。合力 W 的大小为

$$W = W_1 + W_2' - W_3' = 5a^2\gamma + 50a^2\gamma - 32a^2\gamma = 23a^2\gamma$$

设重力 W 到 O 点的距离为 y_c,由合力矩定理,有

$$-Wy_c = W_1 \times 0 + W_2' \times 0 - W_3' \times 0.5a$$

由上式同样可得

$$y_c = 16a/23$$

组合法也称加减法,利用这种方法可以方便地确定由若干简单均质图形(已知形心)组合而成的非均质物体的重心。与利用物体的平衡条件确定重心的垂吊法、称重法等实验方法不同,组合法是用求各部分重力合力的方法来确定物体的重心。

小　结

1. 求解平面力系平衡问题的一般方法和步骤如图 3.35 所示。

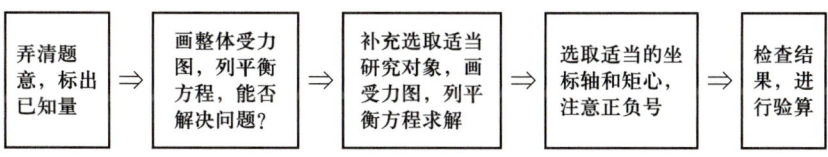

图 3.35　求解平面力系平衡问题的一般方法和步骤

2. 仅由平衡方程即可求解的平衡问题,称为静定问题。对于由 n 个物体组成的系统,如果约束力未知量为 $m=3n$ 个,则问题是静定的;若 $m>3n$,则为静不定问题或超静定问题;静不定的次数为 $m-3n$。

3.7 第三章
知识图谱

3. 静滑动摩擦是两物体接触表面间有相对运动趋势时的阻碍作用。临界状态下的最大静滑动摩擦力为 $F_{max}=f_s \cdot F_N$,f_s 是静摩擦因数,F_N 是接触面上的法向压力大小。摩擦力 F 沿接触面切向且指向与运动趋势相反的方向。

4. 考虑摩擦时平衡问题的特点是:有可能发生相对滑动的摩擦面;受力图中包括摩擦力;考虑可能发生滑动的临界情况,并由此判断摩擦力指向;列平衡方程求解时,有摩擦补充方程;解答通常有一个区间。

5. 临界状态时,全约束力 F_R 与接触面法向间的夹角 φ_f 称为摩擦角,且 $\tan \varphi_f = f_s$。若作用于物体上外力的合力 F 的作用线在摩擦角(锥)之内,则无论 F 多大,物体都将保持静止,这种现象称为自锁。

6. 平面桁架中所有的杆均为二力杆。杆所受的力是沿杆本身的拉力或压力。静定桁架中杆数 m 和节点数 n 应当满足关系 $m=2n-3$。若 $m>2n-3$,则是静不定桁架。

3.8 第三章
知识点测试
题

7. 平面静定桁架问题的分析方法:研究整体,求约束力;用节点法或截面法选取节点或截取部分桁架作为研究对象,并将其分离出来;画受力图,杆的内力均假定为拉力;列平衡方程求解;所求得的内力为负时,杆受压。

8. 空间力系的平衡条件可由 6 个独立平衡方程表达为

$$\sum F_x = 0, \qquad \sum M_x(\boldsymbol{F}) = 0$$
$$\sum F_y = 0, \qquad \sum M_y(\boldsymbol{F}) = 0$$
$$\sum F_z = 0, \qquad \sum M_z(\boldsymbol{F}) = 0$$

3.9 第三章
知识点测试
题答案

空间汇交力系、空间平行力系则各自只有 3 个独立的平衡方程。

9. 力与轴平行或相交时,力对轴之矩为零。

10. 重心是物体各部分所受重力的合力的作用点。均质物体的重心,即物体的形心;对于非均质物体,若质量关于形心或形心轴对称,则重心仍在形心或形心轴上。复杂形状物体的重心可用组合法、垂吊法或称重法确定。

思 考 题

3.1　试判断图中各结构的静定性,若为静不定问题,请指出其静不定次数。

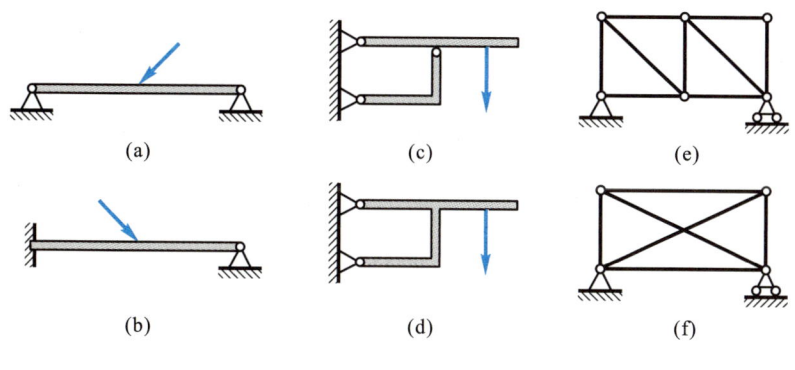

思考题 3.1 图

3.2　物体重量 $W = 100$ N,与平面间的静摩擦因数为 $f_s = 0.3$。试问在下列情况下物体能否平衡? 若能平衡,摩擦力为多大?

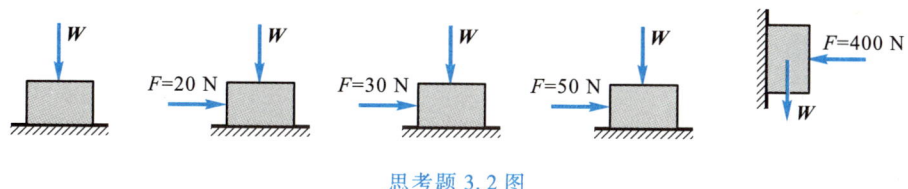

思考题 3.2 图

3.3　重量为 W 的物体置于水平面上,受力如图所示,是拉还是推省力? 若 $\alpha = 30°$,设静摩擦因数为 $f_s = 0.25$。试求在物体将要滑动的临界状态下,F_1 与 F_2 的大小相差多少?

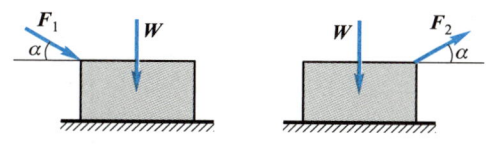

思考题 3.3 图

3.4　试用最简单的方法直接求得下图桁架中 1、2、3 杆的内力。请给出结果。

3.5　图中 $AC = KA = 0.6$ m,$CD = 0.8$ m,C 点坐标如图所示。试写出力 F_1、F_2 在各轴上的投影及对各轴之矩。

3.6　空间力系向一点简化后,若主矢、主矩不都为零,试讨论简化的最终结果。

3.7　观察周围工程结构案例,举例说明平面一般力系与空间一般力系。

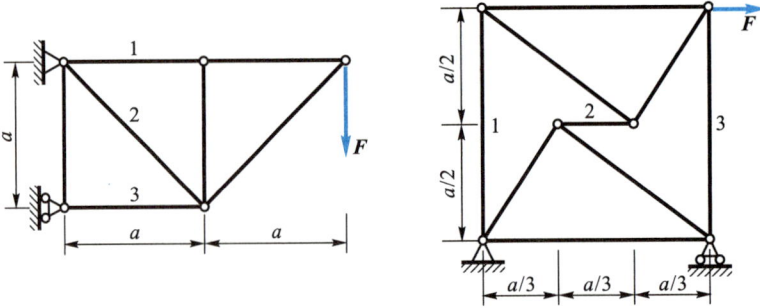

思考题 3.4 图

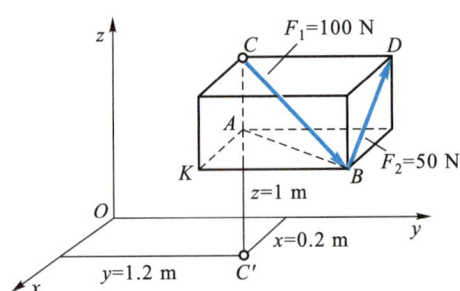

思考题 3.5 图

习　题

3.1　图示液压夹紧装置中,油缸活塞直径 $D = 120$ mm,$p = 6$ MPa。若 $\alpha = 30°$,试求工件 D 所受到的夹紧力 F_D。

3.2　图中为利用绳索拔桩的简易方法。若施加力 $F = 300$ N,$\alpha = 0.1$ rad,试求拔桩力 F_{AD}。（提示：α 较小时,有 $\tan\alpha \approx \alpha$。）

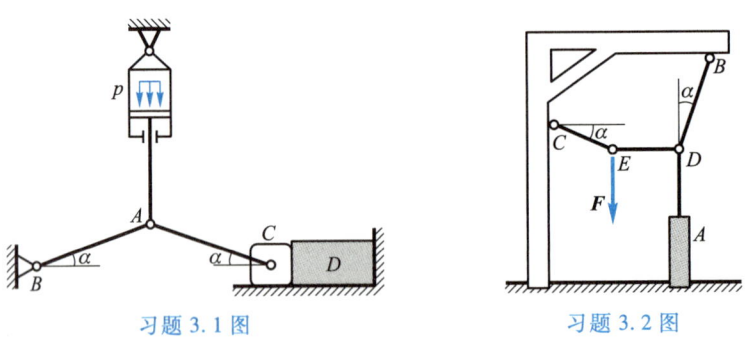

习题 3.1 图　　　　　　　　习题 3.2 图

3.3　已知 $q = 20$ kN/m,$F = 20$ kN,$M = 16$ kN·m,$l = 0.8$ m。试求支座 A、B 处的约束力。

3.4　若 $F_2 = 2F_1$,试求图示梁在 A、B 处的约束力。

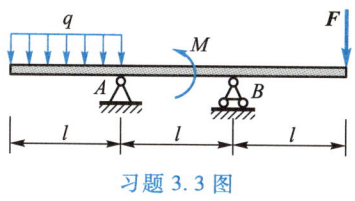

习题 3.3 图

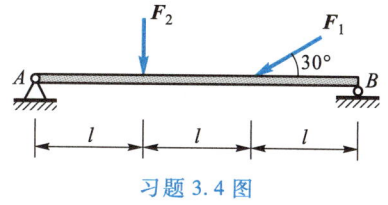

习题 3.4 图

3.5　图示梁 AB 与 BC 在 B 处用中间铰连接,受分布载荷 $q=15$ kN/m 和集中力偶 $M=20$ kN·m 作用。试求各处约束力。

3.6　偏心夹紧装置如图所示,利用手柄绕 O 点转动夹紧工件。手柄 DE 和压杆 AC 处于水平位置时,$\alpha=30°$;偏心距 $e=15$ mm,$r=40$ mm,$a=120$ mm,$b=60$ mm,$l=100$ mm。试求在力 F 作用下,工件受到的夹紧力。

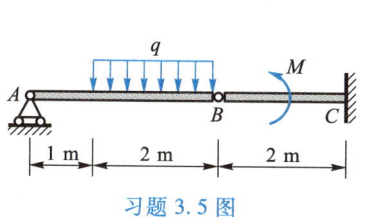

习题 3.5 图

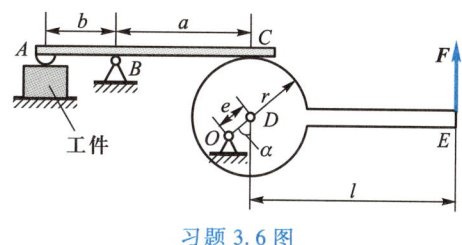

习题 3.6 图

3.7　塔架 $l=10$ m,$b=1.2$ m,$W=200$ kN。为将其竖起,先在 O 端设基桩,如图所示,再将 A 端垫高 h,然后用卷扬机起吊。若钢丝绳在图示位置时水平段最大拉力为 $F_T=360$ kN,试求能吊起塔架的最小高度 h 及此时 O 处的约束力。

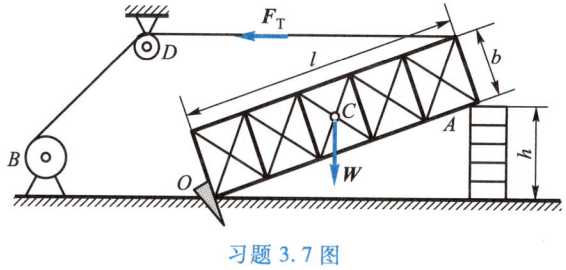

习题 3.7 图

3.8　图示汽车吊,车重 $W_1=26$ kN,起吊装置重 $W_2=31$ kN,作用线通过 B 点,起重臂重 $G=4.5$ kN。试求最大起吊重量 P_{max}。(提示:起吊重量大到临界状态时,A 处将脱离接触,约束力为零。)

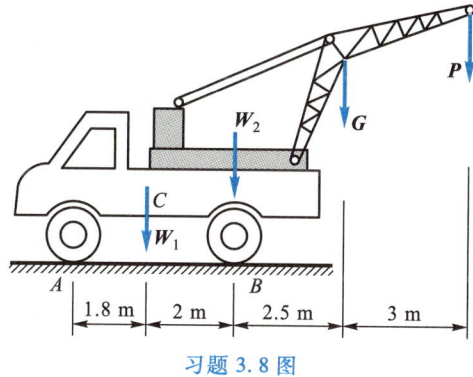

习题 3.8 图

3.9   试求图示夹紧装置中工件受到的夹紧力 F_E。

3.10   重为 W 的物体置于斜面上,静摩擦因数为 f_s,受一与斜面平行的力 F 作用。已知摩擦角 $\varphi_f <$ α,试求物体在斜面上保持平衡时,F 的最大值和最小值。

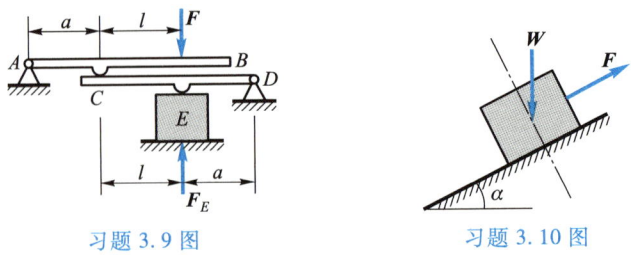

习题 3.9 图   习题 3.10 图

3.11   梯子 AB 长度为 l,$W = 200$ N,靠在光滑墙上,与地面间的静摩擦因数为 $f_s = 0.25$。要保证重量 $P = 650$ N 的人爬至顶端 A 处而梯子不至滑倒,试求最小角度 α。

3.12   图示偏心夹具,偏心轮 O 的直径为 D,与工作台面间静摩擦因数为 f_s,施加力 F 后可夹紧工件,此时 OA 处于水平位置。欲使力 F 除去后,偏心轮不会自行松脱,试利用自锁原理确定偏心尺寸 e。

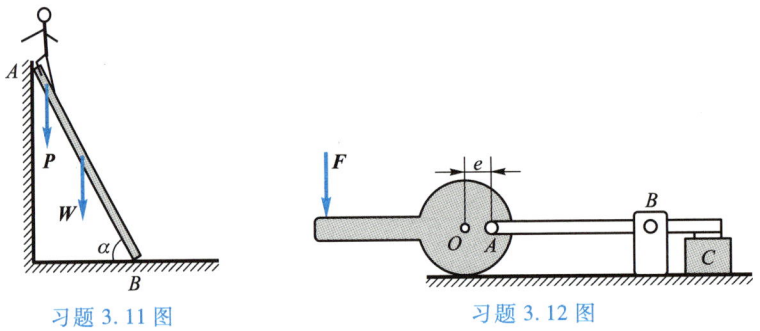

习题 3.11 图   习题 3.12 图

3.13   图示尖劈顶重装置,斜面间静摩擦因数为 $f_s = \tan \varphi_f$。试确定:

(1)不使重物下滑的最小 F 值。

(2)能升起重物的最小 F 值。

3.14   图示凸轮机构,凸轮在力偶 M 作用下可绕 O 点转动。推杆直径为 d,可在滑道内上下滑动,静摩擦因数为 f_s。假设推杆与凸轮在 A 点为光滑接触,为保证滑道不卡住推杆,试设计滑道的尺寸 b。

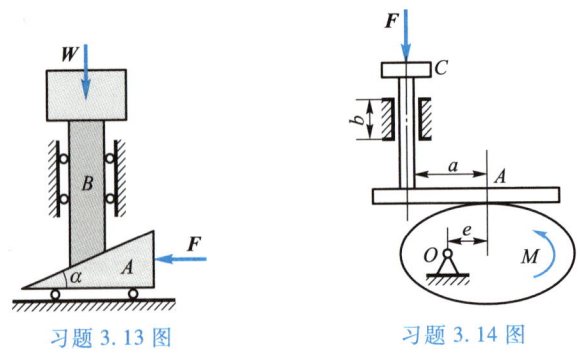

习题 3.13 图   习题 3.14 图

3.15　图示辊式破碎机简图,轧辊直径 $D=500$ mm,相对匀速转动以破碎球形物料。若物料与轧辊间的静摩擦因数为 $f_s=0.3$,试求能进入轧辊破碎的最大物料直径 d。(物料质量不计。)

3.16　图示不计重量的杆 AB,长度 $l=2$ m,水平放置在倾角均为 $45°$ 的斜面上,C 点为杆 AB 的中点。A、B 两点与斜面间的滑动摩擦因数均为 $f=0.5$。杆 AB 上有可移动的铅垂集中力 P,求临界平衡时 P 的作用位置 x。

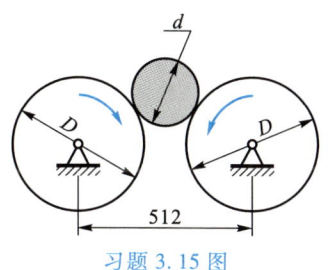

习题 3.15 图

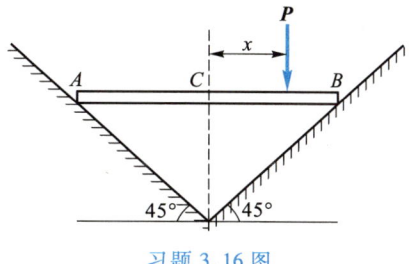

习题 3.16 图

3.17　试求图示桁架中 1、2、3 杆的内力。

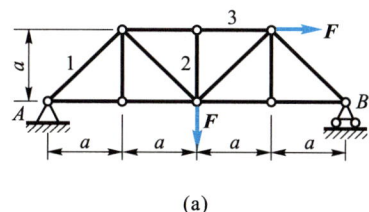

(a)

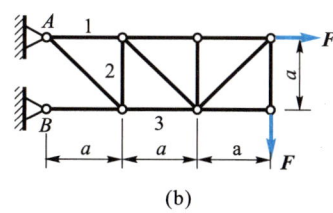

(b)

习题 3.17 图

3.18　试计算图示桁架中指定杆的内力,请指出杆件受拉还是受压。($\alpha=60°$,$\beta=30°$。)

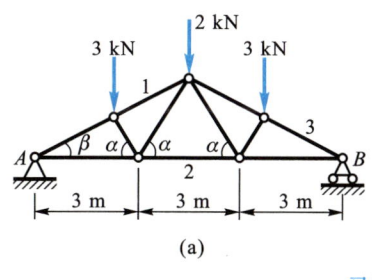

(a)

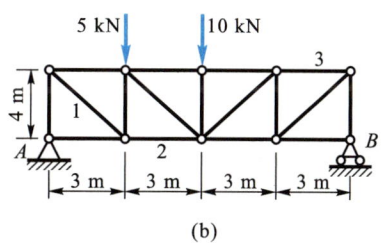

(b)

习题 3.18 图

3.19　传动轴如图所示,$AC=CD=DB=200$ mm,C 轮直径 $d_1=100$ mm,D 轮直径 $d_2=50$ mm,圆柱齿轮压力角 α 为 $20°$,已知作用在大齿轮上的力 $F_1=2$ kN。试求轴匀速转动时小齿轮传递的力 F_2 及两端轴承的约束力。

3.20　图示圆截面直角拐 ABC,直径为 d,位于水平面内,受力如图所示。已知 q、l,试确定固定端 A 处的约束力。

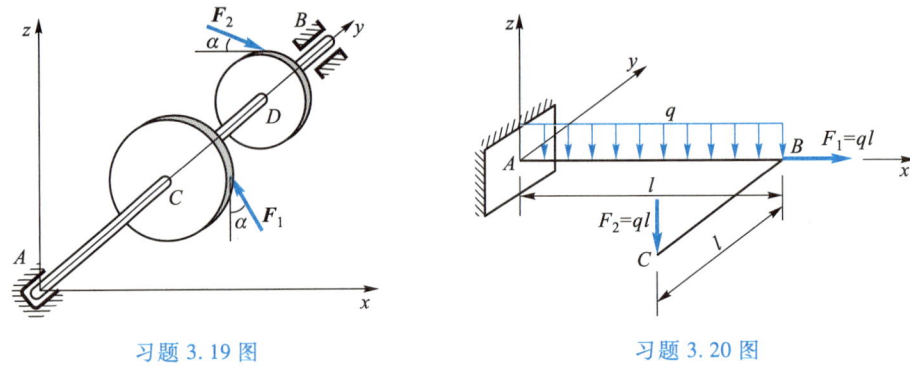

习题 3.19 图   习题 3.20 图

3.21   试确定下述由 AB 两均质部分组成的物体的重心坐标 x_C 和 y_C。

(1) 图 a 物体关于 x 轴对称,单位体积的重量 $\gamma_A = \gamma_B$。

(2) 图 b 物体关于 x 轴对称,单位体积的重量 $\gamma_A = \gamma_B/2$。

(3) 图 c 物体无对称轴,单位体积的重量 $\gamma_A = \gamma_B/2$。

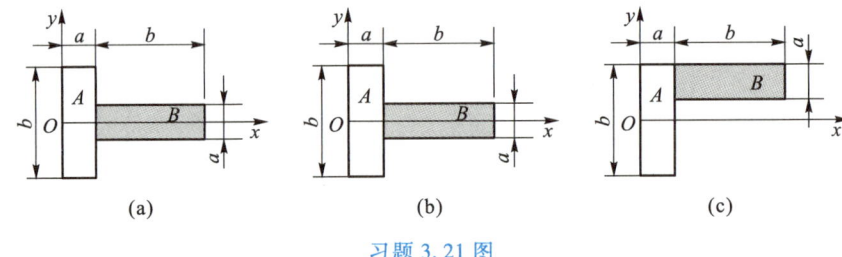

(a)   (b)   (c)

习题 3.21 图

3.22   直径为 D 的大圆盘,单位体积的重量为 γ,在 A 处挖有一直径为 d 的圆孔。若 $d = OA = D/4$,试确定带孔圆盘的重心位置。

3.23   用称重法求图示连杆的重心时,将连杆小头 A 支撑或悬挂,大头 B 置于磅秤上,调整轴线 AB 至水平,由磅秤读出 C 处的约束力 F_C。C 与 B 在同一铅垂线上,$AB = l$,若 $F_C = 0.7\,W$,试确定其重心到 A 点的距离 x。

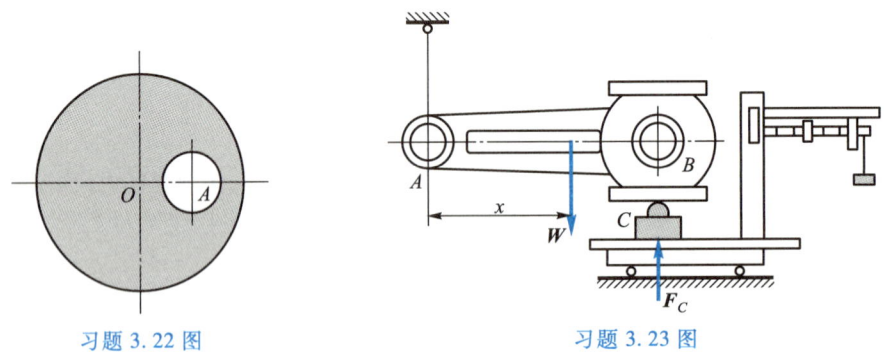

习题 3.22 图   习题 3.23 图

3.24 木块中钻有直径 $d = 20$ mm 的两孔,如图所示。若 $a = 60$ mm,$b = 20$ mm,$c = 40$ mm,试确定块体重心的坐标。

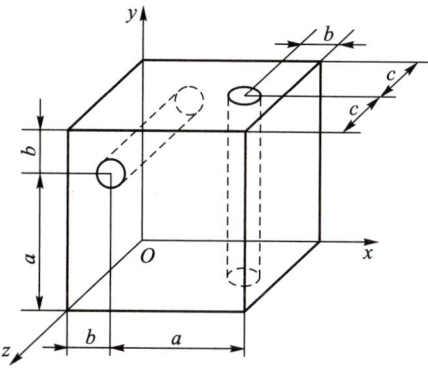

习题 3.24 图

第四章 变形体静力学基础

从本章开始,讨论的研究对象是变形体,属于固体力学的范畴。

在前面各章中,我们将物体视为不发生变形的刚体,讨论其平衡问题。事实上,物体在力的作用下,不但或多或少总有变形发生,而且还可能破坏。因此,不仅要研究物体的受力,还要研究物体受力后的变形和破坏,以保证我们设计制造的机械或结构能实现预期的设计功能和正常工作。要研究固体的变形和破坏,就不再能接受刚体假设,而必须将物体视为变形体。

作用在刚体上的力矢量可以认为是滑移矢,力偶矩矢是自由矢,是因为没有考虑物体的变形。对于变形体,力矢量不再能沿其作用线滑移,力偶矩矢也不再能自由平移,因为它们的作用位置将影响物体的变形。

变形体静力学研究的是平衡状态下,变形体的受力和变形问题。本章重点讨论构件在外力作用下的内力和构件内部内力的表现形式。

§4.1 变形体静力学的一般分析方法

在第一章中,已经简要地介绍了以变形体为研究对象的静力学基本研究方法。即需要进行下述三个方面的研究:

(1) 力和平衡条件的研究。

(2) 变形几何协调条件的研究。

(3) 力与变形之关系的研究。

在开始讨论变形体静力学问题之前,先以一个例子进一步说明变形体静力学问题研究的一般方法。

例 4.1 长 $2l$ 的木板由两个刚度系数为 k 的弹簧支承,如图 4.1 所示。弹簧的自由长度为 h,既能受压,也能受拉。若有一人从板中央向一端缓慢行走,试求板与地面刚刚接触时,人所走过的距离 x。

解: 设人重为 W,板重与人重相比较小,忽略不计。讨论板与地面刚刚接触的临界状态,此时 $F = 0$;弹簧 B 受压缩短,弹簧 A 受拉伸长,板受力如图 4.1 所示。

1) 力的平衡条件

由平衡方程有

$$\sum F_y = F_B - F_A - W = 0 \tag{1}$$

$$\sum M_A(\boldsymbol{F}) = 2aF_B - (x+a)W = 0 \tag{2}$$

如果 x 已知,弹簧弹力 F_A、F_B 即可求得。现在 x 未知,只考虑力的平衡不能解决问

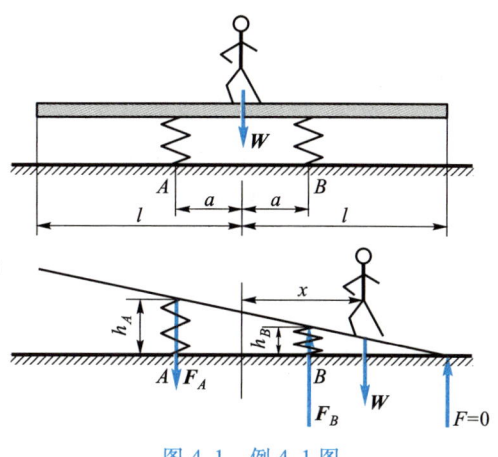

图 4.1 例 4.1 图

题,需考虑变形。板与弹簧相比刚硬得多,可作刚体处理,只考虑弹簧的变形。

2)变形几何协调条件

弹簧变形如图 4.1 所示,刚性板要保持为直板,则两弹簧变形后应满足的几何条件是

$$h_B/h_A = (l-a)/(l+a) \quad (x>0) \tag{3}$$

弹簧 A、B 的变形为

$$\delta_A = h_A - h \quad （图中假定为受拉伸长） \tag{4}$$

及

$$\delta_B = h - h_B \quad （图中假定为受压缩短） \tag{5}$$

3)力与变形间的物理关系

对于弹簧,力与变形间的关系为

$$F_A = k\delta_A \tag{6}$$

及

$$F_B = k\delta_B \tag{7}$$

综合考虑问题的平衡条件、变形几何关系和物理关系后,得到上述 7 个方程,可求出 F_A、F_B、δ_A、δ_B、h_A、h_B 和 x 等全部 7 个未知量。

求解上述方程得到,板刚刚触地时,人所走过的距离为

$$x = \frac{a^2}{l}\left(\frac{2hk}{W} - 1\right) \tag{a}$$

此时,两弹簧的变形为

$$\delta_A = \frac{W}{2k}\left(\frac{x}{a} - 1\right), \quad \delta_B = \frac{W}{2k}\left(\frac{x}{a} + 1\right) \tag{b}$$

讨论：

由所得到的结果(a)式可知,x 与 a^2 成正比,与板长 l 成反比。此外,必须注意前面讨论的情况是 $x>0$[$x \leqslant 0$ 时,变形几何协调条件(3)不适用],故(a)式中括号内应为正值,即只有在 $h>W/2k$ 时上述结果才有效。在此条件下,弹簧自由长度 h 越大、弹簧刚度系数 k 越大、人的体重 W 越小,则可以走过的距离 x 越大。

由(b)式的结果可知,弹簧 B 的变形量 δ_B 始终是正值。这表明弹簧 B 实际受力和变形与图中假设一致,是受到压缩。且 x 越大,δ_B 越大。

由(b)式的结果还可知,当 $x>a$ 时,弹簧 A 的变形量 δ_A 为正,说明图中假设其受拉伸长是正确的;当 $x<a$ 时,δ_A 为负,表示 F_A 的实际指向与图中相反,弹簧 A 亦受压缩短;当 $x=a$ 时,$\delta_A=0$,弹簧 A 既不伸长又不缩短,此时 $F_A=0$,人的重力全部由弹簧 B 承担。注意当 $x=a$ 时,由(a)式应有 $l=(2hk/W-1)a$。

上述讨论涉及了问题和结果的物理意义、几何意义、各因素对结果的影响趋势和所求得结果的正确性条件等,读者应注意培养这种探究式思维。

由本例可见,平衡条件、变形几何协调条件、力与变形之间的物理关系是分析变形体静力学问题的核心或研究主线。

§4.2   基本假设

固体力学的研究对象是可变形固体。固体材料是多种多样的。研究变形体,常常需要涉及材料本身。在力的作用下,不同的材料有着不同的变形性能。例如,在同样的拉伸载荷作用下,橡皮筋的变形大、铁丝的变形小等。材料的物质结构和性质比较复杂,为了研究的方便,通常采用下述假设建立可变形固体的理想化模型。

4.1   基本假设

1. 均匀连续性假设

假设物体在整个体积内都毫无空隙地充满着物质,是密实、连续的,且任何部分都具有相同的性质。

有了这一假设,就可以从被研究物体中取出任一部分来进行研究,它具有与材料整体相同的性质。还因为假定了材料是密实、连续的,材料内部在变形前和变形后都不存在任何"空隙",也不允许产生"重叠",故在材料发生破坏之前,其变形必须满足几何协调(相容)条件。

2. 各向同性假设

假设材料沿各不同方向均具有相同的力学性质。

这样的材料称为各向同性材料(isotropic material)。因为材料的晶粒尺寸很小且是随机排列的,故从宏观上看,从统计平均的意义上看,大多数工程材料都可以接受这一假设。这一假设使力与变形间物理关系的讨论得以大大简化。即在物体中沿任意方位选取一部分材料研究时,其力与变形间的物理关系都是相同的。当然,有一些材料沿不同方向具有不可忽视的不同的力学性质,力与变形间的物理关系与材料取向有关。这样的材料,称为各向异性材料。

3. 小变形假设

假设物体受力后的变形是很小的。

在工程实际中,构件受力后的变形一般很小,相对于其原有尺寸而言,变形后尺寸改变的影响往往可以忽略不计。假设物体受力后的变形很小,在分析力的平衡时用原来的几何尺寸计算就不至于引入大的误差。这样的问题称为小变形问题。反之,当变形较大,其影响不可忽略时的问题,称为大变形问题。

基于上述假设,现在讨论的变形体静力学问题是均匀连续介质、各向同性材料的小变形问题。这是固体力学研究的最基本问题。随着研究的深入,将逐步放松上述假设的限制。如含缺陷、裂隙或夹杂等材料不连续的问题,大变形问题,各向异性问题等,逐步深化对于工程构件或工程系统力学性态的认识。

§4.3 内力、截面法

4.3.1 内力

物体内部某一部分与相邻部分间的相互作用力,称为内力(internal force)。与前面受力分析中提到的"物体系统中各物体间的作用力对于系统而言是内力"不同,系统中各物体间的内力,只需解除周围约束,将物体单独取出,即成为外力而显示。此后所说的内力,是物体内部各部分间的相互作用力。

为了显示内力,必须用截面法截开物体,才能显示出作用在该截面上的内力。图 4.2(a)所示物体,受外力 F_1、F_2、F_3 和外力偶 M 作用而处于平衡状态。处于平衡状态的物体,其任一部分也必然处于平衡状态。如果要研究物体内某一截面 C 上的内力,则可沿该截面将物体截开,任取一部分研究其平衡。

4.2 内力

沿 C 截面将物体截为 A、B 两部分,任取一部分(这里取 A)作为研究对象,该部分上作用的外力是 F_1、F_2。物体处于平衡状态,则物体中的任一部分(无论是 A 还是 B)都应处于平衡状态。在力 F_1、F_2 作用下,A 部分能保持平衡是因为受到 B 部分的约束,故在截面 C 上有 B 部分对 A 部分的作用力(内力)作用,如图 4.2(b)所示。无论 C 截面上的内力分布如何,其最一般情况是形成一个空间任意力系,故总可以像第三章讨论空间力系的简化那样,将截面上各处的内力合成的结果用作用于截面形心处沿三个坐标轴的力(F_x、F_y、F_z)和绕三个轴的力偶(M_x、M_y、M_z)表示,如图 4.2(c)所示,内力的方向先假设。研究所截取的 A 部分物体的平衡,C 截面上内力的 6 个分量,可由空间力系的 6 个独立平衡方程确定。利用小变形假设,可不考虑变形引起的几何尺寸变化。在最一般的情况下,切开的截面上内力有 6 个分量,可视为 B 部分物体对 A 部分物体的约束

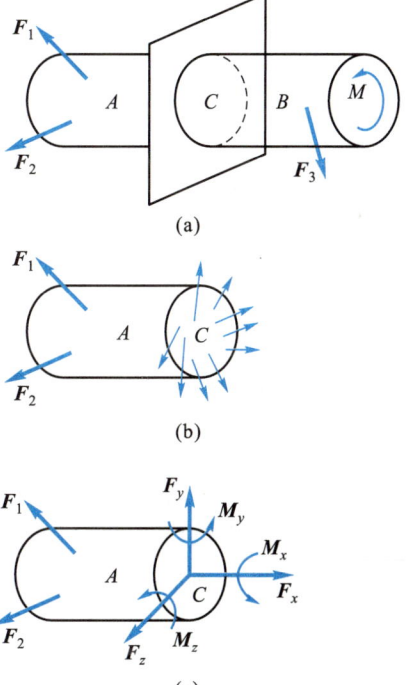

图 4.2 用截面法显示内力

力,它们限制了 A 部分物体在空间中相对于 B 物体的任何运动,包括沿三个坐标轴的移动和绕三个坐标轴的转动。

内力 $\boldsymbol{F}_x$ 作用于截面法向,有使物体沿轴线伸长或缩短的效果,称为轴力(axial force)$\boldsymbol{F}_N$;以拉力(指向离开截面)为正,压力为负。内力 $\boldsymbol{F}_y$、$\boldsymbol{F}_z$ 作用于截面切向,有使物体沿截面发生剪切错动的效果,称为剪力(shear force)$\boldsymbol{F}_S$,剪力使构件局部在所在坐标平面内发生顺时针错动变形为正,反之为负。内力偶 $\boldsymbol{M}_x$ 有使物体沿轴线发生扭转变形的效果,称为扭矩(torque)$\boldsymbol{T}$,采用右手螺旋定则,用四指表示扭矩的转向,大拇指的指向即扭矩矢量的方向,规定扭矩矢量为截面外法线方向时扭矩为正,反之为负。内力偶 $\boldsymbol{M}_y$、$\boldsymbol{M}_z$ 有使物体在其作用平面内发生弯曲的效果,称为弯矩(bending moment)$\boldsymbol{M}$,弯矩使物体的轴线发生弯曲后与垂直轴线坐标方向相反的变形为正,反之为负。图 4.2 中内力指向都是沿正向假设的,若求出的结果为负,则表示内力与假设指向相反。

内力正负号的规定,列在表 4.1 中。用两个相邻截面截取一微段,微段两端面上均有内力。通常规定使微段受拉的轴力 $\boldsymbol{F}_N$ 为正;使微段发生顺时针剪切错动的剪力 $\boldsymbol{F}_S$ 为正;使微段发生横截面外法线方向的扭转变形的扭矩 $\boldsymbol{T}$ 为正;使微段弯曲变形后轴线向垂直轴线坐标方向发生凹变形的弯矩 $\boldsymbol{M}$ 为正。这样规定可保证研究者无论截取左端还是右端作为研究对象,所得到的内力的大小和正负相同。

表 4.1　截面内力的正向规定

内力	右截面正向	左截面正向	微段变形(内力正向)
轴力 $\boldsymbol{F}_N$	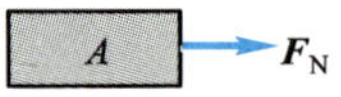 A → $\boldsymbol{F}_N$	 $\boldsymbol{F}_N$ ← B	 $\boldsymbol{F}_N$ ← → $\boldsymbol{F}_N$ 微段伸长
剪力 $\boldsymbol{F}_S$	 A ↓ $\boldsymbol{F}_S$	 $\boldsymbol{F}_S$ ↑ B	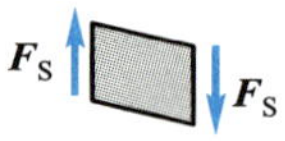 $\boldsymbol{F}_S$ ↑ ↓ $\boldsymbol{F}_S$ 微段顺时针错动
扭矩 $\boldsymbol{T}$	 A → T	 T ← B	 T ← → T 横截面外法线方向
弯矩 $\boldsymbol{M}$	 A $\curvearrowleft$ M	 M $\curvearrowright$ B	 M $\smile$ M 向垂直轴线坐标正向凹

如果物体有对称面且外力均作用在该平面内,则成为平面问题,如图 4.3(a)所示。将物体用截面法沿 C 截面切开后,取左边 A 部分为研究对象,则截面 C 上的内力只有作用在该平面形心处的 3 个分量,即 $\boldsymbol{F}_N$、$\boldsymbol{F}_S$、$\boldsymbol{M}$,由平面力系的 3 个独立平衡方程确定。

如果作用在物体上的外力都在同一直线上,则如图 4.3(b)所示,截面上的内力只有轴力 $\boldsymbol{F}_N$。

若取物体右端 B 部分作为研究对象,截面 C 在研究对象的左端,其上内力与取 A 部分研究时的截面内力互为作用力和反作用力,大小相等,指向相反。

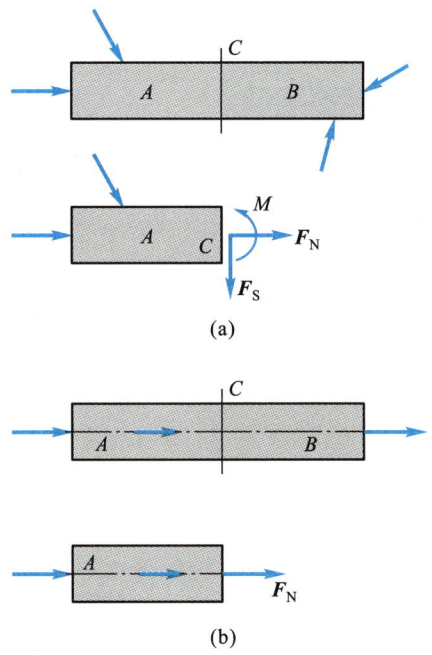

图 4.3　截面上的内力

4.3.2　截面法

截面法是用假想截面将物体截开,揭示并确定截面上内力的方法。一般包括截取研究对象,绘出作用于其上的外力和截面内力(按正向假设),由平衡方程求解内力等步骤。

必须注意,因为所讨论的是变形体,在截取研究对象之前,力和力偶都不可以像讨论刚体时那样随意移动。

4.3　截面法

例 4.2　试求图 4.4(a)所示构件中 1、2、3 截面的内力。

解:1) 求约束力

整体受力如图 4.4(a)所示,有平衡方程

$$\sum M_A(\boldsymbol{F}) = 2aF_{Bx} - aF = 0$$

$$\sum F_x = F_{Ax} + F_{Bx} = 0$$

$$\sum F_y = F_{Ay} - F = 0$$

解得

$$F_{Bx} = F/2, \quad F_{Ay} = F, \quad F_{Ax} = -F/2$$

再研究铰链 C,注意 CD、AC 为二力杆,铰链 C 受力如图 4.4(b)所示,有

$$\sum F_y = F_{AC}\cos 45° - F = 0$$

$$\sum F_x = -F_{AC}\sin 45° - F_{CD} = 0$$

解得

$$F_{AC} = \sqrt{2}F, \quad F_{CD} = -F$$

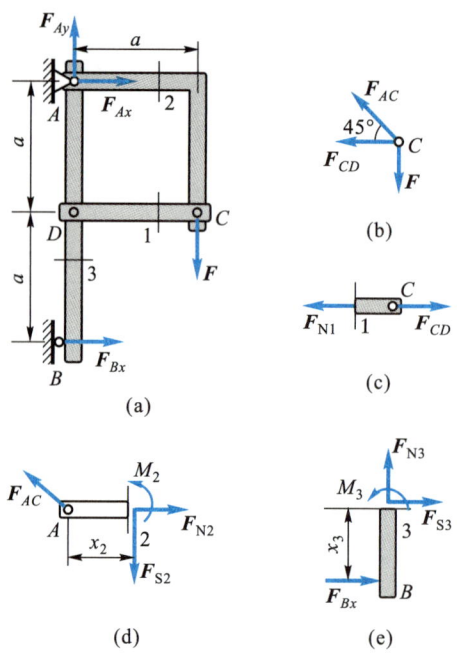

图 4.4　例 4.2 图

2）求各截面内力

截面 1：沿截面 1 将 CD 杆截开，取右段研究，受力如图 4.4(c)所示，有

$$F_{N1} = F_{CD} = -F \quad （轴向压力）$$

截面 2：沿截面 2 将 AC 杆截开，取左段研究，受力如图 4.4(d)所示，图中所有内力均按正向假设。设截面距 A 为 x_2，列平衡方程，可求得

轴力　　　$F_{N2} = F_{AC}\cos 45° = F \quad （拉力）$

剪力　　　$F_{S2} = F_{AC}\sin 45° = F$

弯矩　　　$M_2 = F_{AC}\sin 45° \cdot x_2 = Fx_2$

注意：写力矩方程时，矩心取在截面形心处，方程中内力只有 M。

截面 3：沿截面 3 将 AB 杆截开，取下部分研究，受力如图 4.4(e)所示，列平衡方程，可求得

轴力　　　$F_{N3} = 0$

剪力　　　$F_{S3} = -F_{Bx} = -F/2$

弯矩　　　$M_3 = -F_{Bx}x_3 = -Fx_3/2$

注意，截面 2、3 上的弯矩是与截面位置有关的。

例 4.3　图 4.5 中直角支架 ABC 在 A 端固定，C 处受力 F 作用，F 在平行于 xy 的平面内。试求距 A 端为 x 处截面 1 上的内力。

解：沿 x 截面将支架截开，取右边部分研究，如此可不必求 A 端各约束力。截面内力的 6 个分量如图所示。

力系为空间力系，平衡方程为

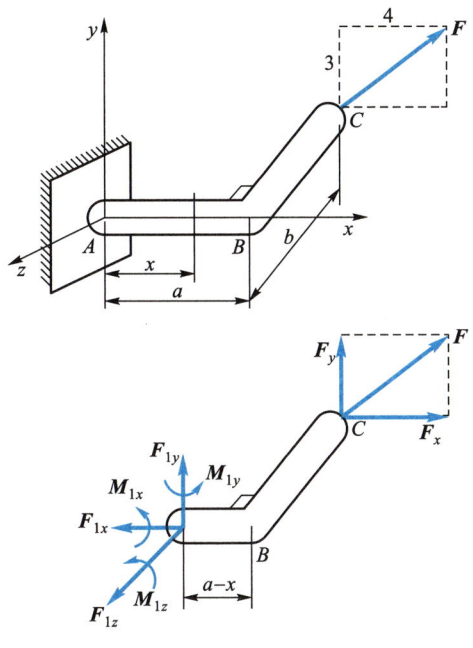

图 4.5　例 4.3 图

$$\sum F_x = F_x - F_{1x} = 0, \quad F_{1x} = F_x = 4F/5$$

$$\sum F_y = F_y + F_{1y} = 0, \quad F_{1y} = -F_y = -3F/5$$

$$\sum F_z = F_{1z} = 0, \quad F_{1z} = 0$$

$$\sum M_x(\boldsymbol{F}) = M_{1x} - F_y b = 0, \quad M_{1x} = F_y b = 3Fb/5$$

$$\sum M_y(\boldsymbol{F}) = M_{1y} - F_x b = 0, \quad M_{1y} = F_x b = 4Fb/5$$

$$\sum M_y(\boldsymbol{F}) = M_{1z} + F_y(a-x) = 0, \quad M_{1z} = -3F(a-x)/5$$

由上述内力分析可见,作用在支架 AB 段上的内力有轴力 $\boldsymbol{F}_N = \boldsymbol{F}_{1x}$;剪力 $\boldsymbol{F}_S = \boldsymbol{F}_{1y}$,力偶矩 $\boldsymbol{M}_{1x}$ 使 AB 段发生绕 x 轴的扭转,称为扭矩;力偶矩 $\boldsymbol{M}_{1y}$ 使 AB 段发生在 xz 平面内的弯曲,$\boldsymbol{M}_{1z}$ 使 AB 段发生在 xy 平面内的弯曲,$\boldsymbol{M}_{1y}$、$\boldsymbol{M}_{1z}$ 分别称为在 xz 平面内或在 xy 平面内的弯矩。弯矩 $\boldsymbol{M}_{1z}$ 还是沿截面 x 的位置而变化的,在支承处($x=0$),弯矩 $\boldsymbol{M}_{1z}$ 的值最大。

§4.4　杆件的基本变形

若构件在某一方向的尺寸远大于其他两方向的尺寸,则统称为杆件(bar)。若杆件的轴线为直线,则称为直杆。本书中讨论的杆,若非特别说明,均指直杆。这是一种最简单的构件。

构件在力的作用下所发生的几何尺寸或形状的改变,称为变形(deformation)。

对于杆件而言,截面内力的最一般情况是 6 个分量都不为零。由例 4.3 可见,图 4.5

中 AB 段杆上有轴力 $\boldsymbol{F}_\mathrm{N}=\boldsymbol{F}_{1x}$,故杆将发生沿 x 轴的伸长或缩短;有扭矩 $\boldsymbol{M}_{1x}$ 作用,杆将发生绕 x 轴的扭转;有弯矩 $\boldsymbol{M}_{1y}$、$\boldsymbol{M}_{1z}$ 作用,使杆 AB 分别发生在 xz 平面、xy 平面内的弯曲。因此,杆 AB 的可能变形是复杂的组合变形问题。

对于任何复杂的变形问题,总可以从简单的基本变形情况入手。于是,可以将杆的基本变形分为三类,即拉伸/压缩(tension/compression)、扭转(torsion)、弯曲(bending),如图 4.6 所示。

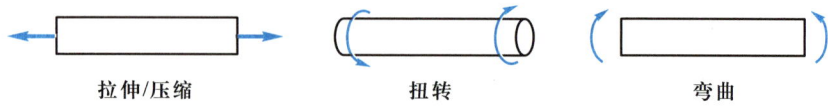

拉伸/压缩   扭转   弯曲

图 4.6　杆件的三种基本变形

轴向拉伸/压缩(axial tension/compression)——作用于杆的外力都沿杆的轴线,内力为轴力。工程中常见的有拉杆、撑杆、顶杆、活塞杆、钢缆、柱等。

扭转——作用于杆的外载荷是在垂直于杆轴线的各平面内的力偶,内力为扭矩。工程中承受扭转的杆通常为圆截面,称为轴。如各种传动轴、车轮轴、车辆转向轴等。

弯曲——作用于杆的外载荷是与轴线在同一平面内的力偶,内力为弯矩。承受弯曲的杆,通常称为梁。例如桥梁、房梁、地板梁等。

例 4.3 中 AB 段杆上还有剪力 $\boldsymbol{F}_\mathrm{S}=\boldsymbol{F}_{1y}$,$\boldsymbol{F}_\mathrm{S}$ 将使杆发生垂直于 x 轴的剪切错动。这种变形情况较复杂且局部效应明显,不列入基本变形。

§4.5　内力图

实际工程中,系统杆件各截面内力需要分段描述。为了直观地描述杆件各段截面的内力随截面位置变化,用内力图表示杆件的内力变化规律。

4.5.1　轴力图

例 4.4　图 4.7 所示杆中受力均沿杆的轴线,求杆各截面的内力。

解:在 AB 段任一截面截开,取左段研究,受力如图 4.7(a)所示,由平衡方程 $\sum F_x=0$ 有

$$F_{\mathrm{N}1}=5\ \mathrm{kN}$$

对于 BC 段任一截面,受力如图 4.7(b)所示,有

$$F_{\mathrm{N}2}=5\ \mathrm{kN}-2\ \mathrm{kN}=3\ \mathrm{kN}$$

同理,对于 CD 段任一截面,受力如图 4.7(c)所示,有

$$F_{\mathrm{N}3}=5\ \mathrm{kN}-2\ \mathrm{kN}-8\ \mathrm{kN}=-5\ \mathrm{kN}\ (压力)$$

依据上述结果,可画出轴力随截面位置变化的图,如图 4.7(d)所示。这是杆各截面的内力图,内力是轴力 $\boldsymbol{F}_\mathrm{N}$,故称为轴力图(axial force diagram)。

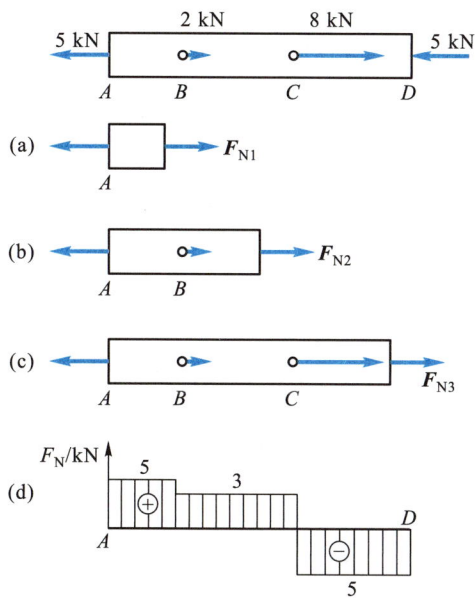

图 4.7　例 4.4 图

讨论：轴力图的简捷画法

如图 4.8 所示,从杆左端截面开始,按拉力标出参考正向如图所示(拉力使杆件右端产生正的内力);A 处作用的力 F_A 与参考正向一致,轴力图向上沿正向画至 $F_1 = 5$ kN,AB 段上无外力作用,画水平线;B 处作用的力 F_2 与参考正向方向相反,轴力图向下行 $F_2 = 2$ kN 变为 3 kN,BC 段无外力作用,画水平线;C 处 F_3 与参考正向反向,轴力图继续向下行 $F_3 = 8$ kN,变为 -5 kN,

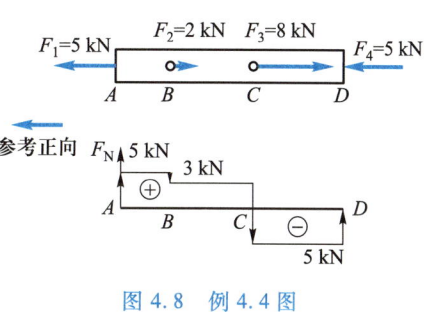

图 4.8　例 4.4 图

CD 段无外力作用,画水平线;D 处 F_4 与参考正向一致,轴力图向上行 $F_4 = 5$ kN,回至零,图形封闭,满足平衡条件 $\sum F_x = 0$。如此得到的结果必然是与截面法一致的。

轴力图的简捷画法归纳为:取左端拉力方向为轴力图参考正向,画水平线,遇集中力作用则轴力相应增减,至右端回到零。

4.5.2　扭矩图

传动轴在外力偶作用下,内力主要是扭矩。当轴上作用有两个以上的外力偶矩时,应分段计算轴的扭矩。为了清楚地表示扭矩沿轴线的变化情况,通常以横坐标表示截面的位置,纵坐标表示扭矩的大小,给出各截面扭矩随其位置而变化的图线,称为扭矩图(torque diagram)。扭矩图与轴力图一样,应画在载荷图的对应位置上。

例 4.5　传动轴如图 4.9(a)所示,已知转速 $n = 300$ r/min,主动轮 A 输入功率 $P_A = 400$ kW,三个从动轮输出的功率分别为 $P_B = P_C = 120$ kW,$P_D = 160$ kW。试求轴的内力。

4.4　扭转工程案例

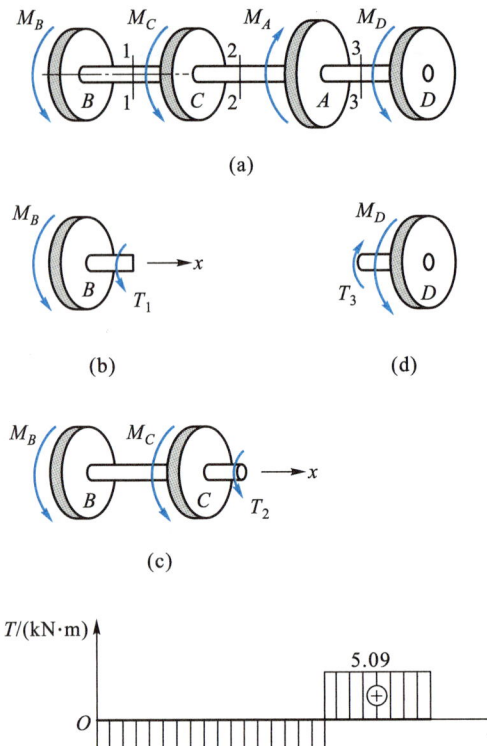

(a)

(b)   (d)

(c)

(e)

图 4.9   例 4.5 图

解: 1) 计算外力偶矩

由功率、转速和力偶矩的关系得

$$\{M\}_{kN\cdot m} = 9.55 \times \frac{\{P\}_{kW}}{\{n\}_{r/min}}$$

故有

$$M_A = \left(9.55 \times \frac{400}{300}\right) \ kN\cdot m$$

$$= 12.73 \ kN\cdot m$$

$$M_B = M_C = \left(9.55 \times \frac{120}{300}\right) \ kN\cdot m$$

$$= 3.82 \ kN\cdot m$$

$$M_D = \left(9.55 \times \frac{160}{300}\right) \ kN\cdot m$$

$$= 5.09 \ kN\cdot m$$

2) 用截面法求截面扭矩

BC 段:沿截面 1—1 将轴截开,取左段为研究对象,沿正向假设截面扭矩为 T_1,如

图 4.9(b)所示。由平衡方程可知有

$$\sum M_x = T_1 + M_B = 0$$

得到

$$T_1 = -M_B = -3.82 \text{ kN·m}$$

CA 段:沿截面 2—2 截取研究对象,如图 4.9(c)所示,由平衡方程可知有

$$\sum M_x = T_2 + M_B + M_C = 0$$

得到

$$T_2 = -(M_B + M_C) = -7.64 \text{ kN·m}$$

AD 段:沿截面 3—3 将轴截开后取右段为研究对象,如图 4.9(d)所示。有平衡方程

$$\sum M_x = T_3 - M_D = 0$$

得到

$$T_3 = M_D = 5.09 \text{ kN·m}$$

应当指出,在求以上各截面的扭矩时,采用了"设正法",即截面扭矩按正向假设;若所得结果为负,则表示该扭矩的实际方向与假设的方向相反。本题计算结果表明 BC 段及 CA 段扭矩为负,AD 段扭矩为正。

3) 作扭矩图

注意到轴各段内的扭矩均相同,则由上述结果不难作出如图 4.9(e)所示之扭矩图。可见,该轴的最大扭矩 $T_{max} = 7.64$ kN·m,作用在 CA 段上。

注:功率、转速与传递的外扭转力偶矩之关系如下。

外扭转力偶矩 M 所做的功 W 可表示为 M 与其转过的角度 α 之积,功率 P 是单位时间所做的功,故有

$$P = W/t = M\alpha/t$$

式中,α/t 是每秒转过的角度,单位为 rad。设轴的转速为每分钟 n 转,则每秒转过的角度为 $2\pi n/60$,即有

$$P = M\alpha/t = M \times 2\pi n/60 \quad 或 \quad M = 60P/(2\pi n)$$

功率常用 kW(千瓦)表示,注意到 1 kW = 1 000 N·m/s,即可写出功率、转速与传递的外扭转力偶矩之关系为[①]

$$\{M\}_{\text{kN·m}} = 9.55 \times \frac{\{P\}_{\text{kW}}}{\{n\}_{\text{r/min}}} \tag{4.1}$$

讨论 1:扭矩图的简捷画法

类似于轴力图的简捷画法,对于扭矩图,同样可以从左端开始,按扭矩符号规定标出参考正向如图 4.10 所示(正扭矩使图轴右端产生正的内力),图中 M_B 为负,扭矩图向下行至3.82 kN·m;BC 段无外力偶矩作用,画水平线;C 处 M_C 与参考正向相反,扭矩图继续向下行 3.82 kN·m 至 7.64 kN·m;CA 段无外力偶矩作用,画水平线;A 处 M_A 与参考正向相同,扭矩图向上行 $M_A = 12.73$ kN·m;AD 段无外力偶矩作用,仍画水平线;D 处 M_D 与参考正向相反,扭矩图向下行 $M_D = 5.09$ kN·m;回至零,图形封闭,满足平衡条件 $\sum M_x = 0$。

---

① 这是国家标准《有关量、单位和符号的一般原则》(GB/T 3101—1993)中规定的数值方程式的表示方法。

这样得到的结果必然是与截面法一致的。

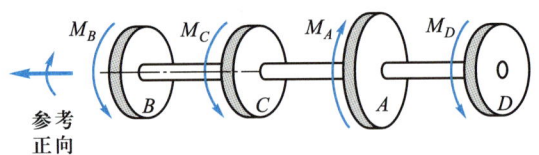

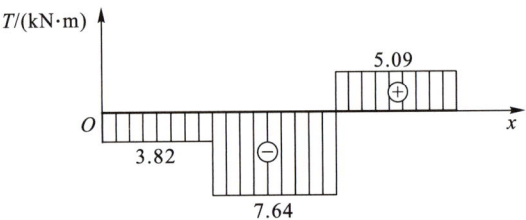

图 4.10　扭矩图的简捷画法

扭矩图的简捷画法归纳为：在左端取参考正向，按载荷大小画水平线，遇集中载荷作用则内力相应增减，至右端回到零。

讨论 2： 对于本题所论之传动轴，若将主动轮 A 与从动轮 D 的位置对换，作扭矩图后可知，轴的最大扭矩在 AD 段，且为 $T_{max} = 12.73$ kN·m。由此可见，合理安排主、从动轮的位置，可以使轴的最大扭矩值降低。

4.5.3　弯曲内力图

4.5　弯曲工程案例

杆件在垂直轴线载荷作用下会发生弯曲变形。工程中将发生弯曲变形的杆件称为梁（beams）。工程中常见的梁，其横截面一般至少有一个对称轴，如图 4.11(a) 所示。此对称轴与梁的轴线共同确定了梁的一个纵向对称平面，如图 4.11(b) 所示。如果梁上的载荷全部作用于此纵向对称面内，则称此梁为平面弯曲梁。平面弯曲梁变形后，梁的轴线将在此纵向对称平面内弯曲成一条曲线，此曲线称为平面弯曲梁的挠曲线（deflection curve）。

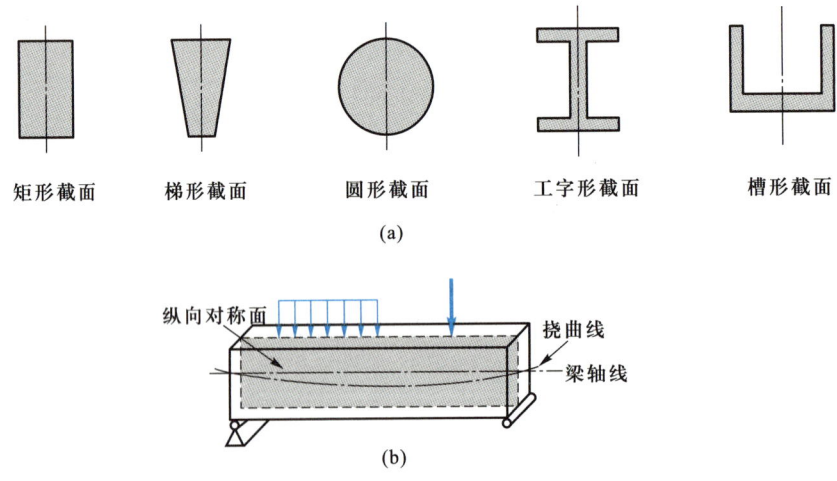

矩形截面　　梯形截面　　圆形截面　　工字形截面　　槽形截面

(a)

(b)

图 4.11　平面弯曲梁

下面讨论载荷与梁轴线均在一个平面内的平面弯曲梁的弯曲内力图。

1. 截面法求梁的弯曲内力

例 4.6　平面弯曲梁受力如图 4.12(a)所示,求各截面内力并作内力图。

解:1)求固定端约束力

固定端 A 处有 3 个约束力,但因梁上无 x 方向载荷作用,故 $F_{Ax}=0$;只有 F_{Ay}、M_A 如图所示。列平衡方程有

$$\sum F_y = F_{Ay} - F = 0$$

$$\sum M_A(\boldsymbol{F}) = M_A - Fl = 0$$

得到

$$F_{Ay} = F, \quad M_A = Fl$$

2)求截面内力

在距 A 为 x 处将梁截断,取左段研究,截面内力按正向假设,如图 4.12(b)所示。

在 $0 \leqslant x < l$ 内,有平衡方程

$$\sum F_y = F_{Ay} - F_S = 0$$

$$\sum M_C(\boldsymbol{F}) = M_A + M - F_{Ay}x = 0$$

得到

$$F_S = F, \quad M = -F(l-x)$$

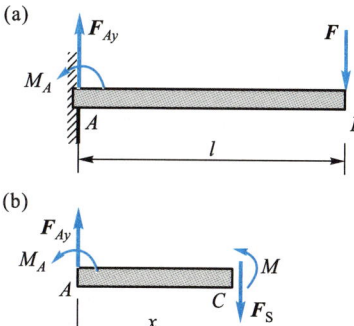

(a)

(b)

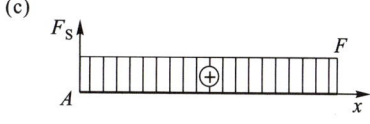

(c)

剪力图

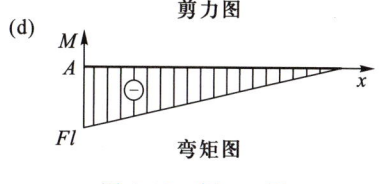

(d)

弯矩图

图 4.12　例 4.6 图

4.6　弯曲内力分布猜想

注意,在 $x=l$ 的右端 B 点,因为梁处于平衡状态,B 点右边截面之内力均为零。梁两端点外内力为零,以后将不再赘述。

3)画内力图

在 $0 \leqslant x \leqslant l$ 内,剪力 F_S 恒为 F,剪力图为水平线,如图 4.12(c)所示。弯矩 M 随截面位置呈线性变化;当 $x=0$ 时,$M=-Fl$;$x=l$ 时,$M=0$;弯矩图为连接此两点的直线,如图 4.12(d)所示。此悬臂梁在固定端 A 处弯矩值最大。

例 4.7　求图 4.13(a)所示平面弯曲梁各截面内力并作内力图。

解:1)求约束力

梁受力如图 4.13(a)所示,列平衡方程有

$$\sum M_A(\boldsymbol{F}) = 2aF_B\cos 45° + Fa + M_0 = 0, \quad F_B = -\sqrt{2}F$$

$$\sum F_y = F_{Ay} + F_B\cos 45° - F = 0, \quad F_{Ay} = 2F$$

$$\sum F_x = F_{Ax} - F_B\sin 45° = 0, \quad F_{Ax} = -F$$

2)求截面内力

$0 \leqslant x < a$:左段受力如图 4.13(b)所示。

由平衡方程有

$$F_{N1} = 0$$
$$F_{S1} = -F$$
$$M_1 = -Fx$$

$a \leqslant x < 2a$：受力如图 4.13（c）所示。

由平衡方程有

$$F_{N2} = -F_{Ax} = F$$
$$F_{S2} = F_{Ay} - F = F$$
$$M_2 = F_{Ay}(x-a) - Fx = F(x-2a)$$

$2a \leqslant x_3 < 3a$：受力如图 4.13（d）所示。

由平衡方程有

$$F_{N3} = F$$
$$F_{S3} = F$$
$$M_3 = F_{Ay}(x-a) - Fx - M_0 = F(x-3a)$$

3）画内力图

轴力图如图 4.13（e）所示。在 $0 \leqslant x < a$ 段内，$F_N = 0$。在 $a \leqslant x < 3a$ 段内，F_N 恒为 F。

剪力图如图 4.13（f）所示。在 $0 \leqslant x < a$ 段内，$F_S = -F$。在 $a \leqslant x < 3a$ 段内，F_S 恒为 F。

弯矩图如图 4.13（g）所示。在 $0 \leqslant x < a$ 段内，$M = -Fx$，是斜率为负的直线。在 $a \leqslant x < 2a$ 段内，$M = F(x-2a)$；即 $x = a$ 时，$M = -Fa$，$x \to 2a$ 时，$M \to 0$，是图中斜率为正的直线。在 $2a \leqslant x < 3a$ 段内，$M = F(x-3a)$；即 $x = 2a$ 时，$M = -Fa$，$x \to 3a$时，$M \to 0$，也是斜率为正的直线。

讨论：注意求内力时是在梁上有载荷（外载荷和约束力）作用处分段的，本题各段中的弯矩 M 随截面位置呈线性变化，故只要算出各分段控制点（以后简称控制点）的弯矩值后，在各段内用直线连接即可得到如图 4.13（g）所示之弯矩图。

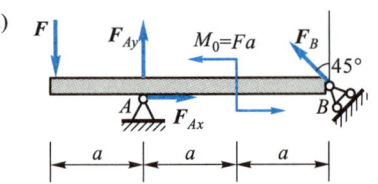

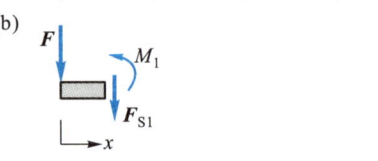

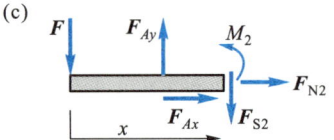

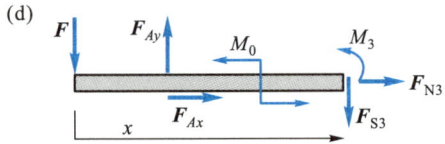

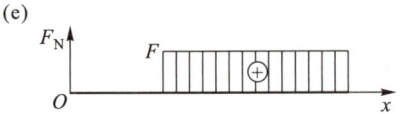

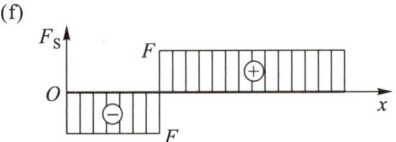

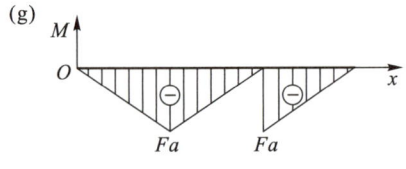

图 4.13   例 4.7 图

值得指出的是，在梁上有载荷（外载荷和约束力）作用而分段之点，有左边和右边内力的差别。分段点载荷是集中力，则影响剪力 F_S 图；载荷是集中力偶，则影响弯矩 M 图。

例 4.8 已知 $q = 9$ kN/m，$F = 45$ kN，C 处作用的集中力偶 $M_0 = 48$ kN·m。试求图 4.14 所示平面弯曲梁各截面上的内力。

解：1）求约束力

梁受力如图 4.14（a）所示，列平衡方程有

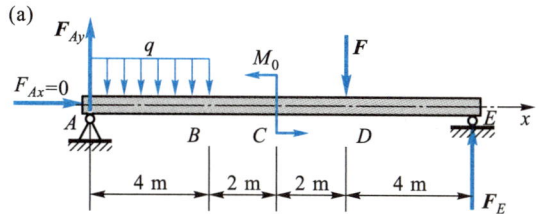

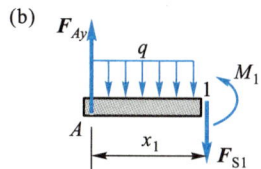

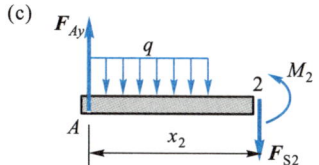

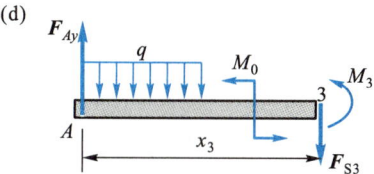

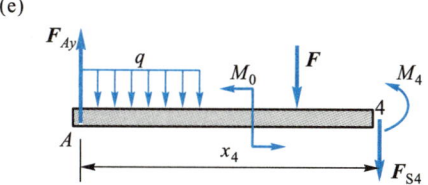

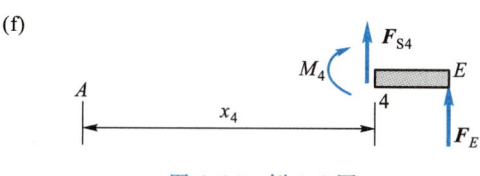

图 4.14　例 4.8 图

$$\sum F_x = F_{Ax} = 0$$

$$\sum M_A(\boldsymbol{F}) = F_E \times 12 \text{ m} + M_0 - F \times 8 \text{ m} - \frac{1}{2} q \times 4 \text{ m} \times 4 \text{ m} = 0$$

$$\sum F_y = F_{Ay} + F_E - F - 4 \text{ m} \times q = 0$$

解得

$$F_{Ay} = 49 \text{ kN}, F_E = 32 \text{ kN}$$

2) 求截面内力

求内力时,应在载荷发生变化处分段研究。以 A 为原点,建立坐标如图 4.14(a)所示。则应在 B、C、D 处分段。

AB 段($0 \leqslant x_1 < 4$ m):在任一 x_1 处将梁截断,取左段研究,受力如图 4.14(b)所示。注意到由 $\sum F_x = 0$ 已给出轴力为零,故截面上只有剪力和弯矩。

列平衡方程有

$$\sum F_y = F_{Ay} - qx_1 - F_{S1} = 0, \quad F_{S1} = 49 \text{ kN} - 9 \text{ kN/m} \times x_1$$

$$\sum M_{x_1}(\boldsymbol{F}) = M_1 + qx_1^2/2 - F_{Ay}x_1 = 0, \quad M_1 = 49 \text{ kN} \times x_1 - 4.5 \text{ kN/m} \times x_1^2$$

注意力矩方程均是以截面形心为矩心写出的,如此可直接得到截面弯矩。

BC 段(4 m $\leqslant x_2 < 6$ m):受力如图 4.14(c)所示 。同样有

$$\sum F_y = F_{Ay} - 4 \text{ m} \times q - F_{S2} = 0, \quad F_{S2} = F_{Ay} - 4 \text{ m} \times q = 49 \text{ kN} - 9 \text{ kN/m} \times 4 \text{ m} = 13 \text{ kN}$$

$$\sum M_{x_2}(\boldsymbol{F}) = M_2 + 4 \text{ m} \times q(x_2 - 2 \text{ m}) - F_{Ay}x_2 = 0, \quad M_2 = 13 \text{ kN} \times x_2 + 72 \text{ kN·m}$$

CD 段(6 m $\leqslant x_3 < 8$ m):受力如图 4.14(d)所示,有

$$\sum F_y = F_{Ay} - 4 \text{ m} \times q - F_{S3} = 0, \quad F_{S3} = 13 \text{ kN}$$

$$\sum M_C(\boldsymbol{F}) = M_3 + 4 \text{ m} \times q(x_3 - 2 \text{ m}) + M_0 - F_{Ay}x_3 = 0, \quad M_3 = 13 \text{ kN} \times x_3 + 24 \text{ kN·m}$$

DE 段(8 m $\leqslant x_4 < 12$ m):受力如图 4.14(e)所示,有

$$\sum F_y = F_{Ay} - 4 \text{ m} \times q - F_{S4} - F = 0, \quad F_{S4} = -32 \text{ kN}$$

$$\sum M_C(\boldsymbol{F}) = M_4 + 4 \text{ m} \times q(x_4 - 2 \text{ m}) + M_0 + F(x_4 - 8 \text{ m}) - F_{Ay}x_4 = 0, \quad M_4 = 384 \text{ kN·m} - 32 \text{ kN} \times x_4$$

讨论:由截面法求内力时,无论取左右哪一端研究都应得到相同的结果。如在 DE 段截取右端研究,注意截面内力仍按正向假设,受力如图 4.14(f)所示,有

$$\sum F_y = F_{S4} + F_E = 0$$

$$\sum M_C(\boldsymbol{F}) = -M_4 + F_E(12 \text{ m} - x_4) = 0$$

同样得到

$$F_{S4} = -F_E = -32 \text{ kN};$$

$$M_4 = 384 \text{ kN·m} - 32 \text{ kN} \times x_4$$

值得注意的是,同一截面上的内力,如图 4.14(e)与图 4.14(f)中的截面 4,在物体不同的部分上互为作用力与反作用力,故应有相反的指向(如图中 $\boldsymbol{F}_{S4}$、M_4)。前面给出的内力符号规定可使两者有同样的表达。

3) 画内力图

本例分四段给出了各截面的剪力方程和弯矩方程,依据这些内力方程画出的剪力图和弯矩图,如图 4.15 所示。注意观察梁上作用载荷变化处,剪力图、弯矩图的变化。

讨论:综上所述,用截面法求内力的一般方法是:

(1) 画受力图;列平衡方程;求约束力。

(2) 分段截取研究对象画受力图;内力按正向假设。

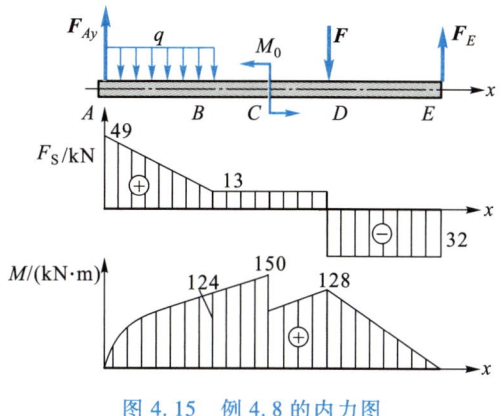

图 4.15　例 4.8 的内力图

（3）列平衡方程，求截面内力。

（4）由内力方程画内力图。

特别注意：由截面法求梁的内力可见，弯曲梁的内力有剪力 F_S 和弯矩 M。对结果进行分析可见，同一截面弯矩的一阶导数正好是对应剪力的大小，剪力的一阶导数正好是对应分布载荷的大小；向上的外力使梁的右端产生正的剪力，剪力的改变量正好是外力的大小或分布载荷的面积；顺时针转向的力偶使梁的右端产生正的弯矩，弯矩的改变量正好是该力偶的大小或剪力图形的面积。读者要善于对研究结果进行分析总结，找到一定规律后，看能否证明规律的一般性。

2. 梁的内力图的简捷画法

基于截面法结果的分析，从最一般情况出发，研究微元的平衡，探讨关于梁内力分析的若干具有普遍意义的结果。

梁整体处于平衡状态时，截取其中任一部分研究，均应处于平衡状态。即在梁中截取任一微段，此段受力亦应是平衡的。由图 4.16（a）为代表的任意梁中取出一长 dx 的微段，其受力如图 4.16（b）所示。假定图示向上的分布载荷 $q(x)$ 为正，左、右截面上的内力均按规定的正向表示。注意右侧截面上的内力与左侧相比较，一般应有一增量。列出该梁微元的平衡方程：

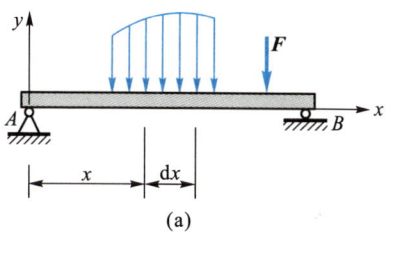

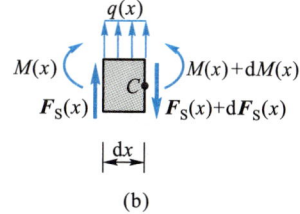

图 4.16　梁的微段分析

$$\sum F_y = F_S(x) + q(x)\,dx - \left[F_S(x) + dF_S(x) \right] = 0$$

$$\sum M_C(\boldsymbol{F}) = \left[M(x) + dM(x) \right] - M(x) - F_S(x)\,dx - \frac{1}{2}q(x)\,dx^2 = 0$$

略去式中的二阶微量，得到

$$\frac{dF_S(x)}{dx} = q(x) \tag{4.2}$$

$$\frac{\mathrm{d}M(x)}{\mathrm{d}x} = F_{\mathrm{S}}(x) \tag{4.3}$$

将(4.3)式再对 x 求导一次,有

$$\frac{\mathrm{d}^2M(x)}{\mathrm{d}x^2} = \frac{\mathrm{d}F_{\mathrm{S}}(x)}{\mathrm{d}x} = q(x) \tag{4.4}$$

式中, $M(x)$、$F_{\mathrm{S}}(x)$、$q(x)$ 都是 x 的函数。

(4.4)式即为**梁的平衡微分方程**,它反映了梁上分布载荷集度 $q(x)$、剪力 $F_{\mathrm{S}}(x)$ 和弯矩 $M(x)$ 之间的微分关系。须要指出的是,其成立的条件是在所讨论的区间内,$F_{\mathrm{S}}(x)$、$M(x)$ 必须为 x 的连续函数,即在区间内无集中力或集中力偶作用。

依据上述微分关系,分析梁上的分布载荷集度、剪力和弯矩之间的几何关系,可得出如下结论:(4.2)式表明,剪力图在任一点的斜率 $\mathrm{d}F_{\mathrm{S}}(x)/\mathrm{d}x$ 等于梁上相应点处的分布载荷集度 $q(x)$;同样,(4.3)式表明,弯矩图在任一点的斜率 $\mathrm{d}M(x)/\mathrm{d}x$ 等于剪力图上同一点处的剪力 $F_{\mathrm{S}}(x)$。

由平衡微分方程确定的这些关系,对于绘制剪力图和弯矩图时,判明其应有的曲线形状及检查所绘之剪力、弯矩图的正误极有用处。

利用梁的平衡微分方程,可以判断出在不同分布载荷 q 作用下,梁各段剪力图与弯矩图的大致形状。在图 4.16(a)所示坐标及前述内力 F_{S}、M 及载荷 q 的符号规定下,有如下结论:

(1)当梁上某段 $q=0$ 时,该段剪力 F_{S} 为常数,故剪力图为水平直线。相应的弯矩 M 为 x 的一次函数,即弯矩图为斜直线。当 $F_{\mathrm{S}}>0$ 时,弯矩图为上升斜直线(斜率为正);$F_{\mathrm{S}}<0$ 时,弯矩图为下降斜直线(斜率为负)。

(2)当梁上某段 q 为常数时,该段剪力 F_{S} 为 x 的线性函数,剪力图为斜直线(斜率为 q)。相应的弯矩 M 为 x 的二次函数,即弯矩图为二次抛物线。

• 当 $q>0$ 时,剪力图为上升的斜直线;弯矩图为凹口向上的曲线(凹弧)。若 $F_{\mathrm{S}}>0$,弯矩图为上升凹弧;$F_{\mathrm{S}}<0$,则弯矩图为下降凹弧。

• 当 $q<0$ 时,剪力图为下降的斜直线;弯矩图为凹口向下的曲线(凸弧)。若 $F_{\mathrm{S}}>0$,弯矩图为上升凸弧;$F_{\mathrm{S}}<0$,则弯矩图为下降凸弧。

(3)在集中力作用处(包含支承处),剪力图因左右剪力不连续将发生突变,其突变值等于该处集中力之大小。当集中力向上时,剪力图向上跳跃;反之,向下跳跃。弯矩图将因该处两侧斜率不等(F_{S} 不等)而出现转折。

(4)在集中力偶作用处,弯矩图因左右弯矩 M 不连续将发生突变,突变值即等于集中力偶矩的大小。当集中力偶顺时针方向作用时,弯矩图向上跳跃,反之向下跳跃。剪力图在集中力偶作用处并无变化。

(5)对于无集中力和集中力偶作用的梁段 AB,平衡微分方程成立,由(4.2)式、(4.3)式积分可得

$$F_{SB} - F_{SA} = \int_A^B q\,\mathrm{d}x, \qquad M_B - M_A = \int_A^B F_{\mathrm{S}}\,\mathrm{d}x$$

即两截面间剪力 F_{S} 的增量 $\Delta F_{\mathrm{S}} = F_{SB} - F_{SA}$,等于该梁段上分布载荷图形的面积;两截面间

弯矩 M 的增量 $\Delta M = M_B - M_A$，等于该梁段上剪力图图形的面积。分布载荷 q 向上，$\Delta F_S > 0$；剪力 F_S 为正，$\Delta M > 0$。

上述结论可汇总于表 4.2 中。

表 4.2　梁上载荷与 F_S、M 图之关系

载荷	$q=0$		$q=\mathrm{C}($常量$)>0$		$q=\mathrm{C}($常量$)<0$		↓ F ↑	↶ M_0 ↷
F_S	——		╱		╲		↓突变↑	无变化
	$F_S>0$	$F_S<0$	$F_S>0$	$F_S<0$	$F_S>0$	$F_S<0$		
M	╱	╲	⌣	⌣	⌢	⌢	转折	↑突变↓

依据以上分析，不必列出梁的剪力与弯矩方程即可简捷地画出梁的剪力与弯矩图。其基本步骤可归纳如下：

（1）确定控制点。梁的支承点、集中力与集中力偶作用点、分布载荷的起点与终点均为剪力图与弯矩图的"控制点"。

（2）计算控制点处的剪力与弯矩值。剪力 F_S 等于该点左侧梁上分布载荷图形的面积加上集中力（向上为正）；弯矩 M 等于该点左侧剪力图图形的面积加上集中力偶（顺时针为正）。

（3）判定各段曲线形状并连接曲线。依据表 4.2 确定各相邻控制点间剪力图与弯矩图的大致形状，并据此连接两相邻控制点处剪力或弯矩之值，画出梁的剪力图与弯矩图。

例 4.9　试利用梁的平衡微分方程用简捷方法作例 4.8 之剪力图与弯矩图。

解：已知 $q=9\ \mathrm{kN/m}$，$F=45\ \mathrm{kN}$，$M_0=48\ \mathrm{kN \cdot m}$，例 4.8 中已求出梁的支座约束力为

$$F_{Ay}=49\ \mathrm{kN},\ F_E=32\ \mathrm{kN}$$

4.8　例 4.9
分析

1）确定控制点

控制点有 A、B、C、D、E 五处。

2）计算控制点的剪力，作剪力图

剪力 F_S 等于该点左侧梁上分布载荷图形的面积加上集中力（参考正向如图 4.17 所示）。有

$$F_{SA}^{L}=0$$

$$F_{SA}^{R}=F_{Ay}=49\ \mathrm{kN}（集中力作用处）$$

$$F_{SB}=-4\ \mathrm{m}\times q+F_{Ay}=13\ \mathrm{kN}$$

$$F_{SC}=-4\ \mathrm{m}\times q+F_{Ay}=13\ \mathrm{kN}$$

$$F_{SD}^{L}=-4\ \mathrm{m}\times q+F_{Ay}=13\ \mathrm{kN}$$

$$F_{SD}^{R}=-4\ \mathrm{m}\times q+F_{Ay}-F=-32\ \mathrm{kN}\quad（集中力作用处）$$

$$F_{SE}^{L}=-4\ \mathrm{m}\times q+F_{Ay}-F=-32\ \mathrm{kN}$$

$$F_{SE}^{R}=-4\ \mathrm{m}\times q+F_{Ay}-F+F_E=0\quad（集中力作用处）$$

作 F_S 图：AB 段 $q=C$（常量），剪力图为斜直线；且 $q<0$，斜率为负。其余各段 $q=0$，故各段均为水平线。

3）计算控制点的弯矩，作 M 图

弯矩 M 等于该点左侧剪力图图形的面积加上集中力偶（参考正向如图 4.17 所示），有

$$M_A=0$$

$$M_B=4\ \text{m}\times13\ \text{kN}+(49-13)\ \text{kN}\times4\ \text{m}/2=124\ \text{kN}\cdot\text{m}$$

$$M_C^L=M_B+13\ \text{kN}\times2\ \text{m}=150\ \text{kN}\cdot\text{m}$$

$$M_C^R=M_C^L-M_0=150\ \text{kN}\cdot\text{m}-48\ \text{kN}\cdot\text{m}=102\ \text{kN}\cdot\text{m}\quad（集中力偶作用处）$$

$$M_D=M_C^R+13\ \text{kN}\times2\ \text{m}=128\ \text{kN}\cdot\text{m}$$

$$M_E=M_D-32\ \text{kN}\times4\ \text{m}=0$$

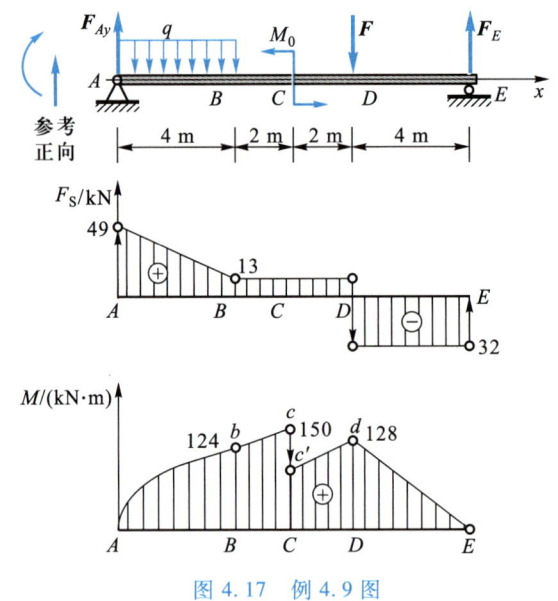

图 4.17　例 4.9 图

作 M 图：AB 段剪力图为斜直线，故弯矩图为抛物线；因为 $q<0$，且 $F_S>0$，弯矩图为上升凸弧。其他各段 F_S 为常数，弯矩图均为直线，BC、CD 段 $F_S>0$，弯矩图直线斜率为正；DE 段 $F_S<0$，弯矩图直线斜率为负。

得到的 F_S、M 图如图 4.17 所示。值得注意的是，BC、CD 两段剪力 F_S 相等，故对应在弯矩图中的两段直线斜率相同；B 处左右两侧 F_S 相等，故弯矩图在该处斜率不变，即直线 bc 应与曲线 Ab 在 b 处相切。

§4.6　一点的应力和应变

构件在外力作用下内部每一点都存在内力，一般情况，不同方向的内力不同。构件的破坏取决于内力的大小、构件的尺度以及构件材料抵抗破坏的能力，因此，内力的大小

不能科学表征构件的破坏,需要将内力去量纲化。于是引入应力和应变的概念。

4.6.1 应力

4.9 一点的应力

截面上处处都有内力存在,截面内力实际上是连续分布在整个截面上的分布力系,用截面法确定的内力是截面内力的合力。为了考察截面上的内力分布情况或某一点 O 处的内力,可在截面上围绕 O 点取一微小面积 ΔA,若作用在微小面积上的内力为 $\Delta \boldsymbol{F}$,则定义

$$\boldsymbol{p} = \lim_{\Delta A \to 0} \frac{\Delta \boldsymbol{F}}{\Delta A} \tag{4.5}$$

$\boldsymbol{p}$ 是 O 处内力的集度,称为该点的应力(stress)。应力 $\boldsymbol{p}$ 是矢量,$\boldsymbol{p}$ 的方向与 $\Delta \boldsymbol{F}$ 的方向一致;其在截面法向的分量 σ,称为正应力(normal stress)或法向应力;沿截面切向的分量 τ,称为切应力(shear stress)或剪应力,如图 4.18 所示。应力的量纲是力/(长度)^2,在国际单位制中用帕斯卡(Pa)表示,1 Pa = 1 N/m^2。工程中常用兆帕(MPa),1 MPa = 10^6 Pa。

由(4.5)式可知,一点的应力与过该点截面的取向有关。一般情况下,截面上各点的应力是不同的。因此,一点的应力需要指明哪一点哪个方向的应力。通常,应力的方向定义为截面的法向与轴线正向的夹角 α,截面上应力为 σ_{α}、τ_{α}。过一点不同方向面上应力的状况,称之为这一点的应力状态(state of stress)。

如图 4.19 所示,工程中一点的应力状态用围绕该点截取的六面体微元 $\mathrm{d}x\mathrm{d}y\mathrm{d}z$ 上的应力来描述。单元体尺寸微小,各面上的应力可认为是均匀的。一般情况下,各面上存在一个正应力和 2 个方向的切应力,称为三向一般应力状态(state of triaxial stresses)。三向一般应力状态分析比较复杂,但可以视为 3 个方向的平面应力状态(state of plane stresses)的组合。

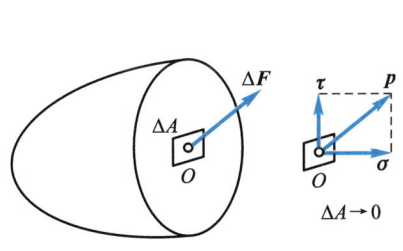

图 4.18 一点的应力

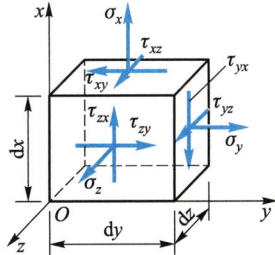

图 4.19 一点的应力状态

若构件只在 xy 平面内承受载荷,在 z 方向无载荷作用,则构件中沿坐标平面任取的六面体微元在垂直于 z 轴的前后两个面上无内力、应力作用。其余四个面上作用的应力都在 xy 平面内,此即平面应力状态(state of plane stress)。图 4.20 示出了平面应力状态的一般情况。

在垂直于 x 轴的左右两平面上作用有正应力 σ_x 和切应力 τ_{xy},在垂直于 y 轴的上下两平面上作用有正应力 σ_y 和切应力 τ_{yx}。

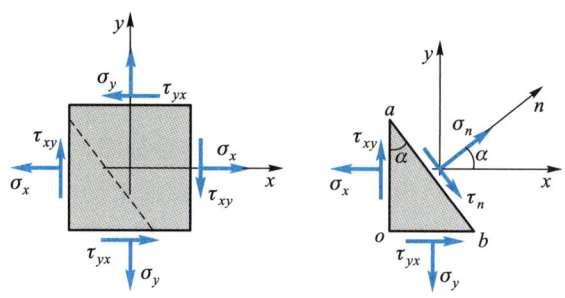

图 4.20 平面应力状态分析

以左面和下面在 xy 平面的交点 O 为矩心,列力矩平衡方程有

$$\sum M_O(\boldsymbol{F}) = \tau_{xy}\mathrm{d}y\mathrm{d}z\mathrm{d}x + \sigma_x\mathrm{d}y\mathrm{d}z\mathrm{d}y/2 + \sigma_y\mathrm{d}x\mathrm{d}z\mathrm{d}x/2 - \tau_{yx}\mathrm{d}x\mathrm{d}z\mathrm{d}y - \sigma_y\mathrm{d}x\mathrm{d}z\mathrm{d}x/2 - \sigma_x\mathrm{d}y\mathrm{d}z\mathrm{d}y/2 = 0$$

得到

$$\tau_{xy} = \tau_{yx} = \tau$$

切应力互等定理:物体内任一点处两相互垂直的截面上,切应力总是同时存在的,它们大小相等,方向是共同指向或背离二截面的交线的。

现在讨论图中虚线所示任一斜截面上的应力,设截面正法向 n 与 x 轴的夹角为 α。

取单位厚度的微元 oab 如图所示,截面 oa 上作用的应力为 σ_x 和 τ_{xy},沿 x、y 方向的内力分别为 $\sigma_x \cdot ab\cos\alpha$ 和 $\tau_{xy} \cdot ab\cos\alpha$;截面 ob 上作用的应力为 σ_y 和 τ_{yx},沿 x、y 方向的内力分别为 $\tau_{yx} \cdot ab\sin\alpha$ 和 $\sigma_y \cdot ab\sin\alpha$;设斜截面 ab 上的应力为 σ_n 和 τ_n,则斜截面上沿法向、切向的内力则为 $\sigma_n \cdot ab$ 和 $\tau_n \cdot ab$。将上述各力投影到 x、y 轴上,有平衡方程

$$\sum F_x = \sigma_n \cdot ab\cos\alpha + \tau_n \cdot ab\sin\alpha - \sigma_x \cdot ab\cos\alpha + \tau_{yx} \cdot ab\sin\alpha = 0$$

$$\sum F_y = \sigma_n \cdot ab\sin\alpha - \tau_n \cdot ab\cos\alpha - \sigma_y \cdot ab\sin\alpha + \tau_{xy} \cdot ab\cos\alpha = 0$$

注意到 $\tau_{yx} = \tau_{xy}$,解得

$$\sigma_n = \sigma_x\cos^2\alpha + \sigma_y\sin^2\alpha - 2\tau_{xy}\sin\alpha\cos\alpha$$

$$\tau_n = (\sigma_x - \sigma_y)\sin\alpha\cos\alpha + \tau_{xy}(\cos^2\alpha - \sin^2\alpha)$$

利用三角关系 $\cos^2\alpha = (1+\cos 2\alpha)/2$,$\sin^2\alpha = (1-\cos 2\alpha)/2$,$\sin 2\alpha = 2\sin\alpha\cos\alpha$,由上述结果可以得到平面应力状态下斜截面上应力的一般公式为

$$\left.\begin{array}{l} \sigma_n = \dfrac{\sigma_x + \sigma_y}{2} + \dfrac{\sigma_x - \sigma_y}{2}\cos 2\alpha - \tau_{xy}\sin 2\alpha \\[3mm] \tau_n = \dfrac{\sigma_x - \sigma_y}{2}\sin 2\alpha + \tau_{xy}\cos 2\alpha \end{array}\right\} \tag{4.6}$$

斜截面上的应力是 α 角的函数,α 角是 x 轴与斜截面外法向 n 的夹角,从 x 轴到 n 轴逆时针转动时 α 为正。可见,只要确定了一种单元体取向时各微面上的应力,即可求得该点在其他任意取向之截面上的应力,因此,一点的应力状态可以用这一点截取的已知六面体微小单元体上的应力来描述。

特别要注意的是,平衡方程是力的平衡方程,式中各项应当是力(而不是应力)在坐标轴上的投影分量,如横截面和斜截面上法向内力在 x 轴上的投影计算分别如图 4.21 所示。

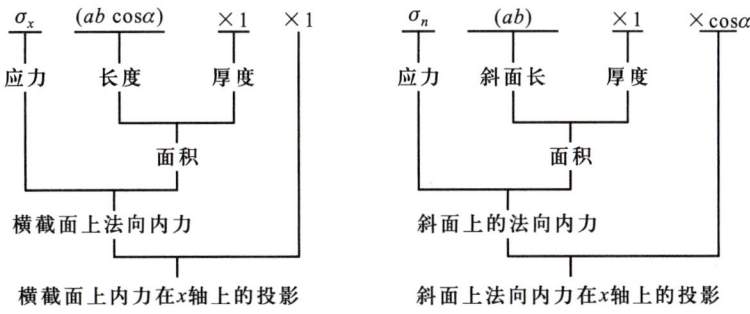

图 4.21 由截面应力计算力在轴上的投影

综上所述,可知:① 应力是矢量。② 一点的应力与过该点的截面取向有关。③ 可以用微小单元体各面上的应力描述一点的应力状态;只要确定了一种单元体取向时各微面上的应力,即可求得该点在其他任意取向之截面上的应力。

4.6.2 极值应力

研究一点的应力是为了探讨构件在外力作用下一点的最大极值应力,从而了解构件破坏机理。现在讨论一般应力状态下 α 角变化时,斜截面上一点应力的极值。

令 $\mathrm{d}\sigma_n/\mathrm{d}\alpha=0$,由(4.6)式第一式可得

$$\frac{\sigma_x-\sigma_y}{2}\sin 2\alpha+\tau_{xy}\cos 2\alpha=0 \tag{4.7}$$

解得

$$\tan 2\alpha=\tan 2\alpha_0=-\frac{2\tau_{xy}}{\sigma_x-\sigma_y} \tag{4.8}$$

即在 $\alpha=\alpha_0$ 的斜截面上,σ_n 取得极值。

再利用三角函数变换关系,当 $\tan\alpha=x$ 时,有 $\sin\alpha=\pm x/(1+x^2)^{1/2}$,$\cos\alpha=\pm 1/(1+x^2)^{1/2}$,将(4.8)式代入(4.6)式第一式,可以得到在 $\alpha=\alpha_0$ 的斜截面上正应力 σ_n 的极值为

$$\left.\begin{array}{c}\sigma_{\max}\\\sigma_{\min}\end{array}\right\}=\frac{\sigma_x+\sigma_y}{2}\pm\sqrt{\left(\frac{\sigma_x-\sigma_y}{2}\right)^2+\tau_{xy}^2} \tag{4.9}$$

由(4.8)式可知,σ_n 取得极值的角 α_0 有两个,两者相差 90°。即最大正应力 $\sigma_{\max}$ 和最小正应力 $\sigma_{\min}$ 分别作用在两个相互垂直的截面上。注意到当 $\alpha=\alpha_0$,σ_n 取得极值时,比较(4.7)式与(4.6)式第二式可知,该斜截面上的切应力 $\tau_n=0$,即正应力取得极值的截面上切应力为零。

切应力为零的平面,称为<u>主平面</u>(principal plane),主平面上只有法向正应力,此正应力称为<u>主应力</u>(principal stress),主应力是极值应力。在平面应力状态下,(4.9)式给出的就是平行于 z 轴的 $\alpha=\alpha_0$ 之截面的主应力。

再讨论平面应力状态下斜截面上切应力的极值。

令 $\mathrm{d}\tau_n/\mathrm{d}\alpha=0$,由(4.6)式第二式可得

$$(\sigma_x-\sigma_y)\cos 2\alpha-2\tau_{xy}\sin 2\alpha=0$$

解得

$$\tan 2\alpha = \tan 2\alpha_1 = \frac{\sigma_x - \sigma_y}{2\tau_{xy}} \tag{4.10}$$

即在 $\alpha = \alpha_1$ 的斜截面上,切应力 τ_n 取得极值。类似如前,利用三角函数变换关系,将 (4.10)式代入(4.6)式第二式,同样可以得到斜截面上切应力 τ_n 的极值为

$$\left.\begin{array}{r}\tau_{max}\\\tau_{min}\end{array}\right\} = \pm\sqrt{\left(\frac{\sigma_x - \sigma_y}{2}\right)^2 + \tau_{xy}^2} \tag{4.11}$$

由(4.10)式可知,τ_n 取得极值的角 α_1 也有两个,两者相差 90°。即两个正交的截面,若其中一个面上有最大切应力 τ_{max},则在与其正交的另一截面上作用着最小切应力 τ_{min}。τ_{max} 与 τ_{min} 两者大小相等,符号相反,分别作用在两个相互垂直的截面上,这一结论与切应力互等定理也是一致的。

更进一步,由(4.8)式和(4.10)式可知

$$\tan 2\alpha_1 = -\frac{1}{\tan 2\alpha_0}$$

上式表明 α_0 与 α_1 间有下述关系:

$$2\alpha_1 = 2\alpha_0 + \pi/2 \qquad 或 \qquad \alpha_1 = \alpha_0 + \pi/4$$

可见,切应力取得极值的平面与主平面之间的夹角为 45°。

综上所述可知,切应力为零的平面是主平面,主平面上的正应力是主应力,主平面相互垂直,其大小和方位由(4.9)式及(4.8)式给出。在与主平面夹角为 45°的平面上,切应力取得极值。

在平面一般应力状态图 4.20 所示之六面体微元中,垂直于 z 轴的前后两面上无切应力作用,因此也是主平面,且该平面上的主应力为 $\sigma_z = 0$。

可以用主应力描述一点的应力状态。按主应力代数值的大小排列,分别记作 σ_1、σ_2、σ_3。若三个主应力均不为零,则是三向应力状态(state of triaxial stress);若三个主应力中有两个不为零,则是二向应力状态(state of biaxial stress)或称平面应力状态(state of plane stress);若三个主应力中只有一个不为零,则称单向(或单轴)应力状态(state of uniaxial stress),如图 4.22 所示。平面应力状态可以用平面图表示(如图 4.23 所示)。

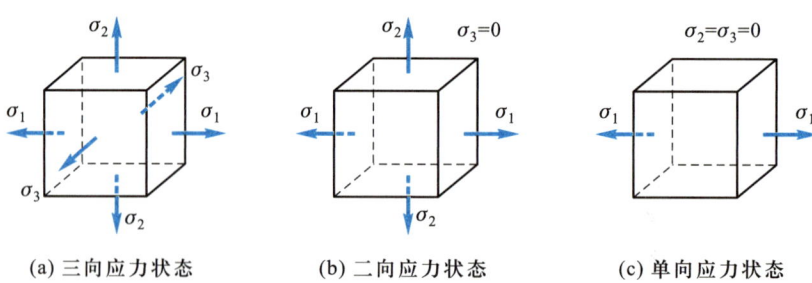

(a) 三向应力状态   (b) 二向应力状态   (c) 单向应力状态

图 4.22   用主应力表示应力状态

例 4.10   某点的应力状态如图 4.23 所示,已知 $\sigma_x = 30$ MPa,$\sigma_y = 10$ MPa,$\tau_{xy} = 20$ MPa。试求:

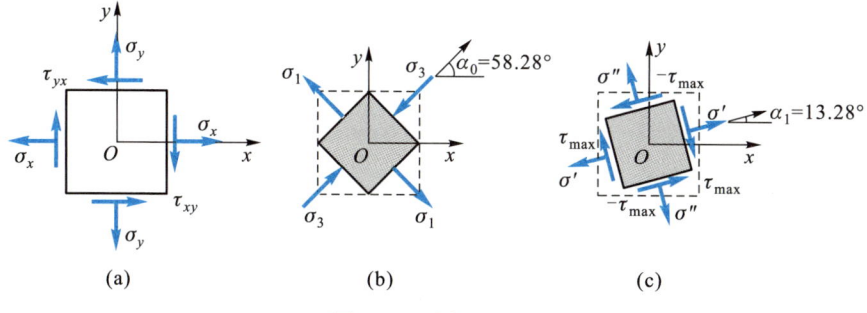

图 4.23　例 4.10 图

1）主应力及主平面方向；

2）最大、最小切应力。

解： 1）主应力与主方向

主应力由（4.9）式给出，有

$$\left.\begin{array}{r}\sigma_{\max}\\\sigma_{\min}\end{array}\right\}=\left[\frac{30+10}{2}\pm\sqrt{\left(\frac{30-10}{2}\right)^2+20^2}\right]\text{ MPa}=\left\{\begin{array}{r}42.36\text{ MPa}\\-2.36\text{ MPa}\end{array}\right.$$

主方向角由（4.8）式确定，有

$$\tan 2\alpha_0=-\frac{2\times20}{30-10}=-2$$

解得

$$2\alpha_0=-63.43°,\quad\alpha_0=-31.72°$$

故两个主平面外法向与 x 轴的夹角为 58.28°和 148.28°。

在 $\alpha_0=58.28°$ 的主平面上，由（4.6）式第一式有

$$\sigma_n=\left(\frac{30+10}{2}+\frac{30-10}{2}\cos 116.56°-20\times\sin 116.56°\right)\text{ MPa}=-2.36\text{ MPa}$$
$$=\sigma_{\min}$$

可见，在 $\alpha_0=58.28°$ 的主平面上，主应力是 $\sigma_{\min}$；在 $\alpha=148.28°$ 的主平面上，主应力是 $\sigma_{\max}$；在垂直于 z 轴的前后两平面上无切应力，也是主平面，且 $\sigma=0$。三个主应力按代数值的大小排列，有 $\sigma_1=42.36$ MPa，$\sigma_2=0$，$\sigma_3=-2.36$ MPa。用主应力表示的应力状态如图 4.23（b）所示。

2）最大、最小切应力

将图 4.23（a）中 σ_x、σ_y、τ_{xy} 各应力代入（4.11）式，即可求得最大、最小切应力。

若应力状态由主应力表示，则（4.11）式成为

$$\left.\begin{array}{r}\tau_{\max}\\\tau_{\min}\end{array}\right\}=\pm\frac{\sigma_1-\sigma_3}{2}\qquad(4.12)$$

对于本题即有

$$\tau_{\max}=\left[42.36-(-2.36)\right]\text{ MPa}/2=22.36\text{ MPa}$$
$$\tau_{\min}=-22.36\text{ MPa}$$

讨论：最大、最小切应力作用平面与主平面间的夹角为 45°，故 $\alpha_1 = 13.28°$ 或 103.28°。

在 $\alpha_1 = 13.28°$ 的平面上，切应力由(4.6)式第二式给出，有

$$\tau_n = \left(\frac{30-10}{2} \sin 26.56° + 20 \times \cos 26.56° \right) \text{ MPa}$$

$$= 22.36 \text{ MPa} = \tau_{max}$$

注意，在 $\alpha_1 = 13.28°$ 的平面上，还有正应力，且由(4.6)式第一式可知

$$\sigma_n = \left(\frac{30+10}{2} + \frac{30-10}{2} \cos 26.56° - 20 \times \sin 26.56° \right) \text{ MPa}$$

$$= 20 \text{ MPa}$$

故在 $\alpha_1 = 13.28°$ 的平面上，$\sigma' = 20$ MPa，$\tau = 22.36$ MPa；同样可求得在 $\alpha_1 = 103.28°$ 的平面上，$\sigma'' = 20$ MPa，$\tau = -22.36$ MPa。如图 4.23(c)所示。

最后值得指出的是，由上例可知有

$$\sigma_x + \sigma_y = \sigma_1 + \sigma_3 = \sigma' + \sigma''$$

即讨论一点的应力时，过该点任意两个相互垂直平面上的正应力之和是不变的。在平面应力状态下，这一结论可由(4.9)式直接得到。在三向应力状态下，可以进一步写为

$$J_1 = \sigma_x + \sigma_y + \sigma_z = \sigma_1 + \sigma_2 + \sigma_3 \tag{4.13}$$

式中，J_1 称为表示一点应力状态的第一不变量，即过该点任意三个相互垂直平面上的正应力之和是不变的。

4.6.3　应变

物体受力后发生的变形，包括其尺寸或几何形状的改变。

一般地，为了说明任意一点 A 的变形程度，取出 A 点附近的一个单位厚度微小单元体进行研究，如图 4.24 所示。设单元体 $ABCD$ 边长分别为 dx 和 dy，变形后成为 $A'B'C'D'$。微小单元体的变形包括其尺寸和形状的两种改变。

过 A 点沿坐标方向微小线段的相对尺寸改变，定义为该点沿 x、y 方向的正应变 ε（或称线应变），即

$$\left.\begin{aligned}
\varepsilon_x &= \lim_{dx \to 0} \frac{A'B' - AB}{AB} \\
\varepsilon_y &= \lim_{dy \to 0} \frac{A'D' - AD}{AD}
\end{aligned}\right\} \tag{4.14}$$

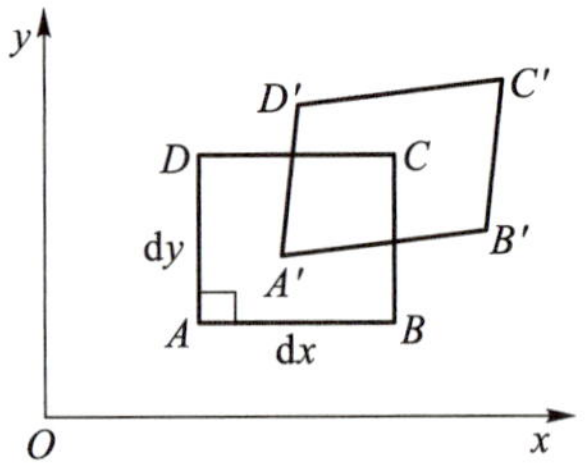

显然，正应变是量纲一的量。

形状的改变则用过该点的直角的改变量度量，定义为切应变(shear strain)（或剪应变、角应变，单位为 rad）γ，即

$$\gamma = \lim_{\substack{dx \to 0 \\ dy \to 0}} \left(\frac{\pi}{2} - \angle B'A'D' \right) \tag{4.15}$$

图 4.24　变形和应变

正应变和切应变所反映的变形特征分别与正应力和切应力的作用相对应。

小　结

1. 变形体静力学研究的核心内容和主线是力的平衡条件,变形几何协调条件及力与变形之物理关系。

2. 变形体静力学研究的最简单问题是均匀连续介质、各向同性材料的小变形问题。

3. 内力是物体内部某一部分与相邻部分间的相互作用力,截面法是用假想截面将物体截开,揭示并确定截面内力的方法。对于平面问题,截面内力一般有轴力、剪力及弯矩;对于空间问题,截面内力一般有轴力、剪力、扭矩及弯矩 6 个分量。

4. 拉伸和压缩、扭转、弯曲是杆的三类基本变形。

5. 构件的内力通常用内力图直观表示。

6. 截面上一点的应力 p 是该点处内力的集度,定义为

$$p = \lim_{\Delta A \to 0} \frac{\Delta F}{\Delta A}$$

应力是矢量,其在截面法向的分量 σ 为正应力;沿截面切向的分量 τ 为切应力。一点的应力状态可用围绕该点截取的一个微小的六面体单元各面上的应力来描述。

7. 平面应力状态下,斜截面上正应力 σ_n 的极值为

$$\left.\begin{array}{c}\sigma_{\max}\\\sigma_{\min}\end{array}\right\} = \frac{\sigma_x + \sigma_y}{2} \pm \sqrt{\left(\frac{\sigma_x - \sigma_y}{2}\right)^2 + \tau_{xy}^2}$$

8. 正应力取得极值的截面上切应力为零。切应力为零的平面,称为主平面。主平面上的正应力,称为主应力。

9. 一点的最大切应力为

$$\tau_{\max} = (\sigma_1 - \sigma_3)/2$$

10. 应变是量纲一的量。一点的正应变 ε(或线应变)是过该点沿坐标方向微小线段的相对尺寸改变;形状的改变则用切应变 γ 描述。

4.10　第四章知识图谱

4.11　第四章知识点测试题

4.12　第四章知识点测试题答案

思　考　题

4.1　讨论变形体静力学问题时,为什么要作均匀连续性、各向同性和小变形假设? 在这种假设下研究的变形体静力学的最简单问题是什么?

4.2　将物体视为变形体时,力矢量是滑移矢吗? 力偶矩矢是自由矢吗?

4.3　判断并指出图中各杆将发生何种基本变形或何种基本变形的组合变形。

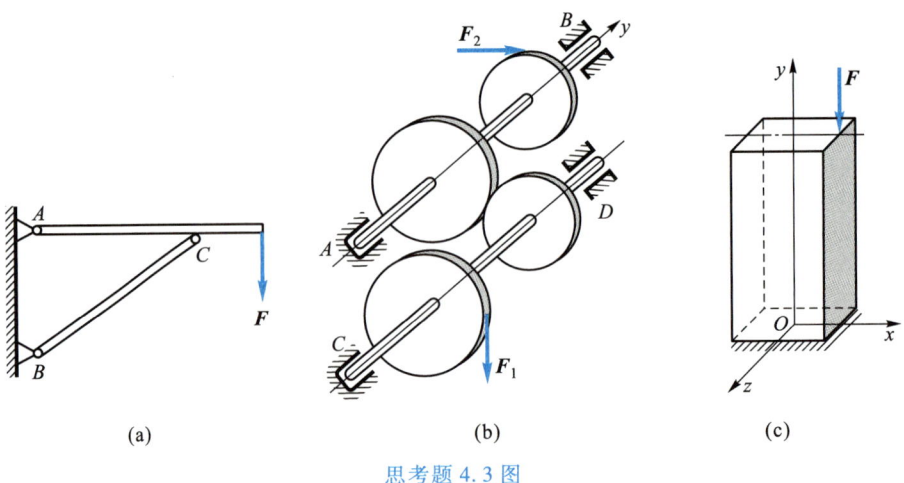

(a)　　　　　　　　　(b)　　　　　　　　　(c)

思考题 4.3 图

4.4　试述轴力图、扭矩图、弯矩图分别是怎样的内力引起的,有何特征?

4.5　查阅相关资料,试述一点应力的描述方法,为什么存在极值应力,如何分析极值应力,极值应力有何特点?

习 题

4.1　试用截面法求图示平面受力构件指定截面上的内力(弯曲为平面弯曲)。

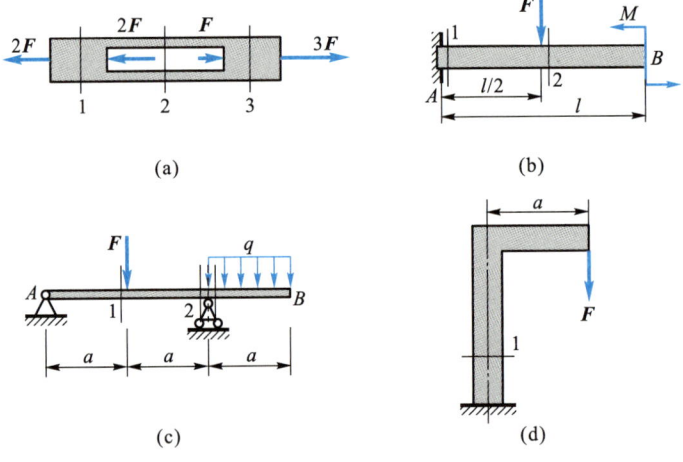

(a)　　　　　　　　　　　　　　　(b)

(c)　　　　　　　　　　　　　　　(d)

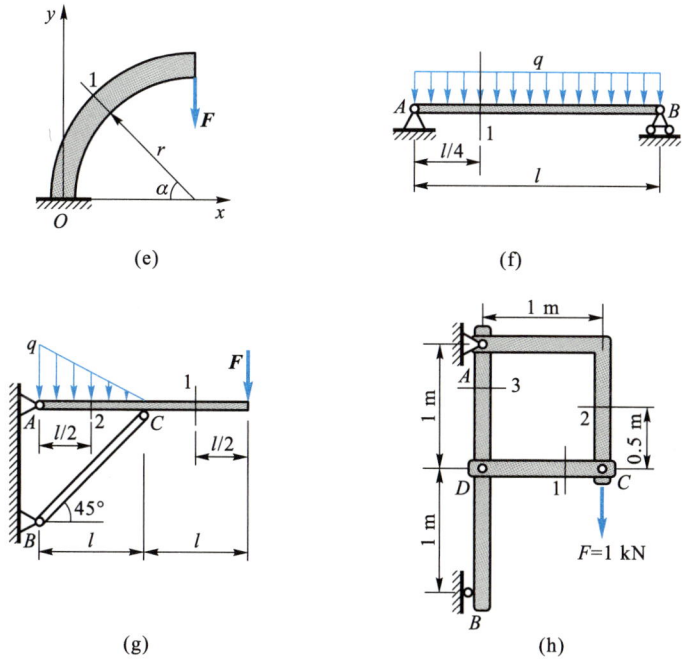

习题 4.1 图

4.2　试用截面法求图示各杆的内力,并画内力图。

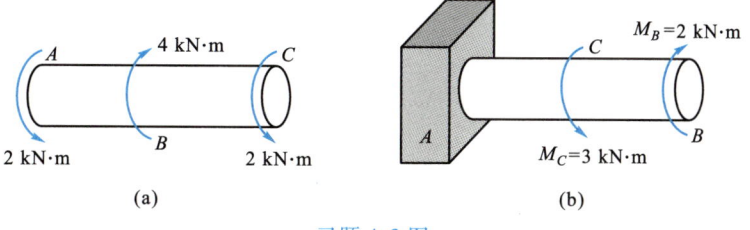

习题 4.2 图

4.3　试用截面法求图示各杆平面弯曲的内力,并画内力图。

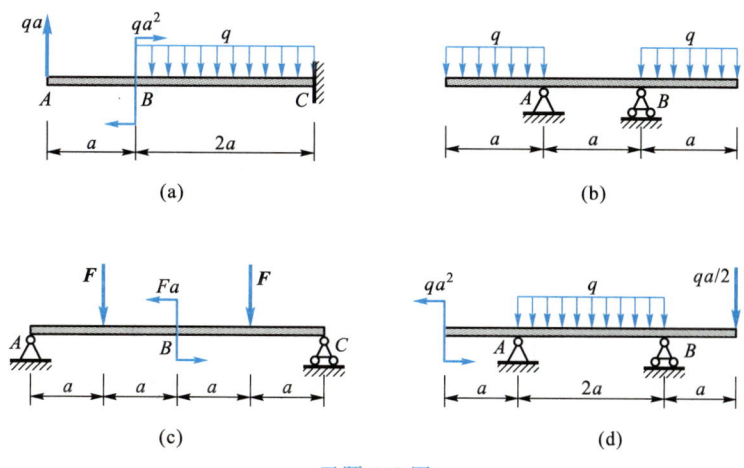

习题 4.3 图

4.4 图示等直杆横截面面积 $A = 5$ cm^2，$F_1 = 1$ kN，$F_2 = 2$ kN，$F_3 = 3$ kN。试画出内力图。

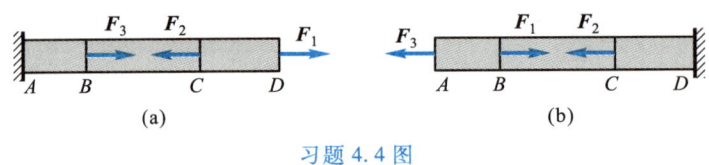

习题 4.4 图

4.5 试用简捷的方法作 4.2、4.3、4.4 题图示各构件的内力图（弯曲为平面弯曲）。

4.6 试写出图中杆 AB 的内力方程并画出其内力图。（载荷均作用在杆的对称面上。）

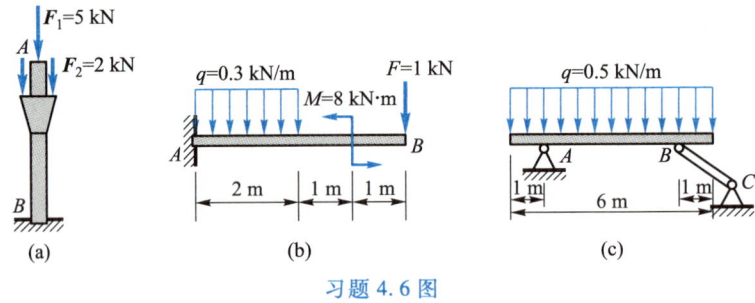

习题 4.6 图

4.7 如图所示，钢制实心直角拐杆 A 端固定，已知 $F_1 = 2$ kN，$F_2 = 1$ kN，$l = a = 1$ m，轴 AB 的直径 $d = 80$ mm，分别作图中无和有 F_2 作用的内力图（弯矩内力图请分别画出 xy 平面和 xz 平面的弯矩）。

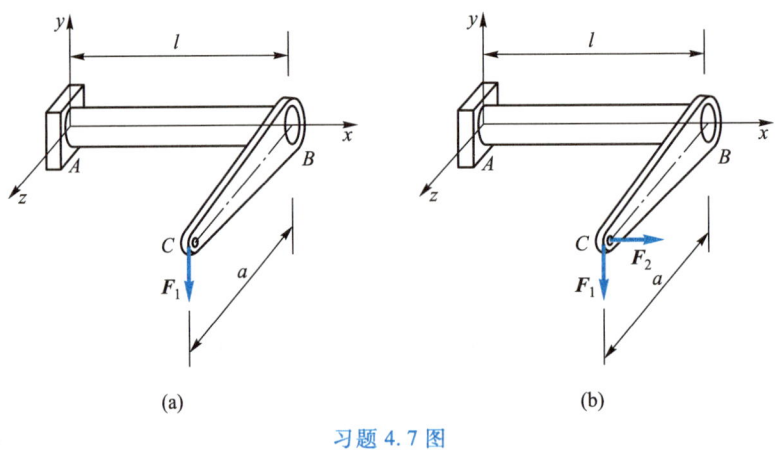

习题 4.7 图

4.8 如图所示，$\sigma = \tau = 20$ MPa，计算下列各应力状态的主应力和最大切应力及方向。

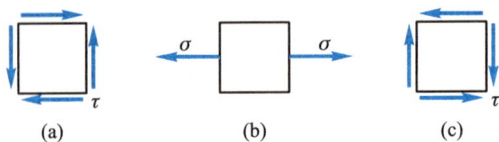

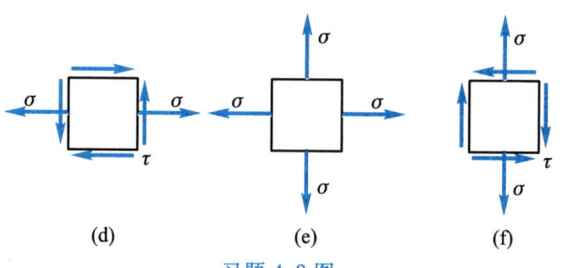

(d)   (e)   (f)

习题 4.8 图

第五章　杆的轴向拉伸和压缩

通过前面的学习,我们了解了工程构件外力(约束力)的计算,学会了构件在外力作用下内力的分析计算,并且了解了一点最大应力的计算。本章以杆件受轴向拉压力最简单的工程问题为例,讨论工程构件强度的分析方法和材料的力学性能,初步了解用变形体静力学分析工程问题的基本方法。

§5.1　拉压杆件的内力、应力与变形

5.1.1　拉压内力与变形

考虑图 5.1(a)所示杆件受拉的情况。杆 1、杆 2、杆 3 的横截面面积分别为 A_1、A_2、A_3,长度分别为 l_1、l_2、l_3,且 $A_1 = A_2 < A_3$;$l_1 > l_2 = l_3$。在轴向载荷 F 的作用下,杆将伸长。进行拉伸试验,测量并记录所施加的载荷 F 与杆的伸长量 Δl,可得到图 5.1(b)所示的 F-Δl 关系。

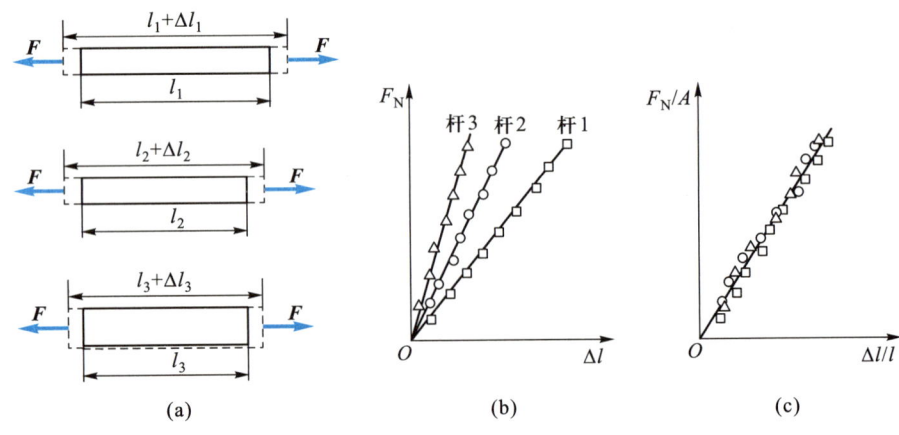

(a)　　　　　　　　(b)　　　　　　　　(c)

图 5.1　轴向拉伸杆的应力和应变

由图 5.1(b)可见,F-Δl 间存在着线性关系。事实上,在承受拉伸/压缩载荷作用的情况下,讨论轴力 F_N 与杆的伸长量 Δl 间的关系要更恰当些(图 5.1(b)中杆的轴力 $F_N = F$)。轴力 F_N 越大,杆的变形(在此是伸长)Δl 越大;杆长 l 越大,Δl 越大;杆的横截面面积 A 越大,Δl 越小。故杆的变形 Δl 与轴力 F_N 成正比,与杆长 l 成正比,与横截面面积 A 成反比。即有

$$\Delta l \propto \frac{F_N l}{A}$$

可写为

$$\frac{\Delta l}{l} \propto \frac{F_N}{A} \quad \text{或} \quad \frac{F_N}{A} = E \frac{\Delta l}{l} \tag{5.1}$$

式中，F_N/A 是单位面积上的内力，为应力（stress）σ（平均应力）。应力的单位用 Pa（帕[斯卡]）表示，1 Pa = 1 N/m²。工程中常用 MPa（兆帕），1 MPa = 10⁶ Pa。

$\Delta l/l$ 是单位长度的尺寸改变，为应变（strain）ε（平均应变）。应变是量纲一的量。

从图 5.1（b）可见，所给出的力与变形之关系不仅与材料相关，还与杆件几何尺寸（A、l）相关。但若将图中的纵横坐标 F_N、Δl 变换成 $F_N/A(=\sigma)$ 和 $\Delta l/l(=\varepsilon)$，则得到的 σ-ε 关系是一条与杆件几何尺寸无关的直线，如图 5.1（c）所示。图 5.1（c）中的线性关系与杆件的几何尺寸无关，说明用 σ-ε 关系描述材料的力与变形的关系比用 F_N-Δl 关系更反映问题的本质。

以后，材料的力与变形的关系（物理方程）将用应力-应变（σ-ε）关系描述，且写为

$$\sigma = E\varepsilon \tag{5.2}$$

E 是图 5.1（c）中 σ-ε 直线的斜率。若卸载到 $F=0$，即 $F_N=0$，$\sigma=0$；显然有 $\varepsilon=0$，$\Delta l=0$，即卸载后杆件的变形可以完全恢复，可以恢复的变形是弹性的，故 E 称为材料的弹性模量。弹性模量 E 的量纲与应力的量纲相同。由于工程材料的 E 值通常较大，故多用 GPa 表示，1 GPa = 10³ MPa = 10⁹ Pa。

应力-应变关系（5.2）式，反映了材料在单向载荷作用下力与变形间的线性弹性关系，称为胡克定律（Hooke law），是一种最简单的材料物理关系模型。

材料的应力-应变关系，应当由实验确定。工程材料在弹性阶段的 σ-ε 关系一般都可以（或近似可以）用（5.2）式描述。

5.2　胡克定律

因此，承受轴向拉压的杆，其应力 σ、应变 ε 和变形 Δl 可表达为

$$\left.\begin{array}{lll} \text{应力} & \sigma = F_N/A \\ \text{应变} & \varepsilon = \Delta l/l \\ \text{变形} & \Delta l = \varepsilon l = \sigma l/E = F_N l/EA \end{array}\right\} \tag{5.3}$$

由上式可见，杆的伸长与轴力 F_N、杆长 l 成正比；与材料的弹性模量 E、横截面面积 A 成反比。EA 越大，杆的变形越小，EA 反映了杆抵抗变形的能力，称为抗拉刚度。

必须指出的是：（5.3）式所给出的杆的变形 $\Delta l = F_N l/EA$，是在材料的应力-应变关系由胡克定律描述的条件下得到的；材料的应力-应变关系改变后，要由 $\Delta l = \varepsilon l$ 和材料的 σ-ε 关系计算杆的变形。

例 5.1　图 5.2（a）中杆 CD 段为钢制，横截面面积 $A_1 = 320$ mm²，弹性模量 $E_1 = 210$ GPa；AC 段为铜制，$A_2 = 800$ mm²，$E_2 = 100$ GPa；长度 $l = 400$ mm；求各段的应力和杆的总伸长量 Δl。

解：1）求约束力

A 端为固定端，但杆上作用的外力均沿轴向，故约束力只有 F_A，由平衡方程得

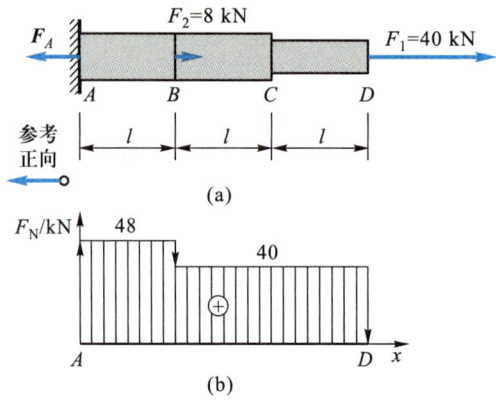

图 5.2   例 5.1 图

$$F_A = F_1 + F_2 = 48 \text{ kN}$$

2）求内力（轴力），画轴力图

用截面法求内力的结果如图 5.2（b）所示。读者可自行校核其正确性。下面介绍轴力图的简捷画法。

轴力图的简捷画法：从杆左端截面开始，按拉力标出参考正向如图所示；A 处作用的力 F_A 与参考正向一致，轴力图向上沿正向画至 $F_A = 48$ kN；AB 段上无外力作用，画水平线；B 处作用的力 F_2 与参考正向方向相反，轴力图向下行 $F_2 = 8$ kN；BD 段无外力作用，画水平线；D 处 F_1 与参考正向反向，轴力图继续向下行 $F_1 = 40$ kN，回至零，图形封闭，满足平衡条件 $\sum F_x = 0$。如此得到的结果必然是与截面法所得结果一致的。

3）求各段应力

应力等于轴力除以横截面面积，轴力或横截面面积改变，则需分段计算。由（5.3）式第一式有

$$\sigma_{AB} = F_{NAB}/A_2 = 48 \times 10^3 \text{ N} / (800 \times 10^{-6}) \text{ m}^2 = 60 \times 10^6 \text{ Pa} = 60 \text{ MPa}$$

$$\sigma_{BC} = F_{NBC}/A_2 = 40 \times 10^3 \text{ N} / (800 \times 10^{-6}) \text{ m}^2 = 50 \times 10^6 \text{ Pa} = 50 \text{ MPa}$$

$$\sigma_{CD} = F_{NCD}/A_1 = 40 \times 10^3 \text{ N} / (320 \times 10^{-6}) \text{ m}^2 = 125 \times 10^6 \text{ Pa} = 125 \text{ MPa}$$

4）求各段伸长量及杆的变形

由（5.3）式第三式有

$$\Delta l_{AB} = \frac{F_{NAB} l}{E_2 A_2} = \frac{48 \times 10^3 \times 0.4}{100 \times 10^9 \times 800 \times 10^{-6}} \text{ m} = 0.24 \times 10^{-3} \text{ m} = 0.24 \text{ mm}$$

$$\Delta l_{BC} = \frac{F_{NBC} l}{E_2 A_2} = \frac{40 \times 10^3 \times 0.4}{100 \times 10^9 \times 800 \times 10^{-6}} \text{ m} = 0.2 \times 10^{-3} \text{ m} = 0.2 \text{ mm}$$

$$\Delta l_{CD} = \frac{F_{NCD} l}{E_1 A_1} = \frac{40 \times 10^3 \times 0.4}{210 \times 10^9 \times 320 \times 10^{-6}} \text{ m} = 0.24 \times 10^{-3} \text{ m} = 0.24 \text{ mm}$$

同样要注意，在轴力、横截面面积或材料的弹性模量改变处，需分段计算变形。

杆的总伸长量等于各段变形的代数和，即

$$\Delta l_{AD} = \Delta l_{AB} + \Delta l_{BC} + \Delta l_{CD}$$
$$= (0.24 + 0.2 + 0.24) \text{ mm} = 0.68 \text{ mm}$$

例 5.2　图 5.3(a)所示横截面面积为 A 的等直杆,单位体积的重力为 γ,求杆在自重作用下的内力、应力、应变和总伸长量。

解:1) 求轴力,画轴力图

考虑任一距 O 点为 x 的横截面上的内力,截取下部为研究对象,受力如图 5.3(b)所示。

作用在此段上的重力为 W,由平衡方程得轴力为

$$F_N = W = \gamma A x$$

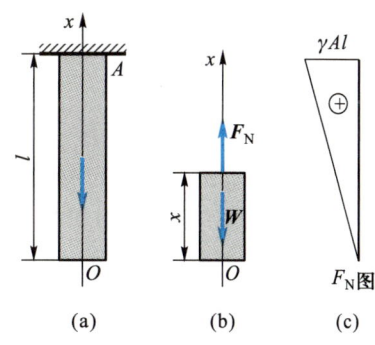

轴力图如图 5.3(c)所示,杆根部 A 截面处 $F_N = \gamma A l$ 为最大。

2) 求应力、应变

离自由端 O 处 x 的横截面上的应力、应变为

$$\sigma_x = F_N / A = \gamma x$$
$$\varepsilon_x = \sigma_x / E = \gamma x / E$$

图 5.3　例 5.2 图

3) 求总伸长量

注意到轴力 F_N 是 x 的函数,取距 O 为 x 处长为 $\mathrm{d}x$ 的一微段,其伸长为

$$\mathrm{d}\Delta l = \varepsilon_x \mathrm{d}x = \gamma x \mathrm{d}x / E$$

总伸长量则为

$$\Delta l = \int_0^l \mathrm{d}\Delta l = \frac{\gamma}{E} \int_0^l x \mathrm{d}x = \frac{\gamma l^2}{2E}$$

5.1.2　拉压一点的应力

对于等截面轴向拉压杆,实验可以证明正应力 σ 在横截面上是均匀分布的。如图 5.4(a)所示,横截面上任一点的应力均为 σ,作用在横截面上任一面积微元 $\mathrm{d}A$ 上的内力为 $\sigma \mathrm{d}A$,整个横截面上内力的合力应等于轴力 F_N,故有

$$F_N = \int \sigma \mathrm{d}A = \sigma A \quad (\text{因为 } \sigma = \text{常量})$$

即

$$\sigma = F_N / A$$

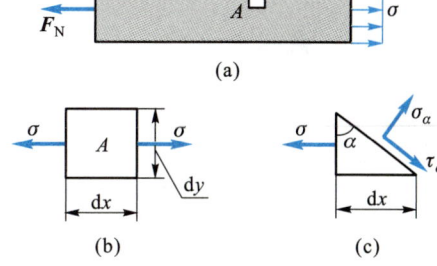

一般情况下,内力在横截面上并非均匀分布,截面上各点的应力是不同的。只有轴向拉压时,在杆横截面上应力均匀分布的最简单情况下,横截面上的正应力 σ 才能用平均应力 (F_N / A) 来描述。

图 5.4　单向拉压杆中一点的应力

由(4.5)式显然可知,一点的应力是与过该点的截面的取向有关的。讨论图 5.4(a)中杆内任一点 A 的应力状态,由两对相邻的横截面和水平截面截取的 x 和 y 方向尺寸分

别为 dx 和 dy、厚度为 1 的单元体,如图 5.4(b)所示,其左右两面(横截面)上有正应力 σ,上下两面与前后两面上内力为零(故应力为零)。这是最简单的<u>单向应力状态</u>(state of uniaxial stress)。

只要确定了一种单元体取向时各微面上的应力,如图 5.4(b)所示,即可由(4.6)式求得该点在其他任意取向的截面上的应力[如图 5.4(c)所示]。

杆轴线夹角为 α 之截面上的应力为 σ_α、τ_α。因为整个杆处于平衡状态,则图 5.4(c)所截取之部分单元体亦应处于平衡状态。故由力的平衡条件可得

$$\left.\begin{aligned}\sigma_\alpha &= \sigma\cos^2\alpha = \frac{\sigma}{2}(1+\cos 2\alpha)\\[2mm]\tau_\alpha &= \sigma\sin\alpha\cos\alpha = \frac{\sigma}{2}\sin 2\alpha\end{aligned}\right\} \tag{5.4}$$

上式表明,轴向拉压杆中斜截面上有正应力和切应力。在横截面($\alpha=0$)上正应力最大,$\sigma_{\max}=\sigma$;在 $\alpha=45°$ 的斜截面上,切应力最大,且有 $\tau_{\max}=\sigma/2$,此斜截面上还有正应力 $\sigma=\sigma/2$。

例 5.3　铸铁试样受压如图 5.5 所示,横截面面积为 A。试确定任一斜截面上的应力 σ_α 和 τ_α。

解:横截面上有压应力 $\sigma=-F/A$。法向与 x 轴夹角为 α 之斜截面上的应力由(5.4)式给出为

$$\sigma_\alpha = -\sigma\cos^2\alpha$$

$$\tau_\alpha = -\sigma\sin\alpha\cos\alpha$$

可见,任一斜截面上的正应力 σ_α 是压应力,在 $\alpha=0$ 的横截面上,$\sigma_\alpha=-\sigma$,是最大正应力;当 $d\tau_\alpha/d\alpha=\sigma(\cos^2\alpha-\sin^2\alpha)=0$,即 $\alpha=45°$ 时,斜截面上的切应力值最大,且

$$|\tau_{\max}|=\sigma/2$$

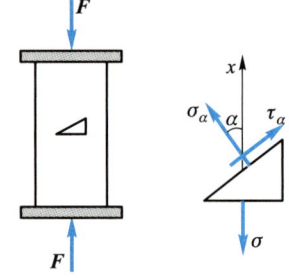

图 5.5　例 5.3 图

铸铁压缩实验时,破坏面与轴线大约成 45°,为最大切应力所致。

§5.2　材料的力学性能

5.2.1　概述

前面我们主要利用力的平衡方程研究讨论了外力、内力、应力的计算,构件的破坏除了受力,还与变形和材料自身抵抗破坏的能力相关。进行构件的强度计算,显然需要研究材料抵抗破坏的能力。物体系统处于平衡状态,则系统中任一物体均应处于平衡状态,物体中的任一部分亦应处于平衡状态。力的平衡问题,与作用在所选取研究对象上的力系有关;在弹性小变形条件下,变形对于力系中各力作用位置的影响可以不计,故力的平衡与材料无关,用第二章所讨论的平衡方程描述。

研究变形体静力学问题,主要是要研究力与变形间的物理关系。力与变形间的物理关系显然是与材料性能有关的。不同的材料,在不同的载荷、环境作用下,表现出不同的

力学性能(mechanical properties)(或称材料的力学行为)。5.1节中,以最简单的线性弹性应力-应变关系——胡克定律,来描述力与变形间的物理关系,讨论了变形体力学问题的基本分析方法。本节将对材料的力学性能进行进一步的研究。

材料的力学性能,对于工程结构和构件的设计十分重要。例如,所设计的构件必须足够"强",而不至于在可能出现的载荷下发生破坏;还必须保持构件足够"刚硬",不至于因变形过大而影响其正常工作。因此,需要了解材料在力的作用下变形的情况,了解什么条件下会发生破坏。由力与变形直至破坏的行为研究中确定若干指标来控制设计,以保证结构和构件的安全和正常工作。

材料的力学性能是由实验确定的。试验条件(温度、湿度、环境)、试件几何(形状和尺寸)、试验装置(试验机、夹具、测量装置等)、加载方式(拉、压、扭转、弯曲;加载速率、加载持续时间、重复加载等)、试验结果的分析和描述等,都应按照规定的标准规范进行,以保证试验结果的正确性、通用性和可比性。

本节主要讨论材料的一般力学性能及其描述。

5.2.2　低碳钢拉伸应力-应变曲线

常用拉伸试样如图5.6所示(GB/T 228.1—2021)。截面多为圆形(也有时用矩形),试验段横截面面积为A。标距长度l与横向尺寸的关系规定为

圆形截面杆：　$l=10d$　　或　$l=5d$

矩形截面板：　$l=11.3\sqrt{A}$　　或　$l=5.65\sqrt{A}$

将试件两端夹持在试验机上,施加拉伸载荷F,记录载荷F和标距长度l的变化Δl。由试验结果可得到F-Δl曲线或$\sigma(=F/A)$-$\varepsilon(=\Delta l/l)$曲线。这里,$\sigma=F/A$为试样轴向除以试样标距长度的横截面面积,即试样单位面积的内力(为平均正应力),$\varepsilon=\Delta l/l$为试样标距长度内的轴向变形除以试样标距长度,即试样单位长度的变形(为平均正应变)。

5.3　低碳钢拉伸实验

低碳钢拉伸时得到的典型应力-应变曲线(stress-strain curve)如图5.7所示。由图可见,应力-应变曲线可分为四个阶段。由原点O到点e为弹性(elasticity)阶段;在e点

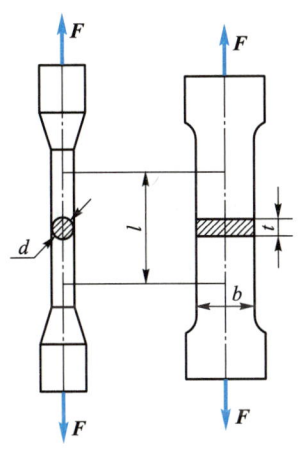

图5.6　拉伸试样

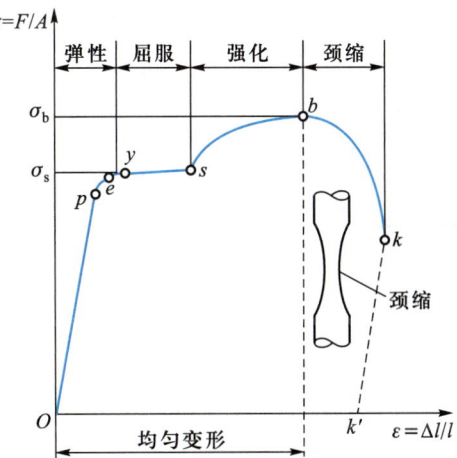

图5.7　低碳钢拉伸时的σ-ε曲线

以下,如果卸载,试件变形可完全恢复,变形是弹性的。由 y 到 s 点,应变在应力几乎不变的情况下急剧增大,这种现象称为材料的屈服(yield)或流动现象,是屈服阶段。从 s 到 b 点,必须继续加载才能使应变进一步增大,好像材料在屈服后又重新恢复了抵抗变形的能力,称为强化(strengthening)阶段。b 点对应着最大应力,此后即开始发生局部横截面面积收缩,从 b 到 k 为颈缩(necking)阶段。到 k 点发生断裂。在发生颈缩之前,从 O 到 b,试验段的变形是均匀的,称为均匀变形阶段。

利用这一典型的 σ-ε 曲线,可以定义若干重要的材料性能如下。

1. 比例极限

将图 5.2 中弹性变形(elastic deformation)范围内的 Oe 段,重新画在图 5.8 中。从 O 点到 p 处,应力 σ 与应变 ε 呈线性正比关系,应力与应变保持线性正比关系的最大应力(p 点对应的应力),称为比例极限(proportional limit),记作 σ_{p}。

2. 弹性模量

Op 段直线的斜率 E,即材料的弹性模量(elastic modulus)。如图 5.8 所示,弹性模量 $E = \sigma/\varepsilon$。

3. 弹性极限

卸载后,材料的变形若可完全恢复,则称变形是弹性的。如图 5.8 所示,材料保持弹性性能所对应的最大应力(e 对应的应力),称为弹性极限(elastic limit),记作 σ_{e}。

在比例极限以下,σ 与 ε 呈线性关系或称为线弹性关系;应力大于比例极限而小于弹性极限时,σ 与 ε 间的线性关系不再保持,严格说来应当是非线性弹性的。

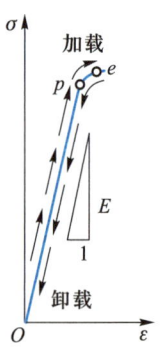

图 5.8　弹性阶段

4. 屈服极限

应力达到图 5.7 中 y 点之值后,即使载荷不再增大,应变也会继续增大,材料进入屈服流动阶段。y 点对应的应力值,称为屈服极限或屈服强度(yield strength),记作 σ_{s}。对于大部分金属材料,屈服极限、弹性极限与比例极限在数值上的差别并不大,可将胡克定律的使用范围延伸至 σ_{s}。即胡克定律为

$$\sigma = E\varepsilon \qquad (\sigma \leqslant \sigma_{\mathrm{s}}) \tag{5.5}$$

进入屈服阶段之后,若从任一点 B 卸载到零,卸载线 BB' 的斜率基本与 E 相同,所留下的不可恢复的残余应变,称为塑性应变(plastic strain),记作 ε_{p};另一部分在卸载过程中恢复了的应变,是弹性应变(elastic strain),记作 ε_{e}。故 B 点的总应变 ε 是弹性应变与塑性应变之和。如图 5.9 所示,有

$$\varepsilon = \varepsilon_{\mathrm{e}} + \varepsilon_{\mathrm{p}} \tag{5.6}$$

屈服极限 σ_{s} 是反映材料是否进入屈服而出现显著塑性变形的重要指标。

5. 应变硬化

过了屈服流动阶段后,继续加载,则应力和应变沿曲线 sb 变化。在 sb 间任一点卸载到零,σ-ε 响应曲线如

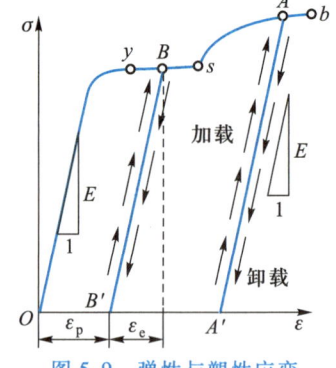

图 5.9　弹性与塑性应变

图 5.9 中 AA' 所示, AA' 线的斜率也基本上与弹性模量 E 相同。卸载到零后再加载, $\sigma\text{-}\varepsilon$ 曲线沿 $A'A$ 上升。比较 Osb 和 $A'Ab$ 两条曲线可知, 好像材料的弹性极限和屈服极限因屈服后卸载而提高到了 A 点, 这种现象称为应变硬化(strain hardening)。

工程中常常利用应变硬化现象使材料在较大的预应变(发生塑性变形)后卸载, 以达到提高其屈服极限, 减小塑性变形的目的。如预应力钢筋等。

6. 极限强度

对应于 $\sigma\text{-}\varepsilon$ 图上最高点(b 点)的应力, 称为材料的极限强度(ultimate strength), 记作 σ_b, 是反映材料抵抗破坏的能力的重要指标。

7. 延性和脆性

如图 5.7 所示, 经过颈缩阶段, 试样在 k 处发生断裂。图 5.7 中 Ok' 反映了材料拉断后剩余的塑性变形的大小, 是度量材料塑性性能的指标, 称为延伸率(specific elongation), 记作 δ。且有

$$\delta_n = \frac{l_1 - l_0}{l_0} \times 100\% \tag{5.7}$$

式中, l_1 为试样拉断后的标距长度, l_0 是试样原来的标距长度, n 为试样标距长度与横截面尺寸之比, 如当 $l_0 = 10d$ 时, $n = 10$。

度量材料塑性性能的另一个指标, 是断开处横截面面积最大缩减量与试样原来的横截面面积之比, 称为断面收缩率(percent reduction in area), 记作 Z。且有

$$Z = \frac{A_0 - A_1}{A_0} \times 100\% \tag{5.8}$$

式中, A_1 为试样拉断后的最小横截面面积, A_0 是试样原来的横截面面积。

对于低碳钢, δ 约为 25%, Z 约为 60%。这两个指标越高, 材料的延性性能越好。

工程中常将材料区分为两类, 塑性变形大的材料(一般 $\delta > 5\%$), 如低碳钢、低合金钢、青铜等, 称为延性材料(ductile materials);塑性变形小的材料(一般 $\delta < 5\%$), 如高强钢、铸铁、硬质合金、石料等, 则称为脆性材料(brittle material)。

由低碳钢拉伸的 $\sigma\text{-}\varepsilon$ 曲线, 可以看到材料有如下重要指标:

材料抵抗弹性变形能力的指标——弹性模量 E;

材料发生屈服和破坏的两个强度指标——屈服强度 σ_s 和极限强度 σ_b;

反映材料延性的指标——延伸率 δ 和/或断面收缩率 Z。

表 5.1 列出了若干常用金属材料的力学性能。

表 5.1　若干常用金属材料的力学性能

材料名称	材料牌号	σ_s/MPa	σ_b/MPa	δ_5/%	备　注
普通碳钢 (低碳钢)	Q235	235	375~500	21~26	原 A3 钢
	Q275	275	490~630	15~20	原 A5 钢
优质碳钢	35	315	530	20	35 号钢
	45	355	600	16	45 号钢

续表

材料名称	材料牌号	σ_s/MPa	σ_b/MPa	δ_5/%	备　注
低碳合金钢	16Mn	345	510~660	22	16锰
	15MnV	390	530~680	18	15锰钒
合金钢	40Cr	785	980	9	40铬
	30CrMnSi	885	1080	10	30铬锰硅
球墨铸铁	QT40-10	294	392	10	球铁40
	QT60-2	412	588	2	球铁60
铝合金	LY12	274	412	19	硬铝

5.2.3　不同材料拉伸压缩时的机械性能

1. 不同材料的拉伸 σ-ε 曲线

如 5.2.2 节所述，由低碳钢拉伸时的 σ-ε 曲线，可以确定反映材料机械性能（或称力学性能）的指标。但材料的种类很多，即使是金属材料，拉伸 σ-ε 曲线也各不相同。图 5.10 示出了若干材料拉伸时的 σ-ε 曲线。

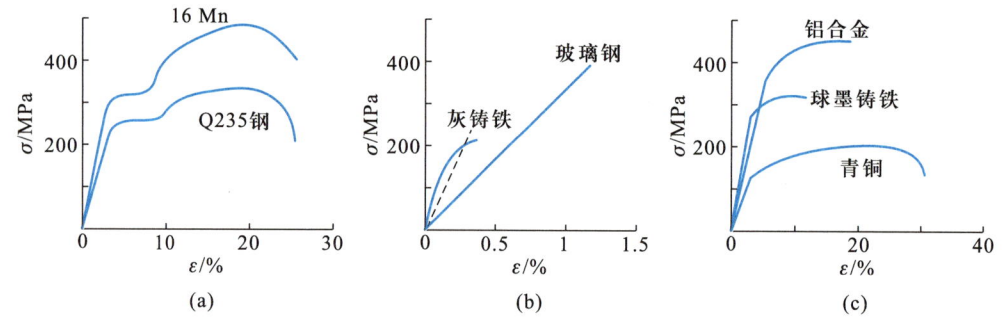

图 5.10　不同材料的拉伸应力-应变曲线

5.4　铸铁拉伸实验

与典型的低碳钢应力-应变曲线相比［图 5.10(a)］，许多脆性材料到破坏时都没有明显的塑性变形，没有屈服阶段，也不存在屈服强度，如图 5.10(b)中的灰铸铁、玻璃钢及高强钢、陶瓷材料等；许多延性材料没有屈服平台，也难以明确地确定其屈服强度，如图 5.10(c)中的有色金属、退火球墨铸铁等；还有些材料在弹性阶段 σ-ε 间也并不显示良好的线性关系（如灰铸铁、橡胶等）。

对于不存在屈服阶段的脆性材料，其强度指标只有极限强度 σ_b；对于没有屈服平台、难以确定屈服强度的材料，工程中规定以标准试件产生 0.2% 塑性应变时的应力值作为名义屈服强度，特别记作 $\sigma_{0.2}$，如图 5.11 所示。

5.5　低碳钢压缩实验

2. 压缩时的机械性能

材料在受压缩时的机械性能与受拉并不一定相同。因此，其应由材料的压缩试验确定。

一般来说,延性材料压缩的机械性能与拉伸时基本相同。如图 5.12(a)所示,延性金属压缩与拉伸时有基本相同的弹性模量 E 和屈服强度 σ_s。但因为延性材料有很好的塑性,压缩试验时,试件随着载荷的增加愈压愈扁,测不出其抗压强度。

5.6 铸铁压缩实验

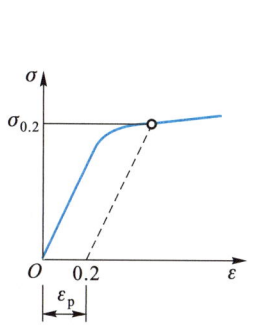

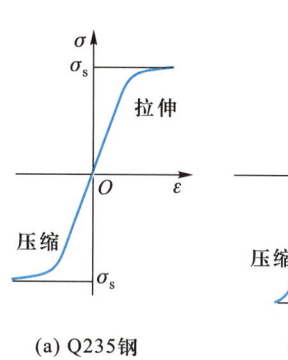

(a) Q235钢   (b) 铸铁

图 5.11 名义屈服强度   图 5.12 拉压机械性能

与延性材料不同,图 5.12(b)所示铸铁压缩时的机械性能与拉伸时常常有较大的区别。脆性材料,如铸铁、混凝土、石料等,抗压极限强度 σ_{bc} 可以远大于抗拉极限强度 σ_{bt}。

3. 泊松比

如果在圆棒试样拉伸试验中除测量伸长量 Δl 外,还测量其直径 d 的变化,则可发现材料在沿加载方向发生伸长的同时,在垂直于载荷方向的尺寸会因变形而缩短。这种现象称为泊松效应,如图 5.13 所示。记沿载荷方向(纵向或 x 方向)的应变为 $\varepsilon_1 = \Delta l/l_0$,垂直于载荷方向(横向或 y、z 方向)的应变则可写成 $\varepsilon_2 = (d-d_0)/d_0 = -\Delta d/d_0$,横向与纵向应变之比的负值,称为材料的泊松比(Poisson ratio),记作 μ,且

$$\mu = -\varepsilon_2/\varepsilon_1 \tag{5.9}$$

(5.9)式前面的负号,是为了使泊松比为正值。对于一般金属材料,在弹性阶段,泊松比 μ 在 0.25～0.35 间。在塑性变形时,$\mu \approx 0.5$。

考查图 5.14 所示体积为 $V_0 = abc$ 的材料体元。在沿 x 方向载荷作用下,纵向应变(x 方向)为 ε,横向应变(y、z 方向)则为 $-\mu\varepsilon$,变形后纵向尺寸为 $a+\Delta a = a(1+\varepsilon)$,横向尺寸为 $b(1-\mu\varepsilon)$ 和 $c(1-\mu\varepsilon)$。则变形后的体积为

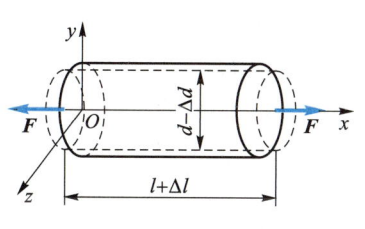

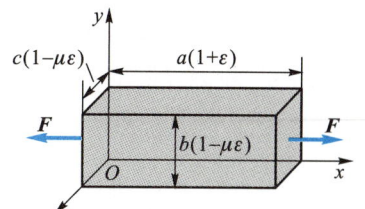

图 5.13 泊松效应   图 5.14 弹性体积变化

$$V = abc(1+\varepsilon)(1-\mu\varepsilon)^2$$

应变 ε 是远小于 1 的一个小量,上式展开后略去高阶小量,得到

$$V = abc\,[\,1+(1-2\mu)\varepsilon\,]$$

故体积的改变量为

$$\Delta V = V - V_0 = abc(1-2\mu)\varepsilon$$

体积变化率为

$$\Delta V/V_0 = (1-2\mu)\varepsilon = (1-2\mu)\sigma/E \tag{5.10}$$

当 $\varepsilon = 0.2\%$，$\mu = 0.3$ 时，$\Delta V/V_0 = 0.08\%$。可见弹性体积变化率是很小的。

在塑性变形阶段，泊松比 $\mu \to 0.5$，由(5.10)式可知有 $\Delta V \to 0$。故金属材料的塑性体积变化是可以忽略的。

§5.3　真应力、真应变

在由标准试样单轴拉压试验确定材料的应力-应变曲线时，应力和应变都是以变形前的几何尺寸(标距长度 l_0、横截面面积 A_0)定义的。它们是工程应力 S、工程应变 e，且

$$S = \frac{F_{\mathrm{N}}}{A_0}, \quad e = \frac{\Delta l}{l_0} = \frac{l - l_0}{l_0}$$

实际上，一旦作用有载荷，材料在发生纵向伸长的同时，由于泊松效应而使横截面尺寸缩小，真实的应力应当等于轴力除以当时的横截面面积 A(而不是原面积 A_0)。同时，在从 0 加载到 F 的过程中，杆的伸长是逐步发生的，对于任一载荷增量 $\mathrm{d}F$，应变增量 $\mathrm{d}\varepsilon$ 等于长度增量 $\mathrm{d}l$ 与当时长度 l(不是原长 l_0)之比，如图 5.15 所示。

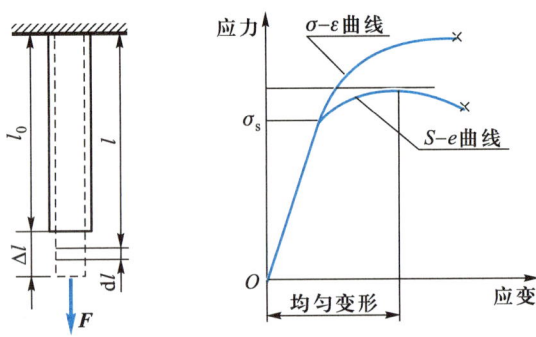

图 5.15　真应力、真应变

故真应力(true stress) σ、真应变(true strain) ε 应当定义为

$$\left. \begin{array}{l} \sigma = \dfrac{F_{\mathrm{N}}}{A} \\[3mm] \varepsilon = \displaystyle\int_{l_0}^{l} \mathrm{d}\varepsilon = \int_{l_0}^{l} \dfrac{\mathrm{d}l}{l} = \ln\left(\dfrac{l}{l_0}\right) = \ln\dfrac{l_0 + \Delta l}{l_0} = \ln(1+e) \end{array} \right\} \tag{5.11}$$

式中，A 为试样变形后的横截面面积，l 为变形后的标距长度。

如前所述，金属材料的塑性体积变化是可以忽略的。在颈缩之前的均匀变形阶段，因为弹性应变小(一般有 $\varepsilon_e < 0.5\%$)，由(5.10)式知弹性体积变化也可以忽略。假定均匀变形阶段体积不变，即有 $A_0 l_0 = Al$，则真应力、真应变与工程应力、工程应变有下述关系：

$$\sigma = F_N/A = F_N l/A_0 l_0 = (F_N/A_0)[(l_0+\Delta l)/l_0] = S(1+e) \tag{5.12}$$

$$\varepsilon = \ln(1+e) = \ln(l/l_0) = \ln(A_0/A) = \ln[1/(1-Z)] \tag{5.13}$$

式中，Z 即为断面收缩率。

讨论： 由（5.12）式可见，$\sigma = S(1+e) > S$；拉伸时 $e>0$，即真应力 σ 大于工程应力 S。两者的相对误差为

$$(\sigma-S)/S = e$$

故 e 越大，$\sigma-S$ 越大。$e=0.2\%$ 时，σ 比 S 大 0.2%。

由（5.13）式可见，$\varepsilon = \ln(1+e)$，因为 e 是一个小量，展开后得到

$$\varepsilon = e - e^2/2 + e^3/3 - \cdots < e$$

即拉伸时真应变 ε 小于工程应变 e。略去三阶小量，可知两者的相对误差为

$$(e-\varepsilon)/e = e/2$$

$e=0.2\%$ 时，ε 比 e 小 0.1%。

由上述分析可知，对于一般工程问题，有 $\varepsilon \approx e < 0.01$，故 σ 与 S，ε 与 e 相差不超过 1%，两者可不加区别。因此，除特别说明外，本书以后均用 σ 与 ε 表示应力与应变。

§5.4　强度条件和安全因数

对于将要设计的结构或构件，应当满足其预定的设计目标。依据设计目标完成初步设计，即已知结构或构件的几何尺寸、材料、工作条件和环境、需要承担的最大设计载荷及所允许的变形大小等。为保证完成其正常功能，所设计的结构或构件必须具有适当的强度和刚度。

在 5.1 节中，已经从拉压杆件的最简单工程问题入手，通过力学分析得到了结构或构件在给定载荷下的内力、应力和变形。由力学分析得到的、构件在可能受到的最大工作载荷作用下的应力，称为工作应力。

另一方面，在 5.2 节中又通过材料力学性能的实验研究，得到了材料可以承受的极限应力指标。对于脆性材料，应力到达极限强度 σ_b 时，会发生断裂；对于塑性材料，应力到达屈服强度 σ_s 时，会因屈服而产生显著的塑性变形，导致结构或构件不能正常工作。屈服和断裂都是材料破坏的形式，故在进行强度设计时，分别以 σ_s 和 σ_b 作为延性和脆性材料的极限应力。

因此，强度条件（strength condition）可写为

$$\text{结构或构件的工作应力 } \sigma \leqslant \text{材料的极限应力 } \sigma_s \text{ 或 } \sigma_b \tag{5.14}$$

但是，仅仅将工作应力限制在极限应力内，还不足以保证结构或构件的安全。因为上述判据的两端都可能有误差存在，如：

（1）力学分析的可能误差。包括设计载荷的估计、简化和计算误差，结构尺寸的制造误差，受力情况简化和小变形假设等所带来的误差等。

（2）材料强度指标的误差。包括材料力学性能测试的试验误差，材料不均匀性引起的固有分散性误差等。

（3）不可预知的其他误差。如加工制造过程中对于材料的损伤、工作条件与试验条

件不尽相同,或偶然出现的意外超载等。

因此,必须将工作应力限制在某一小于极限应力的范围内,提供一定的安全储备,才能保证结构和构件能安全地工作。换言之,实际工程设计中允许使用的应力,称为许用应力(allowable stress),应当比材料的极限应力更低一些。工程设计中规定的许用应力$[\sigma]$为

$$[\sigma] = \begin{cases} \sigma_\text{s}/n & \text{(延性材料)} \\ \sigma_\text{b}/n & \text{(脆性材料)} \end{cases} \tag{5.15}$$

式中,n是一个大于1的因数,称为安全因数(safety factor)。即材料的许用应力等于其极限应力除以安全因数,或安全因数是极限应力与许用应力之比。将许用应力与极限应力之差作为安全储备,以期保证安全。

安全因数的确定是十分困难和复杂的,需要考虑力学分析误差的大小;材料及材料试验的分散性和误差;工作环境条件的恶劣程度;结构或构件万一发生破坏所造成之后果的严重性;安全储备过大使经济效益下降和结构重量增加的影响;等等。从保证安全来看,显然希望安全因数越大越好;但安全因数越大,所用材料的强度越高、结构几何尺寸越大,则经济费用越高、重量越大。故从经济性和轻量化要求来看,安全因数又不宜过大。

一般说来,力学分析模型的近似性越大、计算精度越差,安全因数应越大;脆性材料到达极限应力即发生断裂,与塑性材料到达极限应力发生的屈服相比更危险,安全因数应较大;材料的分散性越大(如砖石材料分散性比金属材料大得多),安全因数应越大;在高温、腐蚀等恶劣环境下工作的结构和构件,安全因数应较大;破坏后果越严重或危及人身安全的结构,安全因数应越大。因此,安全因数的确定不仅需要综合考虑上述各种因素,还要特别注意积累和利用以往同类结构的设计使用经验。

各种不同情况下安全因数的选取,可以参照有关设计规范和手册的规定。如一般情况下,钢材的安全因数取$n=2.0 \sim 2.5$,铸件取$n=4$,脆性材料取$n=2.0 \sim 3.5$;等等。随着力学分析方法的进步,材料制造、加工水平的提高,对工程系统力学性态有更加充分的了解后,可以降低安全因数的取值,在保证安全的条件下,进一步提高设计的经济性。

由(5.14)、(5.15)两式可以将强度条件写为

$$\sigma \leqslant [\sigma] \tag{5.16}$$

§5.5   拉压杆件的强度设计

强度设计需要分析构件内的最大应力。由5.1.2节讨论可知,轴向拉压杆在横截面($\alpha=0$)上正应力最大,因此,对于轴向拉压杆,强度条件应为

$$\sigma = F_\text{N}/A \leqslant [\sigma] \tag{5.17}$$

即杆中任一处横截面的工作应力σ应不大于材料的许用应力$[\sigma]$。式中,F_N是轴力,A为杆的横截面面积[请思考:强度条件(5.17)式是否适用于铸铁杆件的拉压计算?]。在工程设计中,利用强度条件(5.17)式进行强度设计和计算,主要包括如下三个方面:

1. 强度校核

对于已有的构件或已完成初步设计的构件,已知其材料(即已知其许用应力$[\sigma]$),

已知构件几何尺寸和所承受的载荷,计算应力;校核构件是否满足强度条件(5.17)式。若满足强度条件,则称构件强度足够;若不满足强度条件,则构件强度不足,需要修改设计。修改设计时,可依据工程实际情况,重新选择材料、重新设计截面或限制使用载荷,以保证满足强度要求。

2. 截面设计

在选定材料(许用应力$[\sigma]$已知),已知构件所承受的载荷时,设计满足强度要求的构件横截面面积和尺寸。

由强度条件知,拉压杆横截面面积应为

$$A \geqslant F_N/[\sigma] \tag{5.18}$$

确定横截面面积后,即可进一步决定截面尺寸。

3. 确定许用载荷

已知构件的几何尺寸和许用应力时,计算结构或构件所能允许承受的最大载荷。由强度条件可知,轴向拉压杆的轴力F_N应为

$$F_N \leqslant A[\sigma] \tag{5.19}$$

计算出截面内力后,即可确定构件允许使用的最大载荷。

应当注意,构件中处处都应当满足强度条件(5.17)式。因此,必须校核构件中工作应力大、许用应力小的若干可能的危险截面是否满足强度条件。

如图5.16所示承受拉压的杆件,AB段和BC段为钢制,CD段为铜制,A、B、C、D截面处作用载荷如图所示。AB与BC段横截面面积相同,CD段横截面面积较小。杆所承受的轴力如图所示。AB段轴力最大,工作应力也最大,故有可能的危险截面存在。BC段与AB段横截面面积相同,轴力较小,所以工作应力小于AB段;且BC段的材料(许用应力)与AB段相同,故该段不可能有危险截面。CD段轴力小,但其横截面面积也小,所以应力不一定小,且材料的许用应力较小($[\sigma]_铜<[\sigma]_钢$),故也有可能是危险截面。因此,对于图示之杆件,需要校核的危险截面在AB、CD段。

对于拉、压许用应力不同的脆性材料,还要分别考虑拉、压应力的不同情况。

例5.4 图5.17所示杆的材料为硬铝,AB段横截面面积$A_1 = 50 \text{ mm}^2$,BC段横截面面积$A_2 = 30 \text{ mm}^2$,CD段横截面面积$A_3 = 40 \text{ mm}^2$。材料的拉压许用应力均为$[\sigma] = 100 \text{ MPa}$。若受力如图所示,试校核其强度。

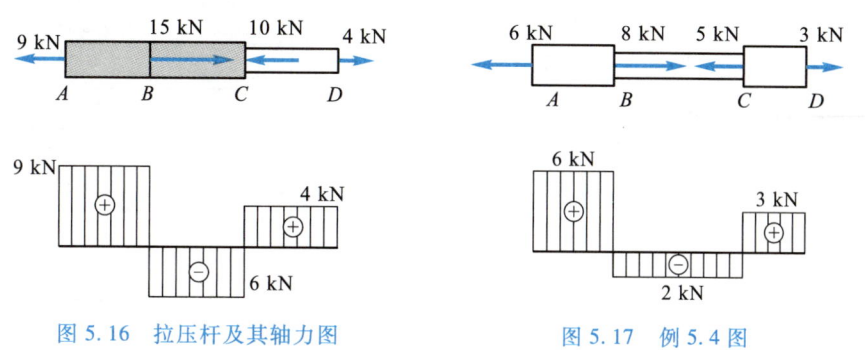

图5.16 拉压杆及其轴力图   图5.17 例5.4图

解:1)求各截面内力,画轴力图如图所示。

2）计算各段横截面的应力：

$$\sigma_1 = F_{N1}/A_1 = 6\times10^3 \text{ N}/50 \text{ mm}^2 = 120 \text{ MPa}$$

$$\sigma_2 = F_{N2}/A_2 = -2\times10^3 \text{ N}/30 \text{ mm}^2 = -66.7 \text{ MPa}$$

$$\sigma_3 = F_{N3}/A_3 = 3\times10^3 \text{ N}/40 \text{ mm}^2 = 75 \text{ MPa}$$

可见，AB 段受拉，$\sigma_1 = 120$ MPa$>[\sigma] = 100$ MPa，强度不足；BC 段受压，$|\sigma_2| = 66.7$ MPa $<[\sigma] = 100$ MPa，强度足够；CD 段受拉，$\sigma_3 = 75$ MPa$<[\sigma] = 100$ MPa，强度足够。

3）为满足强度条件，重新设计 AB 段的横截面面积，有

$$A_1 \geqslant F_{N1}/[\sigma] = 6\times10^3 \text{ N}/100 \text{ MPa} = 60 \text{ mm}^2$$

注意，计算应力时，采用 N、m、Pa 单位，也可采用 N、mm、MPa 单位，这里用的是后者。

例 5.5　图 5.18 所示结构中，杆 1 为钢杆，横截面面积 $A_1 = 6$ cm^2，$[\sigma]_1 = 120$ MPa；杆 2 为木杆，横截面面积 $A_2 = 100$ cm^2，许用压应力 $[\sigma_c]_2 = 15$ MPa。试确定结构的最大许用载荷 $F_{\max}$。

解：1）由平衡条件求各杆内力。

C 铰受力如图所示，有

$$\sum F_y = F_{N2}\cos\alpha - F = 0,$$
$$F_{N2} = 5F/4 \qquad \text{（压力）}$$
$$\sum F_x = F_{N2}\sin\alpha - F_{N1} = 0,$$
$$F_{N1} = 3F_{N2}/5 = 3F/4 \qquad \text{（拉力）}$$

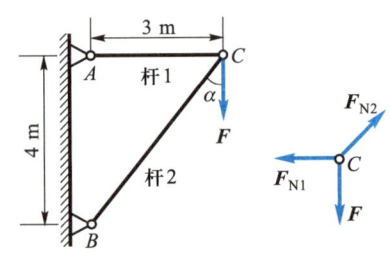

图 5.18　例 5.5 图

2）由强度条件（5.17）式确定许用载荷。

对于钢杆 1，有 $F_{N1} \leqslant A_1[\sigma]_1$，即

$$3F_1/4 \leqslant 120\times10^6 \text{ Pa}\times6\times10^{-4} \text{ m}^2, \quad F_1 \leqslant 96\times10^3 \text{ N}$$

对于木杆 2，有 $F_{N2} \leqslant A_2[\sigma_c]_2$，即

$$5F_2/4 \leqslant 15\times10^6 \text{ Pa}\times100\times10^{-4}\text{m}^2, \quad F_2 \leqslant 120\times10^3 \text{ N}$$

3）为保证结构安全，杆 1、2 均应满足强度条件。由上述结果可知，最大许用载荷为

$$F_{\max} \leqslant \min\{F_1, F_2\} = 96 \text{ kN}$$

例 5.6　图 5.19（a）中铝制撑套外径为 30 mm，内径为 20 mm，长度为 150 mm。钢螺栓直径为 16 mm，螺纹节距为 1 mm；钢材弹性模量 $E_s = 210$ GPa，许用应力 $[\sigma]_s = 200$ MPa；铝材弹性模量 $E_a = 70$ GPa，$[\sigma]_a = 80$ MPa。装配时螺母拧至图示尺寸后，再拧紧 1/4 圈。试计算螺栓、撑套的内力和应力，并校核螺栓、撑套的强度。

解：1）力的平衡

螺栓、撑套装配如图 5.19（a）所示。先假定螺栓是刚性的，则拧紧后只是撑套缩短，如

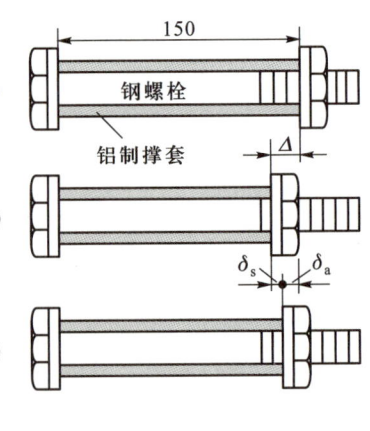

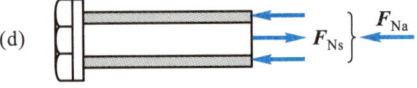

图 5.19　例 5.6 图

图 5.19(b) 所示。事实上，螺栓是弹性的，在撑套缩短 δ_a 的同时，螺栓在拉力作用下要伸长 δ_s，实际平衡位置应如图 5.19(c) 所示。任取一截面，考虑被截断部分受力，撑套受压，其合力为 $\boldsymbol{F}_{Na}$，螺栓受拉，轴力为 $\boldsymbol{F}_{Ns}$，如图 5.19(d) 所示。有平衡方程

$$F_{Na} = F_{Ns} = F_N \tag{1}$$

F_{Ns} 是螺栓受到的拉力，F_{Na} 是撑套受到的压力，均为未知。2 个未知量，平衡方程只有 1 个，故是一次静不定问题。求解时需要考虑变形协调条件 (compatibility conditions of deformation) 和力与变形间的关系。

2）变形协调条件

由图 5.19(c) 中平衡位置可知应有

$$\delta_s + \delta_a = \Delta \tag{2}$$

式中，Δ 是螺纹拧紧 1/4 圈所移动的距离。对于普通螺纹，等于一个螺距的 1/4，即 $\Delta = 1\ \text{mm} \times 1/4 = 0.25\ \text{mm}$。

3）力与变形间的物理方程

由线弹性关系 (胡克定律) 有

$$\delta_s = F_{Ns}l/E_s A_s, \quad \delta_a = F_{Na}l/E_a A_a \tag{3}$$

注意到 (1) 式，由 (2)、(3) 式得

$$F_N l(1/E_s A_s + 1/E_a A_a) = \Delta = 0.25\ \text{mm}$$

采用 N、mm、MPa 单位组合，由上式有

$$F_N = \frac{\Delta}{l}\left(\frac{E_s A_s E_a A_a}{E_a A_a + E_s A_s}\right)$$

$$= \frac{0.25 \times 210 \times 10^3 \times \dfrac{\pi}{4} \times 16^2 \times 70 \times 10^3 \times \dfrac{\pi}{4}(30^2 - 20^2)}{150 \times \left[70 \times 10^3 \times \dfrac{\pi}{4}(30^2 - 20^2) + 210 \times 10^3 \times \dfrac{\pi}{4} \times 16^2\right]}\text{N}$$

$$= 27\ 750\ \text{N} = 27.75\ \text{kN}$$

4）应力计算与强度校核

螺栓应力为

$$\sigma_s = F_{Ns}/A_s = 27\ 750\ \text{N}/(16^2 \pi/4)\ \text{mm}^2 = 138\ \text{MPa} < [\sigma]_s = 200\ \text{MPa}$$

强度足够。

撑套应力为

$$\sigma_a = F_{Na}/A_a = 27\ 750\ \text{N}/(500\pi/4)\ \text{mm}^2$$
$$= 70.7\ \text{MPa} < [\sigma]_a = 80\ \text{MPa}$$

强度足够。

*例 5.7　试设计顶端支承重量为 W 物体的等强度圆柱。考虑柱的自重，且其单位体积的重力为 γ。

解：所谓等强度设计，即使构件内各截面上的应力相等，以充分发挥各处材料的潜力。

如图 5.20(a) 所示，设 $x = 0$ 的顶端圆截面半径为 r_0，其上压应力为

$$\sigma_0 = W/(\pi r_0^2)$$

即

$$W = \sigma_0 \pi r_0^2$$

在任一距离顶端 x 处的截面上,设半径为 r_x。截取上半部研究,受力如图 5.20(b)所示,G 为上半部分的重力,由平衡方程知,截面内力(压力)为

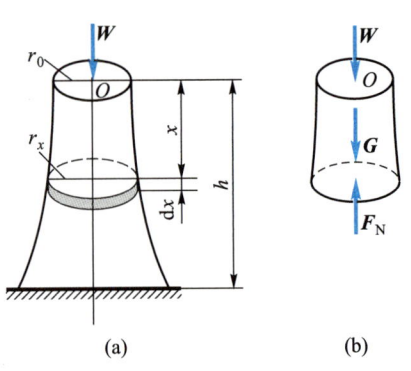

$$F_N = W + G = W + \int_0^x \gamma \pi r_x^2 \mathrm{d}x \qquad (1)$$

满足等强度设计时,距顶端 x 处截面上的应力也应等于 σ_0。故又有

$$F_N = \sigma_0 \pi r_x^2 \qquad (2)$$

图 5.20   例 5.7 图

由(1)、(2)两式可知

$$W + \int_0^x \gamma \pi r_x^2 \mathrm{d}x = \sigma_0 \pi r_x^2$$

将上式两端对 x 微分后得

$$\gamma \pi r_x^2 = 2 \sigma_0 \pi r_x \mathrm{d}r_x / \mathrm{d}x$$

即

$$\mathrm{d}x = [2 \sigma_0 / (\gamma r_x)] \mathrm{d}r_x$$

再将上式从 $x = 0, r_x = r_0$ 到 $x = x, r_x = r_x$ 积分,得到

$$x = \frac{2 \sigma_0}{\gamma} \ln \left(\frac{r_x}{r_0} \right)$$

最后得到

$$r_x = r_0 \mathrm{e}^{\frac{\gamma x}{2 \sigma_0}}$$

即若按上述结果设计截面半径 r_x,则圆柱内任一截面上的应力均为 σ_0。

在工程实际中,当等强度设计的复杂形状不利于加工制造时,可以采用台阶的形式,做近似等强度设计。

*§5.6   应力-应变曲线的理想化模型

在分析变形体力学问题时,需要知道材料应力-应变间的物理关系。由试验得到的应力-应变曲线各种各样,必须建立若干材料物理模型来反映这一关系,并给予适当的数学描述,才能写出反映材料的力与变形之关系的物理方程。进而与力的平衡方程、变形协调方程一起求解变形体力学问题。

建立应力-应变曲线的理想化模型时,既希望模型能符合材料性能的物理真实,又希望数学表达尽量简单。不同材料的应力-应变曲线各种各样,不可能只用一个模型;整条应力-应变曲线往往很复杂,也难于用一个简单的方程表达。因此,理想化模型的建立,与材料有关,与所研究的问题有关,与所考虑的变形大小有关。需要建立若干不同的模型,以适应不同的材料、不同的问题。

图 5.21 中示出了六种不同材料性能的理想化模型。

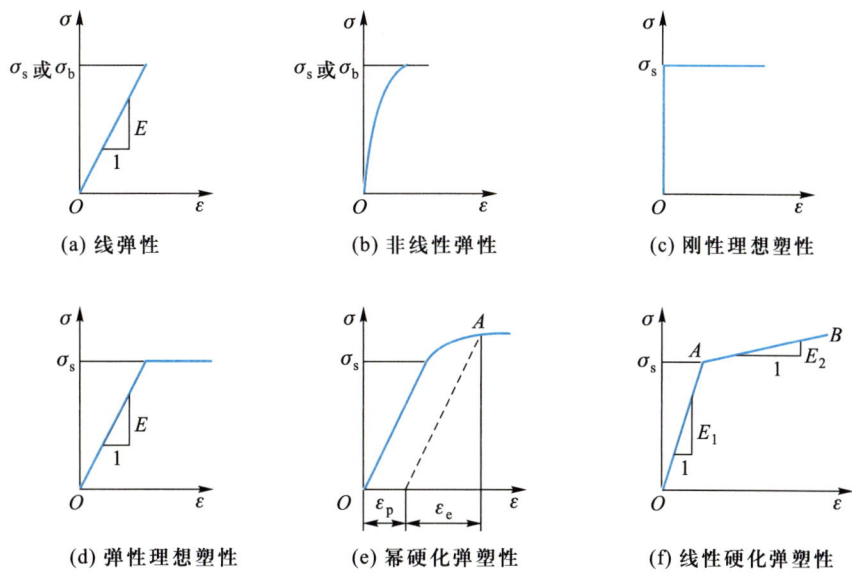

图 5.21　材料力学行为的理想化模型

1. 线弹性模型

该模型是一种弹性材料模型,且应力与应变呈线性比例关系,如图 5.21(a)所示。可用于有这种线性关系的脆性材料,或延性材料的弹性小变形分析。对于一些有非线性弹性性能的材料,有时为使问题简化,也可近似使用线弹性模型。应力-应变间的物理关系用胡克定律描述,即

$$\sigma = E\varepsilon$$

对于脆性材料,$\sigma \leqslant \sigma_b$;对于延性材料,$\sigma \leqslant \sigma_s$。

2. 非线性弹性模型

该模型也是一种弹性材料模型,应力-应变曲线是可逆的。载荷消除后,变形可以完全恢复,但应力与应变的关系是非线性的,如图 5.21(b)所示。可用于橡胶、灰铸铁等有非线性弹性性能的材料。非线性弹性应力-应变关系通常可用幂律表达为

$$\sigma = k\varepsilon^n \tag{5.20}$$

对于脆性材料,$\sigma \leqslant \sigma_b$;对于延性材料,$\sigma \leqslant \sigma_s$。$k$、$n$ 为材料常数。

3. 刚性理想塑性模型

该模型是一种理想塑性模型。模型忽略了材料的弹性变形,也不考虑应变硬化,如图 5.21(c)所示,也简称为完全塑性或刚塑性模型。

当 $\sigma \leqslant \sigma_s$ 时,$\varepsilon = 0$;当 $\varepsilon > 0$ 时,$\sigma = \sigma_s$。

刚性理想塑性模型可用于有明显屈服平台的材料,当弹性变形比塑性变形小得多的时候,研究可忽略弹性变形的问题。

4. 弹性理想塑性模型

该模型既考虑弹性变形,也考虑塑性变形。弹性部分用线弹性模型,塑性部分用理想塑性模型,不考虑应变硬化,如图 5.21(d)所示,也称为理想弹塑性模型。其应力-应变关系表达为

$$\left.\begin{array}{ll}当 \varepsilon \leqslant \varepsilon_{s} 时, & \sigma = E\varepsilon \\ 当 \varepsilon > \varepsilon_{s} 时, & \sigma = \sigma_{s} = E\varepsilon_{s}\end{array}\right\} \tag{5.21}$$

式中,$\varepsilon_{s} = \sigma_{s}/E$,称为屈服应变。

弹性理想塑性模型可用于有明显屈服平台的材料,研究弹塑性变形的问题。

5. 幂硬化弹塑性模型

该模型是一种综合描述材料弹塑性性能的模型,如图 5.21(e)所示。许多无明显屈服平台的工程材料表现出这种应力-应变响应,如图 5.10(c)。图 5.21(e)中 σ-ε 曲线上任一点 A 的应变均可用弹性应变与塑性应变之和表示,即 $\varepsilon = \varepsilon_{e} + \varepsilon_{p}$。实验结果表明,$A$ 点的应力与其弹性应变的关系服从胡克定律,即 $\sigma = E\varepsilon_{e}$;应力与塑性应变的关系则可用 Holomon 幂律公式描述,写为 $\sigma = K\varepsilon_{p}^{1/n}$;故其应力-应变关系可表达为

$$\varepsilon = \varepsilon_{e} + \varepsilon_{p} = (\sigma/E) + (\sigma/K)^{n} \tag{5.22}$$

(5.22)式即著名的 Remberg-Osgood 应力-应变关系。式中 K、n 为材料常数,K 是强度系数,具有应力的单位;n 为应变硬化指数。

幂硬化弹塑性模型可用于无明显屈服平台的材料,进行弹塑性分析。

6. 线性硬化弹塑性模型

该模型也是一种弹塑性模型。考虑了材料的弹性变形和塑性应变硬化,如图 5.21(f)所示。弹性部分用线弹性模型,硬化部分用线性硬化。其应力-应变关系可表达为

$$\left.\begin{array}{ll}当 \varepsilon \leqslant \varepsilon_{s} 时, & \sigma = E\varepsilon \\ 当 \varepsilon > \varepsilon_{s} 时, & \sigma = \sigma_{s} + E_{1}(\varepsilon - \varepsilon_{s})\end{array}\right\} \tag{5.23}$$

式中,E、E_{1} 分别为弹性段 OA 和塑性应变硬化段 AB 直线的斜率,都是材料常数。

此模型用于塑性应变硬化可由线性近似的材料,进行弹塑性分析。

上述各种理想化的材料物理模型,可以反映或部分反映材料 σ-ε 曲线的性态。不同的材料、不同的问题,可选用不同的模型。例如,研究脆性材料或小变形问题,用线弹性模型(胡克定理)即可;不考虑硬化时,用弹性理想塑性模型研究延性材料的弹塑性问题;考虑硬化时幂硬化弹塑性模型是广泛使用的。当然,还可以作出一些其他的理想化模型,但上述模型是既简单又实用的。

*§5.7　不同材料模型下力学问题的分析

本节将通过简单拉压杆系结构的例题,讨论不同材料物理模型下,变形体力学问题的分析方法。

例 5.8　三杆铰接于 C 点,受力 F 作用,如图 5.22(a)所示。若各杆横截面面积均为 A,材料亦相同,应力-应变关系用线弹性模型,即 $\sigma = E\varepsilon$,试求三杆的内力。

解: 1) 力的平衡方程

三杆均为二力杆,整体受力如图 5.22(a)所示,汇交力系的 2 个平衡方程为

$$F_{2} = F_{3} \tag{a}$$

$$F_{1} + 2F_{2}\cos \alpha = F \tag{b}$$

3 个未知量, 2 个独立方程, 是一次静不定问题。

2）变形几何条件

三杆受拉, 在力 F 作用下伸长, 如图 5.22（b）所示。在小变形条件下, 有 $\alpha \approx \alpha'$, 故变形几何条件为

$$\delta_1 \cos \alpha = \delta_2 \qquad (\text{c})$$

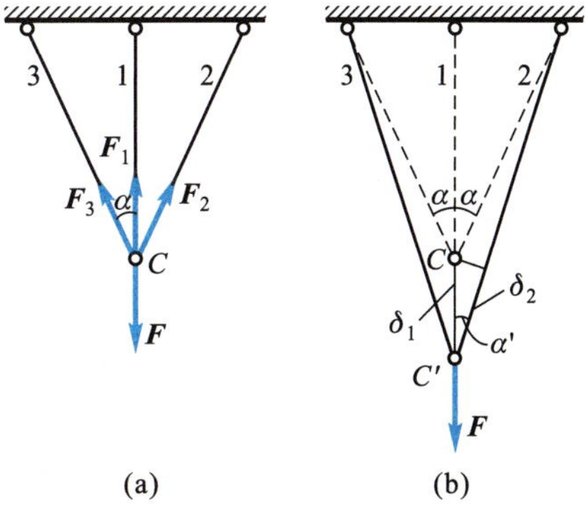

3）力与变形间的物理关系（应力-应变关系）

由线弹性模型有 $\sigma = E\varepsilon$, 即 $F/A = E\Delta l/l$, 故可知各杆的伸长量 $\Delta l = \delta$ 为

$$\left. \begin{aligned} \delta_1 &= F_1 l_1 / EA \\ \delta_2 &= F_2 l_2 / EA \end{aligned} \right\} \qquad (\text{d})$$

图 5.22 例 5.8 图

求解上述方程, 注意杆 1 的长度 $l_1 = l_2 \cos \alpha$, 由（c）、（d）两式得到

$$F_2 = F_1 \cos^2 \alpha \qquad (\text{e})$$

再由方程（a）、（b）、（e）解得

$$\left. \begin{aligned} F_1 &= F/(1+2\cos^3 \alpha) \\ F_2 &= F_3 = F\cos^2 \alpha /(1+2\cos^3 \alpha) \end{aligned} \right\} \qquad (1)$$

讨论 1： 若材料的应力-应变关系用非线性弹性模型, $\sigma = k\varepsilon^n$, 再求三杆内力。

在 §4.2 节基本假设的情况下, 改变材料的物理模型, 并不影响力的平衡和变形几何条件。故前述方程（a）、（b）、（c）各式仍然成立。

此时, 力与变形间的物理关系由非线弹性模型 $\sigma = k\varepsilon^n$ 描述, 则有

$$\left. \begin{aligned} \sigma_1 &= k\varepsilon_1^n, \quad F_1/A = k(\delta_1/l_1)^n \\ \sigma_2 &= k\varepsilon_2^n, \quad F_2/A = k(\delta_2/l_2)^n \end{aligned} \right\} \qquad (\text{d}')$$

注意, 同样有 $l_1 = l_2 \cos \alpha$, 上述两式相除, 再利用（c）式, 得到

$$F_2/F_1 = (\delta_2/\delta_1)^n \times (l_1/l_2)^n = \cos^n \alpha \cos^n \alpha = \cos^{2n} \alpha$$

即有

$$F_2 = F_1 \cos^{2n} \alpha \qquad (\text{e}')$$

（e′）式与（b）式联立解得

$$\left. \begin{aligned} F_1 &= F/(1+2\cos^{2n+1} \alpha) \\ F_2 &= F_3 = F\cos^{2n} \alpha /(1+2\cos^{2n+1} \alpha) \end{aligned} \right\} \qquad (2)$$

讨论 2： 若材料为弹性理想塑性, 如图 5.21（d）所示。试求杆系能承受的最大载荷 F。

载荷 F 从零逐渐增大。在弹性阶段, 即 $\sigma \leqslant \sigma_s$ 时, 线弹性模型下各杆内力已求出, 结果列于（1）式。中间杆 1 承受的内力比杆 2、3 大, 因为三杆横截面面积相同, 故在力 F 作用下, 杆 1 横截面上的正应力 $\sigma_1 = F_1/A$ 也比杆 2、3 大。当载荷 F 不断增大时, 杆 1 将首先进入屈服。结构中任一处应力达到屈服应力时的载荷, 称为该结构的 **屈服载荷**, 记作 F_s。

对于本例, 屈服载荷 F_s 由下述条件确定：

$$\sigma_1 = F_1/A = F_s/[A(1+2\cos^3\alpha)] = \sigma_s$$

得到屈服载荷 F_s 为

$$F_s = \sigma_s A(1+2\cos^3\alpha) \tag{3}$$

超过屈服载荷 F_s 后,因为材料是理想塑性的,所以有 σ_1 恒为 σ_s,进一步可知 F_1 恒为 $\sigma_s A$。又由平衡方程 $F_1+2F_2\cos\alpha=F$ 可知,当 $F_s \leqslant F \leqslant F_u$ 时,杆 2、3 的内力和应力为

$$\left.\begin{array}{l} F_2 = F_3 = (F-\sigma_s A)/(2\cos\alpha) \\ \sigma_2 = \sigma_3 = (F/A-\sigma_s)/(2\cos\alpha) \end{array}\right\} \tag{4}$$

由弹性解(1)知,当杆 1 进入屈服,$F=F_s=\sigma_s A(1+2\cos^3\alpha)$ 时,$\sigma_2=\sigma_3=\sigma_s\cos^2\alpha<\sigma_s$。故虽然杆 1 进入屈服后不再能承受更多的载荷,但杆 2、3 承受的载荷仍可继续增加,直到杆 2、3 也进入屈服,则整个结构屈服,将发生大的塑性变形而丧失承载能力。这种状态称为塑性极限状态,对应于此状态的载荷称为塑性极限载荷或简称极限载荷,记作 F_u。

在塑性极限状态下,三杆应力均到达屈服应力,即 $\sigma_1=\sigma_2=\sigma_3=\sigma_s$;内力则为 $F_1=F_2=F_3=\sigma_s A$。由平衡方程可直接确定极限载荷 F_u 为

$$F_u = F_1+2F_2\cos\alpha = \sigma_s A(1+2\cos\alpha) \tag{5}$$

比较(5)式与(3)式,显然有 $F_u>F_s$;若 $\alpha=60°$,则 $F_u=1.6F_s$;即此三杆结构的极限载荷是屈服载荷的 1.6 倍。故考虑塑性极限状态时,结构的承载能力可以更大一些。

讨论 3:不同材料物理模型下结果的比较与分析。

将例 5.8 在不同材料物理模型下得到的结果汇总于表 5.2。请特别注意其分析与讨论。

表 5.2   例 5.8 在不同材料物理模型下所得结果的比较与分析

材料物理模型	杆的内力	适用范围	分析讨论
线弹性 $\sigma=E\varepsilon$	$F_1 = F/(1+2\cos^3\alpha)$ $F_2 = F_3 = F\cos^2\alpha/(1+2\cos^3\alpha)$	$0 \leqslant F \leqslant F_s$	α 越大,F_1 越大 $\alpha=0°$,$F_1=F_2=F_3=F/3$ $\alpha \Rightarrow 90°$,$F_1 \Rightarrow F$,$F_2=F_3 \Rightarrow 0$
非线性弹性 $\sigma=k\varepsilon^n$	$F_1 = F/(1+2\cos^{2n+1}\alpha)$ $F_2 = F_3 = F\cos^{2n}\alpha/(1+2\cos^{2n+1}\alpha)$	$0 \leqslant F \leqslant F_s$	$n=1$,退化为线弹性
弹性理想塑性 $\sigma=E\varepsilon\ (\varepsilon \leqslant \varepsilon_s)$ $\sigma=\sigma_s(\varepsilon>\varepsilon_s)$	$F_s = \sigma_s A(1+2\cos^3\alpha)$ F_1 恒为 $\sigma_s A$ $F_2 = F_3 = (F-\sigma_s A)/(2\cos\alpha)$ $F_u = \sigma_s A(1+2\cos\alpha)$	$F=F_s$ $F_s \leqslant F \leqslant F_u$ $F_s \leqslant F \leqslant F_u$ $F=F_u$	考虑塑性,结构的承载能力可以大一些 极限载荷 $F_u>$ 屈服载荷 F_s 若 $\alpha=60°$,$F_u=1.6F_s$

讨论 4:若去掉杆 1,试求二杆结构的屈服载荷。

去掉杆 1,平衡方程成为

$$F_2 = F_3$$

$$2F_2\cos\alpha = F$$

随着 F 的增大,二杆将同时进入屈服,此时应有:$\sigma_2=\sigma_3=\sigma_s$,$F_2=F_3=\sigma_s A$,故得

$$F_s = 2\sigma_s A\cos\alpha$$

此二杆结构是静定的,一旦到达屈服载荷 F_s,结构将丧失承载能力。故在小变形条件下静定结构的屈服载荷就是极限载荷。

例 5.9 若例 5.8 中材料为弹性理想塑性,试求 $0 \leqslant F \leqslant F_u$ 时,杆系 C 处的位移。

解: 例 5.8 中已给出了弹性理想塑性材料情况下,$0 \leqslant F \leqslant F_u$ 时,各杆的内力。下面依据材料物理模型分段讨论各杆的变形和 C 处的位移。

1) $0 \leqslant F \leqslant F_s$ 时:载荷从零增加到屈服载荷 F_s 时,杆系处于线弹性阶段。各杆受力由(1)式给出为

$$F_1 = F/(1+2\cos^3\alpha), \quad F_2 = F_3 = F\cos^2\alpha/(1+2\cos^3\alpha)$$

如图 5.22(b)所示,由对称性知杆系 C 处的位移沿铅垂方向且等于杆 1 的伸长 δ_1,故有

$$\delta_1 = F_1 l_1/EA = Fl_1/[(1+2\cos^3\alpha)EA] \tag{6}$$

上式表明 C 处的位移是随载荷 F 的增加而线性增加的。

2) $F = F_s$ 时:载荷刚到达屈服载荷,是弹性阶段的上限。由(3)式知 $F_s = \sigma_s A(1+2\cos^3\alpha)$,杆系 C 处的位移仍然等于杆 1 的伸长量 δ_1。将 $F = F_s$ 代入(6)式,得到

$$\delta_s = \delta_1 = F_s l_1/[(1+2\cos^3\alpha)EA] = \sigma_s l_1/E \tag{7}$$

3) $F_s < F < F_u$ 时:F 超过屈服载荷,杆 1 进入塑性,可自由伸长。但杆 2、3 之应力仍小于屈服应力,还处于弹性小变形阶段,故 C 点的位移受到杆 2、3 的约束,杆 1 的伸长仍必须满足变形几何条件(c),即有

$$\delta_1 = \delta_2/\cos\alpha = F_2 l_2/EA\cos\alpha$$

注意到此时杆 2、3 的内力应由(4)式给出为 $F_2 = F_3 = (F-\sigma_s A)/(2\cos\alpha)$,且有 $l_1 = l_2\cos\alpha$,故 C 点的位移为

$$\delta_1 = \delta_2/\cos\alpha = F_2 l_2/(EA\cos\alpha) = (F-\sigma_s A)l_1/(2EA\cos^3\alpha) \tag{8}$$

由上式可知,在 $F_s < F < F_u$ 时,C 处的位移仍然是随载荷 F 的增加而线性增加的,但直线的斜率小于 $0 \leqslant F \leqslant F_s$ 时由(6)式给出之直线的斜率。

4) $F = F_u$ 时:载荷到达极限载荷,将(5)式给出的 $F_u = \sigma_s A(1+2\cos\alpha)$ 代入(8)式,此时 C 处的位移为

$$\delta_u = \delta_1 = \delta_2/\cos\alpha = \sigma_s l_1/(E\cos^2\alpha) \tag{9}$$

此后,结构将因整体屈服而丧失承载能力。由上述结果,可画出结构的载荷-变形关系,如图 5.23 所示。

由上述例题的分析与讨论可知,不同材料物理模型下的力学分析,只是描述力与变形间物理关系的应力-应变方程不同。材料模型分段描述时,要注意不同载荷段的应力情况,采用适当的应力-应变关系表达。

本例中关于物理方程的适用区间,关于所得到之结果的物理或几何意义,关于结果的正确性条件,关于不同模型下结果的联系与验证等思考与讨论,是培养探究式、研究型思维所必须注意的。

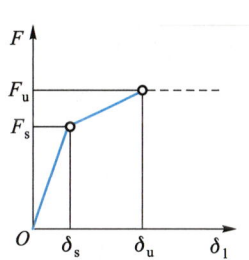

图 5.23 例 5.9 之 F-δ 关系

小   结

5.7 第五章
知识图谱

1. 轴向拉压杆的应力、应变可表达为

$$应力 \quad \sigma = F_N/A$$
$$应变 \quad \varepsilon = \Delta l/l$$

材料线性弹性应力-应变（物理）关系模型可用胡克定律表达为

$$\sigma = E\varepsilon$$

在线弹性模型下，拉压杆的变形为

$$\Delta l = \varepsilon l = \frac{F_N l}{EA}$$

当杆的轴力 F_N、弹性模量 E、横截面面积 A 发生改变时，应分段计算。

2. 力与变形间的物理关系是与材料有关的，不同的材料在不同的载荷作用下表现出不同的力学性能。

3. 低碳钢拉伸应力-应变曲线是最典型的 $\sigma-\varepsilon$ 曲线。有弹性、屈服、强化和颈缩直至断裂四个阶段。

4. 材料力学性能的重要指标有：抵抗弹性变形能力的指标——弹性模量 E；发生屈服和破坏的两个强度指标——屈服强度 σ_s 和（或）极限强度 σ_b；反映材料延性的指标——延伸率 δ 和断面收缩率 Z。

5. 材料的泊松比 μ 是横向与纵向应变之比的负值。

6. 在颈缩之前的均匀变形阶段，真应力 σ、真应变 ε 与工程应力 S、工程应变 e 有下述关系：

$$\sigma = S(1+e), \quad \varepsilon = \ln(1+e)$$

对于一般工程问题，两者可不加以区别。

5.8 第五章
知识点测试
题

7. 强度条件是判断结构或构件强度是否足够的设计准则，即由分析计算得到的结构或构件内任一处的工作应力 σ 应不大于材料的许用应力 $[\sigma]$。材料许用应力为由试验确定的极限应力 σ_s 或 σ_b 除以安全因数 n，即

$$\sigma \leqslant [\sigma] = \sigma_s/n（塑性材料）$$

或

$$\sigma \leqslant [\sigma] = \sigma_b/n \quad （脆性材料）$$

对于轴向拉压杆，强度条件为

$$\sigma = F_N/A \leqslant [\sigma]$$

8. 利用强度条件，可以进行强度校核、截面设计、确定许用载荷或选材。
强度设计的一般方法如图 5.24 所示。

5.9 第五章
知识点测试
题答案

9. 建立应力-应变曲线的理想化模型，既要符合材料性能的物理真实，又要求数学表达尽量简单。不同的材料、不同的问题，应选用不同的模型。线弹性模型（胡克定律）是一个最简单的材料物理模型，可用于研究脆性材料或弹性小变形问题。

10. 小变形情况下，材料物理模型不同，只是描述力与变形间物理关系的应力-应变方程不同。

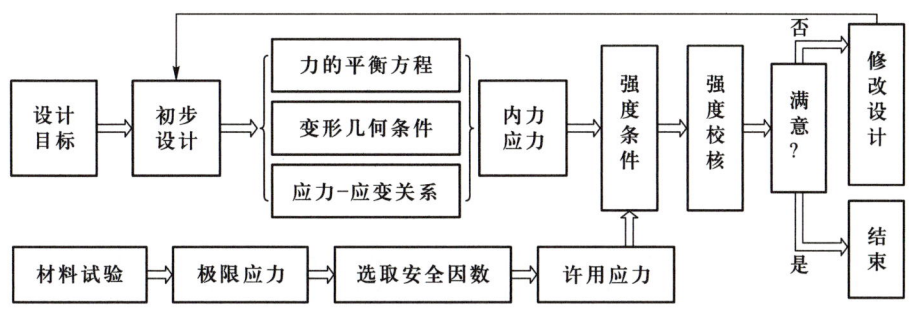

图 5.24   强度设计的一般方法

11. 结构中任一处应力达到屈服应力时的载荷 F_s,是结构的**屈服载荷**。整个结构进入屈服时的载荷 F_u,称为结构的**极限载荷**。

思 考 题

5.1   两根材料弹性模量 E 不同、横截面面积也不同的杆,若承受相同的轴向载荷,杆中截面内力是否相同?截面应力是否相同?应变是否相同?为什么?

5.2   简述低碳钢拉伸应力–应变曲线的特征。

5.3   材料有哪些重要指标?

5.4   均匀变形阶段,真应力 σ、真应变 ε 与工程应力 S、工程应变 e 关系如何?

5.5   轴向拉压杆的强度条件是什么?试说明强度设计的一般方法和步骤。

5.6   什么是安全因数?选取安全因数时需考虑哪些因素?

5.7   图示为一铸铁杆件($[\sigma_c] > [\sigma_t]$,σ_c 为压应力,σ_t 为拉应力),A、B、C、D 截面处作用载荷如图所示。试指出其可能的危险截面并说明理由。

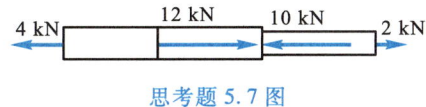

思考题 5.7 图

5.8   结合图 5.10,试列举几个最简单的材料模型,说明其应用场合或限制。

5.9   什么是结构的屈服载荷?什么是极限载荷?

习　题

5.1　图中杆 $AB = CD = 0.5$ m，材料为铜合金，$E_1 = 100$ GPa；杆中段 $BC = 1$ m，材料为铝合金，$E_2 = 70$ GPa。试求杆各段应力及总伸长量。

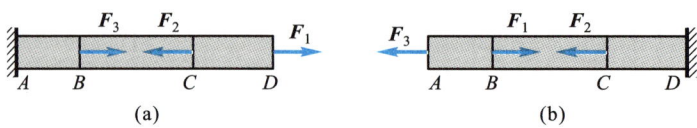

(a)　　　　　　　　　　　　　　　(b)

习题 5.1 图

5.2　圆截面台阶轴受力如图所示，材料的弹性模量 $E = 200 \times 10^3$ MPa。画轴力图。试求各段应力、应变和杆的伸长量 Δl_{AB}。

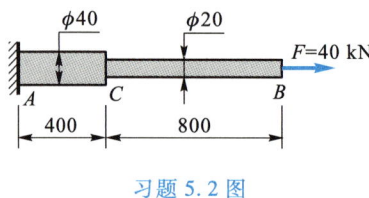

习题 5.2 图

5.3　杆 OD 横截面面积 $A = 10$ cm^2，弹性模量 $E = 200$ GPa，$F = 50$ kN。画轴力图，求各段应力及杆端 O 处的位移。

5.4　图示杆中 AB 段横截面面积为 $A_1 = 200$ mm^2，BC 段横截面面积为 $A_2 = 100$ mm^2，材料弹性模量 $E = 200$ GPa。求截面 B、C 的位移和位移为零的横截面位置 x。

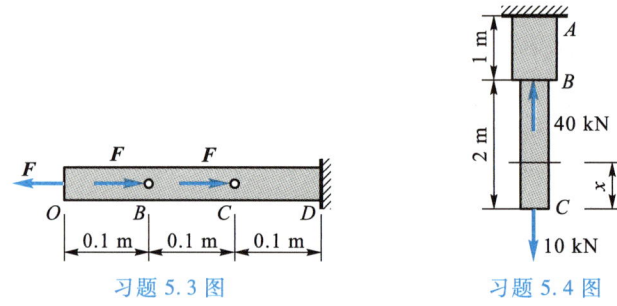

习题 5.3 图　　　　　　习题 5.4 图

5.5　平板拉伸试样如图所示。横截面尺寸为 $b = 30$ mm，$t = 4$ mm，在纵、横向各贴一电阻应变片测量应变。试验时每增加拉力 $\Delta F = 3$ kN，测得的纵、横向应变增量为 $\Delta\varepsilon_1 = 120 \times 10^{-6}$，$\Delta\varepsilon_2 = -38 \times 10^{-6}$。试求所试材料的弹性模量 E、泊松比 μ 和 $F = 3$ kN 时的体积变化率 $\Delta V/V_0$。

5.6　如果工程应变 $e = 0.2\%$ 或 $e = 1\%$，试估计真应力 σ、真应变 ε 与工程应力 S、工程应变 e 的差别有多大？

5.7　图示桁架中各杆材料相同，其许用拉应力 $[\sigma_t] = 160$ MPa，许用压应力 $[\sigma_c] = 100$ MPa，$F = 100$ kN。试计算杆 AD、DK 和 BK 所需的最小横截面面积。

5.8　铰接正方形铸铁框架如图所示,边长 $a = 100$ mm,各杆横截面面积均为 $A = 20$ mm^2。材料许用应力为 $[\sigma_1] = 80$ MPa,$[\sigma_c] = 240$ MPa。试计算框架所能承受的最大载荷 F_{max}。

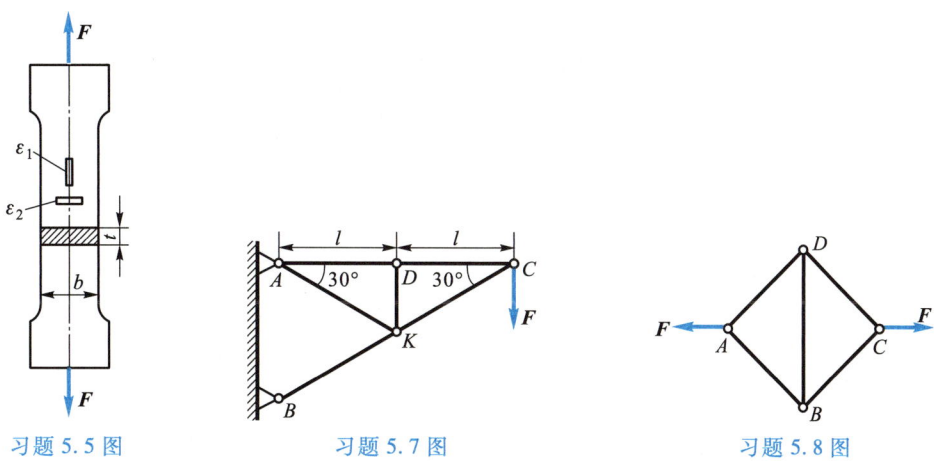

习题 5.5 图　　　　　习题 5.7 图　　　　　习题 5.8 图

*5.9　图示结构中 AB 为刚性梁,二拉杆横截面面积为 A,材料均为弹性理想塑性,弹性模量为 E,屈服应力为 σ_s。杆 1 长度为 l。试求结构的屈服载荷 F_s 和极限载荷 F_u。

*5.10　图中 AB 为刚性梁。杆 1、2 的横截面面积 A 相同,材料也相同,弹性模量为 E。

(1)应力-应变关系用线弹性模型,即 $\sigma = E\varepsilon$。试求二杆内力。

(2)材料应力-应变关系用非线性弹性模型,即 $\sigma = k\varepsilon^n$。求各杆内力。

(3)材料为弹性理想塑性。试求该结构的屈服载荷 F_s 和极限载荷 F_u。

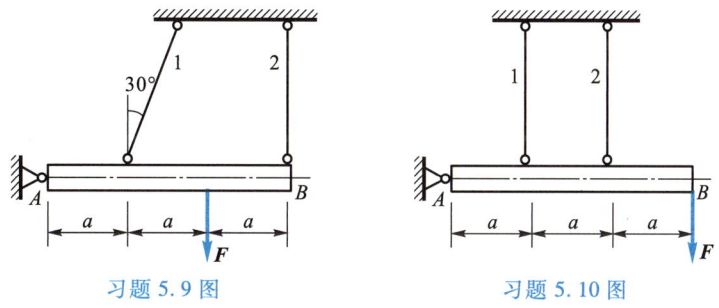

习题 5.9 图　　　　　习题 5.10 图

*5.11　图中二杆横截面面积均为 A,$\alpha = 30°$,若材料为弹性理想塑性,弹性模量为 E,屈服应力为 σ_s。求结构的屈服载荷 F_s。试讨论载荷 F 超过屈服载荷 F_s 后杆系的变形、再平衡情况并求杆系能承受的极限载荷 F_u。

*5.12　图中各杆横截面面积均为 A,$AK = BK = l$,材料为弹性理想塑性,弹性模量为 E,屈服应力为 σ_s。

(1)材料为线弹性,求各杆的内力。

(2)材料为弹性理想塑性,求结构的屈服载荷 F_s 和极限载荷 F_u。

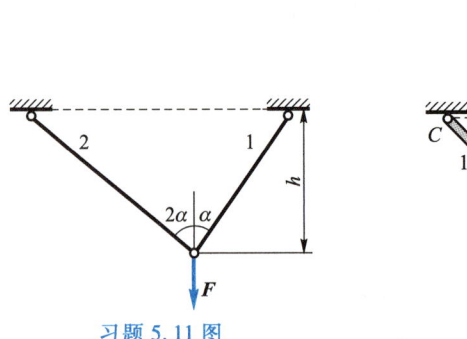

习题 5.11 图

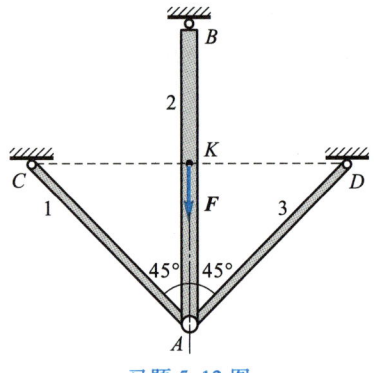

习题 5.12 图

第六章　变形体静力学分析

工程力学的任务是研究解决工程实际中结构的分析与设计问题。构件与结构的力学分析与设计,对于工程技术人员是十分重要的。本章通过工程实际分析案例说明变形体静力学分析方法。

§6.1　剪切及其实用计算

1. 工程中剪切问题的特点

在工程实际中,常常会遇到剪切(shear)问题。例如,图 6.1 所示剪板、冲孔,及各种连接件(铆钉及键连接等)的失效,都与剪切破坏有关。

由图 6.1 可见,剪切的受力特点是构件上作用着一对大小相等、方向相反、作用线间的距离很小(转动效果可以忽略)的平行力。剪切变形的特点是二力间的截面发生错动,直至发生剪切破坏。可能发生剪切破坏的面,称为剪切面。剪切面可以是平面,如图 6.1(a)中剪板的剪切面在力 F 与约束力 F_1 之间,剪切面面积等于板宽乘以板厚;图 6.1(c)中铆钉连接的剪切面在两板之间,剪切面面积等于铆钉的横截面面积;图 6.1(d)中键连接情况下的剪切面在轴和齿轮连接处键的切面上,剪切面面积等于键的宽度乘长度;这些剪切面都是平面。且图 6.1(c)中两块板用铆钉连接的情况,只有一个剪切平面,称为单剪;三块板用铆钉连接的情况,有两个剪切平面,称为双剪。剪切面也可以不是平面,如图 6.1(b)中冲孔时的剪切面是圆柱面,剪切面面积等于落料(被冲落的部分材料)的周长乘以其厚度。作用在剪切面上的内力称为剪力,记作 F_S。因为 F_S 是内力,故需要用截面法沿剪切面将构件切开,在剪切面上画出剪力 F_S,然后再由平衡方程求得,如图 6.1 所示。

6.1　铆钉连接工程案例

6.2　键连接与工程案例

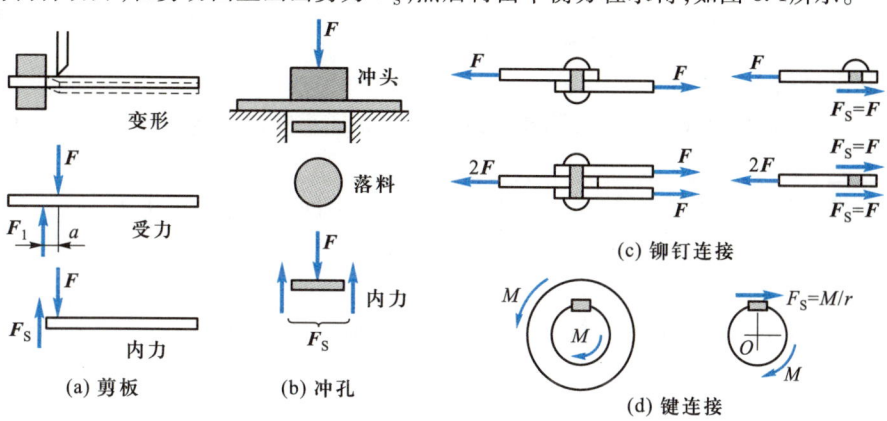

图 6.1　剪切、剪切面和剪力

2. 剪切的实用强度计算

剪切变形发生在靠近载荷作用的局部,不利于变形观测,情况比较复杂。这里仅介绍根据实践经验进行简化后,给出的实用剪切强度计算方法。

以图 6.1(c)中两块板用铆钉连接的单剪情况为例,取沿剪切面切开的部分铆钉研究,其受力如图 6.2 所示。

剪力 F_S 分布在剪切面上,其实际分布情况相当复杂。工程中假定其分布是均匀的,以平均切应力作为剪切面上的切应力(称为名义切应力),则有

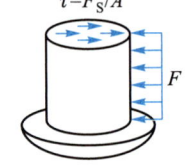

$$\tau = F_S / A \tag{6.1}$$

即切应力 τ 等于截面上的剪力 F_S 除以剪切面面积 A。

图 6.2   名义切应力

为了保证构件不发生剪切破坏,由(6.1)式计算的工作切应力应当不大于材料的许用切应力 $[\tau]$。

类似于(5.17)式,可将剪切强度条件写为

$$\tau = F_S / A \leqslant [\tau] = \tau_b / n_\tau \tag{6.2}$$

式中,τ_b 是材料的剪切强度,由剪切试验确定;n_τ 是大于 1 的剪切安全因数,它为构件抵抗剪切破坏提供了必要的安全储备。

由(6.2)式和(5.17)式可以看出,强度条件的左端都是工作状态下的控制参量(如工作应力),由分析计算给出;右端则都是由试验确定的,该控制参量的临界值为考虑安全储备后的许用值。

最常用的剪切试验是如图 6.3 所示的双剪试验。试样为圆柱体,安装在剪切器内,测得剪断时的载荷 F_b 后,剪切强度 τ_b 则为

$$\tau_b = F_S / A_0 = F_b / (2A_0)$$

式中,A_0 是剪切面面积(试样初始横截面面积),因为是双剪,故各剪切面上的剪力 $F_S = F_b / 2$。这样得到的剪切强度 τ_b,实际上也是名义的破坏切应力,所以(6.2)式给出的实用剪切强度条件是可用的。

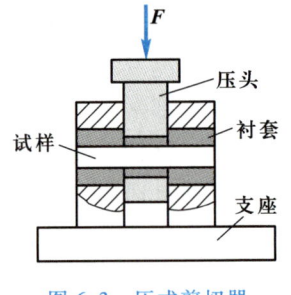

图 6.3   压式剪切器

压式剪切器中衬套硬度应较高,试样被剪部分长度一般不大于其直径的 1.5 倍。

另一方面,对于剪板、冲孔等,则要求需要时应保证工件被剪断。故应满足剪断条件

$$\tau = F_S / A > \tau_b \tag{6.3}$$

一般情况下,金属材料的许用切应力与许用拉应力间有下述经验关系:

对于延性材料 $[\tau] = (0.6 \sim 0.8)[\sigma]$

对于脆性材料 $[\tau] = (0.8 \sim 1.0)[\sigma]$

例 6.1   图 6.4 所示轮与轴间通过平键连接。轴直径 $d = 60$ mm,转速为 200 r/min,传递的功率为 20 kW。平键尺寸 $b = 20$ mm,$l = 40$ mm,许用切应力为 $[\tau] = 80$ MPa。试校核平键的剪切强度。

解:1) 依据功率、转速与传递的外扭转力偶矩 M 的关系[见(4.1)式],有

$$M = 9.55 \times 20 / 200 \text{ kN} \cdot \text{m} = 0.955 \text{ kN} \cdot \text{m}$$

2）沿剪切面将平键截开，取键的下半部分与轴一起作为研究对象，受力如图所示，有平衡方程

$$\sum M_O(\boldsymbol{F}) = M - F_s d / 2 = 0$$

求得剪力

$$F_s = 2M/d = 2 \times 0.955 \text{ kN} \cdot \text{m} / 0.06 \text{ m} = 31.8 \text{ kN}$$

3）平键剪切面面积为

$$A = bl = 20 \text{ mm} \times 40 \text{ mm} = 800 \text{ mm}^2$$

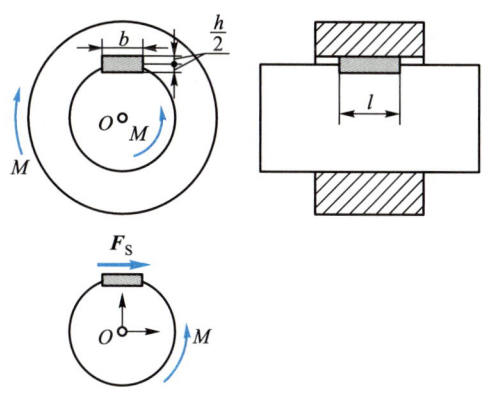

图 6.4　例 6.1 图

故切应力为

$$\tau = F_s / A = 31.8 \times 10^3 \text{ N} / 800 \text{ mm}^2 = 39.75 \text{ MPa} < [\tau] = 80 \text{ MPa}$$

可见，平键剪切强度足够。

例 6.2　冲压加工如图 6.5 所示。冲头材料的许用应力 $[\sigma] = 440$ MPa，被冲剪钢板的剪切强度 $\tau_b = 360$ MPa，$F = 400$ kN。试估计在冲压力 $\boldsymbol{F}$ 作用下所能冲出的最小圆孔直径 d 及此时所能冲剪的最大钢板厚度 t。

解：冲头和被冲剪下来的钢板（落料）受力如图所示。冲头受压，落料受剪。

1）考虑冲头强度

设冲头直径为 d。轴力 $F_N = F_1 = F$；冲孔直径越小，冲头压应力越大，但应满足拉压强度条件(5.17)式，故有

$$\sigma = 4F / (\pi d^2) \leqslant [\sigma]$$

$$d \geqslant \sqrt{\frac{4F}{\pi[\sigma]}} = \sqrt{\frac{4 \times 400 \times 10^3}{3.14 \times 440}} \text{ mm} = 34 \text{ mm}$$

故最小冲孔直径为 $d = 34$ mm。

这里，再次指出计算时应注意单位，为方便起见，上述计算所用单位为 N、mm、MPa，当然也可用单位 N、m、Pa。

2）考虑板的剪切

沿剪切面将板截开，取落料部分研究。受力如图所示，可知剪力 $F_s = F_1 = F$；剪切面为

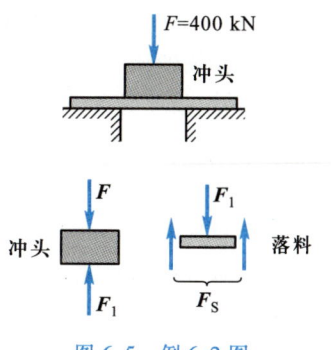

图 6.5　例 6.2 图

圆柱面,面积为 πdt。由剪断条件(6.3)式知应有

$$\tau = F_S/A = F/(\pi dt) > \tau_b$$

$$t < \frac{F}{\pi d\tau_b} = \frac{400\times10^3}{3.14\times34\times360}\ \text{mm} = 10.4\ \text{mm}$$

故最小冲孔直径为 $d = 34$ mm,且此时可冲剪的最大板厚为 $t = 10$ mm。

§6.2　挤压及其实用计算

1. 挤压问题的特点

工程实际中,构件在承受剪切的同时,往往还有挤压现象伴随在一起。图 6.6 中示出了图 6.1 中钉、键连接情况下,与剪切同时发生的挤压现象。

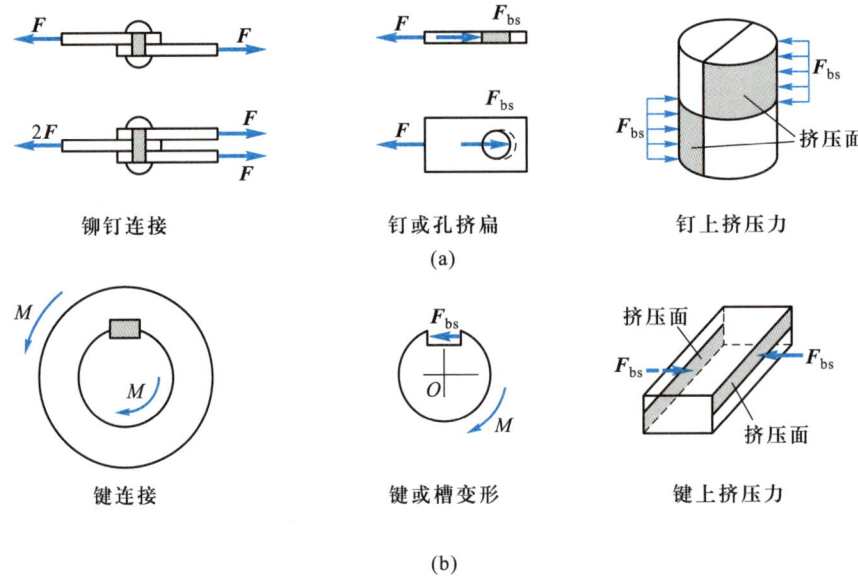

铆钉连接　　钉或孔挤扁　　钉上挤压力

(a)

键连接　　键或槽变形　　键上挤压力

(b)

图 6.6　挤压、挤压面和挤压力

挤压(bearing)的受力特点是在接触面间承受着压力,如钉和孔壁间、键和键槽壁间都有相互作用的压力。接触面间所承受的压力,称为挤压力(这里应当指出,对于相接触的两者而言,挤压力并不是内力),记作 F_{bs}。只需将相互挤压的两物体分离开,任取其一研究,即可由平衡方程确定挤压力 F_{bs},如图 6.6 所示。挤压力作用的接触面称为挤压面,挤压面可以是平面(如图中所示键的挤压面),也可以不是平面(如图中所示钉的挤压面为半个圆柱面)。

挤压破坏的特点是,若在构件相互接触的表面上作用的挤压力过大,则接触处局部会发生显著的塑性变形(延性材料)或压碎(脆性材料)。如图 6.6 所示,钉与孔间的挤压将会使钉、孔的圆形截面变扁,导致连接松动而影响正常工作;键与键槽间的挤压过大会造成键或槽的局部变形或压碎,导致键连接不能传递足够的扭矩甚至发生事故。

2. 挤压的实用强度计算

在工程中,假定挤压力均匀分布在计算挤压面上,定义挤压应力 σ_{bs} 为

$$\sigma_{bs} = F_{bs}/A_{bs} \tag{6.4}$$

式中,F_{bs} 为挤压力,A_{bs} 为挤压面的计算挤压面面积。若挤压面为平面,计算挤压面面积 A_{bs} 即为实际挤压面面积,如图 6.6 中键的挤压面。若挤压面是曲面,则以挤压面在垂直于挤压力平面上的投影面积作为计算挤压面面积。如图 6.6 钉与板连接中,半圆柱挤压面的计算挤压面面积等于其在垂直于挤压力 $\boldsymbol{F}_{bs}$ 之平面上的投影面积,即 A_{bs} 等于铆钉直径 d 与板厚 t 之积,如图 6.7(a)所示。因为挤压面是构件(如板和钉)间的相互接触面,故与钉连接的板上的孔边挤压面也为圆柱面,其计算挤压面面积同样等于 td。

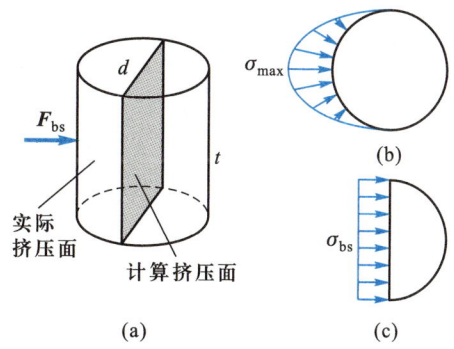

图 6.7(b)示出的是挤压面上实际应力分布的情况,按照(6.4)式计算的挤压应力(名义挤压应力 σ_{bs})则示于图 6.7(c)。可见,由实用计算得到的名义挤压应力 σ_{bs} 与最大实际挤压应力 σ_{max} 是十分接近的。

图 6.7 计算挤压面与名义挤压应力

挤压强度条件可写为

$$\sigma_{bs} = F_{bs}/A_{bs} \leqslant [\sigma_{bs}] \tag{6.5}$$

许用挤压应力 $[\sigma_{bs}]$ 同样应由试验确定的极限挤压应力除以安全因数后给出。一般情况下,有

$$[\sigma_{bs}] = (1.5 \sim 2.5)[\sigma] \quad (\text{延性材料})$$
$$[\sigma_{bs}] = (0.9 \sim 1.5)[\sigma] \quad (\text{脆性材料})$$

例 6.3 在例 6.1 中,若平键和轮、轴材料的许用挤压应力均为 $[\sigma_{bs}] = 120$ MPa,试设计键的厚度 h。

解:因为键、轮、轴材料的许用挤压应力相同,挤压面面积也相同,故研究其中之一(如轴上键槽)即可。

由例 6.1 知,轴径 $d = 60$ mm,$M = 0.955$ kN·m,轴的受力如图 6.8 右图所示。由平衡方程 $\sum M_O(\boldsymbol{F}) = 0$,可求得键槽承受的挤压力为

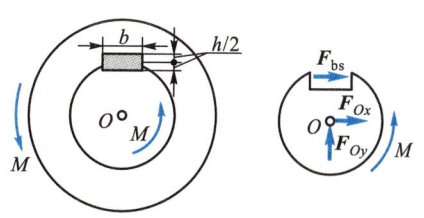

图 6.8 例 6.3 图

$$F_{bs} = 2M/d = 2 \times 0.955 \text{ kN·m}/0.06 \text{ m} = 31.8 \text{ kN}$$

键与键槽的挤压面为平面,挤压面面积为 $lh/2$。故由挤压强度条件有

$$\sigma_{bs} = F_{bs}/A_{bs} = 2F_{bs}/(lh) \leqslant [\sigma_{bs}]$$

即

$$h \geqslant 2F_{bs}/(l[\sigma_{bs}]) = 2 \times 31.8 \times 10^3 \text{ N}/(40 \text{ mm} \times 120 \text{ MPa}) = 13.25 \text{ mm}$$

6.3　联轴节
结构图

例 6.4　联轴节如图 6.9（a）所示。四个螺栓对称配置在 $D = 480$ mm 的圆周上。传递扭矩 $M = 24$ kN·m。若所选用材料的 $[\tau] = 80$ MPa，$[\sigma_{bs}] = 120$ MPa。试设计螺栓的直径 d 和连接法兰最小厚度 t。

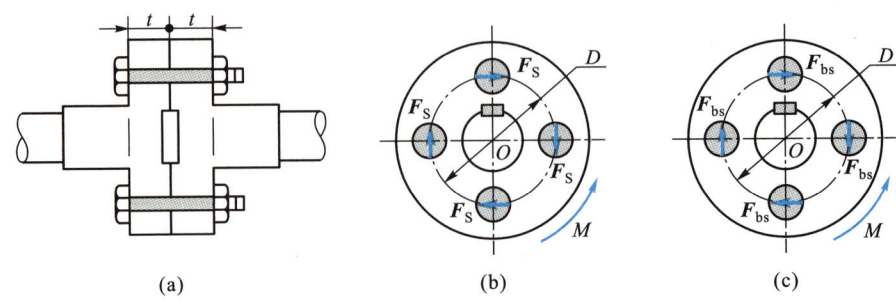

图 6.9　例 6.4 图

解：1）考虑螺栓剪切

沿剪切面将螺栓截断，取右段研究，受力如图 6.9（b）所示，由平衡条件有

$$4F_S(D/2) = M$$

即每个螺栓承受的剪力为

$$F_S = M/(2D) = 24 \text{ kN·m}/(2 \times 0.48 \text{ m}) = 25 \text{ kN}$$

由剪切强度条件有

$$\tau = F_S/(\pi d^2/4) \leqslant [\tau]$$

得到

$$d^2 \geqslant 4F_S/(\pi[\tau]) = 4 \times 25 \times 10^3 \text{ N}/(3.14 \times 80 \text{ MPa}) = 398 \text{ mm}^2$$

即 $d \geqslant 19.9$ mm，可取 $d = 20$ mm。

2）考虑螺栓挤压

解除螺栓约束，取右端法兰盘研究，受力如图 6.9（c）所示，由平衡条件有

$$4F_{bs}(D/2) = M, \quad F_{bs} = 25 \text{ kN}$$

由挤压强度条件有

$$\sigma_{bs} = F_{bs}/A_{bs} = F_{bs}/(td) \leqslant [\sigma_{bs}]$$

即

$$t \geqslant F_{bs}/(d[\sigma_{bs}]) = 25 \times 10^3 \text{ N}/(20 \text{ mm} \times 120 \text{ MPa}) = 10.4 \text{ mm}$$

故设计中可选用 $t = 12$ mm。

§6.3　连接件的强度设计

工程结构中，常常用螺栓、铆钉、销等将构件相互连接在一起，成为连接件。本节讨论连接件可能的力学破坏及其强度设计。

图 6.10 所示为一简单双剪连接接头。中间板［图 6.10（a）］在孔边受到挤压，挤压力等于 $F_{bs} = 2F$，可能在孔边发生挤压破坏；板同时还承受拉伸，轴力为 $2F$，可能在危险截面

1—1 处发生破坏。上板受力在图 6.10(b) 中示出,同样可能在孔边发生挤压破坏,或因受拉在危险截面 2—2 发生破坏。由图 6.10(c) 中铆钉受力可知,有三个挤压面可能发生挤压破坏,上、下两处受挤压力 $F_{bs} = F$ 作用,中间挤压面上挤压力为 $2F$。两个剪切面上的剪力均为 F,可能引起剪切破坏。

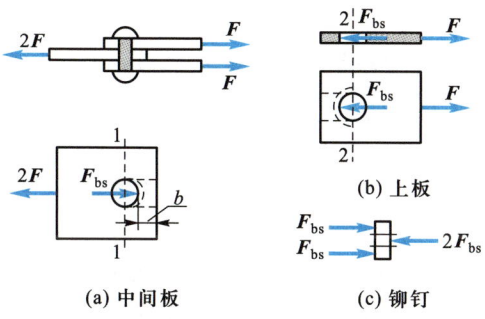

图 6.10 连接件受力与破坏

故接头可能的破坏形式如下:

(1) 连接件(铆钉、螺栓等)沿剪切面的剪切破坏。

(2) 连接件(如钉、销)和被连接件(如板、杆)接触面挤压破坏。

(3) 被连接件的拉压破坏。

因此,在连接件的强度设计中,应当注意校核拉压、剪切和挤压三种强度问题。

此外,被连接件还必须有足够的孔间距和边距尺寸,否则可能因孔间距或孔边距[如图 6.10(a) 中尺寸 b]不足而发生剪切破坏。工程设计中一般规定孔间距和边距尺寸应不小于孔径的 1.5 倍。

例 6.5 多钉接头如图 6.11(a) 所示。板宽度 $b = 80$ mm,厚度 $t = 10$ mm,铆钉直径 $d = 20$ mm。钉、板材料的许用应力均为 $[\sigma] = 150$ MPa,$[\sigma_{bs}] = 200$ MPa,$[\tau] = 120$ MPa,传递载荷 $F = 100$ kN。试校核接头强度。

解: 1)铆钉的剪切强度

沿剪切面将接头切开,取上部分研究,受力如图 6.11(b) 所示。假定三钉连接状态相同,剪力均为 F_S。则有

$$3F_S = F, \quad F_S = F/3$$

剪切面面积 $A = \pi d^2/4$,故切应力为

$$\tau = 4F/(3\pi d^2)$$
$$= 4 \times 100 \times 10^3 \text{ N}/(3\pi \times 20^2 \text{ mm}^2)$$
$$= 106 \text{ MPa} < [\tau] = 120 \text{ MPa}$$

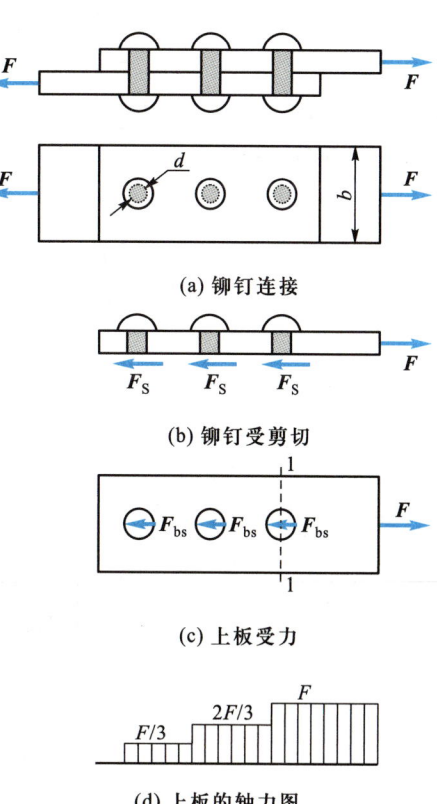

(a) 铆钉连接

(b) 铆钉受剪切

(c) 上板受力

(d) 上板的轴力图

图 6.11 例 6.5 图

可见,铆钉剪切强度足够。

2）挤压强度

钉和板孔边挤压,挤压面相同,又因材料相同,故只需校核钉或板任一处即可。上板受力如图 6.11(c)所示。挤压力 $F_{bs}=F/3$,挤压面为圆柱面,计算挤压面面积为 $A_{bs}=td$,故有

$$\sigma_{bs}=F/(3td)=100\times10^3\ N/(3\times10\ mm\times20\ mm)=167\ MPa<[\sigma_{bs}]=200\ MPa$$

可见,钉和板孔边挤压强度亦足够。

3）板的抗拉强度

上板轴力图如图 6.11(d)所示,危险截面在 1—1 处。有

$$\sigma_{1-1}=F/[t(b-d)]$$
$$=100\times10^3\ N/[10\ mm\times(80\ mm-20\ mm)]$$
$$=167\ MPa>[\sigma]=150\ MPa$$

板抗拉强度不足。

为满足强度要求,可重新设计板的尺寸。若板厚不变,则可增大板宽。由

$$\sigma_{1-1}=F/[t(b-d)]\leqslant[\sigma]$$

有

$$(b-d)\geqslant P/(t[\sigma])$$

故可得

$$b\geqslant d+F/(t[\sigma])=20\ mm+100\times10^3\ N/(10\ mm\times150\ MPa)=86.7\ mm$$

例 6.6　在图 6.12 所示连接中,上下板厚度 $t_1=5\ mm$,中间板厚度 $t_2=12\ mm$,铆钉直径 $d=20\ mm$。已知钢板和铆钉材料的许用应力均为 $[\sigma]=160\ MPa$,$[\sigma_{bs}]=280\ MPa$,$[\tau]=100\ MPa$。若传递载荷 $F=210\ kN$。试求需用的铆钉个数 n。

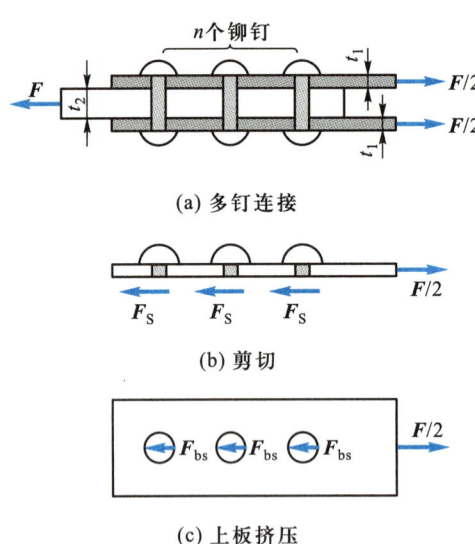

(a) 多钉连接

(b) 剪切

(c) 上板挤压

图 6.12　例 6.6 图

解: 在钉板连接中,若外力作用线通过钉群图形的形心,则可假定各钉受力相等。

1）考虑铆钉剪切

沿剪切面切开接头,取上部分研究,如图 6.12(b)所示。剪力由平衡方程确定,有

$$nF_S = F/2$$

即

$$F_S = F/(2n)$$

由剪切强度条件有

$$\tau = F_S/(\pi d^2/4) = 2F/(n\pi d^2) \leqslant [\tau]$$

故得

$$n \geqslant 2F/(\pi d^2[\tau])$$

$$= 2 \times 210 \times 10^3 \text{ N}/(3.14 \times 20^2 \text{ mm}^2 \times 100 \text{ MPa}) = 3.34$$

2）考虑上板孔边的挤压

钉和孔的 $[\sigma_{bs}]$ 相同,考虑其一即可。图 6.12(c)中示出了上板孔边的挤压力,由平衡方程有

$$F_{bs} = F/(2n)$$

挤压面为圆柱面,计算挤压面面积为 $A_{bs} = t_1 d$。故有

$$\sigma_{bs} = F/(2nt_1 d) \leqslant [\sigma_{bs}]$$

即

$$n \geqslant F/(2t_1 d[\sigma_{bs}]) = 210 \times 10^3 \text{ N}/(2 \times 5 \text{ mm} \times 20 \text{ mm} \times 280 \text{ MPa}) = 3.75$$

可见,为同时满足剪切和挤压强度,应有 $n \geqslant 3.75$,取 $n = 4$。

3）设计板宽 b

依据设计需要,可将 4 个铆钉布置成一排或两排,只要使外力的作用线通过钉群图形的形心即可假定各钉受力相同。

若布置成两排,可取矩形和菱形排列两种,如图 6.13 所示。

对于矩形布置,上板受力如图 6.13(a)所示,危险截面在截面 1—1 处。

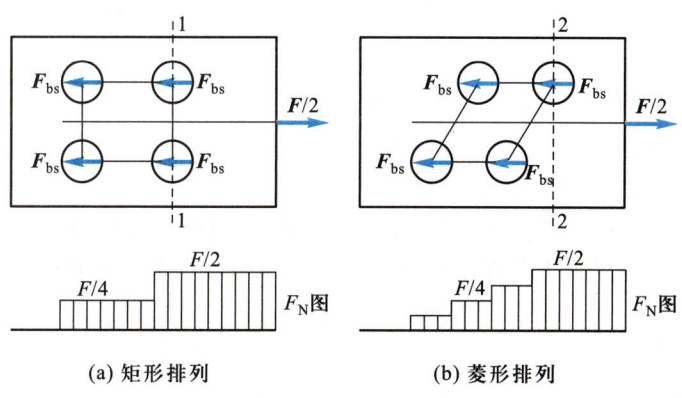

(a) 矩形排列　　　　　　(b) 菱形排列

图 6.13　多钉的不同排列

由拉压强度条件有

$$\sigma_1 = F/[2t_1(b_1 - 2d)] \leqslant [\sigma]$$

可以得到

$$b_1 \geqslant 2d + F/(2t_1[\sigma]) = 40 \text{ mm} + 210 \times 10^3 \text{ N}/(2 \times 5 \text{ mm} \times 160 \text{ MPa}) = 171 \text{ mm}$$

对于菱形布置,上板受力如图 6.13(b)所示,危险截面在截面 2—2 处。故有

$$\sigma_2 = F/[2t_1(b_2-d)] \leqslant [\sigma]$$

即得

$$b_2 \geqslant d + F/(2t_1[\sigma]) = 20 \text{ mm} + 210 \times 10^3 \text{ N}/(2 \times 5 \text{ mm} \times 160 \text{ MPa}) = 151 \text{ mm}$$

可见,菱形排列时,危险截面面积比矩形排列时大,故要求的板宽可以小一些。

注意,在上述分析中未考虑中间板。因为中间板厚 $t_2 > 2t_1$,两者许用应力相同。虽然中间板所受载荷大 1 倍,但可判断其挤压、拉伸应力均小于上、下板。故只需考虑上下板(应力较大者)即可。

例 6.7   刚性梁 AB 支承如图 6.14 所示,拉杆 CD 的横截面面积 $A = 100 \text{ mm}^2$,$[\sigma] = 120 \text{ MPa}$。

1)试确定最大许用载荷 F_{max}。

2)若 A 处销的 $[\sigma_{bs}] = 100 \text{ MPa}$,$[\tau] = 40 \text{ MPa}$,试设计其尺寸。

解:1)确定最大许用载荷 F_{max}

刚性梁 AB 受力如图所示,有平衡方程

$$\sum M_A(F) = F_{CD}\cos 30° \times 2 \text{ m} - F \times 3 \text{ m} = 0, \quad F = 0.577 F_{CD}$$

$$\sum F_x = F_{Ax} + F_{CD}\sin 30° = 0, \quad F_{Ax} = -0.5 F_{CD}$$

$$\sum F_y = F_{Ay} + F_{CD}\cos 30° - F = 0, \quad F_{Ay} = -0.289 F_{CD}$$

由拉杆 CD 的强度条件知

$$F_{CD} \leqslant A[\sigma] = 100 \text{ mm}^2 \times 120 \text{ MPa}$$
$$= 12 \times 10^3 \text{ N} = 12 \text{ kN}$$

故最大许用载荷为

$$F_{max} = 0.577 \times 12 \text{ kN} = 6.924 \text{ kN}$$

此时还有

$$F_{Ax} = -0.5 F_{CD} = -6 \text{ kN}$$
$$F_{Ay} = -0.289 F_{CD} = -3.468 \text{ kN}$$

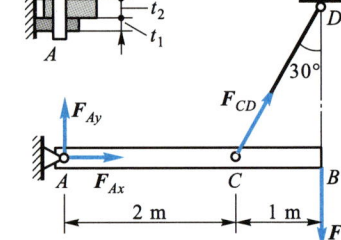

图 6.14   例 6.7 图

6.4   图 6.14

结构图

2)设计 A 处销的尺寸

固定铰 A 处销的约束力的大小为

$$F_A = (F_{Ax}^2 + F_{Ay}^2)^{1/2} = (6^2 + 3.468^2)^{1/2} \text{ kN} = 6.93 \text{ kN}$$

考虑剪切。两剪切面上各作用有剪力 F_s,且 $F_s = F_A/2$;故由剪切强度条件有

$$\tau = 4F_s/(\pi d^2) \leqslant [\tau]$$

得到销的直径为

$$d \geqslant \sqrt{4F_s/(\pi[\tau])} = [4 \times 6.93 \times 10^3/(2\pi \times 40)]^{1/2} \text{ mm} = 10.5 \text{ mm}$$

可取 $d = 12 \text{ mm}$。

考虑挤压。设梁的厚度为 t_2,销与梁中孔间的挤压力 $F_{bs} = F_A$,计算挤压面面积为 $A_{bs} = t_2 d$,由挤压强度条件有

$$\sigma_{bs} = F_{bs}/(t_2 d) \leqslant [\sigma_{bs}]$$

得到

$$t_2 \geq F_{bs}/(d[\sigma_{bs}]) = 6.93 \times 10^3 \text{ N}/(12 \text{ mm} \times 100 \text{ MPa}) = 5.775 \text{ mm}$$

取 $t_2 = 6$ mm。

销与两支座耳板间的挤压力各为 $F_{bs} = F_A/2$，计算挤压面面积等于 $t_1 d$，由挤压强度条件可知有 $t_1 = t_2/2$。

故销的挤压接触长度为 $l \geq 2t_1 + t_2 = 12$ mm。

实际设计销的长度时，还应考虑两端安装尺寸和梁、两支座耳板间的间隙。

§6.4　变形体静力学分析

本节，将通过若干例题进一步说明变形体静力学问题的基本分析方法，即利用力的平衡条件、变形几何协调条件及力与变形间的物理关系，分析求解平衡状态下变形体的力学问题。

例 6.8　钢制三角形支架如图所示，$\alpha = 45°$。杆 BD 直径 $d = 25$ mm，杆 CD 截面为 30 mm×80 mm 的矩形，弹性模量均为 $E = 200$ GPa。试求 $F = 22$ kN 时 D 点的位移。

解:1) 由力的平衡求约束力

整体受力如图 6.15(a) 所示，有平衡方程

$$\sum M_C(\boldsymbol{F}) = F_B \cos 45° \cdot l - Fl = 0$$

$$\sum F_x = F_{Cx} - F_B \cos 45° = 0$$

$$\sum F_y = F_{Cy} + F_B \sin 45° - F = 0$$

解得

$$F_B = \sqrt{2} F = 31.1 \text{ kN}$$

$$F_{Cx} = F = 22 \text{ kN}$$

$$F_{Cy} = 0$$

2) 求各杆内力

BD、CD 杆均为单向拉压杆，轴力分别为

$$F_{NBD} = F_B = 31.1 \text{ kN} \qquad (拉)$$

$$F_{NCD} = -F_{Cx} = -22 \text{ kN} \qquad (压)$$

3) 由力与变形间的物理关系求各杆变形

由(5.3)式有

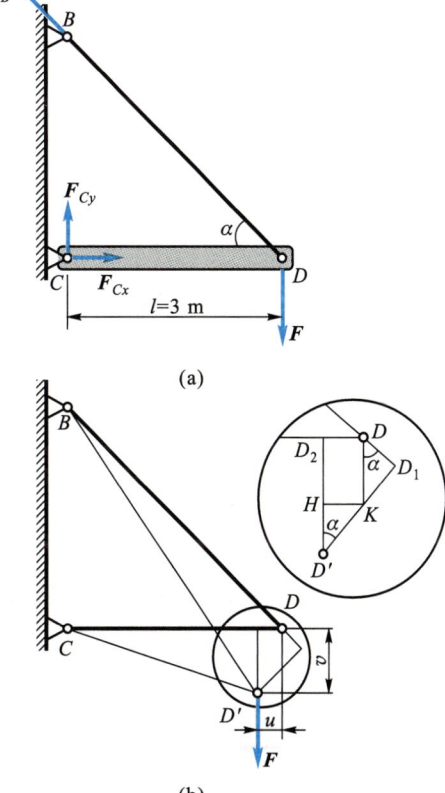

图 6.15　例 6.8 图

$$\Delta l_{BD} = \frac{F_{NBD} l_{BD}}{EA_{BD}} = \frac{F_{NBD} \sqrt{2} l}{E(\pi d^2/4)} = \frac{31.1 \times 10^3 \times \sqrt{2} \times 3 \times 4}{200 \times 10^9 \times \pi \times (25 \times 10^{-3})^2} \text{ m} = 1.344 \times 10^{-3} \text{ m}$$

$$\Delta l_{CD} = \frac{F_{NCD}l_{CD}}{EA_{CD}} = \frac{F_{NCD}l}{EA_{CD}} = \frac{-22\times10^3\times3}{200\times10^9\times30\times10^{-3}\times80\times10^{-3}} \text{ m} = -0.1375\times10^{-3} \text{ m}$$

4）由变形几何协调条件求 D 点的位移

杆 BD 伸长，杆 CD 缩短，只要不发生破坏，则变形后 D 处仍然应保持连接。故变形后 D 点应移至以 B、C 为圆心，以两杆变形后的长度为半径的两圆弧交点 D' 处，如图 6.15（b）所示。由其局部放大图可知，DD_1 是杆 BD 的伸长，DD_2 是杆 CD 的缩短，因为变形量与原尺寸相比很小，用切线 D_1D' 和 D_2D' 分别代替两圆弧是很好的近似。

故变形后 D 点的位移为

水平位移：

$$u = DD_2 = \Delta l_{CD} = 0.137\ 5 \text{ mm}(\leftarrow)$$

垂直位移：

$$v = D_2H + HD' = \sqrt{2}\ DD_1 + DD_2 = \sqrt{2}\ \Delta l_{BD} + |\Delta l_{CD}| = 2.038 \text{ mm }(\downarrow)$$

例 6.9　图 6.16 中 AB 为刚性梁。杆 1、2 的横截面面积和弹性模量分别为 A_1、A_2，E_1、E_2。试求各杆所受的内力。

解：1）力的平衡

刚性梁 AB 受力如图所示，铰链 A 处水平约束力为零。

平面平行力系的 2 个独立平衡方程为

$$\sum M_A(\boldsymbol{F}) = F_1a + 2F_2a - 3Fa = 0 \tag{1}$$

$$\sum F_y = F_{Ay} + F_1 + F_2 - F = 0 \tag{2}$$

3 个未知力，2 个方程，是一次静不定问题。

2）力与变形间的物理关系

对于单向拉压杆，由胡克定律 $\sigma = E\varepsilon$ 给出杆的变形为

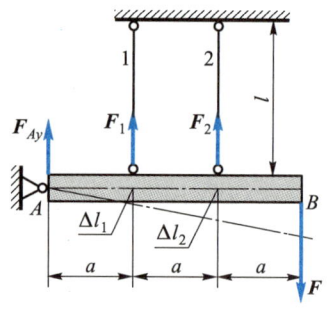

图 6.16　例 6.9 图

$$\Delta l_1 = \frac{F_1l}{E_1A_1}, \quad \Delta l_2 = \frac{F_2l}{E_2A_2}$$

3）变形几何协调条件

刚性梁不发生变形，但将绕 A 点转过一微小角度，如图所示。由几何相似关系，变形后应有

$$\Delta l_2 = 2\Delta l_1$$

即

$$\frac{F_2l}{E_2A_2} = \frac{2F_1l}{E_1A_1} \tag{3}$$

联立求解上述 3 个方程，得到

$$F_1 = 3F - \frac{12FE_2A_2}{4E_2A_2 + E_1A_1}, \quad F_2 = \frac{6FE_2A_2}{4E_2A_2 + E_1A_1}, \quad F_{Ay} = \frac{6FE_2A_2}{4E_2A_2 + E_1A_1} - 2F$$

求出杆 1、2 的内力后，杆件内的应力、变形和构件变形后的位移类似于前例，显然也不难求得。

讨论:若两杆材料、横截面面积相同,即 $E_1=E_2=E$,$A_1=A_2=A$;则代入前面的结果有

$$F_1=3F/5,\quad F_2=6F/5,\quad F_{Ay}=-4F/5$$

若去掉杆 1,成为静定结构,则可直接由平衡方程求得

$$F_2=3F/2,\quad F_{Ay}=-F/2$$

可见,增加杆 1 后,杆 2 内力减小,变形 Δl_2 减小,梁转过的角度也减小。故静不定结构(或称冗余结构)可减小构件内力,减小结构变形。

现在讨论静定问题(statically determinate problem)和静不定问题(statically indeterminate problem)解题方法的同异。

例 6.8 是静定问题,约束力可直接由平衡方程求得,进而求出各构件内力(或应力);再由物理方程(应力-应变关系)求得各构件的变形;最后再利用几何方程(变形几何协调条件)确定变形后的位移。

例 6.9 是静不定问题,仅由平衡方程还不能求得所有的约束力。但是,写出有关的平衡方程、物理方程和几何方程(静不定问题一定存在着多余的变形几何协调条件,多余一个约束就多一个变形几何约束)后,联立求解,即可确定约束力、内力、应力、变形等。

可见,变形体静力平衡问题,无论是静定问题还是静不定问题,求解的基本方程都是力的平衡方程、物理方程和几何方程。只不过静定问题可以直接求出约束力,进而一步步求内力、应力、变形;而静不定问题需要将上述三类基本方程全部列出后联立求解。

力的平衡方程、变形几何协调方程都与材料无关,故静定问题由平衡方程直接求出的约束力及其后不涉及物理方程,即可求得的内力、应力都与材料无关,求应变和变形需用到物理方程,故与材料有关。而静不定问题需要由平衡方程、物理方程、几何方程联立求解,所以,求得的约束力、内力、应力一般都是与材料有关的。

下面再讨论由于温度变化或因制造误差强迫安装后在静不定结构内引入的应力。

例 6.10　长度为 l 的杆 BC,横截面面积为 A,两端固定支承,如图 6.17 所示。已知材料弹性模量 E 和温度改变时的线胀系数 α。若温度升高 Δt,求约束力和杆内的应力。

解:尽管杆上无外力作用,但当温度升高时,杆 BC 要伸长。两端固定约束限制其伸长,引起约束力作用。约束力作用的结果是使杆在轴向受压缩短,故两端约束力如图所示。

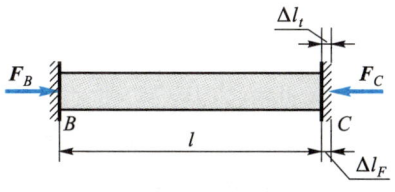

图 6.17　例 6.10 图

1)力的平衡

杆上只有两共线约束力作用,故有

$$\sum F_x=F_B-F_C=0,\quad F_B=F_C=F$$

2)温度与变形、力与变形间的物理关系

设杆在温度升高后的伸长为 Δl_t,则

$$\Delta l_t=\alpha\Delta t\cdot l$$

注意杆的轴力为 $F_N=F$(压力),故力所引起的缩短量 Δl_F 为

$$\Delta l_F=\frac{F_N l}{EA}=\frac{Fl}{EA}$$

3）变形几何协调条件

两端固定约束要保持杆长不变,必须有

$$\Delta l_t = \Delta l_F$$

即

$$\alpha \Delta t \cdot l = \frac{Fl}{EA}$$

可解得两端约束力为

$$F = \alpha \Delta t \cdot EA$$

杆内的应力(压应力)为

$$\sigma = F_N / A = F/A = \alpha \Delta t \cdot E$$

讨论: 对于静不定构件,在没有外力作用的情况下,温度变化也会引起应力。由温度引起的应力,称为温度应力。温度应力与材料的线胀系数 α、弹性模量 E 和温升 Δt 成正比。

对于静定构件,如本例中除掉 C 端固定约束,则构件在 C 端可自由伸缩,故温度变化不会产生温度应力。

例 6.11   图 6.18 中刚性梁由三根钢杆吊装,$E=$ 200 GPa,杆横截面面积 $A = 200~\text{mm}^2$,$l = 1~\text{m}$。若中间杆 2 加工后比 l 短了 $\delta = 0.5~\text{mm}$,求结构强迫装配后各杆内的应力。

解: 强迫装配时,必须施力使杆 2 伸长。装配完毕后,杆 1、3 受压缩短。刚性梁受力如图6.18(a)所示。

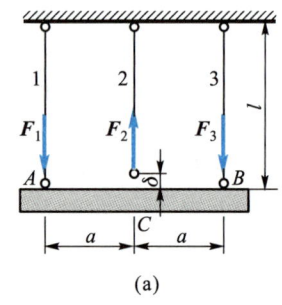

1）力的平衡条件

$$\sum M_C(\boldsymbol{F}) = F_1 a - F_3 a = 0$$

$$\sum F_y = F_2 - F_1 - F_3 = 0$$

得到

$$F_1 = F_3, \quad F_2 = 2F_1 \tag{1}$$

2）变形几何协调条件

强迫装配后,杆 2 伸长 δ_2,杆 1、3 受压缩短均为 δ_1,如图 6.18(b)所示,应有

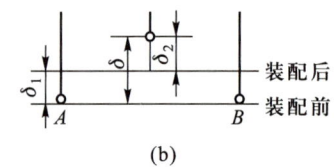

$$\delta_1 + \delta_2 = \delta \tag{2}$$

图 6.18   例 6.11 图

3）力与变形的关系

$$\delta_1 = \frac{F_1 l}{EA}, \quad \delta_2 = \frac{F_2 l}{EA} \tag{3}$$

由(2)式、(3)式得到

$$\frac{F_1 l}{EA} + \frac{F_2 l}{EA} = \delta \tag{4}$$

再由(1)式或(4)式可解得

$$F_1 = \frac{\delta EA}{3l}(压力), \quad F_2 = \frac{2\delta EA}{3l}(拉力)$$

最后得到各杆应力为

$$\sigma_1 = F_1/A = \frac{\delta E}{3l}$$

$$= 0.5 \times 10^{-3} \text{ m} \times 200 \times 10^3 \text{ MPa}/(3 \times 1 \text{ m})$$

$$= 33.3 \text{ MPa}(压应力)$$

$$\sigma_2 = F_2/A = \frac{2\delta E}{3l}$$

$$= 2 \times 0.5 \times 10^{-3} \text{ m} \times 200 \times 10^3 \text{ MPa}/(3 \times 1 \text{ m})$$

$$= 66.7 \text{ MPa}（拉应力）$$

可见，由于尺寸误差而强迫装配时，即使没有载荷作用，也会在结构内引入应力，这种应力称为装配应力。装配应力与尺寸相对误差（δ/l）的大小和构件的弹性模量 E 成正比。

例 6.11 是静不定问题，由于尺寸误差而强迫装配时将引起装配应力。若将问题中的拉杆去掉一根，则成为静定问题。此时拉杆的尺寸误差只会使装配后刚性梁的水平位置发生误差，显然并不会出现强迫装配，故也不会出现装配应力。

可见，只有静不定结构中才会出现温度应力或装配应力，这是值得注意的。

§6.5　应力集中的概念

考虑平板和带中心圆孔板承受两端均匀拉伸的情况。

图 6.19 中平板受拉时，中截面 aa 由于两端对称性仍保持在 aa 处，截面 bb 则移至 $b'b'$，截面 aa 与 bb 间的任一线段都发生了相同的伸长。如图 6.19（a）所示。其正应变为

$$\varepsilon = bb'/ab = 常量$$

这一结果可以由试验测量截面 a、b 间线段长度的改变而证明；或直接用电阻应变片测量截面 aa 上的应变，更精确地证明截面 aa 上各点的应变 $\varepsilon = 常量$。

弹性小变形时材料服从胡克定律 $\sigma = E\varepsilon$，故有 $\sigma =$ 常量，即正应力 σ 在横截面上均匀分布，如图 6.19（b）所示，且

$$\sigma = F_N/A = \sigma_{ave}$$

即均匀拉压变形时横截面应力 σ 等于平均应力 σ_{ave}。这正是前面讨论杆的拉伸与压缩时的结果。

再考虑图 6.20 中带中心圆孔的平板受拉。此时，沿截面 aa 上各点测得的应变 ε 如图 6.20（a）所示。ε

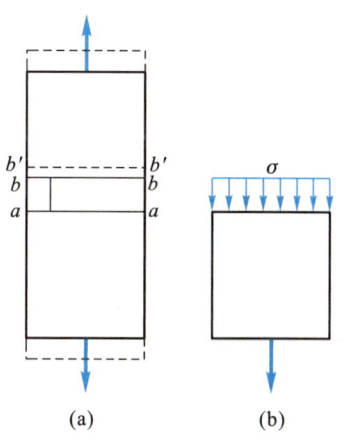

图 6.19　平板均匀拉伸

显然不再是均匀分布的，孔边最大值为 $\varepsilon = \varepsilon_{max}$。同样可由胡克定律知截面 aa 上的应力分布也不是均匀的，如图 6.20（b）所示，越靠近孔边，应力越大。孔边最大应力为

$$\sigma_{max} = K_t \sigma_{ave} \tag{6.6}$$

式中，$K_t > 1$ 是孔边最大应力与平均应力之比，称为弹性应力集中因数。一些常见细节形式的弹性应力集中因数可由手册查出，宽板圆孔边的弹性应力集中因数 $K_t = 3$。

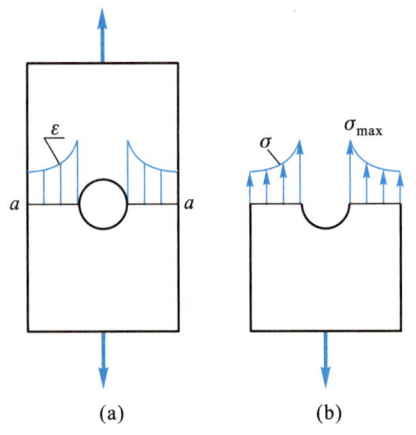

这一类在构件几何形状改变的局部出现的应力增大现象，称为应力集中（stress concentration）。发生应力集中的区域称为应力集中区。当 σ_{max} 在弹性范围内时，应力集中区最大应力由（6.6）式给出。

在截面几何形状发生突然改变的位置，如孔、缺口、台阶等处，通常都有应力集中发生。几何形状改变越剧烈，应力集中越严重。故在必须改变构件几何形状时，应尽可能用圆弧过渡以减小应力集中的程度。应力集中常常是构件出现裂纹（甚至发生破坏）的重要原因，应当引起注意。

图 6.20　孔边应力集中

小　结

6.5　第六章知识图谱

1. 剪切的受力特点是构件上作用着一对大小相等、方向相反、作用线间的距离小到可以忽略不计的平行力。剪切变形的特点是二力间的截面发生错动，直至剪切破坏。可能发生剪切破坏的面，称为剪切面。内力为剪力，需将剪切面截开才能显示。

平均切应力（名义切应力）等于

$$\tau = F_S/A$$

强度条件为

$$\tau = F_S/A \leq [\tau] = \tau_b/n_\tau$$

剪断条件为

$$\tau = F_S/A \geq \tau_b$$

6.6　第六章知识点测试题

2. 挤压的受力特点是在接触面间承受压力。所承受的压力称为挤压力 F_{bs}，将相互接触的物体分离，挤压力即可显示。挤压力作用的接触面称为挤压面，挤压面在垂直于挤压力平面上的投影面积为计算挤压面面积 A_{bs}。挤压破坏的特点是在接触处局部发生显著的塑性变形（延性材料）或压碎（脆性材料）。

名义挤压应力 σ_{bs} 为

$$\sigma_{bs} = F_{bs}/A_{bs}$$

挤压强度条件为

$$\sigma_{bs} = F_{bs}/A_{bs} \leq [\sigma_{bs}]$$

6.7　第六章知识点测试题答案

3. 接头可能的破坏形式有连接件沿剪切面的剪切破坏，连接件和被连接件接触面的挤压破坏，以及被连接件在危险截面处的拉压破坏。

4. 静定、静不定问题的同异如图 6.21 所示。

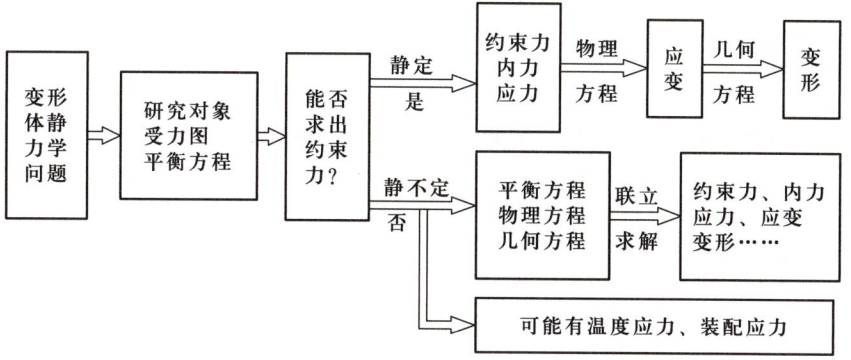

图 6.21 静定、静不定问题的同异

思 考 题

6.1 试指出下图中的剪切面和挤压面位置,写出各剪切面面积和计算挤压面面积。

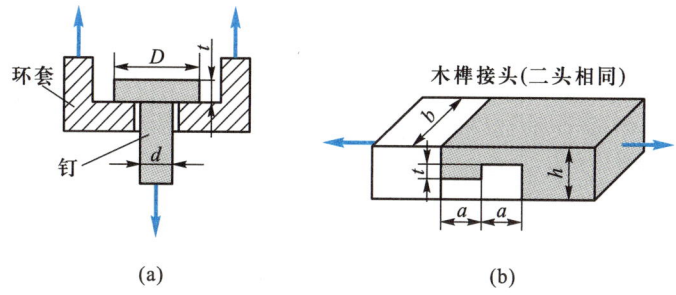

思考题 6.1 图

6.2 结合上题,试指出接头可能的破坏形式有哪些。

6.3 求解静定问题时,约束力、内力、应力是否与材料有关? 应变、变形是否与材料有关? 对于静不定问题,约束力、内力、应力是否与材料有关?

6.4 试述变形体静力学问题的研究核心和主线。

习   题

6.1   钻井装置如图所示。钻杆为空心圆管,外径 $D = 42$ mm,内径 $d = 36$ mm,单位长度重量为 $q = 40$ N/m,材料的许用应力为 $[\sigma] = 120$ MPa。求其最大悬垂长度 l。

6.2   图中 5 mm×5 mm 的方键长度 $l = 35$ mm,许用切应力 $[\tau] = 100$ MPa,许用挤压应力 $[\sigma_{bs}] = 220$ MPa。若轴径 $d = 20$ mm,试求方键允许传递给轴的最大扭转力偶矩 M 及此时在手柄处所施加的力 F。

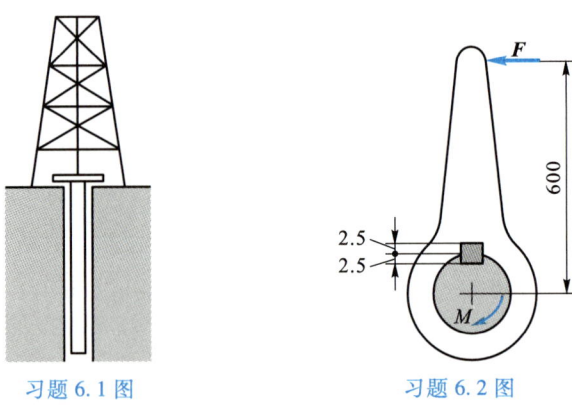

习题 6.1 图   习题 6.2 图

6.3   图示接头中被连接杆直径为 D,许用应力为 $[\sigma]$。若钉许用切应力 $[\tau] = 0.5[\sigma]$,试确定钉的直径 d。若钉和杆的许用挤压应力为 $[\sigma_{bs}] = 1.2[\sigma]$,钉的工作长度 l 应为多大?

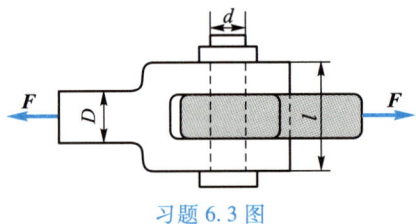

习题 6.3 图

6.4   欲在厚度为 1.2 mm 的板材上冲制一 100 mm×100 mm 的方孔,材料的剪切强度 $\tau_b = 250$ MPa,试确定所需的冲压力 F。

6.5   联轴节如图所示。4 个直径 $d_1 = 10$ mm 的螺栓布置在直径 $D = 120$ mm 的圆周上。轴与连接法兰间用平键连接,平键尺寸为 $a = 10$ mm,$h = 8$ mm,$l = 50$ mm。法兰厚度 $t = 20$ mm,轴径 $d = 60$ mm,传递扭转力偶矩 $M = 0.6$ kN·m。设 $[\tau] = 80$ MPa,$[\sigma_{bs}] = 180$ MPa,试校核键和螺栓的强度。

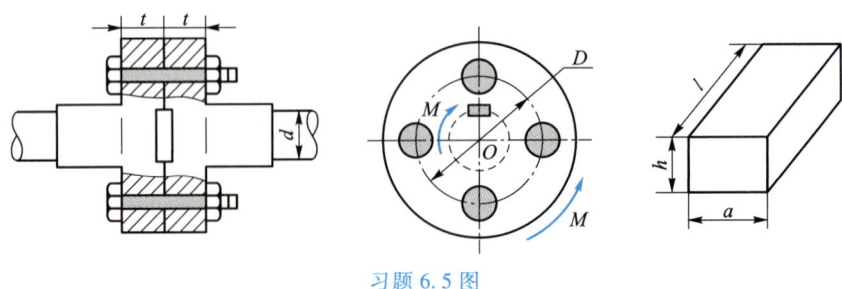

习题 6.5 图

6.6 图示搭接接头中,5个铆钉排列如图所示。铆钉直径 $d = 25$ mm,$[\tau] = 100$ MPa。板 1、2 的厚度分别为 $t_1 = 12$ mm,$t_2 = 16$ mm,宽度分别为 $b_1 = 250$ mm,$b_2 = 180$ mm。板、钉许用挤压应力均为 $[\sigma_{bs}] = 280$ MPa,许用拉应力 $[\sigma_t] = 160$ MPa。求其可以传递的最大载荷 F_{max}。

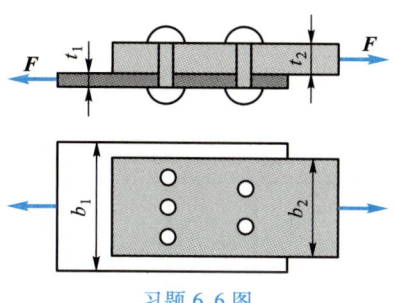

习题 6.6 图

6.7 起重机撑杆 AO 为空心钢管,外径 $D_1 = 105$ mm,内径 $d_1 = 95$ mm;钢索 1、2 直径均为 $d_2 = 25$ mm;材料许用应力均为 $[\sigma] = 60$ MPa,$[\tau] = 50$ MPa,$[\sigma_{bs}] = 80$ MPa。试:

(1) 确定起重机允许吊重 W。

(2) 设计 A 处销的直径 d 和长度 l。

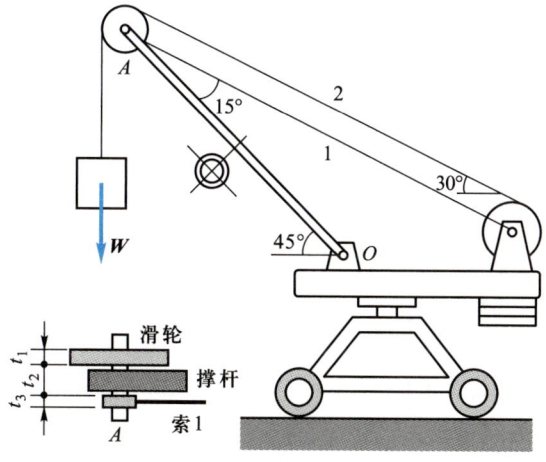

习题 6.7 图

6.8 图中 AB 为刚性杆,拉杆 BD 和撑杆 CK 材料及横截面面积均相同,$BD = 1.5$ m,$CK = 1$ m,$[\sigma] = 160$ MPa,$E = 200$ GPa。试设计两杆的横截面面积。

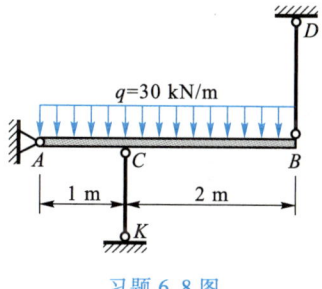

习题 6.8 图

6.9   图中刚性梁由三根长为 $l=1$ m 的拉杆吊挂,杆横截面面积均为 2 cm^2,材料许用应力为 $[\sigma]=$ 120 MPa,弹性模量 200 GPa。若其中一根杆尺寸短了 $\delta=0.05\% l$,按下述两种情况装配后,试计算各杆应力并校核其强度。

(1)短杆置于中间[图(a)]。

(2)短杆置于一边[图(b)]。

6.10   图示刚性梁 AB 置于三个相同的弹簧上,弹簧刚度系数为 k,力 $\boldsymbol{F}$ 作用于图示位置。求平衡时弹簧 A、B、C 处所受的力。

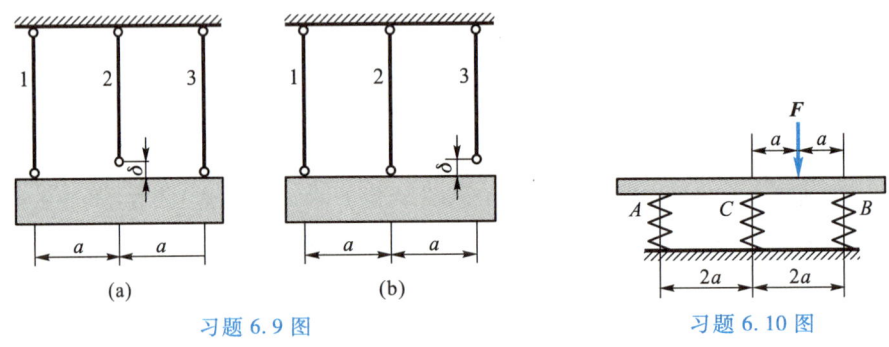

习题 6.9 图   习题 6.10 图

6.11   杆两端固定,横截面面积为 $A=10$ cm^2,$F=100$ kN,弹性模量 $E=200$ GPa。求各段应力。

6.12   钢筋混凝土立柱的矩形截面尺寸为 0.5 m×1 m,用均匀布置的 8 根 $\phi20$ 的钢筋增强。钢筋 $E_1=200$ GPa,混凝土 $E_2=20$ GPa,受力如图所示。求钢筋和混凝土内的应力。

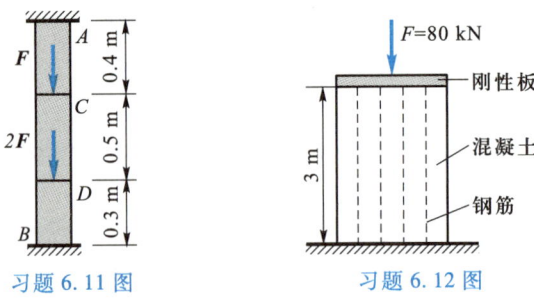

习题 6.11 图   习题 6.12 图

6.13   钢管两端固支如图所示。横截面面积 $A_1=1$ cm^2,$A_2=2$ cm^2,$l=100$ mm,弹性模量 $E=200$ GPa,材料的线胀系数为 $\alpha=12.5\times10^{-6}$℃$^{-1}$,试求温度升高 30 ℃时杆内的最大应力。

6.14   图示杆系中各杆材料相同。已知三根杆的横截面面积均为 $A=200$ mm^2,载荷 $F=40$ kN。试求各杆横截面上的应力。

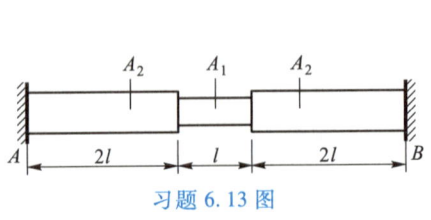

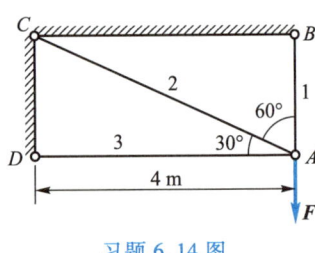

习题 6.13 图   习题 6.14 图

6.15 图示阶梯形直杆,上下两端固定,上下两段的横截面面积分别为 $A_1 = 5\ cm^2$, $A_2 = 10\ cm^2$。在 AC 段受沿杆轴线方向集度 $q = 10\ kN/m$ 的均布载荷作用,在 D 截面处受集中力 $F = 10\ kN$ 作用,不计杆自身重力,求杆 AB 两端的约束力。

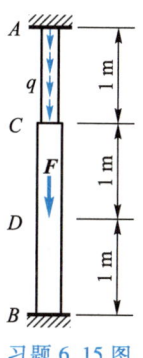

习题 6.15 图

第七章　圆轴的扭转

工程构件一般可分为三类。第四章已指出：杆是某一方向尺寸远大于其他两方向尺寸的构件，若杆件的轴线为直线，则称为直杆。此外，若构件在某一方向的尺寸远小于其他两方向的尺寸，称为板。若构件在 x、y、z 三个方向的尺寸具有相同的数量级，则称为块体。本课程主要讨论直杆，这是一种最简单的构件。

如同 §4.3 节所述，在空间任意力系的作用下，杆件截面内力的最一般情况是 6 个分量都不为零，其变形是很复杂的。为了简化讨论，将杆的基本变形分为三类，即拉压、扭转和弯曲。前面已经讨论了在轴向载荷作用下杆的拉伸和压缩；现在再来研究杆的另一类基本变形，即扭转（torsion）问题。

§7.1　扭转的概念和实例

工程中承受扭转的构件是很常见的。如图 7.1 所示的汽车转向轴，驾驶员操纵方向盘将力偶作用于转向轴 AB 的上端，转向轴的下端 B 则受到来自转向器的阻抗力偶的作用，使转向轴 AB 发生扭转。又如图 7.2 中的传动轴，轮 C 上作用着主动力偶矩，使轴转动；轮 D 输出功率，受到阻力偶矩的作用，轴 CD 也将发生扭转。

7.1　扭转
工程案例

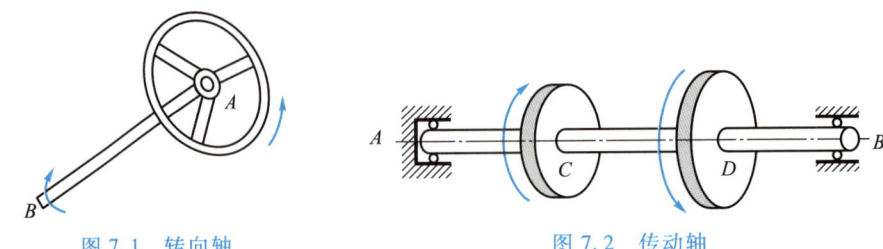

图 7.1　转向轴　　　　　　　图 7.2　传动轴

以上两例都是承受扭转的构件实例。由于工程中承受扭转的构件大多为圆截面直杆，故称为轴（shaft）。本章亦仅限于讨论直圆轴的扭转问题。

图 7.3 所示为等截面直圆轴扭转问题的示意图。

扭转问题的受力特点是：在各垂直于轴线的平面内承受力偶作用。如在图 7.3 中，圆轴 AB 段两端垂直于轴线的平面内，各作用有一个外力偶 M，此二力偶的力偶矩相等而转向相反，故是满足平衡方程的。圆轴扭转问题的变形特点是：在上述外力偶系的作用下，圆轴各横截面将绕其轴线发生相对转动；任意两横截面间相

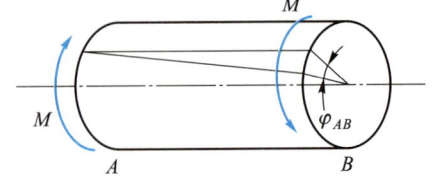

图 7.3　扭转及扭转角

对转过的角度,称为相对扭转角(angle of twist),以 φ 表示。图 7.3 中,φ_{AB} 表示截面 B 相对于截面 A 的扭转角。必须指出,工程中的传动轴,除受扭转作用外,往往还伴随有弯曲、拉伸(压缩)等其他形式的变形。这类问题属于组合变形,将在以后研究。

§7.2 圆轴扭转的内力

已知轴所传递的功率、转速,可利用§4.5 节提供的"功率、转速与传递的外扭转力偶矩之关系"来计算作用于传动轴上的外力偶矩 M。M 给出以后,即可用截面法确定扭转轴各横截面上的内力。显然,对于承受扭转作用的轴,横截面上的内力是作用于截面上的内力偶矩,称为扭矩(torque)。

为确定图 7.4(a)所示扭转轴内任意横截面 C 上的内力,可截取左段为研究对象,如图 7.4(b)所示。截面 C 上的内力(扭矩)记为 T,由平衡方程有

$$\sum M_x = T - M = 0$$

即得

$$T = M$$

若截取轴的右段为研究对象,如图 7.4(c)所示,同样求得截面 C 上的扭矩 $T' = M$。T' 与 T 是作用力与反作用力关系,其数值相等,转向相反,作用在不同的轴段上。为了使截取不同研究对象所求得的同一截面上的扭矩不仅数值相等,而且符号也相同,可对扭矩符号作如下规定:采用右手螺旋定则,用四指表示扭矩的转向,大拇指的指向与截面的外法线方向相同时,该扭矩为正,反之为负。应用此规则可知,图 7.4 所示截面 C 之扭矩为正号。扭转的内力和内力图在第四章作了介绍,这里再研究一个例子。

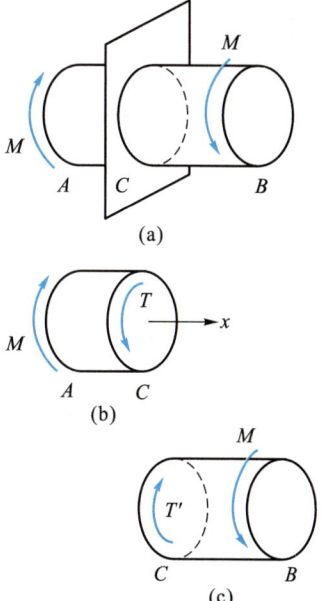

图 7.4 截面上的扭矩

例 7.1 试作图 7.5 所示固定支承轴的扭矩图。已知 $M_B = 40$ kN·m,$M_C = M_D = 10$ kN·m。

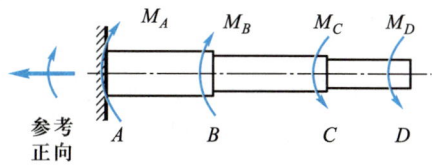

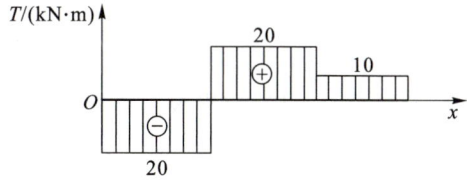

图 7.5 例 7.1 图

解：1）求固定端约束力偶

设固定端约束力偶 M_A 如图所示，有平衡方程

$$\sum M_x = M_A + M_B - M_C - M_D = 0$$

得

$$M_A = M_C + M_D - M_B = -20 \text{ kN·m}$$

2）在左端设置参考正向

参考正向如图 7.7 所示。

3）画扭矩图

从左端开始，M_A 为 -20 kN·m，AB 段画水平线；B 处 M_B 为正，向上行 40 kN·m，至 +20 kN·m，再画水平线；C 处 M_C 为负，向下行 10 kN·m；D 处 M_D 亦为负，再向下行 10 kN·m，回至零。结果如图所示。

§7.3　圆轴扭转时的应力和变形

7.3.1　圆轴扭转的应力公式

分析研究变形体静力学问题的主线，是研究力的平衡、变形的几何协调及力与变形间的物理关系。与杆的拉伸压缩相比较，差别主要在于圆轴扭转时的变形有其特殊性。因此，首先讨论圆轴扭转时的变形几何关系，找出应变的变化规律；然后再利用物理关系，找出应力分布规律；最后，根据静力平衡关系导出应力计算公式。

1. 变形几何关系

7.2　圆轴扭转变形

7.3　低碳钢扭转实验

为建立圆轴扭转时的变形几何关系，首先应通过实验观察圆轴扭转时的变形现象。在圆轴表面作圆周线与轴向线，如图 7.6（a）所示。在轴两端施加外扭转力偶矩后，圆轴发生扭转，如图 7.6（b）。由此可以观察到：各圆周线相对旋转了一个角度，但圆周线的尺寸、形状和相邻两圆周线之间的距离不变；各纵向线在小变形情况下，仍近似地是一条直线，只是倾斜了一个微小的角度。变形后圆轴表面的方格变成菱形。

根据所观察到的圆轴表面变形现象，可以设想圆轴由一系列刚性平截面（横截面）组成，在扭转过程中，相邻两刚性横截面只发生相对转动。于是，可作出如下假设：圆轴的横截面变形后仍保持为平面，其形状和大小不变（半径尺寸不变且仍为直线），相邻两横截面间的距离不变。这一假设称为圆轴扭转的刚性平面假设。这一假设是否正确，应当根据由此假设所导出的结论——圆轴扭转的应力和变形计算公式，是否符合实验结果来验证。

依据上述刚性平面假设，注意到横截面间的距离不变，即轴向线的长度未发生改变，

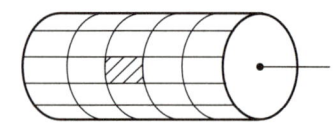

(a) 变形前

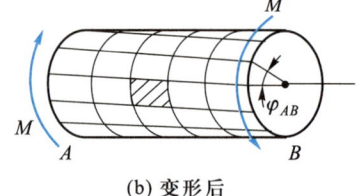

(b) 变形后

图 7.6　扭转变形现象

于是可知扭转时圆轴横截面上只有垂直于半径方向的切应力,而无正应力。

为了研究圆轴扭转时切应变的变化和分布规律,在图 7.7(a)所示圆轴上相距为 dx 的截面 1 和截面 2 间取楔形体如图 7.7(b)所示。

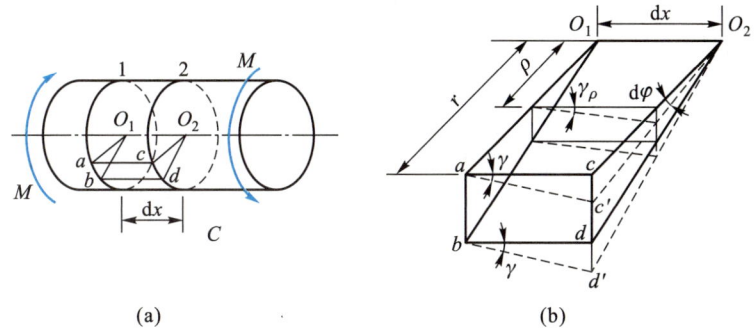

| | (a) | (b) |

图 7.7　扭转变形分析

在扭矩的作用下,截面 2 相对于截面 1 转动了一个微小角度 $d\varphi$。故截面 2 上的两条半径 O_2c 和 O_2d 都旋转了同一角度 $d\varphi$,而变成为 O_2c' 和 O_2d';矩形 $abdc$ 变成了平行四边形 $abd'c'$,如图 7.7(b)所示。由 $\triangle acc'$ 和 $\triangle O_2cc'$ 可以看到,弧段

$$cc' = r d\varphi = \gamma dx$$

所以有

$$\gamma = \frac{r d\varphi}{dx}$$

式中,γ 是图 7.7(b)中 a、b 处直角的改变量,即半径为 r 处(即轴表面处)的切应变。同理,在截面上任一点(距截面中心 ρ 处),由图 7.7(b)可给出切应变 γ_ρ 为

$$\gamma_\rho = \frac{\rho d\varphi}{dx}$$

式中,γ_ρ 为距中心为 ρ 处的切应变;$\dfrac{d\varphi}{dx}$ 称为圆轴单位长度上的相对扭转角。

由刚性平面假设还可知,圆轴的横截面变形后仍保持为平面,不仅形状和大小不变,半径也仍然保持为直线。所以,在同一横截面上 $\dfrac{d\varphi}{dx}$ 为常数。故上式表明,圆轴扭转时,横截面上各点的切应变 γ_ρ 与该点到截面中心的距离 ρ 成正比。

2. 物理关系

材料的切应力(τ)-切应变(γ)关系同样可以由实验获得。对于线性弹性材料,剪切胡克定律 $\tau = G\gamma$ 成立,G 为切变模量(shearing modulus)(剪切弹性模量),与弹性模量 E 一样,G 也是材料常数。在线弹性物理关系下,切应力 τ 与切应变 γ 成正比,故横截面上任一距截面中心 O 为 ρ 处点的切应力为

$$\tau_\rho = G\gamma_\rho = G\rho \times \frac{d\varphi}{dx} \tag{a}$$

上式给出了扭转圆轴横截面上的切应力分布规律。因为 G 是材料常数,在同一横截

面上$\dfrac{\mathrm{d}\varphi}{\mathrm{d}x}$亦为常数,故截面上任意一点的切应力$\tau_\rho$与该点到轴心的距离$\rho$成正比;由于切

应变发生在垂直于半径的平面内,故切应力方向与半径垂直。
显然,切应力τ在横截面上是线性分布的,在$\rho = r$的外圆周上
切应力τ最大,且有

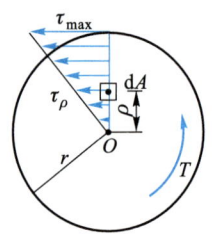

$$\tau_{\max} = Gr\frac{\mathrm{d}\varphi}{\mathrm{d}x}$$

在圆心$\rho = 0$处,切应力$\tau = 0$,如图 7.8 所示。

图 7.8　横截面上切应力的分布

3. 静力平衡关系

上述切应力τ_ρ的表达式中,$\dfrac{\mathrm{d}\varphi}{\mathrm{d}x}$尚为未知量,故还不能计算出切应力的值。需要进一

步讨论力的平衡关系。

在圆轴的横截面上距圆心ρ处取微面积$\mathrm{d}A$,其上作用的微内力为$\tau_\rho \mathrm{d}A$。如图 7.8 所
示。为保持力的平衡,截面所有微面积上的微内力对轴中心O处的力矩之总和,应等于
作用在该截面上的扭矩T,即

$$\int_A \rho \cdot \tau_\rho \mathrm{d}A = T$$

将$\tau_\rho = G\gamma_\rho = G\rho\dfrac{\mathrm{d}\varphi}{\mathrm{d}x}$代入上式,并将常量$G$、$\dfrac{\mathrm{d}\varphi}{\mathrm{d}x}$提到积分号外,有

$$G\frac{\mathrm{d}\varphi}{\mathrm{d}x}\int_A \rho^2 \mathrm{d}A = T$$

式中,$\displaystyle\int_A \rho^2 \mathrm{d}A$是只与横截面形状和尺寸有关的几何量,用$I_\mathrm{p}$表示,即

$$I_\mathrm{p} = \int_A \rho^2 \mathrm{d}A \tag{7.1}$$

I_p称为横截面的极惯性矩,单位为m^4。

相对扭转角$\dfrac{\mathrm{d}\varphi}{\mathrm{d}x}$即可写为

$$\frac{\mathrm{d}\varphi}{\mathrm{d}x} = \frac{T}{GI_\mathrm{p}} \tag{7.2}$$

将上式代入(a)式,即得到横截面上任一距轴心为ρ处点的切应力公式为

$$\tau_\rho = \frac{T\rho}{I_\mathrm{p}} \tag{7.3}$$

上式再一次指出,圆轴扭转时横截面上任意一点的切应力τ_ρ与该点到轴心的距离ρ
成正比;ρ越大,切应力τ_ρ越大;在截面中心$\rho = 0$,$\tau_\rho = 0$;当$\rho = r$时,位于横截面外圆周上
各点处的切应力最大,且有

$$\tau_{\max} = \frac{Tr}{I_\mathrm{p}} = \frac{T}{W_\mathrm{T}} \tag{7.4}$$

式中,$W_\mathrm{T} = I_\mathrm{p}/r$,称为抗扭截面系数(section modulus in torsion),单位为m^3。

综上所述可知,圆轴扭转时横截面上的应力是切应力,切应力 τ 在横截面上为线性分布,在截面中心 $\rho = 0$,$\tau_\rho = 0$;在外圆周上各点 $\rho = r$,$\tau_\rho = \tau_{\max} = \dfrac{T}{W_T}$;切应力 τ 与半径垂直,其指向可由作用在该点上的微内力对轴心之矩与截面扭矩 T 的转向一致性来确定。

对于空心圆轴,可以进行类似的分析,得到同样的应力和变形公式,不同的只是极惯性矩 I_p 和抗扭截面系数 W_T 的计算。

7.3.2 极惯性矩和抗扭截面系数的计算

1. 实心圆截面

对于直径为 D 的实心圆截面,可取一距圆心为 ρ、厚度为 $\mathrm{d}\rho$ 的圆环作为微面积 $\mathrm{d}A$,如图 7.9(a)所示。则 $\mathrm{d}A = 2\pi\rho\mathrm{d}\rho$,代入(7.1)式积分即得极惯性矩为

$$I_p = \int_0^{D/2} 2\pi\rho^3\mathrm{d}\rho = \frac{\pi D^4}{32} \tag{7.5}$$

抗扭截面系数 W_T 则为

$$W_T = \frac{I_p}{\dfrac{D}{2}} = \frac{\pi D^3}{16} \tag{7.6}$$

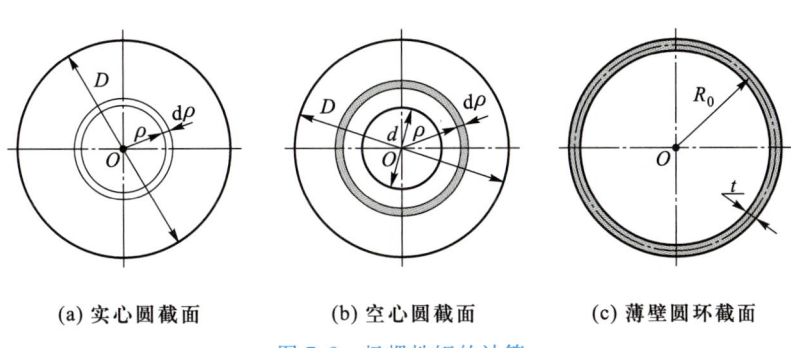

(a) 实心圆截面　　　(b) 空心圆截面　　　(c) 薄壁圆环截面

图 7.9　极惯性矩的计算

2. 空心圆截面

对于内径为 d,外径为 D 的空心圆截面,同样可取距圆心为 ρ、厚度为 $\mathrm{d}\rho$ 的圆环作为微面积,如图 7.9(b)所示。其极惯性矩为

$$I_p = \int_{d/2}^{D/2} 2\pi\rho^3\mathrm{d}\rho = \frac{\pi(D^4 - d^4)}{32} = \frac{\pi D^4}{32}(1 - \alpha^4) \tag{7.7}$$

式中,$\alpha = d/D$,是内径与外径之比。

抗扭截面系数则为

$$W_T = \frac{\pi D^3}{16}(1 - \alpha^4) \tag{7.8}$$

令 $\alpha = 0$(即 $d = 0$),可得到实心圆截面的结果。

3. 薄壁圆环截面

壁厚 t 与平均半径 R_0 之比 $t/R_0 \leqslant 10$ 的空心圆截面,可视为薄壁圆环截面。由于其

内、外径相差甚小，截面上各点 ρ 值可近似以平均半径 R_0 代替，如图 7.9(c)所示。故极惯性矩为

$$I_{\mathrm{p}} = \int_A \rho^2 \mathrm{d}A \approx R_0^2 \int_A \mathrm{d}A = 2\pi R_0^3 t \tag{7.9}$$

式中，平均半径 $R_0 = (D+d)/4$。

抗扭截面系数则为

$$W_{\mathrm{T}} \approx 2\pi R_0^2 t \tag{7.10}$$

7.3.3　扭转圆轴任一点的应力状态

前面已给出了圆轴扭转时各横截面上的应力。如图 7.10(a)所示，两相邻横截面上有切应力 τ 作用，τ 由(7.3)式给出。取相距 $\mathrm{d}x$ 的两横截面间任一点 A 处单位厚度的微元研究，其左右两边为横截面，上下两边为过轴线的径向面。两横截面上作用的应力均为 τ，且方向如图 7.10(b)所示。由于扭转变形只是横截面作刚性平面转动，微元除形状改变外并不发生尺寸的改变，由切应力互等定理，上下两面也只有切应力 τ'，$\tau' = \tau$。

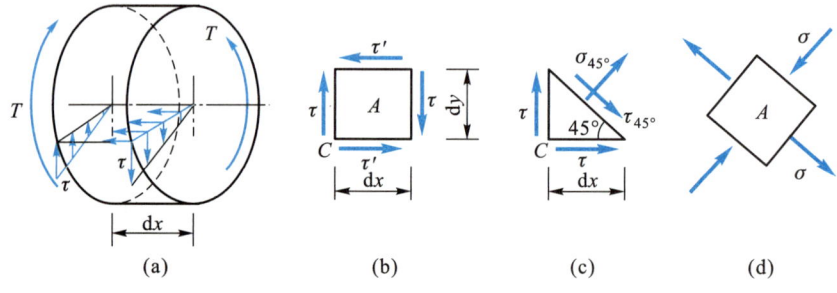

图 7.10　扭转圆轴上任一点的应力状态

图 7.10(b)给出了扭转圆轴中任一点的应力状态，这种微元各面只有切应力作用的应力状态称为纯切应力状态。如第四章所叙，已知一点应力状态的一种描述，即可得到任意斜截面上的应力。

由(4.8)式至(4.11)式计算 A 点的极值应力得到

$$\sigma_{45°} = -\tau, \quad \tau_{45°} = 0$$

同样，可求得与 45°斜截面相垂直的 135°斜截面上的应力为 $\sigma_{135°} = \tau$，$\tau_{135°} = 0$（请读者自行验证），故 A 点的纯切应力状态等价于转过 45°后微元的两向等值拉压应力状态，如图 7.10(d)所示。

综上所述，扭转圆轴中任一点的应力状态是纯切应力状态；在横截面和过轴线的纵向截面上有大小相等的切应力；外圆周处切应力最大；在与圆轴纵向母线夹角为 45°的斜截面上有正应力作用，且 $\sigma = \tau$；一些脆性材料（例如粉笔、铸铁等）承受扭转作用时发生沿轴线 45°方向的破坏，就是由此拉应力控制的。

7.3.4　圆轴扭转时的变形

圆轴扭转时的变形，可用相对扭转角来度量。(7.2)式给出相距 $\mathrm{d}x$ 的两横截面间的

相对扭转角为

$$\mathrm{d}\varphi = \frac{T}{GI_{\mathrm{p}}}\mathrm{d}x$$

则相距 l 之两横截面间的相对扭转角为

$$\varphi = \int_0^l \mathrm{d}\varphi = \int_0^l \frac{T}{GI_{\mathrm{p}}}\mathrm{d}x$$

若两横截面之间的扭矩 T 不变,圆轴为等直杆(I_{p}不变),且材料不变(G 不变),则在长度为 l 的轴段内 $\dfrac{T}{GI_{\mathrm{p}}}$ 为常量。上式之积分可给出圆轴扭转变形的计算公式为

$$\varphi = \frac{Tl}{GI_{\mathrm{p}}} \tag{7.11}$$

相对扭转角 φ 的单位为 rad。注意,若在长度为 l 的轴段内,扭矩 T、截面极惯性矩 I_{p}、材料的切变模量 G 中有一个发生变化,则应分段计算。

若以 θ 表示圆轴单位长度的扭转角,则 $\theta = \mathrm{d}\varphi/\mathrm{d}x$,在(7.11)式成立的相同条件下,有

$$\theta = \frac{\varphi}{l} = \frac{T}{GI_{\mathrm{p}}} \tag{7.12}$$

θ 的单位为 rad/m。

(7.11)式与(7.12)式中的 GI_{p} 称为圆轴的**抗扭刚度**,抗扭刚度 GI_{p} 取决于圆轴的材料和几何特性。材料的切变模量 G 越大、极惯性矩 I_{p} 越大,则圆轴的抗扭刚度 GI_{p} 越大,扭转变形越小。

例 7.2　空心圆轴如图 7.11(a)所示,在 A、B、C 三处受外力偶矩作用。已知 $M_A =$ 150 N·m,$M_B = 50$ N·m,$M_C = 100$ N·m,材料的切变模量 $G = 80$ GPa,试求:

1)轴内的最大切应力 $\tau_{\max}$;

2)C 截面相对于 A 截面的扭转角 φ_{AC}。

解: 1)作扭矩图

扭矩图如图 7.11(b)所示。

2)计算各段切应力

虽然 AB 段扭矩较大,但 BC 段横截面面积较小,故应分别计算出各段的最大切应力,再加以比较。由(7.4)式可知 AB 段:

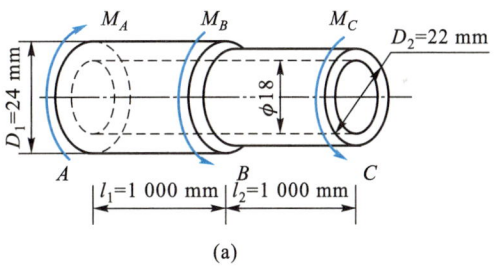
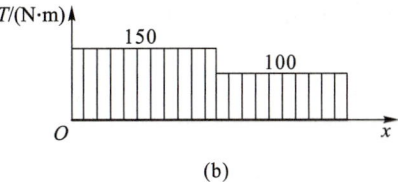

图 7.11　例 7.2 图

$$\tau_{\max 1} = \frac{T_1}{W_{\mathrm{T}1}} = \frac{T_1}{\dfrac{\pi D_1^3}{16}\left[1-\left(\dfrac{d}{D_1}\right)^4\right]} = \frac{150\times 10^3}{\dfrac{\pi \times 24^3}{16}\left[1-\left(\dfrac{18}{24}\right)^4\right]}\mathrm{MPa} = 80.8\ \mathrm{MPa}$$

BC 段：

$$\tau_{\max 2} = \frac{T_2}{W_{T2}} = \frac{T_2}{\dfrac{\pi D_2^3}{16}\left[1-\left(\dfrac{d}{D_2}\right)^4\right]} = \frac{100\times10^3}{\dfrac{\pi\times22^3}{16}\left[1-\left(\dfrac{18}{22}\right)^4\right]}\,\mathrm{MPa} = 86.7\ \mathrm{MPa}$$

可见,此轴最大切应力出现在 BC 段。注意,这里所用的单位是 N、mm、MPa。

3）计算变形

注意(7.11)式的应用限制。当扭矩、材料、截面几何改变时应分段计算各段的变形。这里,分别考虑 AB 段、BC 段的扭转变形。C 截面相对于 A 截面的扭转角 φ_{AC},等于 B 截面相对于 A 截面的扭转角 φ_{AB} 与 C 截面相对于 B 截面的扭转角 φ_{BC} 的代数和。扭转角的转向是由各段扭矩的转向决定的,所以扭转角的正负由扭矩的正负确定。本例中 AB 段和 BC 段的扭矩均为正值,所以 φ_{AB}、φ_{BC} 亦为正值。于是有

$$\varphi_{AB} = \frac{T_1 l_1}{GI_{p1}} = \frac{T_1 l_1}{G\,\dfrac{\pi D_1^4}{32}\left[1-\left(\dfrac{d}{D_1}\right)^4\right]} = \frac{150\times10^3\times1\,000}{80\times10^3\times\dfrac{\pi\times24^4}{32}\left[1-\left(\dfrac{18}{24}\right)^4\right]}\,\mathrm{rad} = 0.084\,2\ \mathrm{rad}$$

$$\varphi_{BC} = \frac{T_2 l_2}{GI_{p2}} = \frac{T_2 l_2}{G\,\dfrac{\pi D_2^4}{32}\left[1-\left(\dfrac{d}{D_2}\right)^4\right]} = \frac{100\times10^3\times1\,000}{80\times10^3\times\dfrac{\pi\times22^4}{32}\left[1-\left(\dfrac{18}{22}\right)^4\right]}\,\mathrm{rad} = 0.098\,5\ \mathrm{rad}$$

$$\varphi_{AC} = \varphi_{AB} + \varphi_{BC} = 0.183\ \mathrm{rad}$$

§7.4　圆轴扭转的强度条件和刚度条件

7.4.1　强度条件

第五章给出的强度条件,要求最大工作应力(扭转时是轴内的最大切应力)不超过材料的许用应力(在此应是许用切应力),以保证构件具有足够的强度。所以,轴扭转时的强度条件可写为

$$\tau_{\max} = \frac{T}{W_T} \leqslant [\tau] \tag{7.13}$$

式中,$[\tau]$ 为材料的许用切应力。材料的许用切应力 $[\tau]$ 与许用正应力 $[\sigma]$ 之间一般有如下的关系：

钢材　　　　　　　　　　$[\tau] \approx (0.5\sim0.6)[\sigma]$

铸铁　　　　　　　　　　$[\tau] \approx (0.8\sim1.0)[\sigma]$

7.4.2　刚度条件

在某些情况下,除需要满足强度条件外,还要求对轴的扭转变形加以限制,以满足正常工作所必需的刚度条件。例如机床主轴的扭转角过大会影响加工精度,内燃机轴的扭转角过大易引起振动等。一般来说,凡有精度要求或限制振动的机械,都必须考虑轴的扭转刚度(torsion rigidity)。刚度条件通常以轴单位长度的最大扭转角 $\theta_{\max}$ 不得超过单位

长度许用扭转角$[\theta]$表示,即

$$\theta_{max} \leqslant [\theta]$$

工程中,许用扭转角$[\theta]$常常采用的单位是$(°)/m$,而(7.12)式中的扭转角是以 rad 给出的。注意到单位的一致性,当$[\theta]$用$(°)/m$给出时,轴扭转的刚度条件应写为

$$\theta_{max} = \frac{T}{GI_p} \frac{180°}{\pi} \leqslant [\theta] \tag{7.14}$$

单位长度许用扭转角$[\theta]$的数值依据轴的精度要求确定,可由有关设计手册查得。传动精度要求高的轴,$[\theta] = (0.25 \sim 0.50)(°)/m$;一般传动轴,$[\theta] = (0.5 \sim 1.0)(°)/m$;传动精度要求不高的轴,$[\theta] = (1.0 \sim 2.5)(°)/m$。

例 7.3　若例 4.5 中的传动轴为钢制实心圆轴,其许用切应力$[\tau] = 30$ MPa,切变模量$G = 80$ GPa,许用扭转角$[\theta] = 0.3(°)/m$。试设计该轴的直径。

解: 注意到此轴为等直径圆轴,最大切应力在扭矩最大的CA段且$T_{max} = 7\,640$ N·m,故只须校核此段的强度与刚度即可。

由强度条件有

$$\tau_{max} = \frac{|T_{max}|}{W_T} = \frac{|T_{max}|}{\dfrac{\pi d^3}{16}} \leqslant [\tau]$$

得到

$$d \geqslant \sqrt[3]{\frac{16|T_{max}|}{\pi[\tau]}} = \sqrt[3]{\frac{16 \times 7\,640}{\pi \times 30 \times 10^6}}\ m = 0.109\ m = 109\ mm$$

由刚度条件有

$$\theta_{max} = \frac{|T_{max}|}{GI_p} \frac{180°}{\pi} = \frac{|T_{max}|}{\dfrac{G\pi d^4}{32}} \frac{180°}{\pi} \leqslant [\theta]$$

得到

$$d \geqslant \sqrt[4]{\frac{32|T_{max}| \times 180°}{G\pi^2[\theta]}} = \sqrt[4]{\frac{32 \times 7\,640 \times 180}{80 \times 10^9 \times \pi^2 \times 0.3}}\ m = 0.117\ m = 117\ mm$$

可见,按强度设计要求$d \geqslant 109$ mm,按刚度设计要求$d \geqslant 117$ mm。为保证所设计的轴既满足强度条件,又满足刚度条件,应选用其中较大者,即应有

$$d \geqslant \max\{109\ mm, 117\ mm\} = 117\ mm$$

设计时可取$d = 120$ mm。

讨论: 若取$\alpha = 0.5$,试设计空心圆轴的直径D。

按强度条件有

$$\tau_{max} = \frac{|T_{max}|}{W_T} = \frac{|T_{max}|}{\dfrac{\pi D^3(1-\alpha^4)}{16}} \leqslant [\tau]$$

得到

$$D \geqslant \sqrt[3]{\frac{16 \mid T_{\max} \mid}{\pi(1-\alpha^4)[\tau]}} = \sqrt[3]{\frac{16 \times 7\ 640}{\pi \times 0.937\ 5 \times 30 \times 10^6}}\ \text{m} = 0.111\ \text{m} = 111\ \text{mm}$$

由刚度条件有

$$\theta_{\max} = \frac{\mid T_{\max} \mid}{GI_p}\frac{180°}{\pi} = \frac{\mid T_{\max} \mid}{\dfrac{G\pi D^4(1-\alpha^4)}{32}}\frac{180°}{\pi} \leqslant [\theta]$$

得到

$$D \geqslant \sqrt[4]{\frac{32 \mid T_{\max} \mid \times 180°}{G\pi^2(1-\alpha^4)[\theta]}} = \sqrt[4]{\frac{32 \times 7\ 640 \times 180}{80 \times 10^9 \times \pi^2 \times 0.937\ 5 \times 0.3}}\ \text{m} = 0.119\ \text{m} = 119\ \text{mm}$$

由上述结果知，按实心圆轴设计，需 $d \geqslant 117$ mm；按 $\alpha = 0.5$ 空心圆轴设计，要求 $D \geqslant$ 119 mm。二者的重量比为

$$\frac{空心圆轴}{实心圆轴} = \frac{[\pi D^2/4 - \pi(\alpha D)^2/4]l\gamma}{(\pi d^2/4)l\gamma} = \frac{D^2}{d^2}(1-\alpha^2) = 0.78$$

可见，设计成空心圆轴，可减轻重量。α 越大，意味着材料离轴线越远，可承受的应力越大，发挥的作用越大，因此减轻的重量越多。但是应注意，孔的加工，尤其是长轴中孔的加工，将增加制造成本。

例7.4 联轴节如图 7.12 所示。轴径 $D = 100$ mm，4 个直径 $d = 20$ mm 的螺栓对称置于 $D_1 = 320$ mm 的圆上，$t = 12$ mm。若 $[\tau] = 80$ MPa，$[\sigma_{bs}] = 120$ MPa。试确定许用的外扭转力偶矩 M。

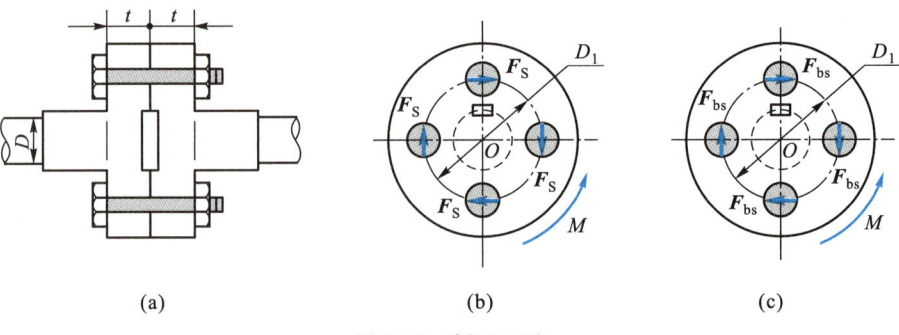

(a)   (b)   (c)

图 7.12   例 7.4 图

7.4 联轴
节结构图

解：1）考虑轴的扭转

轴承受的扭矩为 $T = M$，由扭转强度条件有

$$\tau_{\max} = \frac{T_{\max}}{W_T} = \frac{M}{\dfrac{\pi D^3}{16}} \leqslant [\tau]$$

得到

$$M_{扭} \leqslant \frac{\pi D^3[\tau]}{16} = \left(\frac{100^3 \pi \times 80}{16}\right)\ \text{N} \cdot \text{mm} = 15.7 \times 10^6\ \text{N} \cdot \text{mm} = 15.7\ \text{kN} \cdot \text{m}$$

2）考虑螺栓剪切

沿剪切面切开,取右端部分研究,其受力如图 7.12(b)所示。

由平衡方程有

$$4F_S \times \frac{D_1}{2} = M$$

剪切强度条件为

$$\tau = \frac{F_S}{\frac{\pi d^2}{4}} \leqslant [\tau]$$

故有

$$F_S \leqslant \frac{\pi d^2 [\tau]}{4} = 20^2 \times 3.14 \times \frac{80}{4} \text{ N} = 25.12 \times 10^3 \text{ N} = 25.12 \text{ kN}$$

得到

$$M_{\text{剪}} \leqslant 4F_S \times \frac{D_1}{2} \leqslant 4 \times 25.12 \text{ kN} \times 0.16 \text{ m} = 16.1 \text{ kN·m}$$

3)考虑螺栓挤压

除去螺栓,取右端部分研究,其受力如图 7.12(c)所示。

挤压力由平衡条件确定,有

$$4F_{bs} \times \frac{D_1}{2} = M$$

挤压强度条件为

$$\sigma_{bs} = \frac{F_{bs}}{A_{bs}} = \frac{F_{bs}}{td} \leqslant [\sigma_{bs}]$$

即

$$F_{bs} \leqslant td[\sigma_{bs}] = 12 \text{ mm} \times 20 \text{ mm} \times 120 \text{ MPa} = 28.8 \times 10^3 \text{ N} = 28.8 \text{ kN}$$

得到

$$M_{\text{挤}} \leqslant 4 \times 28.8 \text{ kN} \times 0.16 \text{ m} = 18.4 \text{ kN·m}$$

为保证联轴节安全工作,所允许使用的扭矩为

$$M \leqslant \min\{M_{\text{扭}}, M_{\text{剪}}, M_{\text{挤}}\} = 15.7 \text{ kN·m}$$

§7.5 静不定问题和弹塑性问题

在讨论杆的拉压时,已经指出:求解变形体静力学问题的基本方程是平衡方程、变形几何协调方程和反映材料力与变形关系的物理方程。只不过研究静不定问题时,需要联立求解上述方程;研究弹塑性问题时,物理方程需要用弹塑性应力应变关系描述。这种研究思维,同样适用于扭转问题。本节将用两个例题,对圆轴扭转静不定问题和弹塑性问题的分析方法来进行说明和讨论。

例 7.5 如图 7.13(a)所示,两端固定的圆截面杆 AB,在 C 截面处受外力偶矩 M_C 作用。试求两固定端的力偶矩。

解：1）受力分析

杆 AB 上只有外力偶矩 M_C 作用，故两固定端约束力为力偶，受力如图 7.13(b)所示。有平衡方程

$$M_A + M_B = M_C \qquad (1)$$

2）变形几何协调方程

杆受固定端约束，两端相对扭转角为零，即

$$\varphi_{AB} = \varphi_{AC} + \varphi_{CB} = 0 \qquad (2)$$

3）物理方程

扭转时，材料的物理关系由剪切胡克定理 $\tau = G\gamma$ 描述。由此得到的扭矩[图 7.13(c)]与扭转角的关系为

$$\varphi_{AC} = -\frac{M_A a}{GI_p}, \quad \varphi_{CB} = +\frac{M_B b}{GI_p} \qquad (3)$$

4）联立求解

将（3）式代入（2）式，有

$$-M_A a + M_B b = 0 \qquad (4)$$

由（1）、（4）两式得到

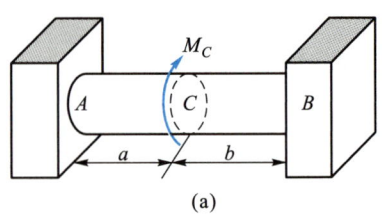
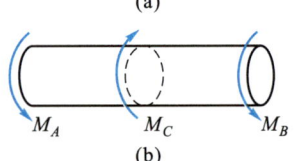
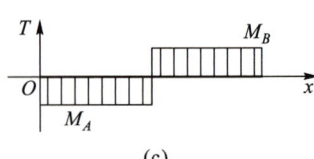

图 7.13 例 7.5 图

$$M_A = \frac{b}{a+b}M_C, \quad M_B = \frac{a}{a+b}M_C$$

本例再一次表明，无论静定问题还是静不定问题，求解的基本方程都是平衡方程、变形几何协调方程和反映材料力与变形关系的物理方程，只不过研究静不定问题时需要联立求解上述方程而已，两者并无本质上的差别。

例 7.6   图 7.14(a)所示空心圆轴承受外扭转力偶矩 M 作用，已知 $\dfrac{D}{d}=\alpha$。若材料服从图 7.14(b)所示的理想弹塑性切应力-切应变关系，试估计此轴开始发生屈服时的扭矩 T_s，以及此轴可承受的最大扭矩 T_u。

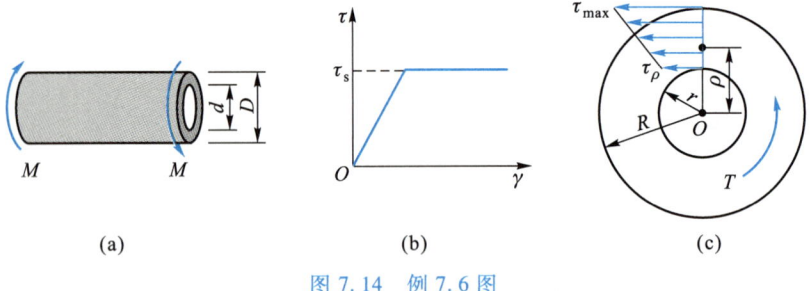

图 7.14 例 7.6 图

解：1）弹性阶段（$T < T_s$）

弹性阶段剪切胡克定律成立，有 $\tau = G\gamma$。§7.3 节的分析已给出截面切应力分布如图 7.14(c)所示。且有

$$\tau_{max} = T/W_T$$

2）开始屈服（$T=T_s$）

当 $T=T_s$ 时，$\tau_{\max}=\tau_s$，进入屈服，此时有

$$\tau_{\max}=\tau_s=T_s/W_T$$

故屈服扭矩为

$$T_s=W_T\tau_s=\frac{\pi D^3}{16}(1-\alpha^4)\tau_s=\frac{\pi R^3}{2}(1-\alpha^4)\tau_s$$

3）屈服阶段（$T>T_s$）

扭矩到达屈服扭矩时，截面最外层首先进入屈服，如图 7.15（a）所示。对于理想弹塑性材料，已经屈服的部分材料承担的载荷不再进一步增加，τ 恒为 τ_s。其余弹性部分的材料，承受的应力小于屈服应力，故扭矩还可以增大。随着扭矩的进一步增大，截面上的切应力由外向内逐渐进入屈服；未屈服的弹性材料部分，切应力仍呈线性分布，如图 7.15（b）所示。

4）极限扭矩（$T=T_u$）

直到全部材料进入屈服，截面上各处切应力均到达 τ_s，如图 7.15（c）所示，载荷才不能继续增加。此时的载荷就是轴所能承受的极限载荷，称为极限扭矩。

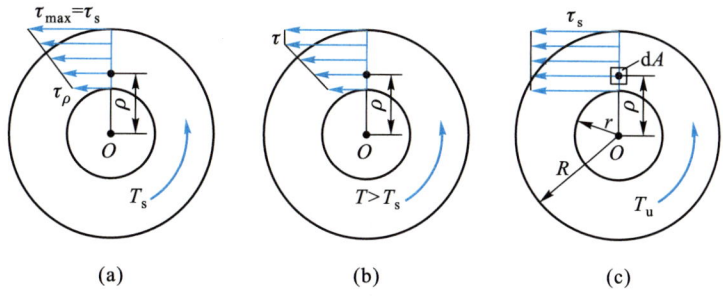

图 7.15　理想弹塑性扭转

在图 7.15（c）中取微面积 dA，微面积上作用的剪力为 $\tau_s dA$，其对轴心的矩为 $\rho\tau_s dA$，在整个截面上积分，即得极限扭矩 T_u 为

$$T_u=\int_A\tau_s\rho dA=\tau_s\int_r^R 2\pi\rho^2 d\rho=\frac{2\pi R^3\tau_s}{3}(1-\alpha^3)$$

若空心圆轴 $\alpha=0.5$，则极限扭矩与屈服扭矩之比为

$$T_u/T_s=\frac{4(1-\alpha^3)}{3(1-\alpha^4)}=\frac{56}{45}$$

对于实心圆轴，$\alpha=0$，则屈服扭矩为

$$T_s=\frac{\pi R^3}{2}\tau_s$$

极限扭矩为

$$T_u=\frac{2\pi R^3}{3}\tau_s$$

可见，对于实心圆轴，极限扭矩比屈服扭矩大，$T_u/T_s=4/3$。

小　结

7.5　第七章知识图谱

7.6　第七章知识点测试题

7.7　第七章知识点测试题答案

1. 扭转时,横截面上的内力是扭矩 T,其正负按右手螺旋定则规定。

2. 圆轴扭转时横截面上任意一点的切应力 τ_ρ 与该点到轴心的距离 ρ 成正比;横截面外圆周边各点处的切应力最大,且有

$$\tau_{max} = \frac{Tr}{I_p} = \frac{T}{W_T}$$

切应力方向与半径垂直,其指向由截面扭矩确定。截面中心处切应力为零。

3. 内径与外径之比 $\alpha = d/D$ 的空心圆截面的极惯性矩为

$$I_p = \frac{\pi D^4}{32}(1 - \alpha^4)$$

抗扭截面系数则为

$$W_T = \frac{\pi D^3}{16}(1 - \alpha^4)$$

令 $\alpha = 0$,即得到实心圆截面的结果。

4. 若轴两截面间的扭矩 T 不变,轴为等直杆(I_p 不变)且材料不变(G 不变),则轴单位长度的扭转角(单位为 rad/m)为

$$\theta = \varphi/l = \frac{T}{GI_p}$$

GI_p 是圆轴的抗扭刚度。GI_p 值越大,则轴的扭转变形越小。

5. 圆轴扭转的强度条件为

$$\tau_{max} = \frac{T}{W_T} \leq [\tau]$$

圆轴扭转的刚度条件为

$$\theta_{max} = \frac{T}{GI_p} \frac{180°}{\pi} \leq [\theta]$$

式中,$[\theta]$ 的单位为 $(°)/m$。

思　考　题

7.1　建立圆轴扭转切应力公式时,刚性平面假设起何作用?

7.2　已知两轴长度及所受外力偶矩完全相同。若两轴材料不同、横截面尺寸不同,其扭矩图相同否?若两轴材料不同、横截面尺寸相同,两者的扭矩、应力是否相同? 变形是否相同?

7.3　空心圆轴外径为 D,内径为 d,其极惯性矩 I_p 与抗扭截面系数 W_T 是否可按下式计算?

$$I_p = \frac{\pi}{32}D^4 - \frac{\pi}{32}d^4, \quad W_T = \frac{\pi}{16}D^3 - \frac{\pi}{16}d^3$$

7.4　下列实心圆轴与空心圆轴截面上的扭转切应力分布图是否正确? T 为横截面上的扭矩。

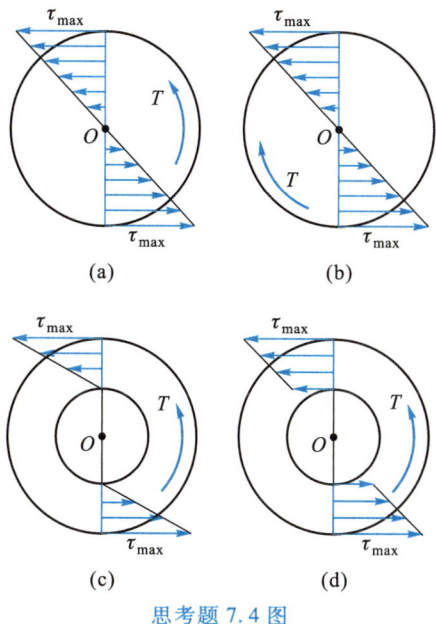

思考题 7.4 图

7.5　试从截面切应力分布情况,说明空心圆轴较实心圆轴能更充分发挥材料的作用。

习　题

7.1　试作图示杆的扭矩图。

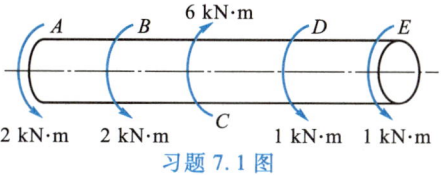

习题 7.1 图

7.2　一实心圆杆直径 $d = 100$ mm,扭矩 $T = 100$ kN·m。试求距圆心 $d/8$、$d/4$ 及 $d/2$ 处的切应力,并绘出其横截面上的切应力分布图。

7.3　圆轴 A 端固定,受力如图所示。$AC = CB = 1$ m,切变模量 $G = 80$ GPa,试求:

(1)实心段和空心段内的最大和最小切应力,并绘出横截面上切应力分布图;

(2)B 截面相对 A 截面的扭转角 φ_{BA}。

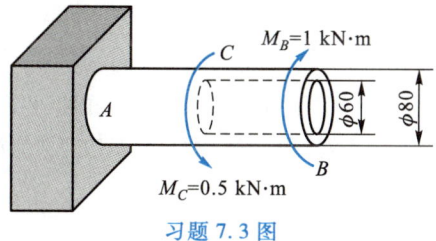

习题 7.3 图

7.4   阶梯形空心圆轴如图所示。已知 A、B 和 C 处的外力偶矩分别为 $M_A = 80\ \text{N·m}$,$M_B = 50\text{N·m}$,$M_C = 30\ \text{N·m}$,材料的切变模量 $G = 80\ \text{GPa}$,该轴的许用切应力 $[\tau] = 60\ \text{MPa}$,许用扭转角 $[\theta] = 1°/\text{m}$。试校核该轴的强度与刚度。

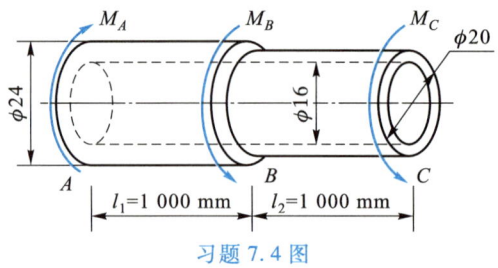

习题 7.4 图

7.5   实心圆轴和空心圆轴通过牙嵌式离合器连接在一起。已知其转速 $n = 98\ \text{r/min}$,传递功率 $P = 7.4\ \text{kW}$,该轴的许用切应力 $[\tau] = 40\ \text{MPa}$。试设计实心圆轴的直径 D_1,及内外径比值为 $\alpha = 0.5$ 的空心圆轴的外径 D_2 和内径 d_2。

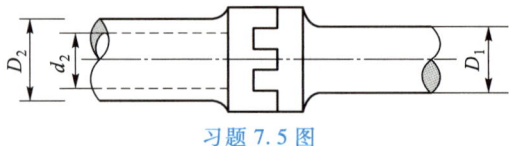

习题 7.5 图

7.6   机械设计中,初步估算旋转轴直径时,强度条件与刚度条件常分别采用下列公式:

$$d \geqslant A \times \left(\frac{P}{n}\right)^{\frac{1}{3}}, \quad d \geqslant B \times \left(\frac{P}{n}\right)^{\frac{1}{4}}$$

式中,P 为功率,kW;n 为转速,r/min。试推证上述公式并导出 A、B 的表达式。

7.7   空心钢轴的外径 $D = 100\ \text{mm}$,内径 $d = 50\ \text{mm}$,材料的切变模量 $G = 80\ \text{GPa}$。若要求该轴在 2 m 内的最大扭转角不超过 1.5°,试求其所能承受的最大扭矩及此时轴内的最大切应力。

7.8   传动轴的转速 $n = 500\ \text{r/min}$,主动轮 A 输入功率 $P_A = 367\ \text{kW}$,从动轮 B、C 的输出功率分别为 $P_B = 147\ \text{kW}$、$P_C = 220\ \text{kW}$。已知材料的许用切应力 $[\tau] = 70\ \text{MPa}$,材料的切变模量 $G = 80\ \text{GPa}$,许用扭转角 $[\theta] = 1°/\text{m}$。试确定 AB 段的直径 d_1 和 BC 段的直径 d_2。

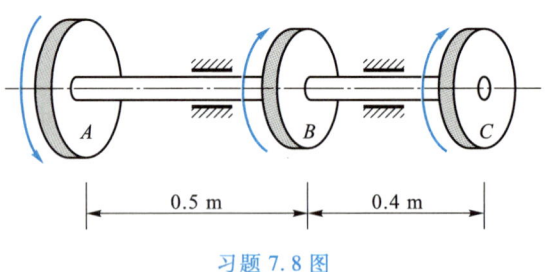

习题 7.8 图

7.9   一端固定的钢制圆轴如图所示。在外力偶矩 M_B 和 M_C 的作用下,圆轴内产生的最大切应力为 40.8 MPa,自由端转过的角度为 $\varphi_{AC} = 0.98 \times 10^{-2}\ \text{rad}$。已知材料的切变模量 $G = 80\ \text{GPa}$。试求作用在该轴上的外力偶矩 M_B 和 M_C 的大小。

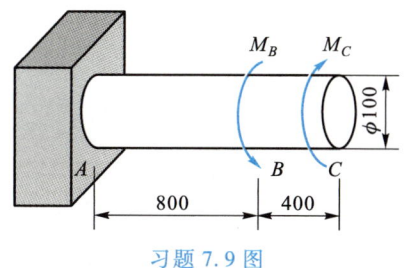

习题 7.9 图

7.10　实心圆轴如图所示,已知输出的外力偶矩 $M_B = M_C = 1.64$ kN·m,$M_D = 2.18$ kN·m;材料的切变模量 $G = 80$ GPa,$[\tau] = 40$ MPa,$[\theta] = 1°/m$。

（1）试求输入力偶矩 M_A。

（2）设计轴的直径。

（3）按 $\alpha = 0.5$ 重新设计空心圆轴的尺寸并与实心圆轴比较重量。

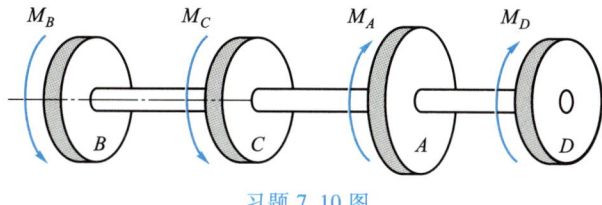

习题 7.10 图

7.11　图中实心圆轴的直径 $d = 50$ mm,两端固定。

（1）已知 $M_C = 1.64$ kN·m,求 A、B 两端的约束力偶矩。

（2）若材料为理想塑性且 $\tau_s = 100$ MPa,求屈服扭矩 T_s 和极限扭矩 T_u。

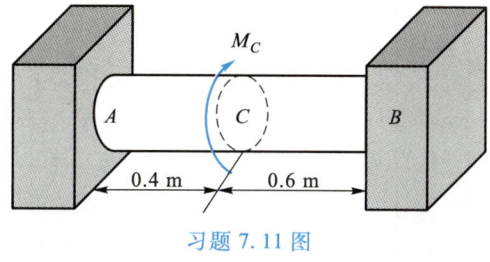

习题 7.11 图

7.12　已知钻探机功率 $P = 7.35$ kW,转速 $n = 180$ r/min,空心钻杆的外径 $D = 60$ mm,内径 $d = 50$ mm,该钻杆入土深度 $l = 40$ m,材料的切变模量 $G = 80$ GPa,许用应力 $[\tau] = 40$ MPa。假设土壤对该钻杆的阻力沿长度均匀分布,试作该钻杆的扭矩图,并进行强度校核;计算 A、B 两截面的相对扭转角。

7.13　图示空心钢轴转速 $n = 120$ r/min,外径 $D = 120$ mm,内径 $d = 80$ mm,材料的弹性模量 $E = 200$ GPa,泊松比 $\mu = 0.25$,由实验测得该轴表面一点 A 处与母线成 $45°$ 方向上的正应变为 2.0×10^{-4},计算轴传递的功率 P。

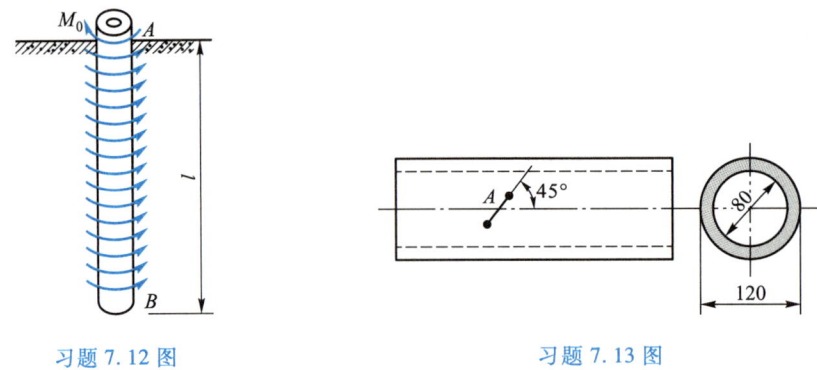

习题 7.12 图   习题 7.13 图

7.14   图示由半径为 a 的铜杆和外半径为 b 的钢管经过盈配合而成的组合杆,受扭转力偶矩 M_e 作用。试求铜杆和钢管横截面上的扭矩 T_a 和 T_b,并绘出它们横截面上切应力沿半径的变化情况。

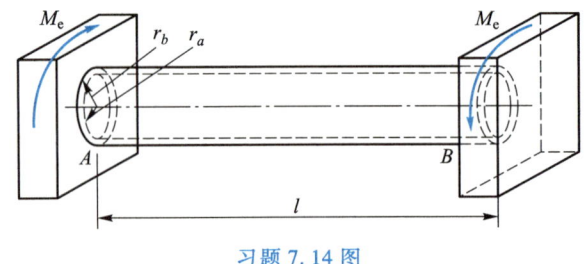

习题 7.14 图

7.15   两段直径相同的实心钢轴,由法兰通过 6 只螺栓连接。传递功率 $P = 80$ kW,钢轴的转速 $n = 240$ r/min,许用切应力为 $[\tau]_1 = 80$ MPa;螺栓的许用切应力 $[\tau]_2 = 60$ MPa。试校核该钢轴的强度,并设计螺栓直径。

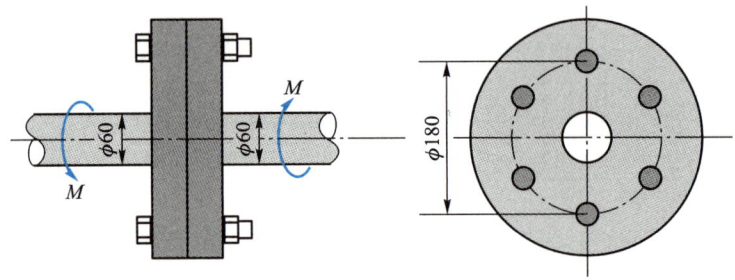

习题 7.15 图

第八章　梁的平面弯曲

与杆的拉压、轴的扭转一样,弯曲是又一种形式的基本变形。承受弯曲作用的杆,称为梁(beams)。本章研究梁的应力和变形。

工程中最常见的梁,可以分为三类,即简支梁、外伸梁和悬臂梁。

由一端为固定铰,另一端为滚动铰支承的梁,称为简支梁;若固定铰、滚动铰支承位置不在梁的端点,则称为外伸梁(可以是一端外伸,也可以是两端外伸);一端为固定端,另一端自由的梁,则称为悬臂梁。它们分别如图 8.1(a)(b)(c)所示。

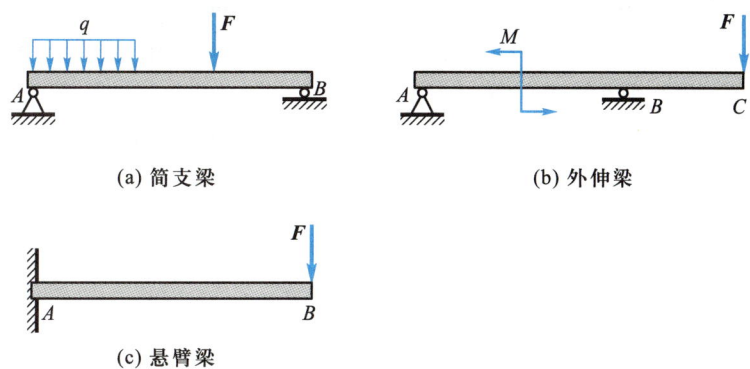

(a) 简支梁　　　　　　　　　　　　　　(b) 外伸梁

(c) 悬臂梁

图 8.1　梁的分类

在平面力系的作用下,上述简支梁、外伸梁或悬臂梁的约束力均为 3 个,故约束力可以由静力平衡方程完全确定,均为静定梁。

这种梁的弯曲平面(即由梁弯曲前的轴线与弯曲后的挠曲线所确定的平面)与载荷平面(即梁上载荷所在的平面)重合的弯曲,称为平面弯曲(plane bending)。

平面弯曲是最基本的弯曲问题,本章仅限于讨论平面弯曲。与前面研究拉压、扭转问题一样,先研究梁的内力,再由平衡条件、变形几何关系及力与变形间的物理关系研究梁横截面上的应力,进而研究梁的变形,最后讨论梁的强度与刚度。

8.1　弯曲工程案例

▍§8.1　梁的弯曲内力

如第四章所述,用截面法求构件各截面内力的一般步骤是:先求出约束力,再用截面法将构件截开,取其一部分作为研究对象,画出该研究对象的受力图;截面上的内力按正向假设,由平衡方程求解。在第四章中不仅已经讨论了用截面法求构件内力的一般方法,还给出了构件横截面上内力图的画法。下面将通过若干例题,进一步讨论如何确定平面弯曲梁横截面上的内力。

例 8.1 求图 8.2 所示简支梁各截面的内力并作内力图。

解: 1) 求约束力

注意固定铰 A 处 $F_{Ax}=0$,故梁 AB 受力如图 8.2(a)所示。列平衡方程有

$$\sum M_A(\boldsymbol{F}) = F_{By}(2a+b) - Fa - F(a+b) = 0$$

$$\sum F_y = F_{Ay} + F_{By} - 2F = 0$$

得到

$$F_{Ay} = F_{By} = F$$

2) 求截面内力

$0 \leqslant x_1 < a$:左段受力如图 8.2(b)所示。

由平衡方程有

$$\sum F_y = F_{Ay} - F_{S1} = 0, \quad F_{S1} = F_{Ay} = F$$

$$\sum M_C(\boldsymbol{F}) = M_1 - F_{Ay}x_1 = 0, \quad M_1 = Fx_1$$

$a \leqslant x_2 < a+b$:左段受力如图 8.2(c)所示。

由平衡方程有

$$F_{S2} = F_{Ay} - F = 0$$

$$M_2 = F_{Ay}x_2 - F(x_2-a) = Fa$$

$a+b \leqslant x_3 < 2a+b$:左段受力如图 8.2(d)所示。

由平衡方程有

$$F_{S3} = F_{Ay} - 2F = -F$$

$$M_3 = F_{Ay}x_3 - F(x_3-a) -$$

$$F(x_3-a-b)$$

$$= F(2a+b) - Fx_3$$

注意在 $x = 2a+b$ 的右端点 B,截面之内力 $(F_S、M)$ 必然回至零。

3) 画内力图

剪力图如图 8.2(e)所示。注意在 $a \leqslant x \leqslant a+b$ 段内,F_S 恒为零。

在 $0 \leqslant x < a$ 和 $a+b \leqslant x < 2a+b$ 两段内,弯矩 M 随截面位置 x 呈线性变化;在 $x=0$ 和 $x=2a+b$ 两端点,$M=0$;两集中力作用处,即 $x=a$ 和 $x=a+b$ 处,有 $M=Fa$;在 $a \leqslant x < a+b$ 段内,M 恒为 Fa;故弯矩图如图 8.2(f)所示。

梁在 $a \leqslant x < a+b$ 段内,只有弯矩,没有剪力,

(a)
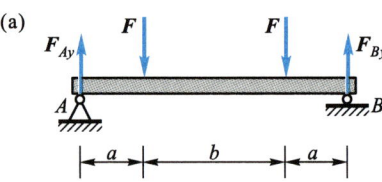

(b)
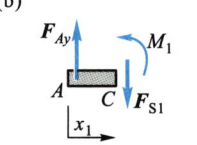

(c)
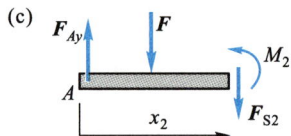

(d)
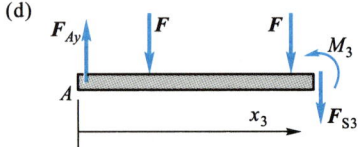

(e)
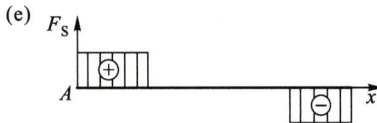

(f)

图 8.2　例 8.1 图

这种情况称为纯弯曲(pure bending)。

例 **8.2** 梁 AB 和 BC 在 B 处铰接,如图 8.3 所示,试作其剪力图与弯矩图。

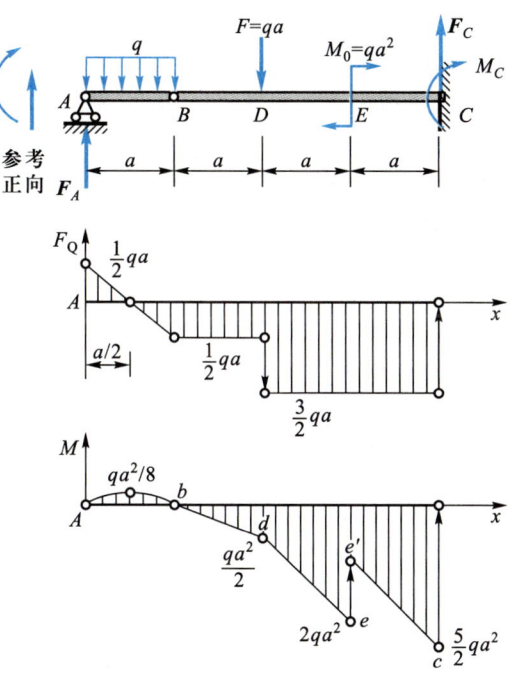

图 8.3 例 8.2 图

解:1) 求约束力

整体受力如图所示,有平衡方程

$$\sum F_y = F_A - qa - F + F_C = 0$$

研究梁 AB 段受力,有平衡方程

$$\sum M_B(\boldsymbol{F}) = F_A a - qa^2/2 = 0$$

研究梁 BC 段受力,有平衡方程

$$\sum M_B(\boldsymbol{F}) = 3F_C a - Fa - M_0 - M_C = 0$$

解得

$$F_A = qa/2, \quad F_C = 3qa/2, \quad M_C = 5qa^2/2$$

2) 计算控制点的剪力,作 F_S 图

剪力 F_S 等于该点左侧梁上分布载荷图形的面积加上集中力,参考正向如图所示。有

$$F_{SA} = F_A = qa/2$$

$$F_{SB} = qa/2 - qa = -qa/2$$

$$F_{SD}^L = F_{SB} = -qa/2$$

$$F_{SD}^R = F_{SB} - qa = -3qa/2$$

$$F_{SE} = F_{SD}^{R} = -3qa/2$$

$$F_{SC}^{L} = F_{SE} = -3qa/2$$

$$F_{SC}^{R} = -3qa/2 + F_C = 0$$

AB 段为斜直线, $q<0$, 斜率为负; 其余各段为水平线($q=0$); 作剪力图如图8.3所示。注意在 AB 段内 F_S 由正变负, 由剪力图几何分析可知, 在 $x=a/2$ 处, $F_S=0$。

3) 计算控制点的弯矩, 作 M 图

弯矩 M 等于该点左侧剪力图图形的面积加上集中力偶(顺时针为正), 有

$$M_A = 0$$

$$M_B = \frac{1}{2}qa \times \frac{1}{2}a/2 - \frac{1}{2}qa \times \frac{1}{2}a/2 = 0$$

$$M_D = M_B - \frac{1}{2}qa^2 = -\frac{1}{2}qa^2$$

$$M_E^{L} = M_D - \frac{3}{2}qa^2 = -2qa^2$$

$$M_E^{R} = M_E^{L} + qa^2 = -qa^2$$

$$M_C^{L} = M_E^{R} - \frac{3}{2}qa^2 = \frac{5}{2}qa^2$$

$$M_C^{R} = M_C^{L} + \frac{5}{2}qa^2 = 0$$

可判定 M 图曲线形状如下:

AB 段为抛物线。在 $0 \le x < a/2$ 间, $q<0$, $F_S>0$, 弯矩图为上升凸弧; 在 $a/2 \le x < a$ 间, $q<0$, 且 $F_S<0$, 弯矩图为下降凸弧。 $x=a/2$ 处, $F_S=0$, 弯矩取极值且 $M=qa^2/8$。

其他各段 F_S 为常数且小于零, 故弯矩图均为直线且斜率为负。

得到的 M 图如图8.3所示。注意 DE、EC 两段剪力 F_S 相等, 故弯矩图中两段直线斜率相同; B 处左右两侧 F_S 相等, 故弯矩图在该处斜率不变, 即直线 bd 应与曲线 Ob 在 b 处相切。

正确的 F_S、M 图, 图形应当是封闭的。即左端从零开始, 到右端回至零结束。这是构件处于平衡的必要条件。

讨论: 本题梁 AB 和梁 BC 是在 B 处铰接的, 最基本的方法是求出 B 处约束力后再分别研究梁 AB 和梁 BC 的内力。上述解题过程中, 并未求 B 处约束力, 直接作出了梁 AB 和梁 BC 的内力图, 所得到的结果与最基本方法是一致的。其实, 在 B 处, 铰链的约束力为 $F_B = qa/2$。对于 AB 段, F_B 向上, 若单独画梁 AB 的剪力图, 刚好使其 F_S 图封闭。另外, 应注意铰接处是不能承受弯矩的, 故该处必有 $M_B=0$。

例8.3 试作图8.4(a)所示外伸梁的剪力图与弯矩图。

解: 1) 求约束力

$$F_A = -25 \text{ kN}, \quad F_B = 35 \text{ kN}$$

2) 作剪力图

端点 C 处无集中力, 剪力 F_S 为零。 CA 段 $q>0$, 剪力图为上升直线。截面 A 左边,

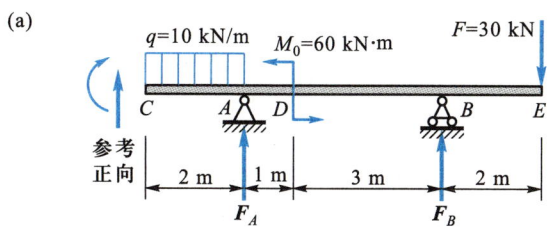

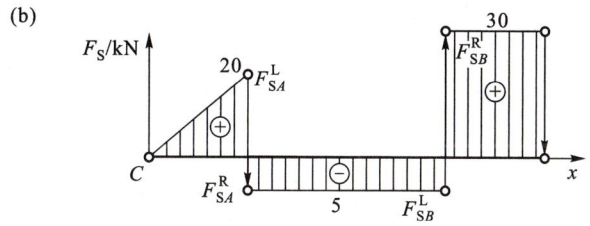

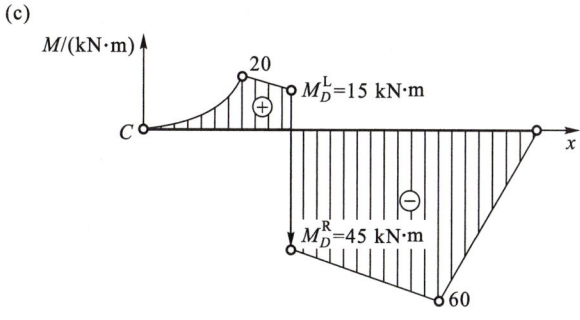

图 8.4　例 8.3 图

$F_{SA}^L = 20$ kN（分布载荷图形面积）；A 处有向下的集中力 F_A，故剪力图向下行 25 kN，即截面 A 右边有 $F_{SA}^R = F_{SA}^L + F_A = -5$ kN。AB 段为水平直线（注意集中力偶对剪力图无影响）。截面 B 处有向上的集中力 $F_B = 35$ kN，故剪力图应向上行 35 kN，即有，$F_{SB}^R = F_{SA}^L + F_B = 30$ kN。BE 段为水平直线；截面 E 处有向下的集中力 $F = 30$ kN，F_S 图下行回至零。

得到的剪力图如图 8.4(b)所示。

3）作弯矩图

端点 C 处无集中力偶，弯矩为零。CA 段 $q > 0$，$F_S > 0$，弯矩图为上升凹弧且 $M_A = 20$ kN·m（截面以左 F_S 图的面积）。A 处有集中力作用，弯矩图在该处出现转折。AD 段，$F_S = C$（常量）< 0，故弯矩图是斜率为负的直线，且 $M_D^L = (20-5\times1)$ kN·m $= 15$ kN·m。D 处有逆时针集中力偶作用，弯矩图应下行 60 kN·m，即 $M_D^R = M_D^L - 60$ kN·m $= -45$ kN·m。DB 段剪力与 AD 段相同，故弯矩图上是斜率与 AD 段相同的直线，且 $M_B = M_D^R - 15$ kN·m $= -60$ kN·m。BE 段是斜率为正的直线（$F_S = C$（常量）> 0），且有 $M_E = M_B + 30\times2$ kN·m $= 0$。

得到的弯矩图如图 8.4(c)所示。

例 8.4　图 8.5 中梁用两块砖头在 A、B 处支承。梁上承受均布载荷 q 作用。为使梁中的弯矩值最小，距离 a 应为多大？

解：1）求约束力

两支承处受力如图所示，有

$$F_A = F_B = ql$$

2）作 F_S 图、M 图

F_S 图：全梁有 q＝常量<0，故剪力图各段均为斜率相同的下降直线。左端无集中力，剪力为零。截面 A 左边，$F_{SA}^L = -q(l-a)$（分布载荷图形面积）；截面 A 处有向上的集中力 F_A，故 $F_{SA}^R = F_{SA}^L + F_A = qa$。同样地，截面 B 处有：$F_{SB}^L = F_{SA}^R - 2qa = -qa$；$F_{SB}^R = F_{SB}^L + F_B = q(l-a)$；梁右端有 $F_S = 0$。得到的剪力图如图 8.5 所示。

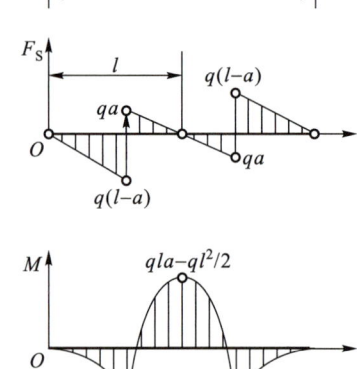

M 图：两端点处弯矩为零。因为全梁 $q<0$，故剪力图上 $F_S<0$ 的两段，弯矩图为下降凸弧；$F_S>0$ 的两段，弯矩图为上升凸弧。且 $M_A = M_B = -q(l-a)^2/2$；由剪力图可知在梁中点处有 $F_S = 0$，故弯矩 M 在该处应取得极值，且 $M_{中点} = -q(l-a)^2/2 + qa^2/2 = qla - ql^2/2$。得到的弯矩图亦示于图 8.5 中。

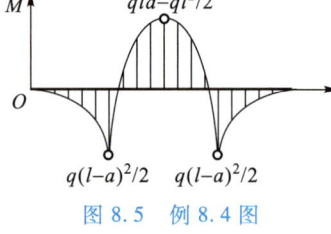

3）梁中弯矩值最小的条件

距离 a 过大，梁中点的弯矩值大；距离 a 过小，两支点处弯矩值大；故梁中弯矩值最小的条件为梁中点与两支点的弯矩值相等，即

$$q(l-a)^2/2 = qla - ql^2/2$$

整理后得

$$a^2 - 4la + 2l^2 = 0$$

解二次方程得

$$a = 0.586l \quad （另一根不合理，请读者自行分析）$$

图 8.5　例 8.4 图

§8.2　梁的应力与强度条件

8.2　弯曲内力分布猜想

如前所述，本章讨论的是平面弯曲梁，即梁有纵向对称面，载荷均作用在此纵向对称面内。平面弯曲梁横截面上的内力一般有剪力和弯矩，为了进一步简化问题，先讨论平面纯弯曲梁内的应力，即梁的横截面上只有弯矩而无剪力的情况。

与分析杆的轴向拉压、圆轴的扭转一样，梁的 弯曲应力（bending stress）和变形分析，同样要从静力平衡条件、变形几何关系及材料的物理关系三方面进行。

8.2.1　变形几何分析

为考虑梁弯曲的变形几何关系，先做一个简单的实验以观察梁变形时的表面现象，然后再由表及里地推断其内部的变形规律。

在梁的侧面作垂直于其轴线的横向线 AA 和 BB 及平行于梁轴线的纵向线段 aa 和 bb

[图 8.6(a)],然后在两端施加弯矩 M,使梁发生纵向对称平面内的纯弯曲变形,如图 8.6(b)所示。在变形后的梁上可以观察到:横向直线 AA、BB 仍然保持直线,只是相对转动了一个角度 $\Delta\varphi$,但仍垂直于梁变形后的轴线;原来

8.3 梁的弯曲变形

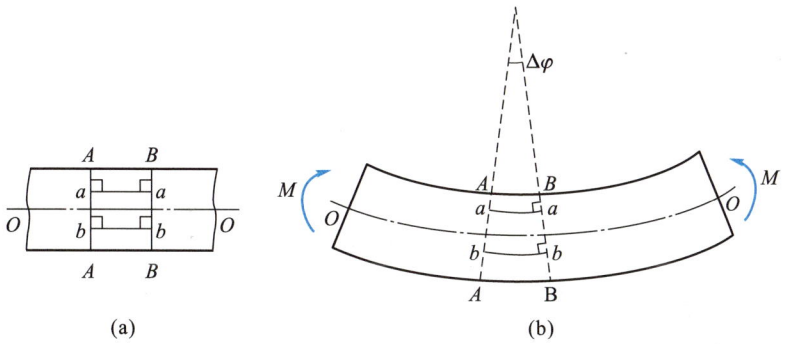

图 8.6　梁的变形现象

的纵向直线段 aa 与 bb 虽然发生了弯曲,但仍与横向线 AA 及 BB 正交。据此,可作出关于梁纯弯曲变形的横截面平面假设如下:

　　梁的横截面在变形后仍然保持为平面,且仍然垂直于梁的轴线。

　　进一步观察上述实验的表面现象,可以看出:纵向线段 aa 缩短,而线段 bb 伸长。依据横截面的平面假设,不难得出如下两条关于梁变形的推论:

　　推论 1:梁弯曲变形时,凹部纵向纤维受压缩短,凸部纵向纤维受拉伸长。各层纵向纤维长度的变化应当是连续的,从受压到受拉的连续变化中必定存在一个纵向平面,其上纵向纤维的长度保持不变,这层纵向面即称为中性面。中性面与横截面的交线,称为该截面的中性轴(neutral axis),如图 8.7 所示。

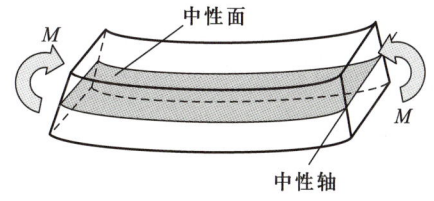

图 8.7　截面上的中性轴

　　进一步分析图 8.8(a)所示的梁段,建立坐标系如图 8.8(b)所示(y 轴为截面对称轴,z 轴为截面中性轴)。考虑横截面 AA 与 BB 间梁的微段,弯曲后截面 AA 与 BB 将形成夹角 $\mathrm{d}\varphi$,直线 AA 与 BB 延长线的交点到中性面的距离,即梁微段中性面之曲率半径 ρ。显然,在中性面上有 $\overset{\frown}{OO}=\rho\mathrm{d}\varphi$;那么,距中性轴坐标为 y 的纵向纤维变形前的长度 $aa=\overset{\frown}{OO}$,变形后的长度 $\overset{\frown}{aa}=(\rho-y)\mathrm{d}\varphi$,应变则为

$$\varepsilon=\frac{\overset{\frown}{aa}-aa}{aa}=\frac{(\rho-y)\mathrm{d}\varphi-\rho\mathrm{d}\varphi}{\rho\mathrm{d}\varphi}=-\frac{y}{\rho} \tag{8.1}$$

(8.1)式即平面纯弯曲梁应满足的变形几何关系。

　　由(8.1)式可进一步得到下述推论。

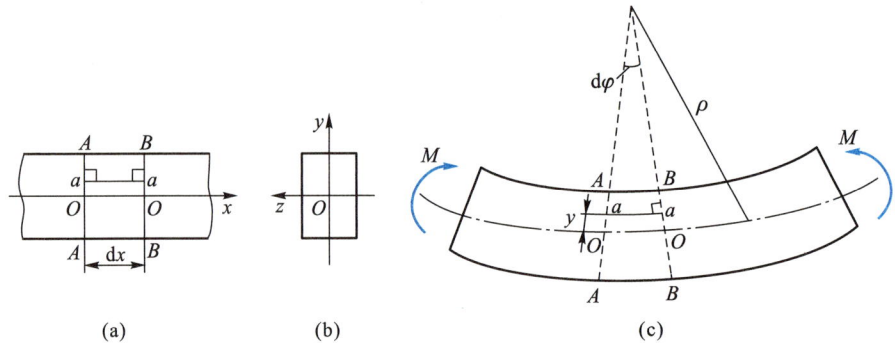

图 8.8　梁纵向纤维的线应变

推论 2：梁内纵向纤维的线应变的大小，与其到中性轴的距离成正比。

8.2.2　材料的物理关系

由梁弯曲实验现象还可观察到，横向直线段 AA、BB 的尺寸并未发生改变。故可以假设：梁内相邻的纵向纤维之间无相互挤压作用，即各纵向纤维都处于单向拉伸或压缩的状态。基于这一假设，当限于在线性弹性范围内考虑问题时，对每一纵向纤维均可应用单向拉压时的应力–应变关系 $\sigma = E\varepsilon$。利用（8.1）式，即有

$$\sigma = -\frac{Ey}{\rho} \tag{8.2}$$

上式表示梁横截面上各点的弯曲正应力的大小与该点到中性轴的距离成正比。

大多数金属材料拉伸和压缩下的弹性模量 E 值相等，于是可作出梁横截面上的应力分布如图 8.9 所示。

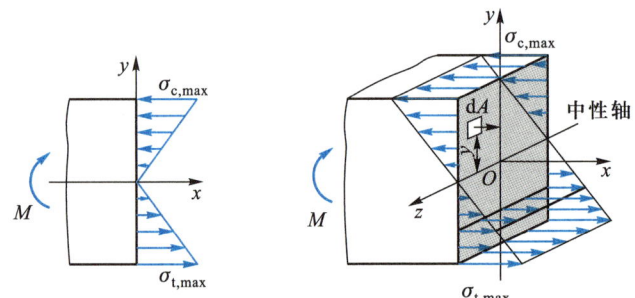

图 8.9　梁横截面上的正应力分布

至此可知，对于平面纯弯曲梁，横截面上只有由弯矩引起的正应力 σ，横截面上任一点的弯曲正应力 σ 的大小与该点到中性轴的距离成正比。在到中性轴的距离 y 相等的各点处，弯曲正应力 σ 相等。弯矩为正时，中性轴以上 $y>0$，故 $\sigma<0$，是压应力；中性轴以下 $y<0$，故 $\sigma>0$，是拉应力。最大拉、压应力在梁截面上离中性轴距离最大的上下缘处。

8.2.3　静力平衡条件

在平面纯弯曲情况下,横截面上的内力只有弯矩。由图8.9之微段梁可见,作用在右端截面上内力的合力应与作用在微梁段左端的弯矩构成平衡力系。

作用于图8.9中右端截面上任一微面积上的力均沿 x 方向且等于 $\sigma \mathrm{d}A$,故由静力平衡方程 $\sum F_x = 0$ 有

$$\int_A \sigma \mathrm{d}A = 0$$

将(8.2)式代入,得到

$$\int_A \left(-\frac{Ey}{\rho} \right) \mathrm{d}A = -\frac{E}{\rho} \int_A y \mathrm{d}A = 0$$

注意到式中材料的弹性模量 E、梁弯曲变形后的曲率半径 ρ 均不为零,故有

$$\int_A y \mathrm{d}A = 0$$

上式表示横截面对 z 轴的静矩 $S_z = 0$,这是确定形心的条件。由此可以确定中性轴的位置,即中性轴必过横截面形心。

再由静力平衡方程 $\sum M_z(\boldsymbol{F}) = 0$,还可写出

$$\int_A -y\sigma \mathrm{d}A = M$$

将(8.2)式代入,又可得到

$$\int_A (-y) \left(-\frac{Ey}{\rho} \right) \mathrm{d}A = \frac{E}{\rho} \int_A y^2 \mathrm{d}A = M$$

式中, $\int_A y^2 \mathrm{d}A$ 称为横截面对 z 轴的惯性矩,记作 I_z,其单位为 m^4 或 mm^4。对于给定截面几何形状的梁,可以通过积分算出其值。表8.1给出了若干简单截面几何形状图形对轴 z 的惯性矩。

表 8.1　若干简单几何形状图形的惯性矩

图　形	y_{max}	I_z	W_z
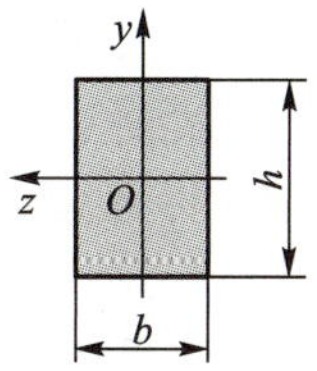	$h/2$	$\dfrac{bh^3}{12}$	$\dfrac{bh^2}{6}$
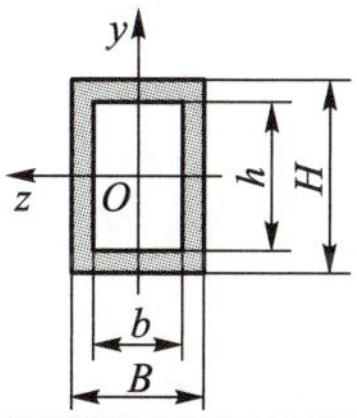	$H/2$	$\dfrac{1}{12}(BH^3 - bh^3)$	$\dfrac{H^2}{6}\left[B - b\left(\dfrac{h}{H} \right)^3 \right]$

图　形	y_{max}	I_z	W_z
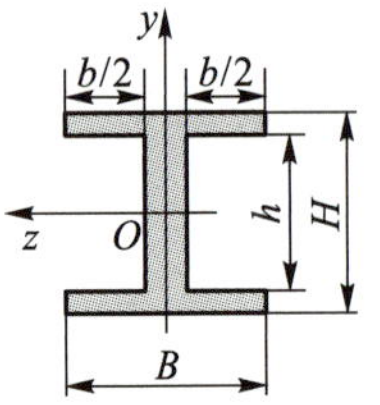	$H/2$	$\dfrac{1}{12}(BH^3-bh^3)$	$\dfrac{H^2}{6}\left[B-b\left(\dfrac{h}{H}\right)^3\right]$
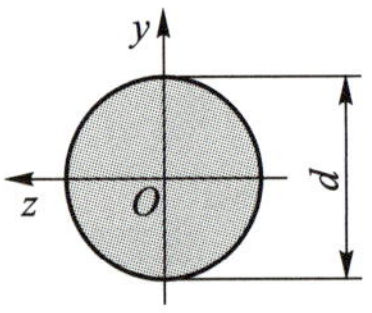	$d/2$	$\dfrac{\pi d^4}{64}$	$\dfrac{\pi d^3}{32}$
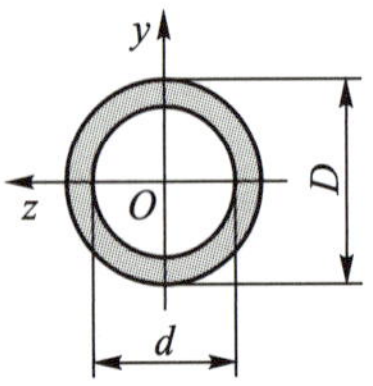	$D/2$	$\dfrac{\pi(D^4-d^4)}{64}$	$\dfrac{\pi D^3}{32}\left[1-\left(\dfrac{d}{D}\right)^4\right]$

利用横截面对 z 轴的惯性矩 I_z,上式可写为

$$\frac{1}{\rho}=\frac{M}{EI_z} \tag{8.3}$$

(8.3)式指出,梁弯曲变形后的曲率与弯矩 M 成正比,与 EI_z 成反比。EI_z 越大,梁变形后的曲率越小;因而,EI_z 称为梁的抗弯刚度。再将(8.3)式代回(8.2)式,即得

$$\sigma=-\frac{My}{I_z} \tag{8.4}$$

这就是平面纯弯曲梁横截面上正应力的计算公式。可见,在中性轴上,$y=0$,弯曲正应力 $\sigma=0$。对于如图 8.8 和图 8.9 所示坐标系,若弯矩 M 为正,则 $y>0$ 时,$\sigma<0$;$y<0$ 时,$\sigma>0$。弯矩 M 为负时则相反。依据梁弯曲的凸凹变形情况,不难判断中性轴 z 上下哪一部分截面受拉、哪一部分截面受压,故在使用(8.4)式时也可以不考虑其前面的负号与 y 坐标的正负,由中性轴上下两侧受拉还是受压,直接判断弯曲正应力的正负号。

8.2.4　平面弯曲时的正应力公式及强度条件

(8.4)式是在梁的平面纯弯曲情况下得到的正应力计算公式。实际上,工程中的平面弯曲梁大多数属于横截面上既有弯矩又有剪力的横力弯曲。横力弯曲情况下(8.4)式还能否适用? 深入分析(如弹性力学分析)的结论是:对于工程中的大多数细长梁(高跨比 $h/l<0.2$)来说,即使其横截面上有剪力存在,用(8.4)式计算横截面上的正应力也具有

足够的精度,可以满足工程要求。因此,(8.4)式也可以用来计算横力弯曲下细长梁的正应力。

由(8.4)式可知,$|y|$ 越大,弯曲正应力值越大。注意到 I_z 与 y_{max} 均为只与截面几何形状有关的量,故可定义梁的抗弯截面系数(section modulus in bending)为

$$W_z = \frac{I_z}{y_{max}} \tag{8.5}$$

抗弯截面系数是衡量梁截面抵抗弯曲变形能力的几何量,其单位为 m^3。

于是,梁中任一截面上的最大正应力则为

$$\sigma_{max} = \frac{M}{W_z} \tag{8.6}$$

一般地说,梁内弯矩 M 是变化的。因此,梁内最大正应力可能出现在弯矩 M 大、抗弯截面系数 W_z 小的截面上,这些截面是梁中可能的危险截面。

梁的正应力强度条件为

$$\sigma = \frac{M}{W_z} \leqslant [\sigma] \tag{8.7}$$

式中,$[\sigma]$ 为材料的许用应力。梁中处处都要满足强度条件。而且,如同讨论杆的拉压强度一样,对于拉压许用正应力不同的材料制作的梁,应当同时满足

$$\sigma_{t,max} \leqslant [\sigma_t] \quad \text{和} \quad \sigma_{c,max} \leqslant [\sigma_c]$$

以保证梁具有足够的强度。

如第五章所述,利用强度条件,可以进行强度校核、截面设计、确定许用载荷、选择梁的材料等强度计算。

例 8.5　一空心矩形截面悬臂梁受均布载荷作用,如图 8.10 所示。已知梁的长度 $l = 1.2$ m,均布载荷 $q = 20$ kN/m,横截面尺寸为 $H = 120$ mm,$B = 60$ mm,$h = 80$ mm,$b = 30$ mm,材料的许用正应力 $[\sigma] = 120$ MPa,试校核梁的强度。

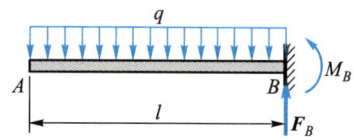

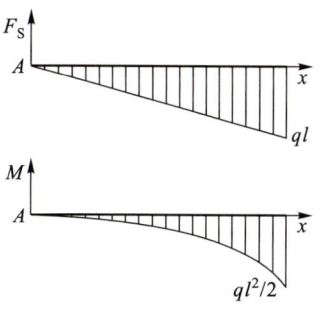

图 8.10　例 8.5 图

解:1)作梁的剪力、弯矩图

固定端弯矩最大,其值为

$$M_{max} = \frac{1}{2}ql^2 = 14.4 \text{ kN·m}$$

2)求截面惯性矩 I_z 与抗弯截面系数 W_z

查表 8.1,有

$$I_z = (BH^3 - bh^3)/12 = 7.36 \times 10^{-6} \text{ m}^4$$

注意到 $y_{max} = H/2$,故得

$$W_z = I_z/y_{max} = 7.36 \times 10^{-6} \text{ m}^4/0.06 \text{ m}$$

$$= 1.227 \times 10^{-4} \text{ m}^3$$

3）强度校核

最大应力出现于固定端横截面的上下边缘处,由强度条件有

$$\sigma_{max} = \frac{M_{max}}{W_z}$$

$$= \frac{14.4 \times 10^3 \text{ N} \cdot \text{m}}{1.227 \times 10^{-4} \text{ m}^3}$$

$$= 117 \times 10^6 \text{ Pa}$$

$$= 117 \text{ MPa} < [\sigma] = 120 \text{ MPa}$$

可见,梁的强度足够。

例 8.6 一矩形截面木梁如图 8.11 所示。已知 $F = 15$ kN, $a = 0.8$ m,许用应力 $[\sigma] = 10$ MPa。设梁横截面的高宽比 $h/b = 3/2$,试选择梁的截面尺寸。

解:1）求约束力,作内力图。梁受力如图所示,由平衡方程可得

$$F_A = F_B = 3F$$

作 F_S、M 图,梁中最大弯矩为

$$M_{max} = Fa = 15 \text{ kN} \times 0.8 \text{ m}$$

$$= 12 \text{ kN} \cdot \text{m}$$

2）注意到梁横截面的高宽比为 $h/b = 3/2$,则其抗弯截面系数可写为

$$W_z = bh^2/6 = 3b^3/8$$

3）强度条件给出

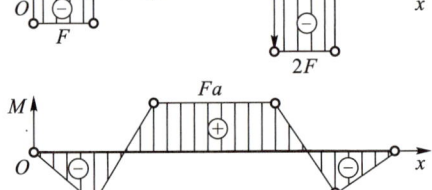

图 8.11 例 8.6 图

$$W_z \geqslant M_{max}/[\sigma] = 12 \times 10^3 \text{ N} \cdot \text{m}/(10 \times 10^6 \text{ Pa}) = 1.2 \times 10^{-3} \text{ m}^3$$

得到

$$3b^3/8 \geqslant 1.2 \times 10^{-3} \text{ m}^3, \quad b \geqslant 0.147 \text{ m}$$

故梁的截面尺寸可取为

$$b = 150 \text{ mm}, \quad h = 3b/2 = 225 \text{ mm}$$

讨论:本题横截面 $h/b = 3/2$,如图 8.12(a)放置。若截面如图 8.12(b)和图 8.12(c)所示,试设计其尺寸并讨论其重量比。

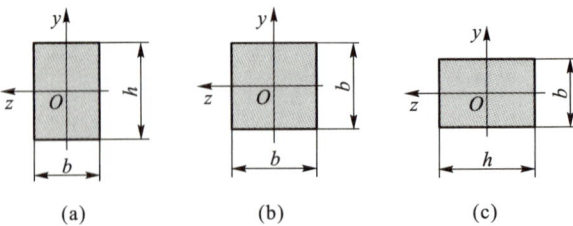

(a)   (b)   (c)

图 8.12 不同的矩形截面情况

前面已求得梁中最大弯矩为

$$M_{max} = Fa = 12\ kN \cdot m$$

抗弯截面系数可写为

$$(a)\quad W_z = bh^2/6 = 3b^3/8$$

$$(b)\quad W_z = bb^2/6 = b^3/6$$

$$(c)\quad W_z = hb^2/6 = b^3/4$$

由强度条件仍然可得

$$W_z \geqslant M_{max}/[\sigma] = 1.2 \times 10^{-3}\ m^3$$

将三种情况下的抗弯截面系数 W_z 代入,可确定所需的截面尺寸为

$$(a)\quad b \geqslant 147\ mm,\ h \geqslant 220.5\ mm$$

$$(b)\quad b \geqslant 193\ mm$$

$$(c)\quad b \geqslant 169\ mm,\ h \geqslant 253.5\ mm$$

重量比等于横截面面积比,有 $A_a : A_b : A_c = 0.87 : 1 : 1.15$。

可见,承受弯曲梁的截面设计应使材料尽可能远离中性轴,以充分发挥其承载潜力。空心截面设计、工字形截面设计通常是更合适的选择。

例8.7　T形截面铸铁梁如图8.13(a)所示,若 $[\sigma_c]/[\sigma_t] = 2$,试求其所能承受的最大正负弯矩之比。

解:1)T形截面梁中性轴位置

梁的中性轴垂直于纵向对称轴且通过截面形心。设形心 C 到 z' 轴的距离为 y_c,利用第三章求组合图形重心(即均质物体形心)的方法,设重度为 γ,则两部分矩形单位厚度的重力为 $4a^2\gamma$,作用点通过各矩形形心;组合图形的重力为 $8a^2\gamma$,作用点通过 y_c。将截面转过 $90°$,应用合力矩定理,对 z' 轴上 O 点取矩有

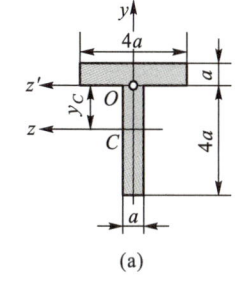

$$8a^2\gamma y_c = 2a \times 4a^2\gamma - 0.5a \times 4a^2\gamma$$

解得

$$y_c = 3a/4$$

中性轴 z 如图所示。

2)梁横截面上的应力分布

若截面弯矩 $M > 0$,则中性轴以上受压,中性轴以下受拉,如图8.13(b)所示;若截面弯矩 $M < 0$,则中性轴以下受压,中性轴以上受拉,如图8.13(c)所示。

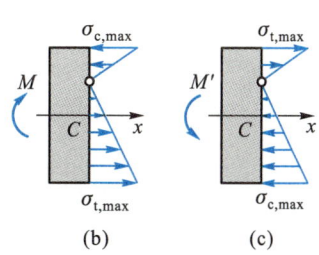

图 8.13　例 8.7 图

3)截面最大应力及强度条件

注意上缘到中性轴的距离为 $y = 1.75a$,下缘到中性轴的距离为 $y = 3.25a$,$M > 0$ 时:

$$\sigma_{t,max} = M \times 3.25a/I_z,\quad \sigma_{c,max} = M \times 1.75a/I_z$$

由强度条件应有

$$M_t \leqslant [\sigma_t] I_z/(3.25a)$$

$$M_c \leqslant [\sigma_c] I_z/(1.75a) = 2[\sigma_t] I_z/(1.75a)$$

截面上下缘均应满足强度条件,故有

$$M \leqslant \min\{M_t, M_c\} = [\sigma_t] I_z/(3.25a)$$

$M' < 0$ 时:

$$\sigma_{t,max} = M' \times 1.75a/I_z, \quad \sigma_{c,max} = M' \times 3.25a/I_z$$

由强度条件应有

$$M'_t \leqslant [\sigma_t] I_z/(1.75a)$$

$$M'_c \leqslant [\sigma_c] I_z/(3.25a) = 2[\sigma_t] I_z/(3.25a) = [\sigma_t] I_z/(1.625a)$$

上下缘均应满足强度条件,故有

$$M' \leqslant \min\{M'_t, M'_c\} = [\sigma_t] I_z/(1.75a)$$

最后得到梁所能承受的最大正负弯矩之比为

$$M/M' = \frac{[\sigma_t] I_z/(3.25a)}{[\sigma_t] I_z/(1.75a)} = 1.75/3.25 = 7/13$$

上述结果表明,对于 $[\sigma_c] > [\sigma_t]$ 的材料,可采用 T 形截面梁使离中性轴较远的一边承受压应力,离中性轴较近的一边承受拉应力,以充分发挥材料的潜力。

8.2.5 矩形截面梁横截面上的切应力

前面讨论了梁横截面上的正应力。对于受纯弯曲作用的梁,横截面上的内力只有弯矩,引起的应力是正应力 σ。如前所述,对于横截面上既有弯矩又有剪力的横力弯曲梁,当梁的跨度与高度之比足够大时,横截面上的弯曲正应力 σ 仍可由(8.4)式计算。但是,横力弯曲梁的横截面上不仅有正应力(弯矩引起的),还有切应力(剪力引起的)存在。下面以矩形截面梁为例,讨论其横截面上的切应力,建立对于梁弯曲切应力的基本认识。

设有矩形截面梁,其横截面高度为 h、宽度为 b。截面上除承受弯矩 M 外,还承受着剪力 F_S。对于梁横截面上的切应力,可作如下两个假设:

(1)截面各点处切应力 τ 的方向都与剪力 F_S 平行;

(2)到中性轴等距离之各点处的切应力均相等。

如图 8.14(a)所示,到中性轴距离为 y 处各点的切应力均为 τ。

取长度为 dx 的微梁段中到中性轴距离为 y 以上的部分研究,如图 8.14(b)所示,讨论其沿 x 方向的平衡。

梁的横截面(阴影面)上作用着正应力 $\sigma = -My/I_z$,横截面上沿 x 方向的力 F_1 为应力 σdA 在

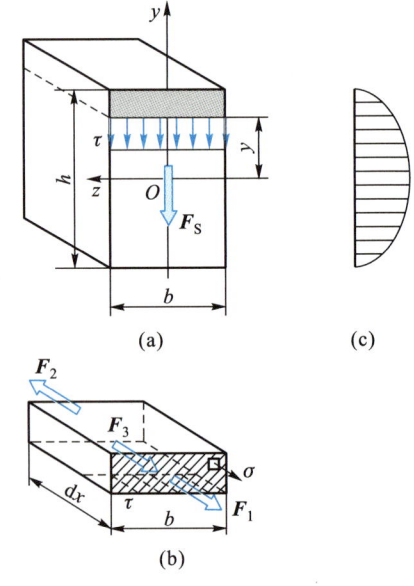

图 8.14 横截面上的切应力

阴影面积 A_1 上的积分,即

$$F_1 = \int_{A_1} \sigma \mathrm{d}A = -\int_{A_1} \frac{My}{I_z} \mathrm{d}A = -\frac{MS_z}{I_z}$$

式中,S_z 称为阴影面积 A_1 对中性轴 z 的**静矩**(static moment),且对于矩形截面有

$$S_z = \int_{A_1} y\mathrm{d}A = \int_y^{h/2} by\mathrm{d}y = \frac{b}{2}\left(\frac{h^2}{4}-y^2\right) \tag{8.8}$$

微梁段另一端的横截面上作用着正应力 σ',且 $\sigma' = -(M-\mathrm{d}M)y/I_z$,截面上沿 x 方向的力 F_2 为应力 $\sigma'\mathrm{d}A$ 在面积 A_1 上的积分,即

$$F_2 = \int_{A_1} \sigma'\mathrm{d}A = -\int_{A_1} \frac{(M-\mathrm{d}M)y}{I_z}\mathrm{d}A = -\frac{(M-\mathrm{d}M)S_z}{I_z}$$

底部水平面上作用着切应力 τ',由切应力互等定理知 $\tau' = \tau$,如图 8.14(b)所示。因为微梁段上无外载荷作用,各横截面上的剪力不变,则底部水平面各处作用的切应力均为 τ,故截面上沿 x 方向的力 F_3 为应力与面积的乘积,即

$$F_3 = \tau b \mathrm{d}x$$

由上述分析可列出平衡方程

$$\sum F_x = F_1 - F_2 + F_3 = 0$$

即

$$-\frac{MS_z}{I_z} + \frac{(M-\mathrm{d}M)S_z}{I_z} + \tau b\mathrm{d}x = 0$$

得出矩形截面梁横截面上的切应力为

$$\tau = \frac{S_z}{I_z b}\frac{\mathrm{d}M}{\mathrm{d}x} = \frac{F_S S_z}{I_z b} \tag{8.9}$$

注意上式中利用了梁的平衡微分关系 $\mathrm{d}M/\mathrm{d}x = F_S$,$F_S$ 为横截面上剪力的值;I_z 为整个横截面对中性轴 z 的惯性矩;S_z 为所求切应力作用位置线至截面边缘部分的面积(图中加灰部分)对中性轴的静矩;b 为横截面在所求切应力处的宽度。

将(8.8)式代入(8.9)式即可得到矩形截面梁横截面上距中性轴为 y 处的切应力公式为

$$\tau = \frac{F_S}{2I_z}\left(\frac{h^2}{4}-y^2\right) \tag{8.10}$$

上式指出,矩形截面梁上的切应力沿截面高度按抛物线规律变化,如图 8.14(c)所示。在截面上、下边缘处,切应力为零;在中性轴处($y=0$),切应力最大,且有

$$\tau_{\max} = \frac{F_S h^2}{8I_z} = \frac{F_S h^2}{8 \times bh^3/12} = \frac{3}{2}\frac{F_S}{bh} \tag{8.11}$$

注意到 $\dfrac{F_S}{bh}$ 是横截面上的平均切应力,故矩形截面梁的最大切应力为横截面上平均切应力的 1.5 倍。

例 8.8 图 8.15 所示矩形截面简支梁 AB 受均布载荷 q 作用,求梁中的最大正应力

和最大切应力。

解：1）求支座约束力

$$F_A = F_B = ql/2$$

2）作 F_S、M 图

如图 8.15 所示。

两端剪力最大，且 $F_{S\,max} = ql/2$；

中间弯矩最大，且 $M_{max} = ql^2/8$。

3）求最大应力

$$\tau_{max} = \frac{3F_{S\,max}}{2bh} = \frac{3ql}{4bh}$$

$$\sigma_{max} = \frac{M_{max}}{W_z} = \frac{3ql^2}{4bh^2}$$

可知，受均布载荷作用的矩形截面简支梁中，最大正应力和最大切应力之比为 $\sigma_{max}/\tau_{max} = l/h$。一般而言，梁的跨度 l 大于梁的高度 h，故细长梁的强度控制因素在大多数情况下都是弯曲正应力。

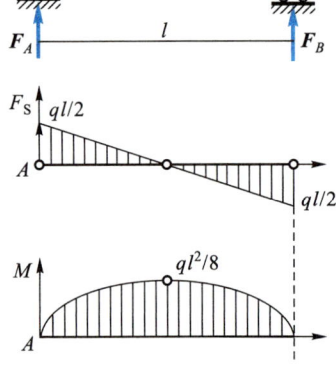

图 8.15   例 8.8 图

例 8.9   工字形截面尺寸如图 8.16 所示，$H = 200$ mm，$h = 180$ mm，$B = 100$ mm，$b = 8$ mm。若 $F_S = 100$ kN，试讨论其竖直方向对中性轴的切应力分布。

解：对于由矩形组合而成的截面，切应力也可用 (8.9)式估算。在翼缘（上下板）端部，切应力为零；在腹板（中间板）中心（$y = 0$）处，切应力最大。

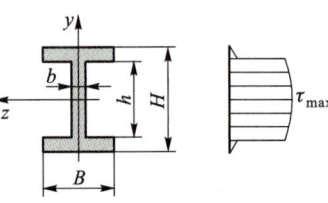

图 8.16   工字形截面的切应力

由表 8.1 可知，工字形截面的惯性矩为

$$
\begin{aligned}
I_z &= \left[BH^3 - (B-b)h^3 \right]/12 \\
&= \left[0.1 \times 0.2^3 - 0.092 \times 0.18^3 \right] \text{m}^4/12 \\
&= 2.195 \times 10^{-5} \text{ m}^4
\end{aligned}
$$

中性轴（$y = 0$）处截面静矩为

$$
\begin{aligned}
S_{z(y=0)} &= \int_A y\mathrm{d}A = \int_0^{h/2} by\mathrm{d}y + \int_{h/2}^{H/2} By\mathrm{d}y = \frac{bh^2}{8} + \frac{B}{8}(H^2 - h^2) \\
&= \frac{0.008 \times 0.18^2}{8} \text{ m}^3 + \frac{0.1}{8}(0.2^2 - 0.18^2) \text{ m}^3 \\
&= 12.74 \times 10^{-5} \text{ m}^3
\end{aligned}
$$

腹板上、下缘（$y = h/2$）处截面静矩为

$$
\begin{aligned}
S_{z(y=h/2)} &= \int_A y\mathrm{d}A \\
&= \int_{h/2}^{H/2} By\mathrm{d}y \\
&= \frac{B}{8}(H^2 - h^2)
\end{aligned}
$$

$$= \frac{0.1}{8}(0.2^2 - 0.18^2)\,\mathrm{m}^3$$

$$= 9.5 \times 10^{-5}\ \mathrm{m}^3$$

利用切应力公式 $\tau = \dfrac{F_S S_z}{I_z b}$，可以得到

$y = 0$ 处（腹板，$b = 0.008\ \mathrm{m}$）：

$$\tau = \tau_{\max}$$

$$= \left[100 \times 10^3 \times 12.74/(2.195 \times 0.008)\right]\mathrm{Pa}$$

$$= 72.6\ \mathrm{MPa}$$

$y = h/2$ 处（腹板，$b = 0.008\ \mathrm{m}$）：

$$\tau = \left[100 \times 10^3 \times 9.5/(2.195 \times 0.008)\right]\mathrm{Pa}$$

$$= 54\ \mathrm{MPa}$$

$y = h/2$ 处（翼缘，$B = 0.1\ \mathrm{m}$）：

$$\tau = \left[100 \times 10^3 \times 9.5/(2.195 \times 0.1)\right]\mathrm{Pa}$$

$$= 4.3\ \mathrm{MPa}$$

$y = H/2$ 处：

$$\tau = 0$$

可见，工字形截面上的切应力主要分布在腹板上，翼缘主要承受弯曲正应力作用，其上的切应力很小。工字形截面上切应力分布如图 8.16 中右图所示。

若忽略翼缘上承受的剪力，假定剪力 F_S 均匀分布在腹板上，则腹板上的平均切应力为

$$\tau_{\mathrm{ave}} = \frac{F_S}{bh} = \frac{100\ 000\ \mathrm{N}}{8 \times 180\ \mathrm{mm}^2} = 69.44\ \mathrm{MPa}$$

故可见，本例中用平均切应力作为工字形截面梁腹板上最大切应力的近似，误差小于 5%。

梁的切应力强度条件为

$$\tau_{\max} \leqslant [\tau] \tag{8.12}$$

根据正应力强度条件设计的梁截面，一般都能满足切应力强度条件，只有少数特殊情况才须作切应力强度校核，这里不再作进一步研究。

§ 8.3　梁的变形

8.3.1　梁的挠度和转角

现在研究梁在平面弯曲下的变形。先以图 8.17 所示的简支梁为例，进一步讨论对梁的变形的描述。

取梁变形前的水平轴线为 x 轴，y 轴竖直向上。如前所述，若 xOy 平面为梁的纵向对称面，且载荷均作用于此平面内，则弯曲变形后梁的轴线将成为 xy 面内的一条曲线，称为挠曲线(deflection curve)。梁弯曲时，各截面形心在 xOy 面内垂直方向的位移，可用坐标 $y(x)$ 表示，y 之值称为梁的挠度(deflection)。各横截面在 xOy 面内的角位移 $\theta(x)$，称为该截面的转角(angle of rotation)。由于转动后的横截面仍然垂直于梁的轴线(即变形后的挠曲线)，故截面在 x 处的转角 θ，等于挠曲线在 x 处的切线与 x 轴的夹角，如图 8.17 所示。梁的挠度 $y(x)$ 和截面的转角 $\theta(x)$，都是梁截面位置 x 的函数，它们描述了梁的弯曲变形。

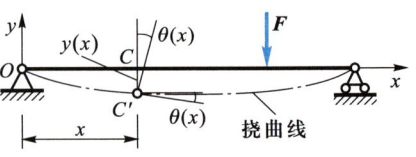

图 8.17　梁的挠度和转角

一般说来，梁的挠度 y 远小于梁的跨长，故挠曲线是一条平坦的小挠度曲线。从数学上不难证明，梁截面形心的水平位移与其挠度相比是高阶小量，在此可略去不计。

8.3.2　梁的挠曲线微分方程

在图 8.17 中所选取的坐标系下，梁的挠曲线方程可表示为

$$y = y(x) \tag{8.13}$$

式中，x 为梁变形前水平轴线上任一点的横坐标；y 为该点的挠度(横截面形心在垂直方向的位移)。由于挠曲线十分平坦，转角 θ 是一个小量，故

$$\theta \approx \tan\theta = \frac{\mathrm{d}y}{\mathrm{d}x} \tag{8.14}$$

即截面转角近似地等于挠曲线上与该截面对应点处的斜率。

因此，只要知道梁的挠曲线方程 $y = y(x)$，就可以确定梁在各截面 x 处的挠度 y 和转角 θ。在图 8.17 所示的坐标系中，挠度向上为正，反之为负；横截面从变形前到变形后的转角逆时针时为正，反之为负。图 8.17 所示 C 处的挠度、转角均为负。

由 §8.2 节已知，发生纯弯曲变形后，梁轴线的曲率 ρ 与弯矩 M 之间的关系由(8.3)式给出，即

$$\frac{1}{\rho} = \frac{M}{EI_z}$$

弹性理论的进一步精确分析指出，梁承受横力弯曲作用时，只要其跨长与横截面高度之比足够大，则剪力 F_S 对梁弯曲变形的影响可以忽略不计。故可将上式推广应用于细长梁的横力弯曲。对于 EI_z 不变的梁段，有

$$\frac{1}{\rho(x)} = \frac{M(x)}{EI_z} \tag{8.15}$$

式中，$\dfrac{1}{\rho(x)}$ 为梁轴线上任一点 x 处挠曲线的曲率，$M(x)$ 为作用在该点相应截面上的弯矩。在数学分析中已给出曲线 $y(x)$ 的曲率 $\dfrac{1}{\rho(x)}$ 为

$$\frac{1}{\rho(x)} = \pm\frac{y''(x)}{[1+y'^2(x)]^{3/2}}$$

在小变形条件下,y' 是很小的量,y'^2 就更小,略去二阶小量,得到

$$\frac{1}{\rho(x)} = \pm y''(x)$$

由上式及(8.15)式,可给出挠曲线的近似微分方程为

$$y''(x) = \pm \frac{M(x)}{EI_z}$$

前面已经作出了截面弯矩的符号规定,即使梁弯曲成凹弧形的弯矩为正,使梁弯曲成凸弧形的弯矩为负。由数学分析可知,凹弧形曲线的二阶导数 y'' 为正值,凸弧形曲线的二阶导数 y'' 为负值。因此,按照弯矩的正负号规定和本节所取的坐标系,y'' 与 $M(x)$ 的正负号应当是一致的。于是,梁的挠曲线近似微分方程可写为

$$y''(x) = \frac{M(x)}{EI_z} \tag{8.16}$$

由于忽略了剪力和高阶小量 y'^2 对变形的影响,故上式只是挠曲线的近似微分方程,适用于小挠度下的细长梁。

如同抗拉刚度 EA、抗扭刚度 GI_p 一样,EI_z 称为梁的抗弯刚度。抗弯刚度 EI_z 越大,弯曲后梁的变形(挠度和转角)越小,梁抵抗弯曲变形的能力越强。

8.3.3　用积分法求梁的变形

将梁的挠曲线近似微分方程(8.16)式写为

$$EI_z y'' = M(x) \tag{8.17}$$

对于等刚度梁(EI_z 为常数),将上式直接积分,即得梁的转角和挠度为

$$EI_z \theta = EI_z y' = \int M(x)\,\mathrm{d}x + C_1$$

$$EI_z y = \iint M(x)\,\mathrm{d}x\,\mathrm{d}x + C_1 x + C_2$$

上面两式中的积分常数 C_1、C_2 可利用梁的变形几何边界条件(boundary conditions)确定。

梁的几种常见的边界条件如下:

(1)固定铰支座与可动铰支座。无论固定铰支座还是可动铰支座,由于梁在支承处不可能出现 y 方向的位移,故几何边界条件为

$$y = 0$$

如图 8.18(a)所示,铰 A、B 两处均有 $y=0$,但两处的转角并不一定等于零。

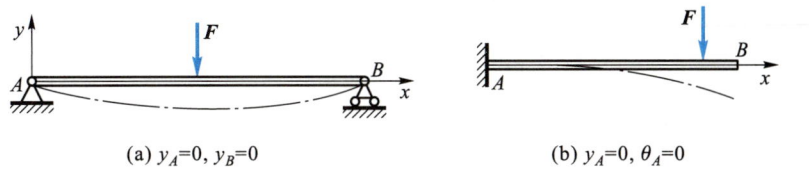

(a) $y_A=0$, $y_B=0$　　　　　　(b) $y_A=0$, $\theta_A=0$

图 8.18　梁的边界条件

(2)固定端。固定端限制梁任何形式的变形(截面在该处既不能移动也不能转动),如图 8.18(b)所示,有两个边界条件,即

$$y=0, \quad \theta=y'=0$$

注意,(8.14)式已指出,转角 θ 等于挠度 y 的一阶导数。

（3）自由端。如图 8.18（b）所示,自由端（B 端）对梁的变形无约束,故无几何边界约束（或称为自由边界条件）。

对于静定梁,约束一定会限制约束处的移动和/或转动,总有两个变形几何边界条件可用来确定挠曲线二阶微分方程求解时的两个积分常数。

如果弯矩是分段描述的,或梁的抗弯刚度是变化的,则求变形时需分段积分;多分一段将多出两个积分常数。但在梁不发生破坏前,分段处应保持连续,即分段处左右两边应有相同的挠度和转角。由此,每一分段处可补充两个连续性方程,仍然足以确定多出的积分常数。

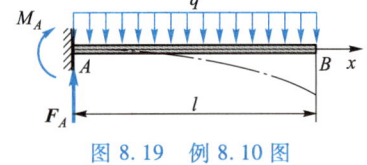

图 8.19   例 8.10 图

例 8.10   求图 8.19 所示受均布载荷作用的悬臂梁的挠曲线方程 $y(x)$ 及转角方程 $\theta(x)$,并求自由端 B 处的挠度 y_B 和转角 θ_B。

解:1）求固定端的约束力,写弯矩方程

$$F_A=ql, \quad M_A=-ql^2/2$$

弯矩方程为

$$M(x)=-\frac{1}{2}qx^2+qlx-\frac{1}{2}ql^2$$

2）挠曲线的近似微分方程积分

将上述 $M(x)$ 代入(8.17)式并积分两次,得到

$$EI_zy'=-\frac{1}{6}qx^3+\frac{1}{2}qlx^2-\frac{1}{2}ql^2x+C_1$$

$$EI_zy=-\frac{1}{24}qx^4+\frac{1}{6}qlx^3-\frac{1}{4}ql^2x^2+C_1x+C_2$$

3）利用边界条件,确定积分常数

在固定端 A 处,有 $x=0$ 时,$y=0$ 及 $x=0$ 时,$\theta=0$。代入后不难求得

$$C_1=0, \quad C_2=0$$

4）求自由端的挠度和转角

积分常数确定后,得到转角方程和挠度方程为

$$\theta=y'=-\frac{qx}{6EI_z}(x^2-3lx+3l^2)$$

$$y=-\frac{qx^2}{24EI_z}(x^2-4lx+6l^2)$$

自由端处,$x=l$,代入上式即得自由端 B 处的挠度与转角为

$$y_B=-\frac{ql^4}{8EI_z}, \quad \theta_B=-\frac{ql^3}{6EI_z}$$

例 8.11   简支梁 AB 受集中力作用,如图 8.20 所示。试写出梁的挠度方程与转角方程,并求出梁的最大转角与最大挠度。

解:1）求约束力,列出弯矩方程

由平衡方程求得

$$F_A = Fb/l, \quad F_B = Fa/l$$

梁的弯矩方程为

$$AC\ \text{段}： \quad M_1(x) = Fbx/l \qquad\qquad (0 \leqslant x \leqslant a)$$

$$CB\ \text{段}： \quad M_2(x) = Fbx/l - F(x-a) \quad (a \leqslant x \leqslant l)$$

2）求挠度方程和转角方程

根据挠曲线近似微分方程,分段积分如下:

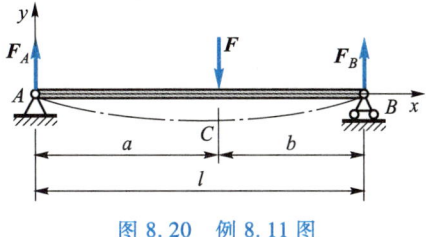

图 8.20　例 8.11 图

AC 段($0 \leqslant x \leqslant a$)有

$$EI_z y_1' = \frac{Fb}{2l}x^2 + C_1$$

$$EI_z y_1 = \frac{Fb}{6l}x^3 + C_1 x + C_2$$

CB 段($a \leqslant x \leqslant l$)有

$$EI_z y_2' = \frac{Fb}{2l}x^2 - \frac{F}{2}(x-a)^2 + D_1$$

$$EI_z y_2 = \frac{Fb}{6l}x^3 - \frac{F}{6}(x-a)^3 + D_1 x + D_2$$

3）确定积分常数

由于分段积分,本题出现了 4 个待定积分常数。

两端为铰支座,两个边界条件:在 $x=0$ 处,$y_1 = 0$;在 $x=l$ 处,$y_2 = 0$。

注意到梁变形后的挠曲线应是一条连续且光滑的曲线,故在分段处($x=a$),左右两边应当有相同的挠度和转角,即还有如下两个连续性条件(continuity conditions):

当 $x=a$ 时,有

$$y_1 = y_2 \text{和} \ y_1' = y_2'$$

将上述四个条件代入相应的挠度方程和转角方程,即可求得 4 个积分常数为

$$C_1 = D_1 = \frac{Fb(b^2 - l^2)}{6l}, \quad C_2 = D_2 = 0$$

故得到梁的挠度方程和转角方程,AC 段($0 \leqslant x \leqslant a$):

$$y_1' = \frac{Fb}{6EI_z l}(3x^2 + b^2 - l^2)$$

$$y_1 = \frac{Fbx}{6EI_z l}(x^2 + b^2 - l^2)$$

CB 段($a \leqslant x \leqslant l$):

$$y_2' = \frac{Fb}{6EI_z l}(3x^2 + b^2 - l^2) - \frac{F}{2EI_z}(x-a)^2$$

$$y_2 = \frac{Fbx}{6EI_z l}(x^2 + b^2 - l^2) - \frac{F}{6EI_z}(x-a)^3$$

4）求$|\theta|_{max}$和$|y|_{max}$

由于全梁的挠曲线应当是一条连续曲线,故由数学分析可知,$|\theta|_{max}$出现在$\dfrac{\mathrm{d}\theta}{\mathrm{d}x} = \dfrac{M(x)}{EI_z} = 0$处,即在弯矩$M(x)$为零处,转角$\theta$取得极值。本题在梁两端截面的弯矩为零,故$|\theta|_{max}$为$\theta_A$或$\theta_B$。且知

$$\theta_A = \theta_1 \big|_{x=0} = -\frac{Fab(l+b)}{6EI_z l}, \quad \theta_B = \theta_2 \big|_{x=l} = \frac{Fab(l+a)}{6EI_z l}$$

如果$a>b$,则$\theta_B > |\theta_A|$,所以

$$|\theta|_{max} = \theta_B = \frac{Fab(l+a)}{6EI_z l}$$

同理,$|y|_{max}$应出现在$\dfrac{\mathrm{d}y}{\mathrm{d}x} = \theta = 0$处,即在转角$\theta$为零处,挠度$y$取得极值。

先考查AC段,其转角方程为

$$\theta_1 = -\frac{Fb}{6EI_z l}(l^2 - b^2 - 3x^2)$$

设在$x = x_0$处,$\theta_1 = 0$,解得

$$x_0 = \sqrt{\frac{l^2 - b^2}{3}}$$

当$a>b$时,由于$l^2 - b^2 = a^2 + 2ab < 3a^2$,故由上式显然可知$x_0 < a$,在$AC$段内。因此,最大挠度发生在$AC$段内$x = x_0$处,且由挠度方程$y_1$可给出在$x_0$处的最大挠度为

$$|y|_{max} = \frac{Fb\sqrt{(l^2 - b^2)^3}}{9\sqrt{3}EI_z l}$$

当$a>b$时,若考查CB段,由$\theta_2 = 0$求得的x将不在$(a<x<l)$范围内,故梁的最大挠度不可能发生在CB段内。有兴趣的读者请自行验证。

讨论:梁变形结果,可从边界条件、连续条件和挠曲线微分关系三方面验证。

（1）边界条件

$$x = 0, \quad y = y_1 = 0$$

$$x = l, \quad y = y_2 = \frac{Fb}{6EI_z}(l^2 + b^2 - l^2) - \frac{Fb^3}{6EI_z} = 0$$

（2）连续条件

C处$(x=a)$有

$$y_C = y_{1(x=a)} = \frac{Fba}{6EI_z l}(a^2 + b^2 - l^2)$$

$$y_C = y_{2(x=a)} = \frac{Fba}{6EI_z l}(a^2 + b^2 - l^2)$$

（3）挠曲线微分关系

$$y_1 = \frac{Fbx}{6EI_z l}(x^2 + b^2 - l^2), \quad y_2 = \frac{Fbx}{6EI_z l}(x^2 + b^2 - l^2) - \frac{F}{6EI_z}(x-a)^3$$

$$EI_z y_1' = \frac{Fb}{6l}(3x^2 + b^2 - l^2), \quad EI_z y_2' = \frac{Fb}{6l}(3x^2 + b^2 - l^2) - \frac{F}{2}(x-a)^2$$

$$EI_z y_1'' = \frac{Fb}{l}x = M_1(x), \quad EI_z y_2'' = \frac{Fb}{l}x - F(x-a) = M_2(x)$$

可见,边界条件、连续条件和挠曲线微分关系均是满足的。

例 8.12   图 8.21(a)所示简支梁 AB 受两集中力作用。求梁的挠度方程与转角方程。

解: 本题同样可用积分法求梁的挠度方程和转角方程。积分时,梁要分成三段,6 个积分常数由两个边界条件和四个连续性条件确定。

在此,讨论如何利用例 8.11 的结果和叠加方法求解。

在线弹性小变形条件下,图 8.21(a)所示受两集中力作用的简支梁,可以看成为图 8.21(b)和图 8.21(c)所示两者的叠加。

(a)
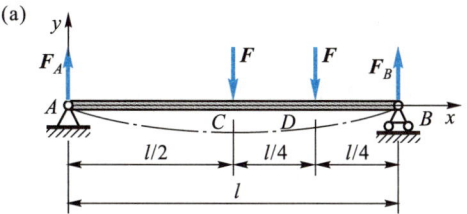

(b)
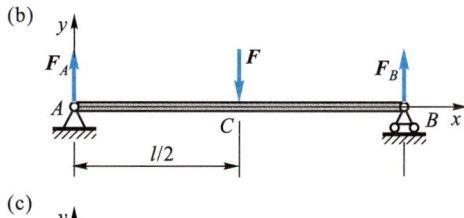

(c)
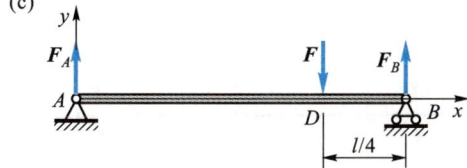

图 8.21   例 8.12 图

对于图 8.21(b),$a = b = l/2$,代入例 8.11 的结果,AC 段($0 \le x \le l/2$):

$$y_{AC1}' = \frac{Fb}{6EI_z l}(3x^2 + b^2 - l^2)$$

$$= \frac{F}{12EI_z}\left(3x^2 - \frac{3}{4}l^2\right)$$

$$y_{AC1} = \frac{Fbx}{6EI_zl}(x^2 + b^2 - l^2) = \frac{Fx}{12EI_z}\left(x^2 - \frac{3}{4}l^2\right)$$

CB 段 $(l/2 \leqslant x \leqslant l)$:

$$y'_{CB1} = \frac{Fb}{6EI_zl}(3x^2 + b^2 - l^2) - \frac{F}{2EI_z}(x-a)^2 = \frac{F}{4EI_z}\left(2xl - x^2 - \frac{3}{4}l^2\right)$$

$$y_{CB1} = \frac{Fbx}{6EI_zl}(x^2 + b^2 - l^2) - \frac{F}{6EI_z}(x-a)^3 = \frac{F}{12EI_z}\left(-x^3 + 3x^2l - \frac{9}{4}xl^2 + \frac{1}{4}l^3\right)$$

对于图 8.21(c), $a = 3l/4$, $b = l/4$, AD 段 $(0 \leqslant x \leqslant 3l/4)$:

$$y'_{AD2} = \frac{Fb}{6EI_zl}(3x^2 + b^2 - l^2) = \frac{F}{8EI_z}\left(x^2 - \frac{5}{16}l^2\right)$$

$$y_{AD2} = \frac{Fbx}{6EI_zl}(x^2 + b^2 - l^2) = \frac{Fx}{24EI_z}\left(x^2 - \frac{15}{16}l^2\right)$$

DB 段 $(3l/4 \leqslant x \leqslant l)$:

$$y'_{DB2} = \frac{Fb}{6EI_zl}(3x^2 + b^2 - l^2) - \frac{F}{2EI_z}(x-a)^2 = \frac{F}{8EI_z}\left(6xl - 3x^2 - \frac{41}{16}l^2\right)$$

$$y_{DB2} = \frac{Fbx}{6EI_zl}(x^2 + b^2 - l^2) - \frac{F}{6EI_z}(x-a)^3 = \frac{F}{24EI_z}\left(-3x^3 + 9x^2l - \frac{123}{16}xl^2 + \frac{27}{16}l^3\right)$$

由图 8.21(b) 和(c) 的结果, 叠加后得到图 8.21(a) 中梁的转角和挠度方程, AC 段 $(0 \leqslant x \leqslant l/2)$:

$$y'_{AC} = y'_{AC1} + y'_{AD2} = \frac{F}{12EI_z}\left(3x^2 - \frac{3}{4}l^2\right) + \frac{F}{8EI_z}\left(x^2 - \frac{5}{16}l^2\right)$$

$$= \frac{F}{8EI_z}\left(3x^2 - \frac{13}{16}l^2\right)$$

$$y_{AC} = y_{AC1} + y_{AD2} = \frac{Fx}{12EI_z}\left(x^2 - \frac{3}{4}l^2\right) + \frac{Fx}{24EI_z}\left(x^2 - \frac{15}{16}l^2\right)$$

$$= \frac{Fx}{8EI_z}\left(x^2 - \frac{13}{16}l^2\right)$$

CD 段 $(l/2 \leqslant x \leqslant 3l/4)$:

$$y'_{CD} = y'_{CB1} + y'_{AD2} = \frac{F}{4EI_z}\left(2xl - x^2 - \frac{3}{4}l^2\right) + \frac{F}{8EI_z}\left(x^2 - \frac{5}{16}l^2\right)$$

$$= \frac{F}{8EI_z}\left(-x^2 + 4xl - \frac{29}{16}l^2\right)$$

$$y_{CD} = y_{CB1} + y_{AD2} = \frac{F}{12EI_z}\left(-x^3 + 3x^2l - \frac{9}{4}xl^2 - \frac{1}{4}l^3\right) + \frac{Fx}{24EI_z}\left(x^2 - \frac{15}{16}l^2\right)$$

$$= \frac{F}{24EI_z}\left(-x^3 + 6x^2l - \frac{87}{16}xl^2 - \frac{1}{2}l^3\right)$$

DB 段（$3l/4 \leqslant x \leqslant l$）：

$$y'_{DB} = y'_{CB1} + y'_{DB2} = \frac{F}{4EI_z}\left(2xl - x^2 - \frac{3}{4}l^2\right) + \frac{F}{8EI_z}\left(6xl - 3x^2 - \frac{41}{16}l^2\right)$$

$$= \frac{F}{8EI_z}\left(-5x^2 + 10xl - \frac{65}{16}l^2\right)$$

$$y_{DB} = y_{CB1} + y_{DB2} = \frac{F}{12EI_z}\left(-x^3 + 3x^2l - \frac{9}{4}xl^2 + \frac{1}{4}l^3\right) +$$

$$\frac{F}{24EI_z}\left(-3x^3 + 9x^2l - \frac{123}{16}xl^2 + \frac{27}{16}l^3\right)$$

$$= \frac{F}{24EI_z}\left(-5x^3 + 15x^2l - \frac{195}{16}xl^2 + \frac{35}{16}l^3\right)$$

本例说明，研究较复杂情况下梁的变形时，可将其看作若干简单载荷情况的叠加，由已有的简单载荷情况的结果，利用叠加法获得问题的解答。

确定了弯曲变形后，同样可以建立梁的刚度条件。控制梁的最大挠度和转角不超过其许用值，即

$$|y|_{\max} \leqslant [y], \quad |\theta|_{\max} \leqslant [\theta] \tag{8.18}$$

由此，即可进行梁的刚度设计。

*§8.4　弯曲静不定问题和弹塑性问题简介

前面已经讨论过拉压杆和扭转圆轴的静不定问题和弹塑性问题的基本研究方法。这里再一次指出：求解变形体静力学问题的基本方程依然是力的平衡方程、变形的几何协调方程和反映材料力与变形关系的物理方程，只不过研究静不定问题时需要联立求解上述方程。静不定问题存在着多余的约束，出现了多余的未知约束力。但与此同时，多余的约束必然增加了对物体变形的限制，多一个约束就多一个变形限制条件，故总可以写出足够的补充变形协调方程，使问题得到确定的解答。

研究弹塑性小变形问题时，平衡方程、几何协调方程不受材料力学性能的影响，只是物理方程需要用弹塑性模型描述。

梁的弯曲静不定问题和弹塑性问题，同样应当沿用上述研究方法。本节将用两个例题来讨论并说明简单静不定梁和弹塑性问题的基本分析方法。

例 8.13　求图 8.22 中静不定梁 *AB* 的最大挠度。

解：梁 *A* 端固定，有约束力 $\boldsymbol{F}_A$ 和约束力偶 M_A，*B* 端为可动铰支座，有约束力 $\boldsymbol{F}_B$，受力如图所示。

1）列平衡方程

$$\sum F_y = F_A + F_B = ql \tag{1}$$

$$\sum M_A(\boldsymbol{F}) = F_B l - ql^2/2 - M_A = 0 \tag{2}$$

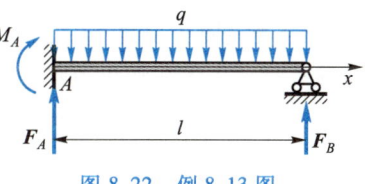

图 8.22　例 8.13 图

2 个平衡方程,3 个未知约束力,是一次静不定问题。

2)变形几何条件

A 端固定,有挠度 $y_A = 0$,转角 $\theta_A = 0$;

B 端铰支,有挠度 $y_B = 0$。

3)物理方程

用线弹性应力应变关系 $\sigma = E\varepsilon$,研究弹性小变形问题。因此有弯矩-转角-挠度间的下述微分关系(挠曲线近似微分方程):

$$EI_z y'' = M(x) \tag{3}$$

与拉压、扭转不同的是,弯曲变形需通过积分上式来获得。

4)联立求解

先写出梁的弯矩方程为

$$M(x) = M_A + F_A x - qx^2/2$$

由(3)式有

$$EI_z \theta = EI_z y' = \int M(x)\,\mathrm{d}x + C_1$$

$$EI_z y = \iint M(x)\,\mathrm{d}x\mathrm{d}x + C_1 x + C_2$$

将弯矩方程代入,积分后得到转角方程:

$$EI_z \theta = M_A x + F_A x^2/2 - qx^3/6 + C_1$$

挠度方程:

$$EI_z y = M_A x^2/2 + F_A x^3/6 - qx^4/24 + C_1 x + C_2$$

利用变形几何条件(在此即边界约束条件),有

$$x = 0 \text{ 时}, \theta = 0, \text{ 得 } C_1 = 0$$
$$x = 0 \text{ 时}, y = 0, \text{ 得 } C_2 = 0$$
$$x = l \text{ 时}, y = 0, \text{ 得 } M_A l^2/2 + F_A l^3/6 - ql^4/24 = 0$$

可见,由变形几何条件除确定了积分常数外,还给出了约束力间的一个补充方程

$$M_A + F_A l/3 - ql^2/12 = 0 \tag{4}$$

由(1)式、(2)式和(4)式即可求出约束力为

$$F_A = 5ql/8, \quad F_B = 3ql/8, \quad M_A = -ql^2/8$$

将它们代回转角、挠度方程,得到

$$EI_z \theta = -ql^2 x/8 + 5qlx^2/16 - qx^3/6$$

$$EI_z y = -ql^2 x^2/16 + 5qlx^3/48 - qx^4/24$$

5)求梁的最大挠度 $|y|_{\max}$

最大挠度发生在转角为零处,令

$$EI_z \theta = -qlx/8 + 5qlx^2/16 - qx^3/6 = 0, \quad 6l - 15lx + 8x^2 = 0$$

解得

$$x = 0.444l \quad (\text{另一根不合理,舍去})$$

代入挠度方程,得到最大挠度为

$$|y|_{max} = \frac{0.004\ 8ql^4}{EI_z}(\text{向下})$$

讨论:与例 8.10 相比较,可得到如下结论:

(1) B 端增加了约束后,梁的最大挠度 $|y|_{max}$ 从 $\dfrac{0.125ql^4}{EI_z}$(自由端处)下降到

$\dfrac{0.004\ 8ql^4}{EI_z}$($x = 0.444l$ 处),故静不定梁的变形减小,刚度增大。

(2) 梁的最大弯矩原来在固定端处,且 $|M|_{max} = ql^2/2$;B 端增加了约束后,梁的最大弯矩

在 $\dfrac{5}{8}l$ 处(由 $dM/dx = 0$ 或剪力 $F_S = 0$ 确定),且 $|M|_{max} = 9ql^2/128$。故静不定梁中的最大弯矩

减小,最大应力减小,承载能力增大。

例 8.14 图 8.23 中梁 AB 为弹性−理想塑性材料制成,屈服应力为 σ_s,求其可以承受

的屈服载荷 F_s 和极限载荷 F_u。

解:1) 画受力图,求支座约束力

$$F_A = F/4, \quad F_B = 3F/4$$

2) 画 F_S、M 图

最大弯矩在 C 处($x = 3l/4$),且

$$|M|_{max} = 3Fl/16 \tag{1}$$

3) 求梁中的最大弯曲正应力

$$\sigma_{max} = \frac{|M|_{max}}{W_z} = \frac{3Fl}{16W_z} \tag{2}$$

4) 求屈服载荷 F_s

若载荷 F 较小,$\sigma_{max} \leqslant \sigma_s$,则梁处于线性
弹性状态,危险截面应力为 $\sigma = |M|_{max}y/I_z$,
应力分布如图 8.24(a)所示。

随着载荷 F 的增大,截面应力 σ 不断增
大;当 $F = F_s$ 时,$\sigma_{max} = \sigma_s$,开始进入屈服。进
入屈服时截面的应力分布如图 8.24(b)所示。

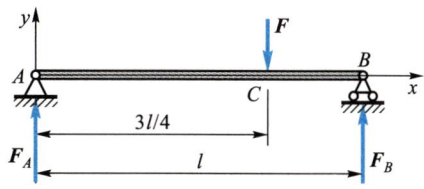
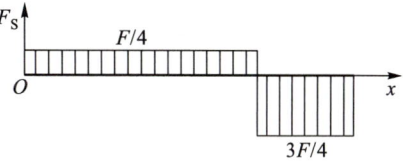
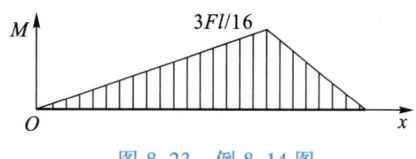

图 8.23 例 8.14 图

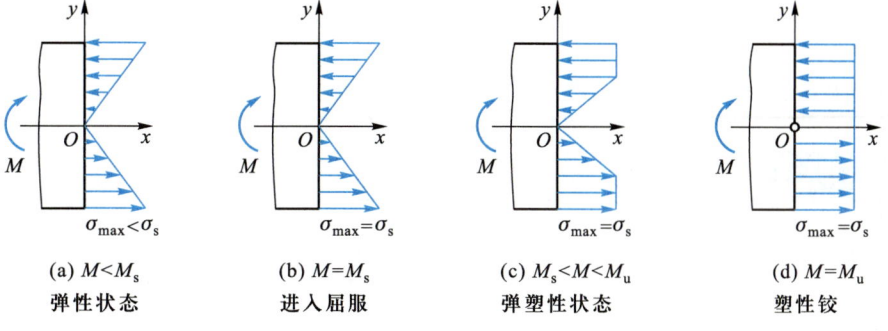

(a) $M < M_s$
弹性状态

(b) $M = M_s$
进入屈服

(c) $M_s < M < M_u$
弹塑性状态

(d) $M = M_u$
塑性铰

图 8.24 屈服弯矩和极限变矩

开始进入屈服时,梁中的最大弯矩称为**屈服弯矩** M_s。令 $\sigma_{max} = \sigma_s$,由此可直接写出屈服弯矩为

$$M_s = W_z \sigma_s$$

本题中,对应的屈服载荷由(1)式给出为

$$F_s = \frac{16M_s}{3l} = \frac{16W_z\sigma_s}{3l}$$

对于宽度为 b、高度为 h 的矩形截面梁,$W_z = bh^2/6$,代入上述结果可知屈服弯矩、屈服载荷分别为

$$M_s = \frac{\sigma_s bh^2}{6}, \quad F_s = \frac{8\sigma_s bh^2}{9l}$$

5) 求极限载荷 F_u

此后,当 $F_s < F < F_u$ 时,在理想塑性情况下,载荷 F 继续增加,已进入屈服的材料处的应力将不再继续增大,而相邻的弹性材料则陆续进入屈服,截面应力分布如图 8.24(c) 所示。

当 F 增大至某临界值 F_u 时,截面各处应力均到达屈服应力,应力分布如图 8.24(d) 所示。以后,载荷再也不能增加而理想塑性材料的变形却不断增大,截面成为可绕中性轴转动的铰(称为塑性铰)。

使梁中危险截面各处应力均到达屈服应力 σ_s 的载荷,或使梁中危险截面形成塑性铰的载荷,称为**极限载荷**;极限载荷下梁中的最大弯矩,称为**极限弯矩**。

对于宽度为 b、高度为 h 的矩形截面梁,各处应力均为屈服应力 σ_s 时,中性轴上下两部分上作用的内力之合力均为 $\sigma_s bh/2$,作用位置距中性轴的距离为 $h/4$,指向相反;故作用在截面上绕中性轴转动的力偶等于 $\sigma_s bh^2/4$。即梁所承受的极限弯矩为

$$M_u = \sigma_s bh^2/4$$

本题中,对应的极限载荷同样可由(1)式给出为

$$F_u = \frac{16M_u}{3l} = \frac{4\sigma_s bh^2}{3l}$$

对于矩形截面梁,极限弯矩 M_u(或极限载荷 F_u)与屈服弯矩 M_s(或屈服载荷 F_s)的比值为

$$\frac{M_u}{M_s} = \frac{\sigma_s bh^2/4}{\sigma_s bh^2/6} = \frac{3}{2}$$

即极限载荷比屈服载荷大 50%。

小　结

8.4　第八章知识图谱

1. 梁弯曲时,横截面上的内力与作用在梁上的载荷间有下述关系:

$$\frac{d^2M}{dx^2} = \frac{dF_s}{dx} = q$$

利用这一微分关系,可以简捷地画出梁的内力图。

2. 梁的载荷平面与弯曲平面重合的弯曲,称为平面弯曲;截面上只有弯矩没有剪力时,称为纯弯曲;既有弯矩,又有剪力,称为横力弯曲。与分析杆的轴向拉压、圆轴的扭转一样,梁的弯曲应力和变形分析,同样要沿静力平衡条件、变形几何关系及材料的物理关系这一主线进行。

3. 梁的弯曲正应力基本公式为

$$\sigma = -\frac{My}{I_z}$$

上式是由平面纯弯曲梁导出的,可应用于平面弯曲下的横力弯曲细长梁。

梁的弯曲正应力 σ 在横截面上呈线性分布,在中性轴处,$\sigma = 0$;在截面上下边缘处,σ 之值最大,且为

$$\sigma_{\max} = \frac{M}{W_z}$$

梁的正应力强度条件为

$$\sigma_{\max} \leqslant [\sigma]$$

弯矩 M 大、抗弯截面系数 W_z 小、材料许用应力 $[\sigma]$ 低的截面,都是可能的危险截面。

4. 对于矩形截面(高度为 h,宽度为 b),惯性矩 I_z 和抗弯截面系数 W_z 为

$$I_z = \frac{bh^3}{12}, \quad W_z = \frac{bh^2}{6}$$

对于圆形截面,惯性矩 I_z 和抗弯截面系数 W_z 为

$$I_z = \frac{\pi d^4}{64}, \quad W_z = \frac{\pi d^3}{32}$$

5. 横力弯曲梁有切应力 τ 存在。在矩形截面上,切应力 τ 呈抛物线分布,中性轴处切应力最大,其值为平均切应力的 1.5 倍;在截面上、下边缘处切应力 τ 为零。

6. 梁的变形以挠度 y 与转角 θ 表示。梁的挠曲线近似微分方程为

$$EI_z y'' = M(x)$$

积分上述微分方程,即可得到梁的挠度方程和转角方程;积分常数可由梁支承处的几何边界条件和积分分段处的连续性条件确定。

EI_z 是抗弯刚度,EI_z 越大,弯曲变形(挠度和转角)越小。

7. 静不定梁问题,仍然可由平衡方程、几何协调方程和反映材料力与变形关系的物理方程联立求解。多余的约束可提供足够的变形几何补充方程。静不定梁可提高承载能力,减小变形。

8. 梁中危险截面各处应力均到达屈服应力 σ_s 时,将形成塑性铰;对应的载荷称为极限载荷;极限载荷下梁中的最大弯矩,称为极限弯矩 M_u。

8.5 第八章知识点测试题

8.6 第八章知识点测试题答案

思 考 题

8.1　怎样解释在集中力作用处,剪力图有突变? 在集中力偶作用处,弯矩图有突变?

8.2　何谓平面弯曲? 何谓纯弯曲?

8.3　何谓中性层? 何谓中性轴? 如何确定其位置?

8.4　设一梁的横截面如图所示。试问其惯性矩和抗弯截面系数可否按下式计算？

$$I_z = \frac{1}{12}(BH^3 - bh^3)$$

$$W_z = \frac{1}{6}(BH^2 - bh^2)$$

8.5　用积分法求梁的变形时，是否一定有足够的补充方程确定积分常数？为什么？如果梁的变形不满足连续性条件，会发生什么现象？

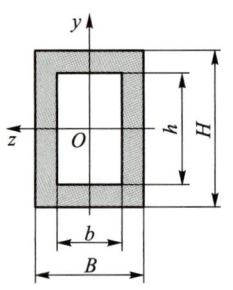

思考题 8.4 图

习　题

8.1　试画出图中各平面弯曲梁的剪力图与弯矩图，并确定梁中的 $\left| F_S \right|_{max}$ 和 $\left| M \right|_{max}$。

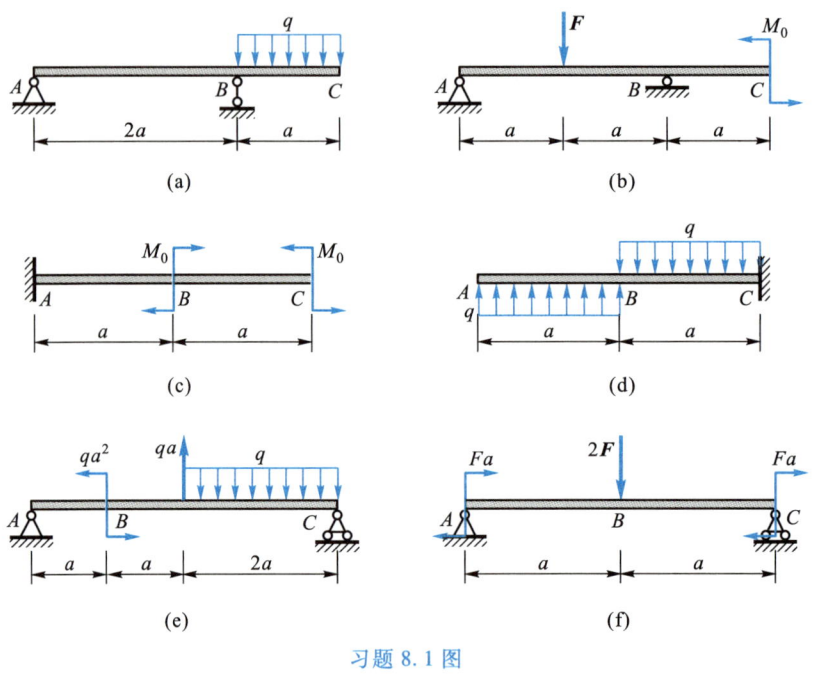

(a)

(b)

(c)

(d)

(e)

(f)

习题 8.1 图

8.2　利用平衡微分方程，快速画出题 8.1 图中各梁的剪力图与弯矩图。

8.3　跳板如图所示。A 端为固定端，C 处为可动铰支座，距离 a 可调。为使不同体重的跳水者跳水时在跳板中引起的最大弯矩都相同，试问距离 a 应随体重 W 如何变化？

8.4　T 形截面梁如图所示，试确定中性轴的位置 y_C；计算截面惯性矩 I_z。若承受的弯矩 $M = -M_0$，求梁中的最大拉应力和最大压应力。

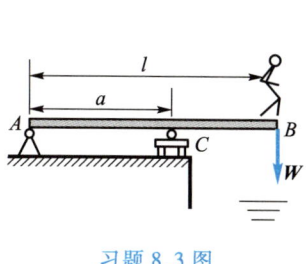

习题 8.3 图

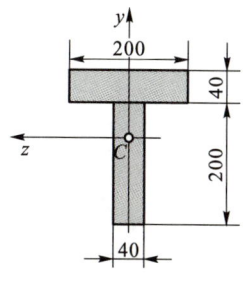

习题 8.4 图

8.5　正方形截面处于图示两不同位置时,如两者的最大弯曲正应力 σ 相等,试求两者作用弯矩之比。

8.6　空心活塞销 AB 受力如图所示。已知 $D=20$ mm,$d=13$ mm,$q_1=140$ kN/m,$q_2=233.3$ kN/m,许用应力 $[\sigma]=240$ MPa,试校核其强度。

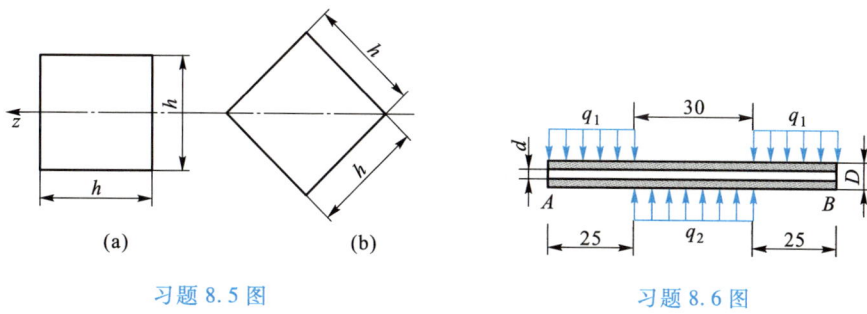

习题 8.5 图　　　　　　　　　　习题 8.6 图

8.7　矩形截面木梁如图所示。已知 $F=10$ kN,$a=1.2$ m,许用应力 $[\sigma]=10$ MPa。设截面的高宽比为 $h/b=2$,试设计梁的尺寸。

8.8　梁 AB 由固定铰支座 A 及拉杆 CD 支承,如图所示。已知圆截面拉杆 CD 的直径 $d=10$ mm,材料许用应力 $[\sigma]_{CD}=100$ MPa;矩形截面横梁 AB 的横截面尺寸为 $h=60$ mm,$b=30$ mm,许用应力为 $[\sigma]_{AB}=140$ MPa。试确定允许使用的最大载荷 $F_{\max}$。

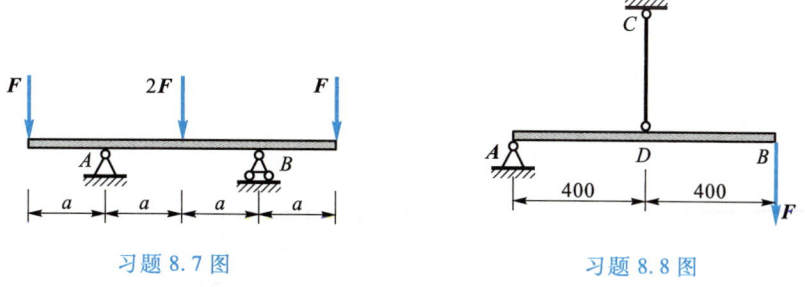

习题 8.7 图　　　　　　　　　　习题 8.8 图

8.9　欲从直径为 d 的圆木中锯出一矩形截面梁,如图所示。试求使其强度为最大时的截面高宽比 h/b。

8.10　梁承受最大弯矩 $M_{\max}=3.5$ kN·m 作用,材料的许用应力 $[\sigma]=140$ MPa。试求选用高宽比为 $h/b=2$ 的矩形截面与选用直径为 d 的圆形截面时,两梁的重量之比 λ。

8.11　矩形截面悬臂梁受力 F 作用,如图所示。已知截面的高度为 h,宽度为 b,梁的长度为 l。如果 $l/h=8$,试问梁中的最大正应力 $\sigma_{\max}$ 值与最大切应力 $\tau_{\max}$ 值之比为多少?

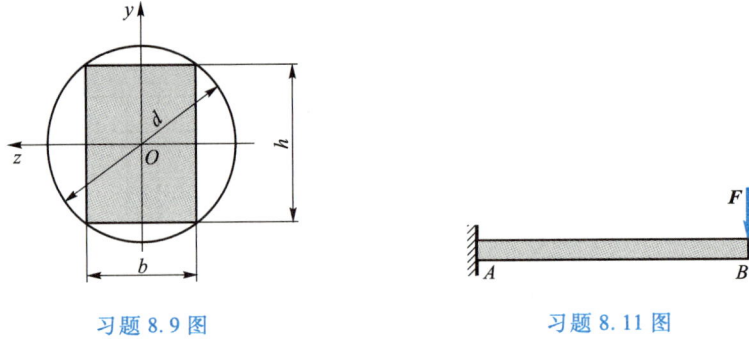

习题 8.9 图   习题 8.11 图

8.12　试用积分法求图示梁的挠度方程和转角方程,并求 B 处的挠度和转角。已知各梁的 EI_z 为常量。

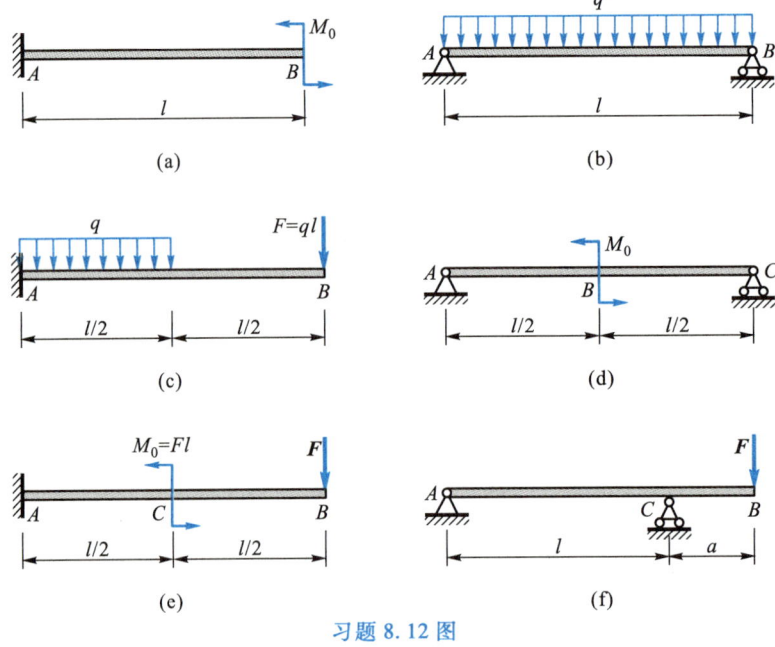

(a)   (b)

(c)   (d)

(e)   (f)

习题 8.12 图

*8.13　宽度为 b、高度为 h 的矩形截面静不定连续梁 ABC 如图所示,弹性模量为 E,屈服强度为 σ_s。

(1) 试求各支座处的约束力。

(2) 试求梁的屈服载荷 q_s 和极限载荷 q_u。

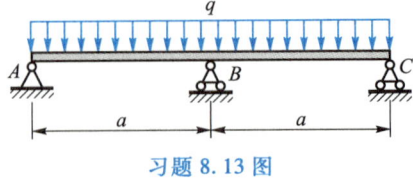

习题 8.13 图

8.14　已知图示简支梁的剪力图与弯矩图,试作出与其对应的载荷图。

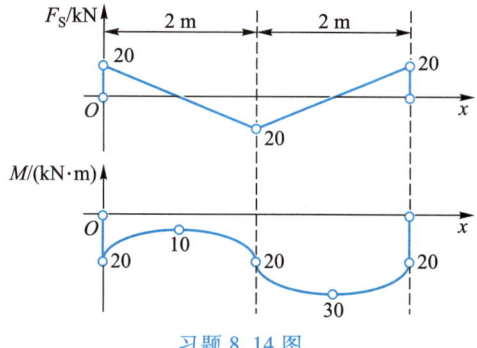

习题 8.14 图

8.15 一铸铁简支梁受力如图(a)所示,其横截面如图(b)所示。已知铸铁的许用拉应力$[\sigma_t]$ = 20 MPa,许用压应力$[\sigma_c]$ = 80 MPa,试求许用载荷$[F]$。

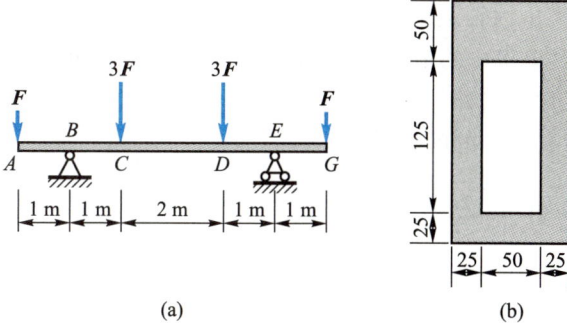

(a)   (b)

习题 8.15 图

第九章　强度理论与组合变形

在前面各章中，已经讨论了杆件的拉伸与压缩、圆轴的扭转和梁的弯曲三类基本变形。研究问题的基本方法都是以力的平衡方程、变形的几何协调方程及力与变形间的物理方程为主线，得到构件的内力，进而讨论截面的应力，并由此得到强度条件来控制设计。承受拉伸与压缩的杆件，横截面上是由轴力引起的正应力；承受扭转的圆轴，横截面上是由扭矩引起的切应力（最大值在外圆周处）；承受弯曲的梁，横截面上有由弯矩引起的正应力（最大值在离中性轴最远处）及由剪力引起的切应力（最大值在中性轴上）。所建立的强度条件，都是由单一的最大应力（最大正应力或最大切应力）小于等于相应的许用应力描述的。当某危险点处于既有正应力又有切应力的复杂状态时，如何判断其强度是否足够？这是本章要讨论的问题。

§9.1　应力状态分析

9.1.1　一点应力状态的描述

采用微小正六面体单元表示一点的应力状态，一定是通过前面单向受力情况可以计算的已知应力状态。要表示一点的应力状态，首先必须清楚这一点存在什么应力。这就需要通过截面法分析这一点存在什么内力，利用基本变形的知识分析各种内力产生怎样的应力分布，最大应力也就是危险点应力在什么地方，方向和大小是怎样的。显然，想要分析这些，就必须熟练掌握理解前面杆件基本变形的内力图、应力分布规律及计算。

图 9.1 为简单拉伸变形应力状态。拉伸变形的横截面上有最大法向正应力，大小为 $\sigma = F/A$。那么拉伸变形杆件内 A 点的横截面应力为已知，取 A 点附近横截面为一面的微小单元体如图 9.1(a) 所示，横截面法向应力为 σ，单元体其余方向没有应力。该应力状态为平面应力状态，简单画成图 9.1(b) 所示平面形式，图中，竖直的两条线为杆件的横截面，水平线为杆件与轴线平行的纵向截面。拉伸变形横截面的应力只有法向正应力，称为单向应力状态。根据前面的知识，可以尝试画出 A 点 45°方向的应力状态。

图 9.2 为圆轴扭转变形应力状态。圆轴扭转变形的横截面上边缘有最大切应力，大小为 $\tau = T/W_T$。那么圆轴发生扭转变形时轴内 A、B 两点的横截面上有已知应力，取 A、B 点附近横截面为一面的微小单元体如图 9.2(a)、(b) 所示，横截面上的切应力为 τ，方向与横截面内力扭矩方向一致，根据切应力互等定理单元体与轴线平行的纵向截面上有大小相等、方向相对的切应力，其余方向没有应力。这里一定要注意扭转变形切应力的作用面是横截面和与轴线平行的纵向截面。应力状态为平面应力状态，可以简单画成图

9.2(c)所示平面形式,图中竖直的两条线为圆轴的横截面,水平线为圆轴与轴线平行的纵向截面。扭转变形横截面的应力只有切应力,称为纯切应力状态。根据前面的知识,可以尝试画出 A、B 点 45°方向的应力状态。

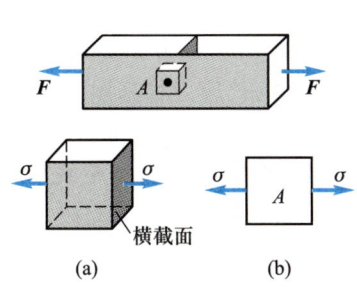

图 9.1　简单拉伸变形应力状态

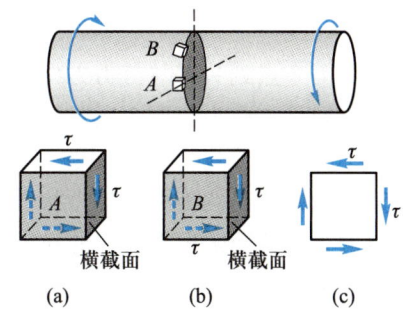

图 9.2　圆轴扭转变形应力状态

图 9.3 为简支工字钢梁受横向载荷 F 作用时的弯曲变形应力状态。在图示载荷作用下,S 截面为梁的危险截面。图 9.3(a)为工字钢中间 S 截面受力图,由截面法不难求得 S 截面上的内力有弯矩 $M_z = Fl/4$、剪力 $F_S = F/2$。图 9.3(b)为 S 截面横截面示意图。由弯曲内力引起的应力分布规律可知,弯矩 M_z 在横截面上下边缘 1、5 点处引起最大法向拉、压正应力 $\sigma = M_z/W_z$,剪力 F_S 在横截面的中性轴上 3 点处引起最大切应力 $\tau = 1.5F_S/A$。同时,工字钢横截面腹板与翼板交界处的 2、4 点,由于距上下边缘较近,弯矩 M_z 引起的法向正应力 $\sigma = M_z y/I_z$ 也较大,由于腹板宽度较窄,剪力 F_S 引起的切应力 $\tau = F_S S_z/(I_z b)$ 也较大。由上述分析可见,工字钢受横向载荷作用发生弯曲时,横截面上 1、2、3、4、5 点均为应力较大的危险点,都需要进行强度分析。

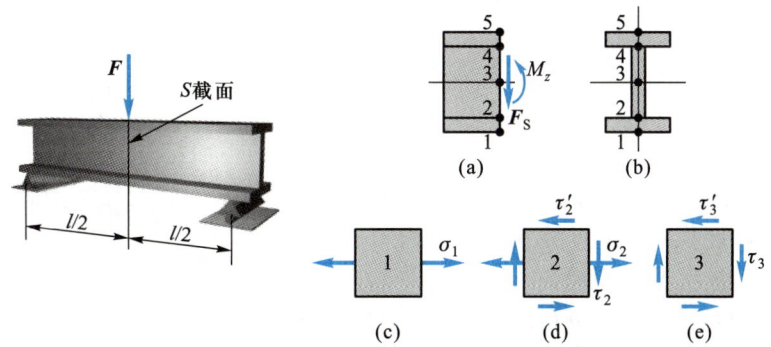

图 9.3　工字钢弯曲应力状态

弯曲变形的横截面上最边缘有弯矩引起的最大法向正应力,大小为 $\sigma = M_z/W_z$,剪力引起的切应力为 0。那么工字钢 S 截面内 1、5 点的截面应力已知,取 1 点附近横截面为一面的微小单元体,其应力状态如图 9.3(c)所示,横截面上只有法向拉应力 σ_1,单元体其余方向没有应力。5 点的应力状态与 1 点一样,只是横截面法向正应力 σ_5 为压应力。

工字钢 S 截面内 2、4 点的截面应力已知,既有弯矩 M_z 引起的法向正应力 $\sigma = M_z y/I_z$

（2 点为拉应力，4 点为压应力），又有剪力 F_S 引起的切应力 $\tau = F_S S_z / (I_z b)$，方向与剪力方向一致。取 2 点附近横截面为一面的微小单元体，其应力状态如图 9.3（d）所示，横截面上有法向拉应力 σ_2，同时有与剪力方向一致的切应力 τ_2，切应力满足切应力互等定理，单元体其余方向没有应力。4 点的应力状态与 2 点一样，只是横截面法向正应力 σ_4 为压应力。

横截面 3 点处只有与剪力方向一致的切应力 τ_3，切应力满足切应力互等定理，单元体其余方向没有应力。取 3 点附近横截面为一面的微小单元体，其应力状态如图 9.3（e）所示。

以上应力状态均为平面应力状态。竖直的两条线为工字钢的横截面，水平线为与轴线平行的纵向截面。根据前面的知识，可以尝试画出 1、3 点 45°方向的应力状态。2、4 点为一般应力状态，进行强度分析还需要计算该点处的主应力状态。

例 9.1　图 9.4 所示为-90°弯杆结构，在力 F 作用下，分析其上危险点的应力状态。

分析：首先需要通过受力分析画杆件内力图寻找危险截面，然后根据危险截面的内力，分析各内力引起的应力分布找到危险点，再分析危险点的应力，画出应力状态图。

解：1）求约束力。杆件 S 处为固定端约束，由平衡方程不难求出 S 处固定端约束力为

$$F_y = F, \quad M_x = Fa, \quad M_z = Fl$$

式中，F_y 为 y 向横向力，M_x 为对 x 轴的力矩，M_z 为对 z 轴的力矩。

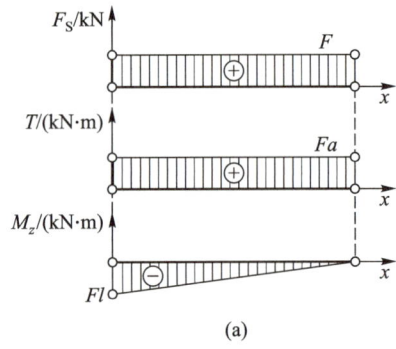

图 9.4　例 9.1 图

2）画内力图。在外力作用下，圆杆内部存在沿 y 轴方向的剪力 $F_S = F$、绕 x 轴的扭矩 $T = M_x$、对 z 轴的弯矩 $M_z = Fl$，内力图如图 9.5（a）所示。可见，S 截面为圆杆的危险截面。用截面法将圆杆在 S 截面截开，取截面的左端分析，有最大剪力 $F_S = F$、最大扭矩 $T = M_x$、最大弯矩 $M_z = Fl$，如图 9.5（b）所示。根据剪力、扭矩、弯矩引起的内力分布规律，可以确定 S 截面上 1、2、3、4 点分别为由各内力引起的相应的最大应力点，为危险点。

3）危险点的应力状态分析。

1 点：剪力 F_S 引起的应力为 0；扭矩 T 在横截面（yOz 平面）内引起与扭矩 T 方向一致的最大切应力 $\tau_1 = T/W_T$，方向沿 z 轴方向；弯矩 M_z 在横截面（yOz 平面）内引起最大法向（x 轴方向）拉应力 $\sigma_1 = M_z/W_z$。这里，切应力 τ_1、正应力 σ_1 均在横截面上，所以在 1 点附近取横截面为一面的正六面体描述 1 点的应力状态，如图 9.6（a）所示。确定横截

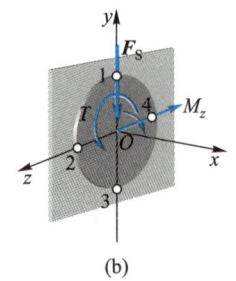

(a)

(b)

图 9.5　内力分析

面上的应力及其方向后,其余面的应力根据平衡和切应力互等定理即可确定。1 点应力状态是 x 方向和 z 方向的平面应力状态,可以简单用平面应力状态表示。

2 点:剪力 F_S 在横截面(yOz 平面)内引起的应力为 $\tau_{2S} = 3F_S/A$,方向与剪力 F_S 的方向一致,沿 y 轴负方向;扭矩 T 在横截面(yOz 平面)内引起与扭矩 T 方向一致的最大切应力 $\tau_{2T} = T/W_T$,方向与 τ_{2S} 方向相同,沿 y 轴负方向;弯矩 M_z 在中性轴处引起的应力为零。这里,切应力 $\tau_2 = \tau_{2S} + \tau_{2T}$ 均在横截面上,所以在 2 点附近取横截面为一面的正六面体描述 2 点的应力状态,如图 9.6(b)所示。确定横截面上的应力及其方向后,其余面的应力根据平衡和切应力互等定理即可确定。2 点应力状态是 x 方向和 y 方向的平面应力状态,可以简单用平面应力状态表示。这里,剪力 F_S 在横截面引起的切应力 τ_{2S} 要比扭矩 T 引起的切应力 τ_{2T} 小得多,也可以忽略不计。

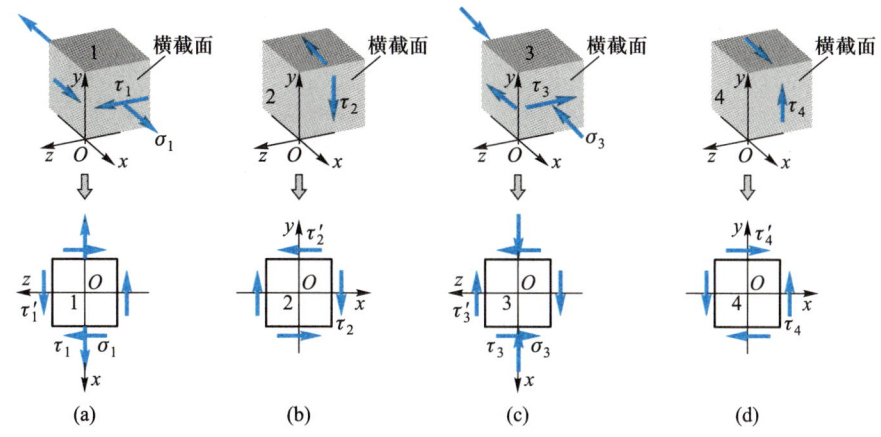

图 9.6　组合变形应力状态分析

3 点:3 点的应力状态与 1 点类似,剪力 F_S 引起的应力为 0;扭矩 T 在横截面(yOz 平面)内引起与扭矩 T 方向一致的最大切应力 $\tau_3 = T/W_T$,方向沿 z 轴负方向;弯矩 M_z 在横截面(yOz 平面)内引起最大法向(x 轴方向)压应力 $\sigma_3 = M_z/W_z$。切应力 τ_3、压应力 σ_3 均在横截面上,所以在 3 点附近取横截面为一面的正六面体描述 3 点的应力状态,如图 9.6(c)所示。3 点应力状态是 x 方向和 z 方向的平面应力状态。

4 点:4 点的应力状态与 2 点类似,弯矩 M_z 在中性轴处引起的应力为 0;剪力 F_S 在横截面(yOz 平面)内引起的应力大小和方向与 2 点相同;扭矩 T 在横截面(yOz 平面)内引起的应力与 2 点大小一样,方向与扭矩 T 方向一致,沿 y 轴方向。切应力 $\tau_4 = \tau_{2S} - \tau_{2T}$ 均在横截面上,应力状态如图 9.6(d)所示。

讨论:一点应力状态的分析关键是要看这一点所在截面存在什么内力,各内力分别引起怎样的应力分布,再考察该点引起怎样的应力。截面的内力由截面法计算,由于截面的内力无非就是轴力、剪力、扭矩、弯矩,相应应力的计算和方向的确定还是利用前面学习的基本变形基本知识点。在小变形前提下,合力引起的内力、应力、变形是各分力作用效果的叠加。

9.1.2 广义胡克定律与应变能

在单向拉压情况下,线弹性应力-应变关系可用胡克定律描述,即 $\sigma = E\varepsilon$。

现在考察在线弹性范围内,图 9.7 所示的最一般的三向应力状态下的应力-应变关系。

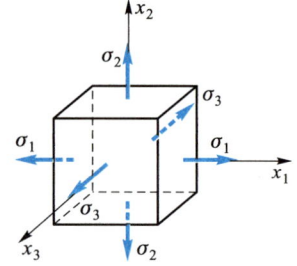

图 9.7 所示的微元中,沿主方向 x_1 的应变 ε_1(主应变)是沿 x_1 方向的伸长。ε_1 由主应力 σ_1 引起的伸长 σ_1/E、主应力 σ_2 引起的缩短(考虑泊松效应)$-\mu\sigma_2/E$ 和主应力 σ_3 引起的缩短 $-\mu\sigma_3/E$ 三部分组成,即

$$\varepsilon_1 = \frac{1}{E}[\sigma_1 - \mu(\sigma_2 + \sigma_3)]$$

用类似的方法同样可写出沿主方向 x_2、x_3 的应变 ε_2 和 ε_3,即有

图 9.7 三向应力状态下的应力-应变关系

$$\left.\begin{array}{l} \varepsilon_1 = \dfrac{1}{E}[\sigma_1 - \mu(\sigma_2 + \sigma_3)] \\[2mm] \varepsilon_2 = \dfrac{1}{E}[\sigma_2 - \mu(\sigma_3 + \sigma_1)] \\[2mm] \varepsilon_3 = \dfrac{1}{E}[\sigma_3 - \mu(\sigma_1 + \sigma_2)] \end{array}\right\} \tag{9.1}$$

这就是用主应力表达的广义胡克定律。

在上述各式右端方括号内,分别加上再减去 $\mu\sigma_1$、$\mu\sigma_2$、$\mu\sigma_3$,可以写成

$$\varepsilon_1 = \frac{1}{E}[(1+\mu)\sigma_1 - \mu(\sigma_1 + \sigma_2 + \sigma_3)]$$

$$\varepsilon_2 = \frac{1}{E}[(1+\mu)\sigma_2 - \mu(\sigma_1 + \sigma_2 + \sigma_3)]$$

$$\varepsilon_3 = \frac{1}{E}[(1+\mu)\sigma_3 - \mu(\sigma_1 + \sigma_2 + \sigma_3)]$$

由于 $\sigma_1 \geqslant \sigma_2 \geqslant \sigma_3$,故可知有 $\varepsilon_1 \geqslant \varepsilon_2 \geqslant \varepsilon_3$,$\varepsilon_1$ 是最大正应变。

弹性体在单向拉伸情况下,若施加的力从零增加到 F,杆的变形相应地由零增大到 Δl,故外力所做的功为图 9.8 所示之 F-Δl 曲线下的面积,即 $F\Delta l/2$。

弹性体内储存的应变能(strain energy)V 在数值上应等于外力所做的功。单位体积的应变能即应变能密度 v_ε 为

$$v_\varepsilon = \frac{V}{Al} = \frac{F\Delta l}{2Al} = \frac{1}{2}\sigma\varepsilon$$

在三向应力状态下,弹性体应变能在数值上仍应等于外力所做的功,且只取决于外力和变形的最终值而与中间过程无关。因为在外力和变形的最终值不变的情况下,若

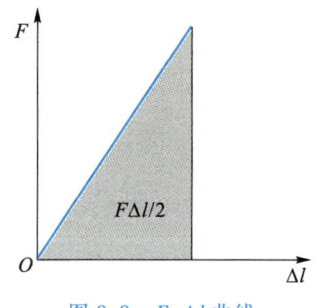

图 9.8 F-Δl 曲线

施力和变形的中间过程会使弹性体应变能不同,则沿不同路径加、卸载后将出现能量的多余或缺失,这就违反了能量守恒定律。因此,可以假定三个主应力按比例同时从零增加到最终值,于是弹性体应变能密度 v_ε 可以写为

$$v_\varepsilon = \frac{1}{2}\sigma_1\varepsilon_1 + \frac{1}{2}\sigma_2\varepsilon_2 + \frac{1}{2}\sigma_3\varepsilon_3$$

将(9.1)式代入上式,整理后可得

$$v_\varepsilon = \frac{1}{2E}\left[\sigma_1^2 + \sigma_2^2 + \sigma_3^2 - 2\mu(\sigma_1\sigma_2 + \sigma_2\sigma_3 + \sigma_3\sigma_1)\right] \tag{9.2}$$

一般地说,微元的变形包括体积改变和形状改变两部分。故弹性体的应变能密度 v_ε 也可以写为体积改变的**体积改变能密度** v_V 和形状改变的**畸变能密度** v_d 两部分,即

$$v_\varepsilon = v_V + v_d$$

先讨论受 $\sigma_1 = \sigma_2 = \sigma_3 = \sigma_m$ 作用的微元。在三向等拉的情况下,微元只有体积改变而不发生形状改变,弹性体应变能密度即等于其体积改变能密度,且可由(9.2)式直接得到,有

$$v_\varepsilon = v_V = \frac{1}{2E}\left[3\sigma_m^2 - 2\mu(3\sigma_m^2)\right] = \frac{3(1-2\mu)}{2E}\sigma_m^2 \tag{9.3}$$

对于三个主应力不同的一般情况,可以将其应力状态变换成三个面上的正应力均为 $\sigma_m = (\sigma_1 + \sigma_2 + \sigma_3)/3$,且各面上还有切应力的情况。其应变能密度 v_ε 不因应力状态的等效变换而改变,仍然应由(9.2)式给出。这样,三个正应力 σ_m 引起微元的体积改变,各面上的切应力则引起微元的形状改变。将 $\sigma_m = (\sigma_1 + \sigma_2 + \sigma_3)/3$ 代入(9.3)式,得到其体积改变能密度 v_V 为

$$v_V = \frac{3(1-2\mu)}{2E}\frac{(\sigma_1 + \sigma_2 + \sigma_3)^2}{9} = \frac{(1-2\mu)}{6E}(\sigma_1 + \sigma_2 + \sigma_3)^2$$

由(9.2)式给出的 v_ε 减去上式给出的 v_V,经整理即可得到微元的畸变能密度 v_d 为

$$v_d = \frac{1+\mu}{6E}\left[(\sigma_1 - \sigma_2)^2 + (\sigma_2 - \sigma_3)^2 + (\sigma_3 - \sigma_1)^2\right] \tag{9.4}$$

§9.2　强度理论简介

由§4.6节应力状态的分析可知,一点的应力状态可以用三个主应力描述。对于给定的材料或构件,是否发生破坏或屈服,取决于其危险点的应力状态。在讨论轴向拉压的时候,杆中任意一点只有沿轴向的正应力,是单向应力状态,只有一个主应力不为零。由拉伸或压缩实验确定的极限应力就是杆中危险点处轴向正应力的临界值,由此给出了材料是否发生破坏或屈服的强度条件。若材料中的危险点处于二向或三向应力状态,由于二个或三个主应力间的比例有多种不同的组合,故用实验直接测定其极限应力的方法就受到了限制,也难以直接给出破坏或屈服的强度条件。为此,人们从长期的工程实践中,从不同应力状态组合下材料破坏的实验研究和使用经验中,分析总结出了若干关于材料破坏或屈服规律的假说。这类研究**复杂应力状态**(state of complex stress)下材料破坏

或屈服规律的假说,称为强度理论(theory of strength)。

9.2.1　关于破坏的强度理论

材料发生强度失效的主要形式是破坏(脆性材料断裂)或屈服(塑性材料开始出现大的变形)。本节先讨论适用于脆性材料破坏的强度理论。

1. 最大拉应力理论(第一强度理论)

最大拉应力理论认为不论材料处于何种应力状态,只要最大拉应力 σ_1 到达单向拉伸破坏时的极限应力 σ_b,材料即发生破坏。故材料发生破坏的条件是

$$\sigma_1 = \sigma_b$$

对于脆性材料,在二向或三向应力状态下,即使 σ_3 是压应力,只要其绝对值不大于 σ_1,最大拉应力理论的预测与实验结果还是相当接近的。

将极限应力 σ_b 除以安全因数 n 后给出许用应力 $[\sigma]$,实际用于设计的强度条件则为

$$\sigma_1 \leqslant \sigma_b / n = [\sigma] \tag{9.5}$$

式中,σ_1 是构件危险点处的最大拉应力(第一主应力);$[\sigma]$ 是材料的许用应力。

2. 最大拉应变理论(第二强度理论)

最大拉应变理论认为不论材料处于何种应力状态,只要最大拉应变 ε_1 到达单向拉伸破坏时的最大拉应变 ε_u,材料即发生破坏。故材料发生破坏的条件是

$$\varepsilon_1 = \varepsilon_u$$

对于脆性材料,直至破坏,其应力-应变关系都可以用线性弹性关系(胡克定律)描述,故破坏时的最大拉应变可以写为 $\varepsilon_u = \sigma_b / E$。另一方面,在图 9.7 所示的最一般的三向应力状态下,最大拉应变 ε_1 是沿 x_1 方向的伸长,且由(9.1)式知 ε_1 为

$$\varepsilon_1 = \frac{1}{E} [\sigma_1 - \mu(\sigma_2 + \sigma_3)]$$

于是,最大拉应变破坏条件 $\varepsilon_1 = \varepsilon_u$ 就可以用应力的形式写为

$$\sigma_1 - \mu(\sigma_2 + \sigma_3) = \sigma_b$$

对于脆性材料,在二向或三向应力状态下,若 σ_3 是压应力且其绝对值大于 σ_1,或在压缩应力状态下($\sigma_1 \leqslant 0$),最大拉应变理论的预测与实验结果比用最大拉应力理论更接近一些。

考虑安全因数 n,给出许用应力 $[\sigma]$ 后,实际用于设计的强度条件则为

$$\sigma_1 - \mu(\sigma_2 + \sigma_3) \leqslant \sigma_b / n = [\sigma] \tag{9.6}$$

在有拉应力存在且压应力 σ_3 不是很大的情况下,还是采用最大拉应力理论更合适些。

9.2.2　关于屈服的强度理论

延性(或称塑性)材料到达屈服应力即会出现大的变形,这也是一种重要的强度失效形式。本节讨论适用于延性材料屈服引起构件失效的强度理论。

1. 最大切应力理论(第三强度理论)

材料学的研究表明,塑性屈服是剪切滑移的结果。

最大切应力理论认为不论材料处于何种应力状态,只要最大切应力 $\tau_{\max}$ 到达单向拉

伸屈服时的最大切应力值 τ_s，材料即开始进入屈服。故材料的屈服条件是

$$\tau_{\max} = \tau_s$$

由(4.12)式知，在三向应力状态下，最大切应力 $\tau_{\max}$ 为

$$\tau_{\max} = (\sigma_1 - \sigma_3)/2$$

另一方面，单向拉伸屈服时有 $\sigma_1 = \sigma_s$，$\sigma_2 = \sigma_3 = 0$，发生屈服时的最大切应力为

$$\tau_s = (\sigma_1 - \sigma_3)/2 = \sigma_s/2$$

将上述两式代入屈服条件，有

$$\sigma_1 - \sigma_3 = \sigma_s$$

这就是最大切应力理论给出的屈服条件。这一条件是 1864 年由法国工程师 H. Tresca 提出的，故也称为 Tresca 屈服条件。对于塑性材料的屈服，最大切应力理论的预测与实验结果很接近，在工程中得到了广泛应用。

将屈服应力 σ_s 除以安全因数 n 后给出许用应力 $[\sigma]$，实际用于设计的强度条件则为

$$\sigma_1 - \sigma_3 \leqslant \sigma_s/n = [\sigma] \tag{9.7}$$

式中，σ_1、σ_3 是构件危险点处的最大、最小主应力；$[\sigma]$ 是材料的许用应力。

2. 畸变能密度理论（第四强度理论）

前面已讨论过弹性体因外力做功发生变形而有应变能储存。应变能密度可分为体积改变能密度和畸变能密度两部分。

畸变能密度理论认为使材料发生屈服流动的主要因素是畸变能密度，即不论材料处于何种应力状态，只要畸变能密度 v_d 到达单向拉伸屈服时畸变能密度的临界值 v_{dcr}，材料即开始进入屈服。故畸变能密度理论给出的材料的屈服条件是

$$v_d = v_{dcr}$$

单向拉伸屈服时的应力等于 σ_s，应力状态为 $\sigma_1 = \sigma_s$、$\sigma_2 = \sigma_3 = 0$，代入(9.4)式，则畸变能密度的临界值 v_{dcr} 为

$$v_{dcr} = \frac{(1+\mu)\sigma_s^2}{3E}$$

一般应力状态下，材料的畸变能密度由(9.4)式给出。故有

$$v_d = \frac{1+\mu}{6E}\left[(\sigma_1-\sigma_2)^2 + (\sigma_2-\sigma_3)^2 + (\sigma_3-\sigma_1)^2\right] = v_{dcr} = \frac{(1+\mu)\sigma_s^2}{3E}$$

由此，可得到畸变能密度理论用应力表示的屈服条件为

$$\frac{1}{\sqrt{2}}\sqrt{\left[(\sigma_1-\sigma_2)^2 + (\sigma_2-\sigma_3)^2 + (\sigma_3-\sigma_1)^2\right]} = \sigma_s$$

这就是畸变能密度理论给出的屈服条件，这一条件是 1913 年由德国工程师 V. Mises 提出的，故也称为 Mises 屈服条件。对于延性金属材料的屈服，畸变能密度理论的预测比最大切应力理论的预测更接近实验结果。但最大切应力理论比畸变能密度理论简单，且两者相差也不大，故第三和第四强度理论在工程中均得到了广泛应用。

考虑安全储备后，畸变能密度理论给出的用于设计的强度条件则为

$$\sqrt{\frac{1}{2}\left[(\sigma_1-\sigma_2)^2 + (\sigma_2-\sigma_3)^2 + (\sigma_3-\sigma_1)^2\right]} \leqslant [\sigma] \tag{9.8}$$

第四强度理论考虑了 σ_1、σ_2、σ_3 三个主应力的影响。

上述四种强度理论给出的强度条件可以统一写成为

$$\sigma_r \leqslant [\sigma] \tag{9.9}$$

式中，σ_r 称为相当应力(equivalent stress)，且

$$\sigma_{r1} = \sigma_1 \qquad\qquad\qquad (第一强度理论)$$

$$\sigma_{r2} = \sigma_1 - \mu(\sigma_2 + \sigma_3) \qquad\qquad (第二强度理论)$$

$$\sigma_{r3} = \sigma_1 - \sigma_3 \qquad\qquad\qquad (第三强度理论)$$

$$\sigma_{r4} = \sqrt{\frac{1}{2}\left[(\sigma_1-\sigma_2)^2 + (\sigma_2-\sigma_3)^2 + (\sigma_3-\sigma_1)^2\right]} \quad (第四强度理论)$$

例 9.2　低碳工字钢截面尺寸如图 9.9 所示，$H = 200$ mm，$h = 180$ mm，$B = 100$ mm，$b = 92$ mm，材料的许用应力为 $[\sigma] = 200$ MPa。若截面内力 $M = 30$ kN·m，$F_S = 100$ kN。试校核其强度。

解:1) 截面弯曲正应力

$$\sigma = My/I_z$$

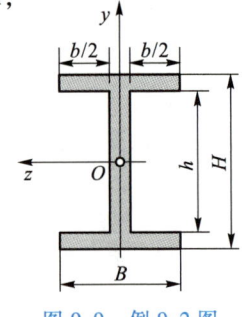

图 9.9　例 9.2 图

$$I_z = \frac{1}{12}(BH^3 - bh^3)$$

$$= \frac{1}{12}(0.1 \times 0.2^3 - 0.092 \times 0.18^3)\,\text{m}^4$$

$$= 2.195 \times 10^{-5}\,\text{m}^4$$

$y = H/2$ 处：

$$\sigma_{max} = My/I_z = (30\,000 \times 0.1/2.195 \times 10^{-5})\,\text{Pa} = 137\,\text{MPa}$$

$y = h/2$ 处：

$$\sigma = My/I_z = (30\,000 \times 0.09/2.195 \times 10^{-5})\,\text{Pa} = 123\,\text{MPa}$$

$y = 0$ 处：

$$\sigma = 0$$

2) 截面切应力

在例 8.9 中已求出截面切应力，$y = 0$ 处：

$$\tau = \tau_{max} = 72.5\,\text{MPa}$$

$y = h/2$ 处(腹板上)：

$$\tau = 54\,\text{MPa}$$

$y = H/2$ 处：

$$\tau = 0$$

3) 强度校核

低碳钢是延性材料，用第三强度理论校核强度。

$y = H/2$ 处(翼缘上下端)：

$$\sigma_{max} = 137\,\text{MPa}, \quad \tau = 0$$

是单向应力状态，$\sigma_1 = 137$ MPa，$\sigma_2 = \sigma_3 = 0$。由(9.9)式有

$$\sigma_{r3} = \sigma_1 - 0 = 137\,\text{MPa} < [\sigma] = 200\,\text{MPa}, \quad 强度足够$$

$y = 0$ 处（中性轴上）:
$$\sigma = 0, \quad \tau = \tau_{max} = 72.5 \text{ MPa}$$
是纯剪应力状态。由 7.3.3 节的讨论已知,纯剪切应力状态等价于二向等值拉压应力状态,且 $\sigma_1 = \tau, \sigma_2 = 0, \sigma_3 = -\tau$。有
$$\sigma_{r3} = \sigma_1 - \sigma_3 = 145 \text{ MPa} < [\sigma] = 200 \text{ MPa}, \quad 强度足够$$
$y = h/2$ 处（腹板上）:
$$\sigma = \sigma_x = 123 \text{ MPa}, \quad \tau = \tau_{xy} = 54 \text{ MPa}; \quad \sigma_y = 0$$
是平面应力状态。

主应力由（4.9）式给出,有
$$\left.\begin{array}{c}\sigma_{max}\\\sigma_{min}\end{array}\right\} = \frac{\sigma_x + \sigma_y}{2} \pm \sqrt{\left(\frac{\sigma_x - \sigma_y}{2}\right)^2 + \tau_{xy}^2} = \frac{1}{2}\left(\sigma \pm \sqrt{\sigma^2 + 4\tau^2}\right)$$

注意到根号内的值大于 σ,故 $\sigma_{min} < 0$；三个主应力为 $\sigma_1 = \sigma_{max}, \sigma_2 = 0, \sigma_3 = \sigma_{min}$。同样由（9.9）式可得
$$\sigma_{r3} = \sigma_1 - \sigma_3 = \sqrt{\sigma^2 + 4\tau^2} = 163.7 \text{ MPa} < [\sigma] = 200 \text{ MPa}, \quad 强度足够$$

由此可见,此例中工字钢截面各可能危险点处的强度都是足够的。但必须注意,在工字钢腹板与翼缘交界处,控制强度的相当应力 σ_{r3} 最大,当梁的高跨比大时,可能在该处首先引起强度失效。

§9.3　组合变形

除拉压、扭转、弯曲三种基本变形外,工程实际中的许多构件往往会承受几种基本变形的联合作用,这类构件的变形称为组合变形（combined deformation）。如图 9.10(a)所示之台钻的立柱 AB,承受轴力 **F** 引起的拉伸和弯矩（$M = Fe$）引起的弯曲,是拉弯组合变形；图 9.10(b)所示之传动轴 AB,承受所传递的力偶 **M** 引起的扭转和由力 **F₁**、**F₂** 引起的弯曲,是弯扭组合变形。

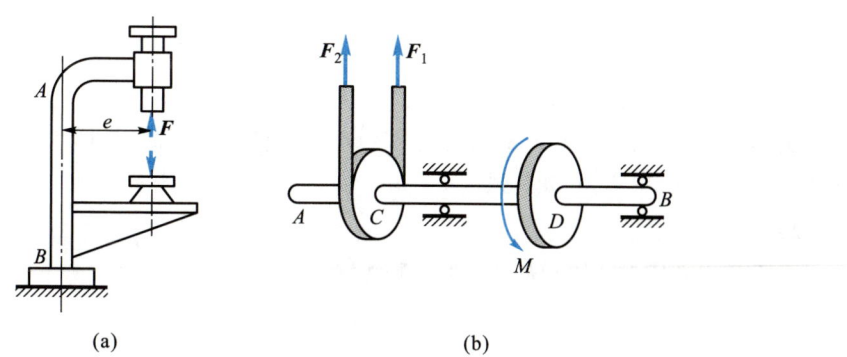

(a)　　　　　　　　　　　　　(b)

图 9.10　承受组合变形的构件

在线弹性小变形条件下,研究组合变形的方法是叠加法。即先用截面法求出截面上的内力,判断构件承受哪几种基本变形,分别计算各种基本变形下的内力、应力、应变或位移,然后将同一处的结果相叠加,得到构件在组合变形情况下的内力、应力、应变和位

移。只有当所求各量与载荷间有线性关系时,叠加法才适用。用叠加法得到组合变形构件危险点的应力(状态)后,即可选择适当的强度条件进行强度计算。

9.3.1   拉(压)弯组合变形

构件承受拉伸(或压缩)与弯曲组合变形的一般情况如图9.11所示。构件在轴力 $\boldsymbol{F}_N$ 的作用下发生沿 x 轴方向的拉伸;在弯矩 $\boldsymbol{M}_z$ 的作用下发生 xy 平面内的弯曲;在弯矩 $\boldsymbol{M}_y$ 的作用下发生 xz 平面内的弯曲。截面上还可能有的内力是沿 y、z 轴的力和绕 x 轴的力偶,沿 y、z 轴的力将使构件发生剪切变形,绕 x 轴的力偶将使构件发生扭转,这些在讨论拉弯组合变形时均不考虑。

在轴力 $\boldsymbol{F}_N$ 的作用下,截面各处的拉伸正应力为
$$\sigma' = F_N/A$$
在弯矩 $\boldsymbol{M}_z$ 的作用下,截面各处的弯曲正应力为
$$\sigma'' = M_z y/I_z$$
在弯矩 $\boldsymbol{M}_y$ 的作用下,截面各处的弯曲正应力为

$$\sigma''' = M_y z/I_y$$

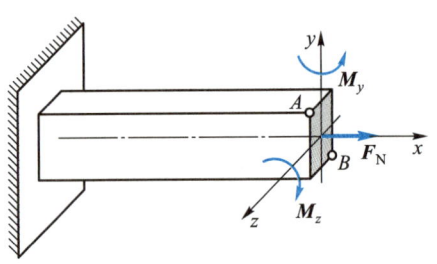

图 9.11   拉弯组合变形

应当指出的是必须注意截面各处弯曲正应力的符号。在图9.11所示坐标系和内力情况下,弯矩 $\boldsymbol{M}_z$ 作用时,坐标 y 为正的一侧受拉;弯矩 $\boldsymbol{M}_y$ 作用时,坐标 z 为正的一侧受拉。

由叠加法可得到截面上任意一点 (y,z) 的正应力为
$$\sigma = \sigma' + \sigma'' + \sigma''' = F_N/A + M_z y/I_z + M_y z/I_y \tag{9.10}$$
对于矩形截面,在图9.11中角点 A 处,$y = y_{max} > 0$,$z = z_{max} > 0$,拉应力最大,有
$$\sigma_{max} = F_N/A + M_z y_{max}/I_z + M_y z_{max}/I_y = F_N/A + M_z/W_z + M_y/W_y$$
在图9.11中角点 B 处,$y = -y_{max}$,$z = -z_{max}$,应力最小(或者说压应力最大),有
$$\sigma_{min} = F_N/A - M_z y_{max}/I_z - M_y z_{max}/I_y = F_N/A - M_z/W_z - M_y/W_y$$
注意式中 I_z、W_z、I_y、W_y 分别是截面对 z、y 轴的惯性矩和抗弯截面系数。求得危险点应力后,即可选择适当的强度理论校核其强度。

例 9.3   宽度为 $b = 40$ mm,高度为 $h = 60$ mm 的矩形截面梁 AB 如图9.12(a)所示。已知 $[\sigma] = 120$ MPa,试校核其强度。

解:1) 求约束力

整体受力如图9.12(a)所示,有平衡方程
$$\sum F_x = F_{Ax} - F_C \cos 30° = 0$$
$$\sum M_A(\boldsymbol{F}) = F_C \times 2l \sin 30° - Fl = 0$$
$$\sum M_B(\boldsymbol{F}) = Fl - F_{Ay} \times 2l = 0$$
解得
$$F_C = 10 \text{ kN}, \quad F_{Ax} = 8.66 \text{ kN}, \quad F_{Ay} = 5 \text{ kN}$$

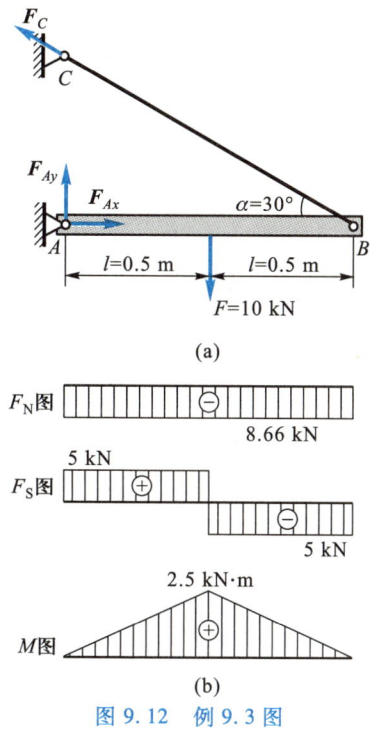

图 9.12　例 9.3 图

2）求梁 AB 的内力,画内力图

梁 AB 的内力图如图 9.12（b）所示。

3）计算危险点应力

梁 AB 在 $l=0.5$ m 处弯矩最大,该处截面是危险截面,M 为正,梁上缘受压,下缘受拉;截面各处在轴力作用下还受到压缩。叠加后梁上缘压应力值最大,且有

$$|\sigma|_{max} = F_N/A + M/W_z$$
$$= [8.66\times10^3/(40\times60)+6\times2.5\times$$
$$10^6/(40\times60^2)]\ \text{MPa}$$
$$= 107.8\ \text{MPa} < [\sigma] = 120\ \text{MPa}$$

可见,梁的强度足够。

本例中梁的切应力很小,可以不计。如需考虑切应力的影响,则应参考例 9.2。

例 9.4　立柱受力 F 作用,中段开槽,如图 9.13（a）所示。立柱横截面是边长为 $2a$ 的正方形,开槽部分截面为 $a\times2a$ 的矩形。试求开槽部分截面最大应力与未开槽部分截面应力之比。

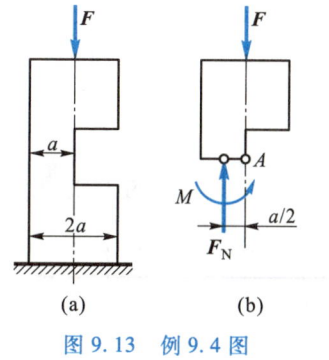

图 9.13　例 9.4 图

解: 1）求开槽部分横截面应力

用截面法截取研究对象如图 9.13（b）所示,截面内力的合力应与力 F 大小相等、方向相反、作用在立柱的轴线上。注意到研究所有的基本变形时,截面内力均作用在截面形心处,故开槽部分横截面内力为轴力 $F_N=-F$（压力）、弯矩 $M=Fa/2$,是压弯组合变形且

A 处压应力最大。由叠加法有

$$|\sigma|_{\max}=\sigma_c+\sigma_弯=\frac{F}{2a^2}+\frac{Fa/2}{2a\times a^2/6}=\frac{2F}{a^2}$$

2）未开槽部分横截面应力

未开槽部分横截面各处压应力均为

$$\sigma=\frac{F}{4a^2}$$

可见，开槽部分截面最大应力与未开槽部分截面应力之比为

$$\lambda=\frac{2F/a^2}{F/(4a^2)}=8$$

例 9.5　立柱如图 9.14 所示，在 A 点受力 F 作用，A 点在截面上的坐标为 (y,z)。试求立柱中的最大应力。

解：将力 F 平移至截面形心 C 处，可知立柱受力 F 作用发生纵向压缩；承受力偶 $M_y=Fz$ 作用在 xz 平面内发生弯曲；承受力偶 $M_z=Fy$ 作用在 xy 平面内发生弯曲。

由（9.10）式知，立柱中的最大压应力为

$$\sigma_{c,\max}=\frac{F_N}{A}+\frac{M_z}{W_z}+\frac{M_y}{W_y}=\frac{F}{bh}+\frac{6Fy}{bh^2}+\frac{6Fz}{hb^2}$$

柱中的最大拉应力为

$$\sigma_{t,\max}=-\frac{F_N}{A}+\frac{M_z}{W_z}+\frac{M_y}{W_y}=-\frac{F}{bh}+\frac{6Fy}{bh^2}+\frac{6Fz}{hb^2}=\frac{6Fby+6Fhz-Fbh}{b^2h^2}$$

讨论：工程中许多立柱只允许受压，不允许受拉，如混凝土立柱。

令上例中最大拉应力等于零，有

$$by+hz=bh/6$$

这是一直线方程，当 $y=0$ 时，$z=b/6$；当 $z=0$ 时，$y=h/6$。此两点连成的直线，给出了力 F 偏心压缩作用时截面不出现拉应力的临界位置。考虑到对称性，截面内存在着一个菱形区域，如图 9.15 所示。若力 F 作用在此菱形区域内，则无论力 F 多大，截面上均不出现拉应力，此区域称为截面的核心。

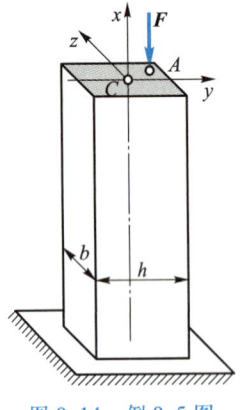

图 9.14　例 9.5 图

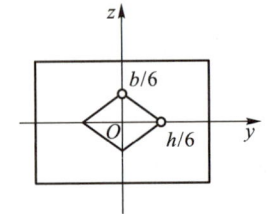

图 9.15　截面核心

9.3.2 弯扭组合变形

图 9.10(b)所示传动轴 AB,承受所传递的外力偶 M 引起的扭转和由带张力 F_1、F_2(或齿轮啮合力)引起的弯曲,是弯扭组合变形。本节只讨论这类圆轴的扭转与弯曲组合变形。

圆轴承受扭转与弯曲组合变形的一般情况如图 9.16(a)所示。轴在扭矩 $T = M_x$ 的作用下发生绕 x 轴的扭转;在弯矩 M_z 的作用下发生 xy 平面内的弯曲;在弯矩 M_y 的作用下发生 xz 平面内的弯曲。截面切向的载荷(剪力)引起的切应力与弯曲正应力、扭转切应力相比,一般要小得多,此处暂不讨论。

为了方便,先讨论弯矩 M_z 和 M_y 的合成。将 M_z 和 M_y 用力偶矩矢量表示,再进行矢量合成,得到合力偶 $M = M_z + M_y$,如图 9.16(b)所示。且 M 的大小为

$$M = \sqrt{M_y^2 + M_z^2} \tag{9.11}$$

对于圆截面,其上的任一直径所在的直线均为截面的对称轴;合力偶 M 作用在对称面内,使轴在垂直于 M 的 ABx 平面内发生平面弯曲,故合力偶 M 称为合成弯矩。所以,弯矩 M_z 作用下发生在 xy 平面内的弯曲和弯矩 M_y 作用下发生在 xz 平面内的弯曲的叠加,就是合成弯矩 M 作用下发生在 ABx 平面内的弯曲,如图9.16(c)所示。

在合成弯矩 M 作用下,图 9.16(c)中截面 A、B 两处弯曲正应力值最大;在扭矩 T 的作用下,截面外圆周各点的扭转切应力最大。可见,在 A、B 两处正应力值和切应力值均为最大,是危险点。对于有弯曲剪力作用的情况,由于弯曲剪力引起的最大切应力较小,因而可以忽略弯曲剪力的影响。

截面危险点处既有正应力又有切应力,且有

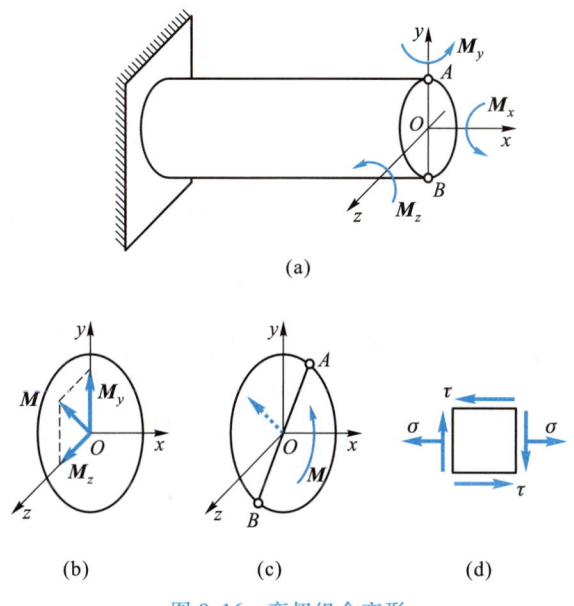

(a)

(b)   (c)   (d)

图 9.16   弯扭组合变形

$$\left.\begin{array}{c} \sigma = M/W \\ \tau = T/W_T \end{array}\right\} \tag{9.12}$$

对于直径为 d 的圆截面,还有

$$W = \pi d^3/32, \quad W_T = \pi d^3/16$$

截面各点处,正应力沿截面法向,切应力沿圆周切向,在与此两方向垂直的圆截面径向无应力,故是平面应力状态。危险点处的应力状态如图 9.16(d)所示。

由(4.9)式可知,圆轴弯扭组合变形时危险点处的三个主应力为

$$\left.\begin{array}{l} \sigma_1 = \dfrac{1}{2}(\sigma + \sqrt{\sigma^2 + 4\tau^2}) \\[2mm] \sigma_2 = 0 \\[2mm] \sigma_3 = \dfrac{1}{2}(\sigma - \sqrt{\sigma^2 + 4\tau^2}) \end{array}\right\} \tag{9.13}$$

承受弯、扭的圆轴一般都是由延性金属材料制成的,故可按第三或第四强度理论建立强度条件。采用强度条件(9.9)式,将(9.13)式代入,有

$$\sigma_{r3} = \sqrt{\sigma^2 + 4\tau^2} \leqslant [\sigma] \tag{9.14}$$

$$\sigma_{r4} = \sqrt{\sigma^2 + 3\tau^2} \leqslant [\sigma] \tag{9.15}$$

这就是用应力描述的圆轴弯、扭组合变形时的强度条件。

再将(9.12)式代入上述两式,并注意到 $W_T = 2W$,强度条件还可写为

$$\frac{1}{W}\sqrt{M^2 + T^2} \leqslant [\sigma] \qquad (第三强度理论) \tag{9.16}$$

$$\frac{1}{W}\sqrt{M^2 + 0.75T^2} \leqslant [\sigma] \qquad (第四强度理论) \tag{9.17}$$

例 9.6 图 9.17(a)中传动轴直径 $d = 40$ mm,$AC = CD = DB = 200$ mm,C 轮直径 $d_1 = 160$ mm,D 轮直径 $d_2 = 80$ mm,圆柱齿轮压力角 α 为 20°。已知该轴作匀速转动时作用在 C 轮上的力 $F_1 = 2$ kN,$[\sigma] = 120$ MPa。试校核该轴的强度。

解:1）静力分析(求 F_2 和约束力)

整体受力如图 9.17(a)所示(注意 $F_{Ax} = 0$),有平衡方程

$$\sum M_x(\boldsymbol{F}) = F_2\cos\alpha \cdot d_2/2 - F_1\cos\alpha \cdot d_1/2 = 0$$

$$\sum M_y(\boldsymbol{F}) = F_1\sin\alpha \cdot AC - F_2\cos\alpha \cdot AD - F_{Bz} \cdot AB = 0$$

$$\sum M_z(\boldsymbol{F}) = F_1\cos\alpha \cdot AC - F_2\sin\alpha \cdot AD + F_{By} \cdot AB = 0$$

$$\sum F_y = F_{Ay} + F_1\cos\alpha - F_2\sin\alpha + F_{By} = 0$$

$$\sum F_z = F_{Az} - F_1\sin\alpha + F_2\cos\alpha + F_{Bz} = 0$$

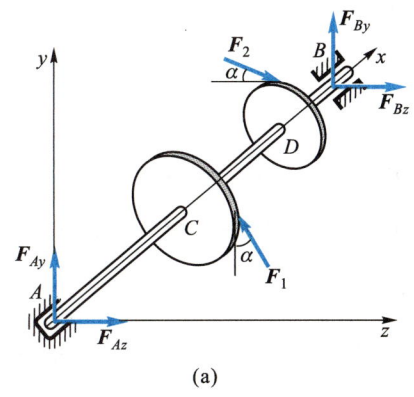

(a)

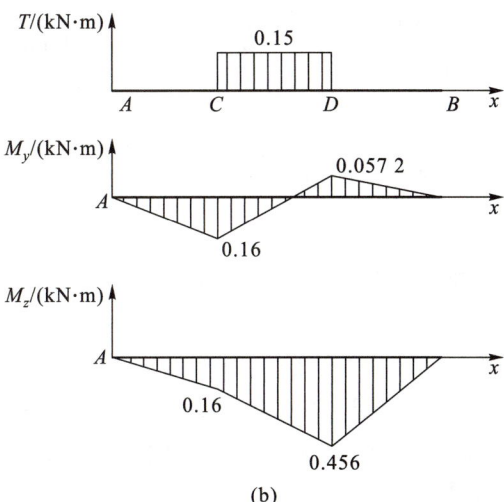

(b)

图 9.17　例 9.6 图

解得

$$F_2 = 4 \text{ kN}, \quad F_{Bz} = -2.28 \text{ kN}, \quad F_{By} = 0.286 \text{ kN}$$

$$F_{Ay} = -0.8 \text{ kN}, \quad F_{Az} = -0.8 \text{ kN}$$

2）求轴的内力，画内力图

轴绕 x 轴发生扭转，AC、DB 段扭矩为零。

CD 段有

$$T = F_1 \cos \alpha \cdot d_1/2 = 2 \text{ kN} \times 0.94 \times 0.08 \text{ m} = 0.15 \text{ kN} \cdot \text{m}$$

轴在 xy 平面内发生弯曲，A、B 处弯矩为零。轴上无分布载荷，弯矩 M_z 是各段线性的，且

$$M_{zC} = F_{Ay} \cdot AC = -0.8 \text{ kN} \times 0.2 \text{ m} = -0.16 \text{ kN} \cdot \text{m}$$

$$M_{zD} = F_{By} \cdot DB = 0.286 \text{ kN} \times 0.2 \text{ m} = 0.057 2 \text{ kN} \cdot \text{m}$$

轴在 xz 平面内发生弯曲，A、B 处弯矩为零。弯矩 M_y 也是各段线性的，且

$$M_{yC} = F_{Az} \cdot AC = -0.8 \text{ kN} \times 0.2 \text{ m} = -0.16 \text{ kN} \cdot \text{m}$$

$$M_{yD} = F_{Bz} \cdot DB = -2.28 \text{ kN} \times 0.2 \text{ m} = -0.456 \text{ kN} \cdot \text{m}$$

内力图如图 9.17(b)所示。

3）强度校核

C、D 截面扭矩均为 T，比较 C、D 截面的合成弯矩 M，由(9.11)式有

$$M_C = \sqrt{M_y^2 + M_z^2} = \sqrt{0.16^2 + 0.16^2} \text{ kN} \cdot \text{m} = 0.226 \text{ kN} \cdot \text{m}$$

$$M_D = \sqrt{M_y^2 + M_z^2} = \sqrt{0.057\,2^2 + 0.456^2} \text{ kN} \cdot \text{m} = 0.46 \text{ kN} \cdot \text{m}$$

故 D 截面为危险截面，且有

$$T = 0.15 \text{ kN} \cdot \text{m}, \quad M_D = 0.46 \text{ kN} \cdot \text{m}$$

按第三强度理论有

$$\sigma_{r3} = \frac{1}{W}\sqrt{M^2 + T^2} = \frac{32 \times 10^3}{\pi \times 0.04^3}\sqrt{0.46^2 + 0.15^2} \text{ Pa} = 77 \text{ MPa} \leqslant [\sigma] = 120 \text{ MPa}$$

按第四强度理论有

$$\sigma_{r4} = \frac{1}{W}\sqrt{M^2 + 0.75T^2} = 76 \text{ MPa} \leqslant [\sigma]$$

可见，轴的强度是足够的。

本题圆轴显然还有弯曲剪力作用，但对于圆截面轴，弯曲剪力的影响是次要因素，中性轴上最大切应力是小量，因而可以忽略弯曲剪力的影响。

本章在讨论了应力状态、强度理论之后，着重讨论了组合变形分析。需要再次指出的是在线弹性小变形条件下，研究组合变形的方法是叠加法。将组合变形分解成几种基本变形，分别计算各基本变形下的内力、应力、应变或位移，然后将同一处的结果相叠加，即可得到构件在组合变形情况下的内力、应力、应变和位移。本章虽然只研究了组合变形的应力分析和强度计算，但应当知道，只要是线弹性小变形的情况，利用叠加法同样可以研究复杂组合变形结构和构件的变形和位移。

小　结

9.1 第九章知识图谱

1. 用主应力表达的广义胡克定律为

$$\varepsilon_1 = \frac{1}{E}\left[\sigma_1 - \mu(\sigma_2 + \sigma_3)\right]$$

$$\varepsilon_2 = \frac{1}{E}\left[\sigma_2 - \mu(\sigma_3 + \sigma_1)\right]$$

$$\varepsilon_3 = \frac{1}{E}\left[\sigma_3 - \mu(\sigma_1 + \sigma_2)\right]$$

2. 四个强度理论可以统一写为

$$\sigma_r \leqslant [\sigma]$$

式中，相当应力 σ_r 为

$$\sigma_{r1} = \sigma_1 \qquad \text{（第一强度理论）}$$
$$\sigma_{r2} = \sigma_1 - \mu(\sigma_2 + \sigma_3) \qquad \text{（第二强度理论）}$$
$$\sigma_{r3} = \sigma_1 - \sigma_3 \qquad \text{（第三强度理论）}$$
$$\sigma_{r4} = \sqrt{\frac{1}{2}\left[(\sigma_1-\sigma_2)^2 + (\sigma_2-\sigma_3)^2 + (\sigma_3-\sigma_1)^2\right]} \qquad \text{（第四强度理论）}$$

第一、二强度理论用于脆性材料破坏,第三、四强度理论用于延性材料屈服。

3. 在线弹性小变形条件下,研究组合变形的方法是叠加法。即先用截面法求出截面上的内力,判断构件承受哪几种基本变形;分别计算各种基本变形下的应力,然后将同一处的结果相叠加;再由危险点应力状态和适当的强度理论进行强度计算。

4. 拉(或压)与弯曲组合变形时,截面上任意一点(y, z)的正应力为

$$\sigma = F_N/A + M_z y/I_z + M_y z/I_y$$

5. 承受弯、扭的延性材料制成的圆轴,可按第三或第四强度理论建立强度条件,即

$$\frac{1}{W}\sqrt{M^2 + T^2} \leqslant [\sigma] \qquad \text{（第三强度理论）}$$

$$\frac{1}{W}\sqrt{M^2 + 0.75T^2} \leqslant [\sigma] \qquad \text{（第四强度理论）}$$

式中,T 为危险截面的扭矩,M 为危险截面的合成弯矩,W 为抗弯截面系数。

9.2 第九章知识点测试题

9.3 第九章知识点测试题答案

思 考 题

9.1 图中表示的纯切应力状态是否正确? 如果正确,单元体应力状态用主应力如何表示?

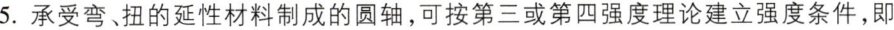

(a)   (b)   (c)

思考题 9.1 图

9.2 A、B 两点的应力状态如图所示,两者沿 x 方向的正应变 ε_x 是否相同? 两者的最大正应变 ε_1 是否相同?

9.3 球形薄壁压力容器上任一点均处于二向等拉应力状态,如思考题9.3图所示。试问过该点的最大切应力是多少? 作用在何处? 用第三强度理论如何写出其屈服条件?

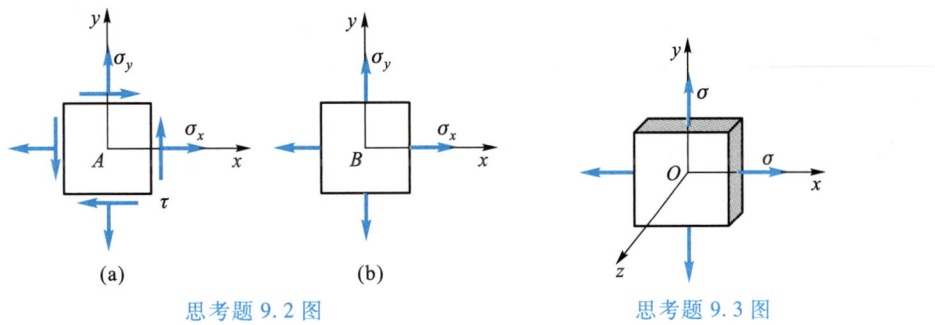

(a)   (b)

思考题 9.2 图   思考题 9.3 图

9.4 什么是截面核心？圆柱承受偏心压缩时，截面核心如何描述？

9.5 圆轴双向弯曲时，可将弯矩 M_y、M_z 合成为合成弯矩 M 后按平面弯曲公式求应力。矩形截面梁受双向弯曲时，可否将弯矩 M_y、M_z 合成为合成弯矩 M 后按平面弯曲公式求应力？

习 题

9.1 试用单元体画出图中各点的应力状态。

9.2 一点的应力状态如图所示，求：

（1）主应力和主平面位置；

（2）最大切应力。

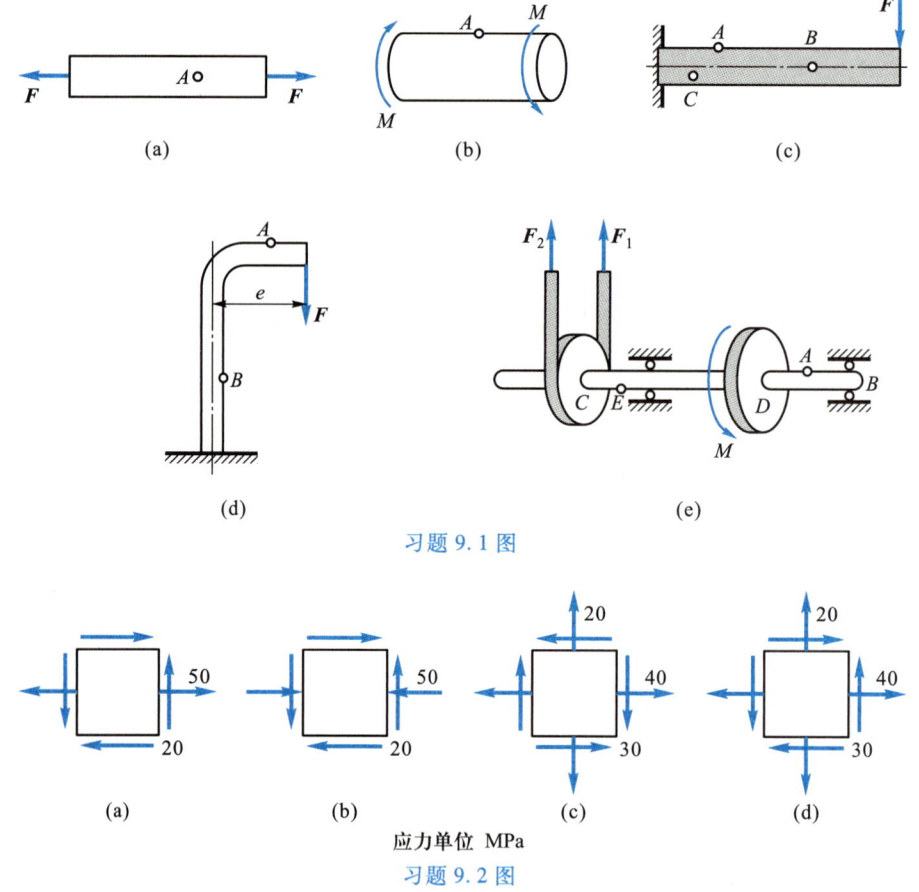

(a) (b) (c)

(d) (e)

习题 9.1 图

应力单位 MPa

习题 9.2 图

9.3 某构件危险点应力状态如图所示，$E = 200$ GPa，$\mu = 0.3$。试求其最大拉应力和最大拉应变。

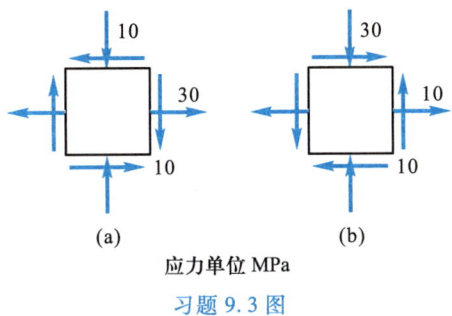

(a)   (b)

应力单位 MPa

习题 9.3 图

9.4   工字形截面简支钢梁如图所示,材料许用应力为$[\sigma]=160$ MPa。若只考虑弯曲正应力和竖直方向的弯曲切应力,试按第三强度理论校核其强度。

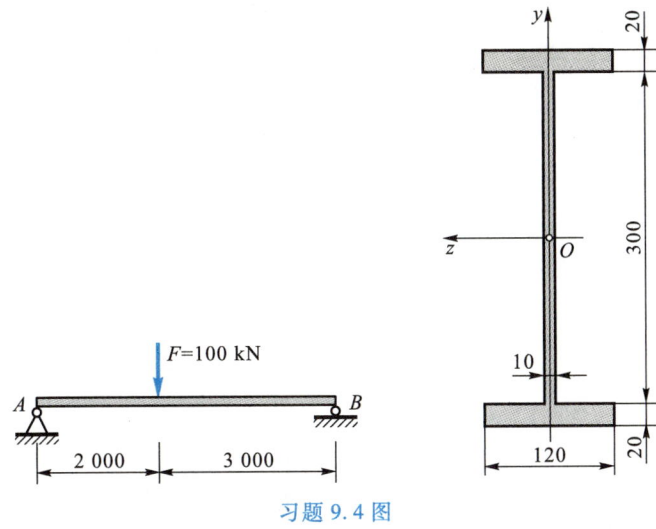

习题 9.4 图

9.5   吊车可在横梁 AB 上行走,横梁 AB 由两根 20b 号槽钢组成。由型钢表查得 20b 号槽钢的截面面积为 $A=32.83\text{cm}^2$, $W_z=191\ \text{cm}^3$。若材料的许用应力$[\sigma]=120$ MPa,假定拉杆 BC 强度足够,不计切应力的影响,试确定所能允许的最大吊重 $W_{\max}$。

9.6   图示矩形截面悬臂木梁高度为 h,$[\sigma]=10$ MPa。若 $h/b=2$,试确定其截面尺寸。

9.7   直径为 $d=80$ mm 的圆截面杆在端部受力 $F_1=60$ kN、$F_2=3$ kN 和外力偶 $M=1.6$ kN·m作用,$l=0.8$ m,$[\sigma]=160$ MPa。试按第四强度理论校核其强度。

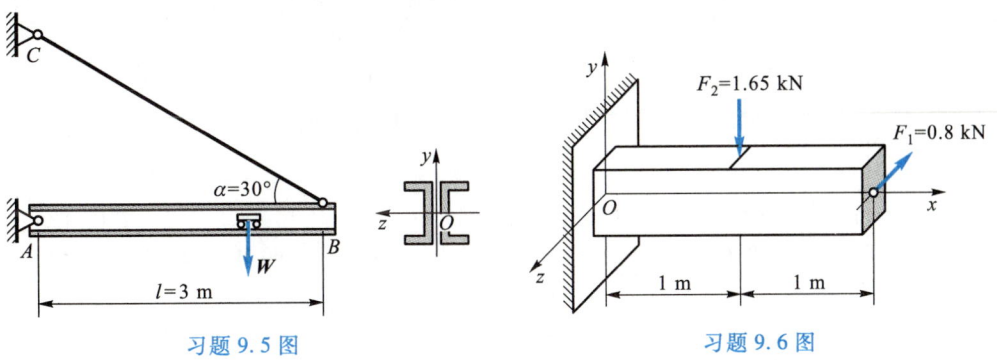

习题 9.5 图   习题 9.6 图

9.8　传动钢轴如图所示。齿轮 A 的直径 $D_A = 200$ mm,受径向力 $F_{Ay} = 3.64$ kN、切向力 $F_{Az} = 10$ kN 作用;齿轮 C 的直径 $D_C = 400$ mm,受径向力 $F_{Cz} = 1.82$ kN、切向力 $F_{Cy} = 5$ kN 作用。若 $[\sigma] = 120$ MPa,试按第三强度理论设计轴径 d。

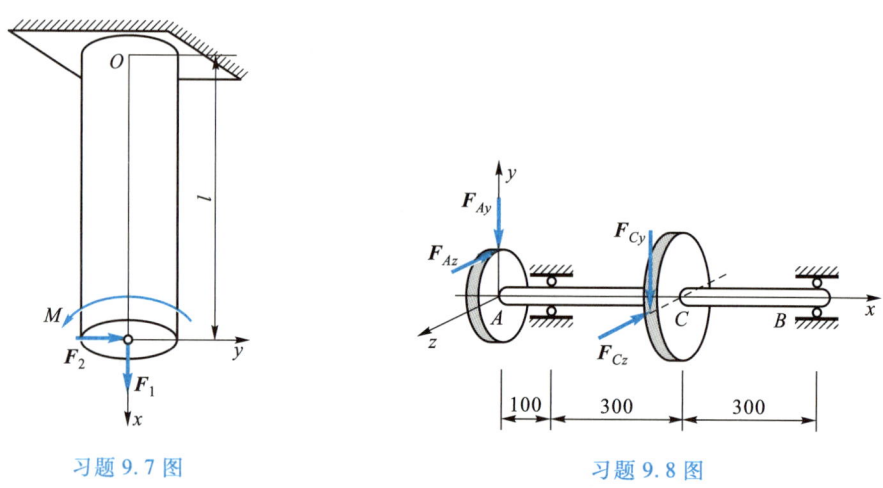

习题 9.7 图　　　　　　　习题 9.8 图

9.9　混凝土圆柱如图所示,受偏心载荷 F 作用。为保证截面各处均不出现拉应力,试确定所允许的最大偏心距 e。

9.10　三种情况下杆的受力如图所示。若杆的横截面面积相等,试求三杆中最大拉、压应力之比。

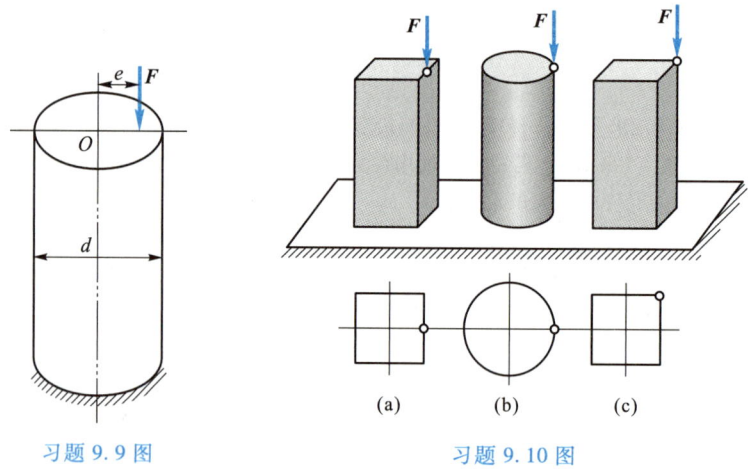

习题 9.9 图　　　　　　　习题 9.10 图

9.11　斜齿轮传动轴如图所示,斜齿轮直径 $D = 300$ mm,轴径 $d = 50$ mm。齿面上受径向力 $F_y = 1$ kN、切向力 $F_z = 2.4$ kN 及平行于轴线的力 $F_x = 0.8$ kN 作用。若 $[\sigma] = 160$ MPa,试按第四强度理论校核该轴的强度。

9.12　图示圆形截面悬臂梁,直径为 d,同时受轴向力 F、横向均布载荷 q 和扭转力矩 M 作用。(1)画出其内力图,指出危险截面和危险点的位置;(2)画出危险点的应力状态;(3)梁的许用应力

$[\sigma]=100$ MPa,试按照第三强度理论建立梁的强度条件。

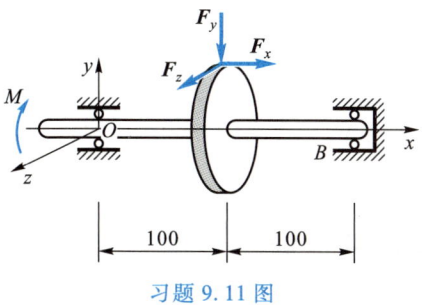

习题 9.11 图

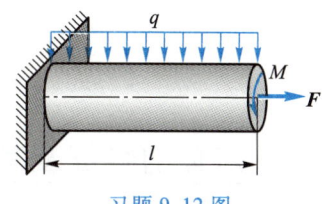

习题 9.12 图

第十章 流体力、容器

§10.1 流体的特征及其主要物理性能

10.1.1 流体的特征

流体(fluid)一般分为两类:液体和气体。

流体没有固定的几何形状,其形状取决于容器。液体具有一定的体积,其体积与容器的大小无关,可以有自由表面。气体则总是要充满所包容它的整个空间。

就力学性质而言,流体与固体有显著的不同。

固体具有保持其几何形状的能力,可以承受各种外力的作用,在固体内部(任一点)产生法向应力(拉应力或压应力)和/或切向应力(切应力)以抵抗变形,直到应力足够大时才发生破坏。

从宏观工程意义上看,流体显然不能承受拉力,任何微小的剪力都将引起流体的连续变形而形成流动。故在宏观平衡状态下的流体只能承受法向压力。

流体是受任何微小剪力作用时都将产生连续变形的物体。在此,主要讨论液体,例如水、油等。

10.1.2 流体的主要物理性能

1. 密度

单位体积流体所具有的质量称为流体的密度,以 ρ 表示。且

$$\rho = \frac{m}{V} \tag{10.1}$$

式中,m 为流体的质量,单位为 kg;V 为流体的体积,单位为 m^3,故密度 ρ 的单位为 kg/m^3。

2. 重度

单位体积的流体重量或单位体积流体所受到的重力,称为流体的重度,以 γ 表示。且

$$\gamma = \frac{W}{V} \tag{10.2}$$

式中,W 为流体重量,单位为 N;V 仍为流体体积,单位为 m^3,故重度 γ 的单位为 N/m^3。

依据牛顿第二定律有 $W = mg$,故重度 γ 与密度 ρ 间的关系为

$$\gamma = \rho g \tag{10.3}$$

式中,g 为重力加速度,工程中取 $g = 9.81 \ m/s^2$。严格地说,因为重力加速度 g 在地球的不

同位置是变化的,重度也将随流体所处的位置而变化;密度则是与位置无关的。

表 10.1 列出了若干常用流体在 1 个标准大气压下的密度、重度及相对密度。

表 10.1   若干常用流体在 1 个标准大气压下的密度、重度及相对密度

流　体	温　度/℃	密　度/(kg/m³)	重　度/(N/m³)	相对密度
蒸馏水	4	1 000	9 810	1.0
海水	15	1 020~1 030	9 996~10 094	1.02~1.03
航空汽油	15	650	6 370	0.65
普通汽油	15	700~750	6 860~7 350	0.70~0.75
石油	15	880~890	8 624~8 722	0.88~0.89
润滑油	15	890~920	9 722~9 010	0.89~0.92
煤油	15	760	7 450	0.76
酒精	15	790~800	7 742~7 840	0.79~0.80
水银	0	13 600	133 280	13.6
空气	0	1.293	12.671	0.001 293
空气	20	1.183	11.593	0.001 183

注:1 个标准大气压=0.101 3 MPa。相对密度为流体的重度与 4 ℃时水的重度之比。

3. 压缩性及膨胀性

流体受压,体积缩小,密度增大;流体受热,体积膨胀,密度减小。这种现象即为流体的压缩性和膨胀性。气体的压缩性和膨胀性,一般用密度、压强、温度三者间的气体状态方程描述,物理学中已讨论过。此处仅讨论液体的压缩性及膨胀性。

(1)压缩性。在温度不变的条件下,液体在压力增大时体积缩小的行为,称为压缩性。定义每改变单位压强时的相对体积变化为 κ,则有

$$\kappa = -\frac{\mathrm{d}V/V}{\mathrm{d}p} = -\frac{1}{V}\frac{\mathrm{d}V}{\mathrm{d}p} \tag{10.4}$$

式中,$\mathrm{d}p$ 是压强的变化,单位为 Pa;$\mathrm{d}V/V$ 是体积变化率或相对体积变化,是量纲一的量;κ 称为体积压缩系数,由实验确定,单位为 m²/N。负号表示压力增大,体积缩小。

体积压缩系数的倒数为

$$K = \frac{1}{\kappa} = -V\frac{\mathrm{d}p}{\mathrm{d}V} \tag{10.5}$$

式中,K 称为流体的体积弹性模量,单位与压强相同,亦与应力、固体的弹性模量 E 有相同的量纲。

(2)膨胀性。在压强不变的条件下,液体在温度升高时体积增大的行为,称为膨胀性。定义每改变单位温度时的相对体积变化为 α_v,则有

$$\alpha_V = \frac{\mathrm{d}V/V}{\mathrm{d}T} = \frac{1}{V}\frac{\mathrm{d}V}{\mathrm{d}T} \tag{10.6}$$

式中,$\mathrm{d}T$ 是温度的变化,单位为 K。α_V 称为体积膨胀系数,单位为 K^{-1}。

实验表明,液体的体积压缩系数和体积膨胀系数都很小。例如水,在 0 ℃ 或 273 K 的温度下,压强改变 10 MPa($10^7\,\mathrm{Pa}$)时,体积压缩系数 $\kappa \approx 0.5 \times 10^{-9}\,\mathrm{m^2/N}$,体积弹性模量 $K \approx 2 \times 10^9\,\mathrm{N/m^2}$,故由(10.4)式知体积变化约为 $\mathrm{d}V/V = 0.5 \times 10^{-2} = 0.5\%$;在 1 个大气压($\approx 10^5\,\mathrm{Pa}$)的作用下,温度从 283 K 上升到 293 K(从 10 ℃ 到 20 ℃),体积相对改变只有约 0.15%。其他液体也与水类似。因此,工程中一般情况下均可不考虑其压缩及膨胀,而将液体视为不可压缩的,其密度和重度是不随压力、温度而变化的。

4. 黏性的概念

考虑图 10.1 中两平行平板间充满流体的情况。若上板在力 $\boldsymbol{F}$ 作用下以速度 $\boldsymbol{v}$ 运动,则附着于板下的薄层流体质点也以速度 $\boldsymbol{v}$ 运动;但因下板固定不动,故附着于下板上的薄层流体质点运动速度为零;各层流体间必然形成速度梯度。速度梯度的存在是因为流体层中质点在层间接触面上发生了相对滑动。上面一层对于下面一层,有一与运动方向相同的切向力作用,带动下层运动;下面一层对于上面一层,有一与运动方向相反的切向力作用,阻碍上层运动;这一切向力使得流体内产生切应力。

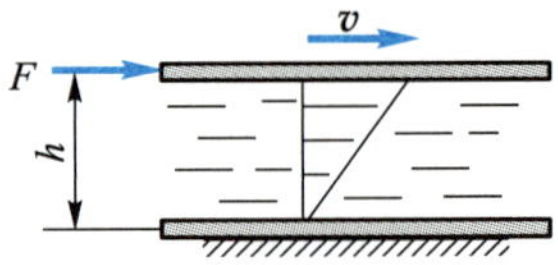

图 10.1 平板间的流动

流体内部质点沿接触面相对运动时产生切应力以阻滞其流动的性质,称为流体的黏性。所有的流体都是有黏性的,无黏性流体是一种假设的理想流体。流体处于平衡状态时,质点间无相对运动,不显现其黏性,可以认为是无黏性的理想流体。

§ 10.2 静止流体中的压强

10.2.1 流体静压强

在图 10.2 所示静止流体中任一点 A 处,取出一微小单元体如图所示。依据流体的性质,流体中任一点均不能承受拉力(如图中 C 处),且静止流体不显现黏性,也不能有切向力(如图中 B 处),故单元体六个面上均只有法向压力 $\Delta \boldsymbol{F}$。则 A 点的应力为

$$p = \lim_{\Delta A \to 0} \frac{\Delta F}{\Delta A} \tag{10.7}$$

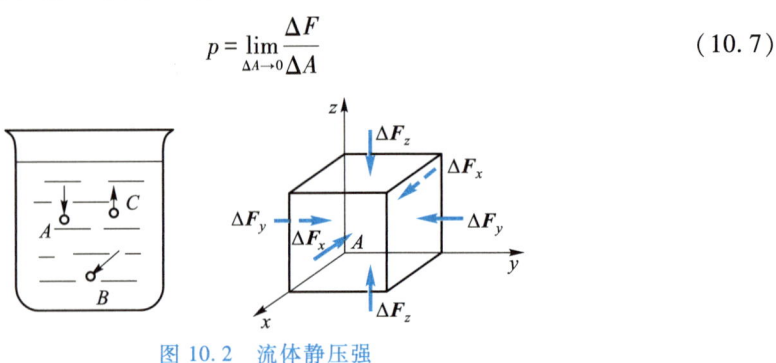

图 10.2 流体静压强

式中，p 为静止流体中一点的应力（压应力），称为静止流体中的压强或流体静压强（static pressure）。

流体静压强有两个重要特性：

（1）流体静压强的方向与受压面垂直并指向受压面。

（2）在平衡流体内，任一点静压强的大小与作用方向无关。

上述第一特性为流体的性质决定，如上所述。第二特性可证明如下：

在图 10.2 中单元体 A 处，沿任意斜截面 BCD 切取四面体如图 10.3 所示。四面体 $ABCD$ 的各面压强如图 10.3 所示。作用在各面上的力如下。

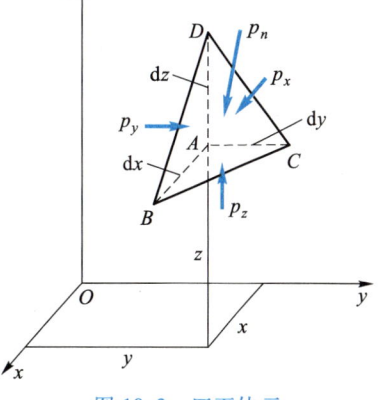

图 10.3　四面体元

ACD 面：	$p_x \mathrm{d}y\mathrm{d}z/2$
ABD 面：	$p_y \mathrm{d}x\mathrm{d}z/2$
ABC 面：	$p_z \mathrm{d}x\mathrm{d}y/2$
BCD 面：	$p_n \mathrm{d}A$

$\mathrm{d}A$ 为 $\triangle BCD$ 的面积。

由（10.2）式知四面体的重力为 $W=\gamma \mathrm{d}x\mathrm{d}y\mathrm{d}z/6$，注意到 $\mathrm{d}x$、$\mathrm{d}y$、$\mathrm{d}z$ 均为小量，故四面体重力 W 与各面上的压力相比是更高阶的小量，略去不计。列平衡方程有

$$\sum F_x = p_x \mathrm{d}y\mathrm{d}z/2 - p_n \mathrm{d}A\cos(n,x) = 0$$

$$\sum F_y = p_y \mathrm{d}x\mathrm{d}z/2 - p_n \mathrm{d}A\cos(n,y) = 0$$

$$\sum F_z = p_z \mathrm{d}x\mathrm{d}y/2 - p_n \mathrm{d}A\cos(n,z) = 0$$

注意到 $\cos(n,x)$ 是 $\triangle BCD$ 的外法线 n 与 x 轴夹角的余弦，且

$$\mathrm{d}A\cos(n,x) = \triangle ACD \text{ 的面积} = \mathrm{d}y\mathrm{d}z/2$$

故由平衡方程可得

$$p_x = p_n$$

类似地还有

$$p_y = p_z = p_n = p$$

即平衡流体内任一点的静压强大小与作用方向无关。

由上述特点可知，静止流体中任一点的应力状态是 $\sigma_1 = \sigma_2 = \sigma_3 = -p$，这种应力状态即称为静水应力状态，如图 10.4 所示。因此，流体中任一点处的压强在各个方向都是相同的，且作用在过该点任一平面上的压强都沿其法向并指向平面。

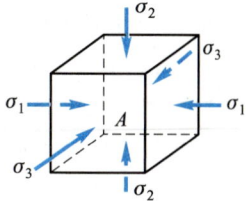

图 10.4　静水应力状态

10.2.2　静止流体内任一点的压强

现在来研究均质静止流体内任一点压强的大小。考虑图 10.5，取自由表面（液面）为铅垂坐标 z 的起点。在流体中任取一部分作为研究对象，其上、下表面面积为 $\mathrm{d}A$，高为 $\mathrm{d}z$。

铅垂方向受力如图所示,设上表面压强为 p,压力则为 $p\mathrm{d}A$;下表面压强为 $p+\mathrm{d}p$,压力则为 $(p+\mathrm{d}p)\mathrm{d}A$;研究对象(体元)的重力为 $\gamma\mathrm{d}A\mathrm{d}z$。

列铅垂方向的平衡方程有

$$\sum F_z = p\mathrm{d}A + \gamma\mathrm{d}A\mathrm{d}z - (p+\mathrm{d}p)\mathrm{d}A = 0$$

即

$$\mathrm{d}p = \gamma\mathrm{d}z$$

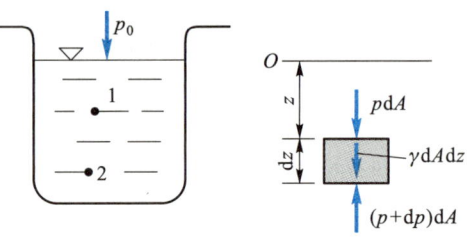

图 10.5　静止流体内的压强

设在任一深度 h 处的压强为 p_h,将上式从 $z=0$ 到 $z=h$ 积分,并注意 $z=0$ 时,自由表面上 $p=p_0$;$z=h$ 时,$p=p_h$,得到

$$\int_{p_0}^{p_h} \mathrm{d}p = \int_0^h \gamma\mathrm{d}z, \quad p_h - p_0 = \gamma h$$

即

$$p_h = p_0 + \gamma h \tag{10.8}$$

这就是静止流体中计算任一点压强的基本方程。在垂直于 z 轴的方向上(水平方向),压强不随坐标位置而变化,相应的平衡方程自动满足。方程(10.8)适用于液体。对于气体,上式积分时需考虑 γ 随 p、h 的变化,在此不拟讨论。

对于流体中的任意两点(如图 10.5 中 1、2 点),由(10.8)式有

$$p_1 = p_0 + \gamma h_1, \quad p_2 = p_0 + \gamma h_2$$

故可得到任意两点间压强的关系为

$$p_2 = p_1 + \gamma(h_2 - h_1) \tag{10.9}$$

只要已知流体中任一点压强 p_1,就可利用(10.9)式求得平衡流体中另一点的压强 p_2。

综上所述,可知

(1) 流体表面压强 p_0 的变化,会引起流体内各点压强的变化。

(2) 均质静止(平衡)流体中,深度相同各点的静压强相同,等压面是水平面。

(3) 均质静止流体中任一点的压强由 p_0 和 γh 两部分组成。若 p_0 等于大气压强,则由(10.8)式给出的是绝对压强 p_h;若以 $p_0=0$ 起计算,则

$$p = \gamma h \tag{10.10}$$

式中,p 称为相对压强。工程中需要计算的一般是相对压强。因为大气压强到处存在,自相平衡,不显示其影响。如容器、闸门、水坝等,各面上都作用着大气压强,需要考虑的往往只是超出大气压的部分,即相对压强。

(4) 对于压力容器中的均质静止流体,一般有 $p_0 \gg \gamma h$,当 h 不大时,通常可以忽略 γh 项,而认为各点的压强均等于 p_0,即压强是处处相同的。如 1 个工程大气压 = 0.098 1 MPa ≈ 0.1 MPa,相当于 10 m 水柱的压强 γh。若容器内压强为 $p_0=1$ MPa,容器高度 $h=1$ m,则 γh 项只有 p_0 的 1%。

§ 10.3　作用在壁面上的流体力

10.3.1　静止流体作用于平壁面上的压力

以图 10.6 所示闸门为例,利用前述基本方程,讨论作用于平壁面上的流体力(fluid force)的计算。

闸门 AB 长度为 l,宽度为 b,与水平面成 α 角,水面在 $l/2$ 处。

此例中 p_0 为大气压,在闸门两侧均有作用,不计其影响,只讨论水的压力。在浸入水下的 AO 部分任一点,压强 $p = \gamma h$ 且垂直指向闸门,由水面计起的深度为 $h = x\sin\alpha$。

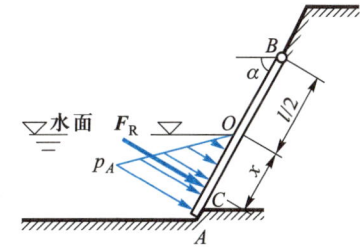

图 10.6　闸门所受的流体力

当 $x = 0$ 时(O 处),$h = 0$,压强 $p_0 = 0$,单位长度上的压力(载荷集度)$q_0 = 0$;

当 $x = l/2$ 时(A 处),$h = \dfrac{l\sin\alpha}{2}$,压强 $p_A = \dfrac{\gamma l\sin\alpha}{2}$,该处作用在闸门单位长度上的压力应为 $q_A = p_A b = \dfrac{\gamma lb\sin\alpha}{2}$。

故水压力可视为作用在 AO 段上的线性分布载荷,由第二章知其合力 F_R 的大小等于载荷分布图形的面积,即

$$F_R = \frac{1}{2}q_A \times \frac{l}{2} = \frac{1}{8}\gamma l^2 b\sin\alpha$$

这就是作用于宽度为 b 的闸门上的流体总压力。

合力 F_R 的作用线通过分布载荷图形的形心 C,其位置坐标为

$$x = \frac{2}{3} \times \frac{l}{2} = \frac{l}{3}$$

对于等宽度 b 的情况,用线性分布压力载荷的方法求总压力,简单方便,是工程中常用的方法。

讨论: 由静止流体的平衡确定流体作用于壁面的压力。

如前所述,流体是不可压缩的。故静止流体可视为不变形的刚体,且其中的任何一部分流体均应处于平衡状态。于是,可以利用已经熟悉的刚体静力学方法来研究静止流体的平衡问题并确定流体作用于壁面的压力。

为求图 10.7 中流体对于闸门的压力,可取 $OO'A$ 水体作为研究对象,水体 $OO'A$ 厚度(即闸门宽度)为 b,其受力如图 10.7 所示。

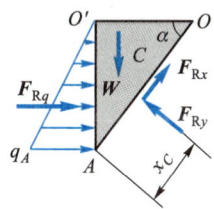

图 10.7　水体的平衡

OO'面上作用的均布大气压力不计。

$O'A$面上作用着线性分布压力载荷：

$$q_A = p_A b = \frac{\gamma l b \sin \alpha}{2}$$

$O'A$面上线性分布载荷的合力为

$$F_{Rq} = \frac{1}{2} q_A \cdot O'A$$

水体的重力

$$W = \gamma b \times \frac{OO' \cdot O'A}{2}$$

与壁面接触的OA面上作用着壁面对水体的作用力,用图10.7所示的两垂直分量F_{Rx}、F_{Ry}表示,所求之流体作用于壁面的压力F'_{Rx}、F'_{Ry}与F_{Rx}、F_{Ry}是作用力与反作用力关系。

列平衡方程有

$$\sum F_x = F_{Rx} - W\sin \alpha + F_{Rq}\cos \alpha = 0$$

$$\sum F_y = F_{Ry} - W\cos \alpha - F_{Rq}\sin \alpha = 0$$

$$\sum M_A(\boldsymbol{F}) = F_{Ry}x_C - W \times \frac{O'O}{3} - F_{Rq}\frac{O'A}{3} = 0$$

注意到$OA = l/2$,$OO' = OA\cos \alpha$,$O'A = OA\sin \alpha$,可解得

$$F_{Rx} = 0, \quad F_{Ry} = \frac{1}{8}\gamma l^2 b\sin \alpha, \quad x_C = \frac{l}{6}$$

例 10.1 若图10.8中$l = 10$ m,$b = 2$ m,$\sin \alpha = 4/5$,水的重度$\gamma = 9\ 800$ N/m³,闸门自重$W = 20$ kN。试确定闸门所受到的总水压力并求A、B处的约束力。

解:1)求水的总压力$\boldsymbol{F}_R$

前面已求出总水压力$\boldsymbol{F}_R$为

$$F_R = \frac{1}{8}\gamma b l^2 \sin \alpha$$

$$= \frac{1}{8} \times 9.8 \text{ kN/m}^3 \times 2 \text{ m} \times 10^2 \text{m}^2 \times \frac{4}{5}$$

$$= 196 \text{ kN}$$

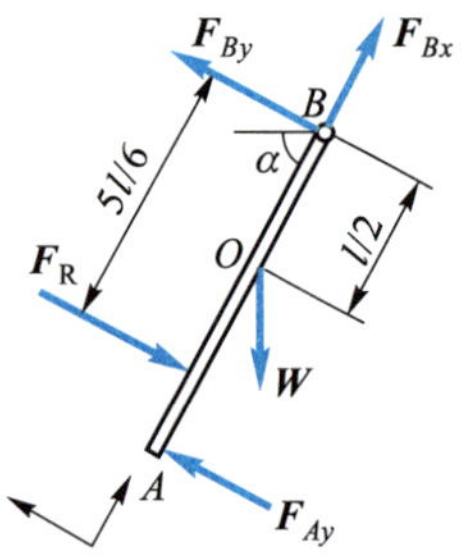

作用线过分布载荷图形形心,即距O点$l/3$或距A点$l/6$处。

图 10.8 例 10.1 图

2)求约束力

闸门受力如图10.8所示。列平衡方程有

$$\sum F_x = F_{Bx} - W\sin \alpha = 0, \qquad\qquad F_{Bx} = W\sin \alpha$$

$$\sum F_y = F_{By} + F_{Ay} - F_R - W\cos \alpha = 0, \qquad F_{By} + F_{Ay} = F_R + W\cos \alpha$$

$$\sum M_O(\boldsymbol{F}) = F_{By} \times \frac{l}{2} - F_{Ay} \times \frac{l}{2} + F_R \times \frac{l}{3} = 0, \quad F_{Ay} - F_{By} = \frac{2}{3}F_R$$

注意到 $\sin\alpha=4/5$ 时, $\cos\alpha=3/5$；由上述各式可求得

$$F_{Ay}=169.3\text{ kN}, \quad F_{Bx}=16\text{ kN}, \quad F_{By}=38.7\text{ kN}$$

例 10.2　闸门 AB 宽度为 $b=1$ m，左侧油深度为 $h_1=3$ m，$\gamma_1=7.84$ kN/m³；水深度为 $h_2=1$ m，$\gamma_2=9.81$ kN/m³。求闸门所受液体总压力及其作用位置，A、B 处约束力及闸门截面 C 内力。

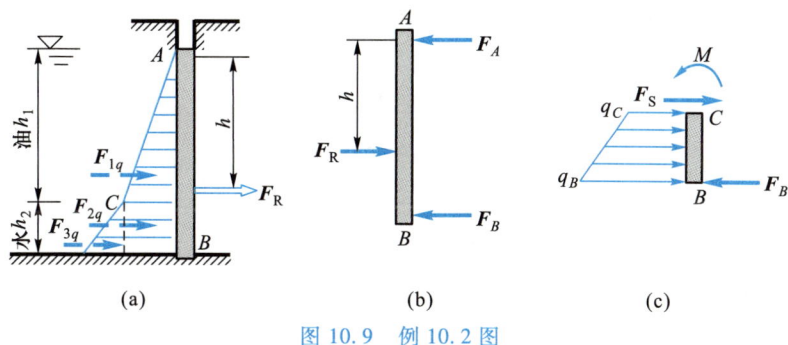

图 10.9　例 10.2 图

解：1）求液体总压力 F_R

自由表面上，A 点的相对压强为

$$p_A=0$$

油水分界面上 C 点的相对压强为

$$p_C=\gamma_1 h_1=7\ 840\text{ N/m}^3\times3\text{ m}=23\ 520\text{ Pa}$$

底面上，B 点的相对压强为

$$p_B=p_C+h_2\gamma_2=23\ 520\text{ Pa}+9\ 810\text{ N/m}^3\times1\text{ m}=33\ 330\text{ Pa}$$

闸门宽度为 1 m，闸门 AB 单位长度上的分布压力载荷如图 10.9(a)所示。载荷集度为 $q_A=0$，$q_C=p_C b=23.52$ kN/m，$q_B=p_B b=33.33$ kN/m；将分布压力载荷分为三部分，各部分压力的合力 F_{1q}、F_{2q}、F_{3q} 为

$$F_{1q}=\frac{1}{2}q_C h_1$$

$$=\frac{1}{2}\times23.52\text{ kN/m}\times3\text{ m}=35.28\text{ kN} \quad（载荷图形为三角形）$$

作用在距 A 点 2 m 处。

$$F_{2q}=q_C h_2$$

$$=23.52\text{ kN/m}\times1\text{ m}=23.52\text{ kN} \quad（载荷图形为矩形）$$

作用在距 A 点 3.5 m 处。

$$F_{3q}=\frac{1}{2}(q_B-q_C)h_2$$

$$=0.5\times(33.33\text{ kN/m}-23.52\text{ kN/m})\times1\text{ m}=4.9\text{ kN} \quad（载荷图形为三角形）$$

作用在距 A 点 3.67 m 处。

总压力为

$$F_R=F_{1q}+F_{2q}+F_{3q}=63.7\text{ kN}$$

设 F_R 的作用位置距 A 点为 h，由合力矩定理得

$$F_R h = F_{1q} \times 2 \text{ m} + F_{2q} \times 3.5 \text{ m} + F_{3q} \times 3.67 \text{ m}$$

求得

$$h = 2.68 \text{ m}$$

2）求约束力

A、B 处约束力如图 10.9(b)所示，是平面平行力系。

列平衡方程有

$$F_A + F_B - F_R = 0$$

$$\sum M_A(\boldsymbol{F}) = F_R h - F_B(h_1 + h_2) = 0$$

解得

$$F_A = 21 \text{ kN}, \qquad F_B = 42.7 \text{ kN}$$

3）求截面 C 内力

将闸门 AB 沿截面 C 截开，取 BC 段研究，其受力如图 10.9(c)所示。有

$$\sum F_x = F_S + q_C h_2 + \frac{(q_B - q_C)h_2}{2} - F_B = 0$$

$$\sum M_C(\boldsymbol{F}) = q_C h_2 \times \frac{h_2}{2} + \frac{(q_B - q_C)h_2}{2} \times \frac{2}{3}h_2 - F_B h_2 + M = 0$$

求得截面 C 内力为

$$F_S = 14.3 \text{ kN}$$

$$M = 27.7 \text{ kN} \cdot \text{m}$$

例 10.3   图 10.10(a)中直径为 $D = 0.4$ m 的圆柱形容器中，油层高度 $h_1 = 0.3$ m，重度 $\gamma_1 = 7\ 840$ N/m^3；水层高度 $h_2 = 0.5$ m，$\gamma_2 = 9\ 800$ N/m^3。测得 O 处压强为 $p_0 = 0.1$ MPa，求压盖的重力 $\boldsymbol{W}$。

解：取油和压盖一起为研究对象，水平方向的压力自成平衡，铅垂方向受力如图 10.10(b)所示，有

$$W = F_{AB} - G_1 \qquad (1)$$

式中油重 $G_1 = \gamma_1 h_1 \times \dfrac{\pi D^2}{4}$。

再取 $ABOC$ 部分水体作为研究对象，铅垂方向受力如图 10.10(c)所示，有平衡方程

$$F'_{AB} = F_{OC} - G_2 \qquad (2)$$

式中液面 OC 上的总压力为

$$F_{OC} = p_0 \times \frac{\pi D^2}{4}$$

水的重量为

$$G_2 = \gamma_2 h_2 \times \frac{\pi D^2}{4}$$

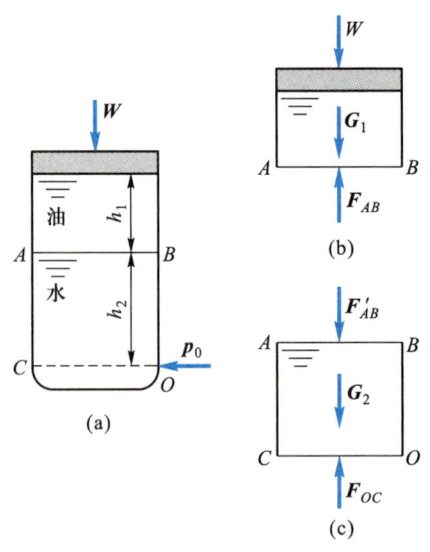

图 10.10   例 10.3 图

故由(1)、(2)两式及 $F_{AB}=F'_{AB}$ 可得

$$W=F_{AB}-G_1=F_{OC}-G_2-G_1=(p_0-\gamma_2h_2-\gamma_1h_1)\times\frac{\pi D^2}{4}$$

$$=(10^5-9\,800\times0.5-7\,840\times0.3)\times\frac{3.14\times0.4^2}{4}\text{N}$$

$$=11\,649\text{ N}$$

例 10.4　图 10.11 所示溢水闸门,$a=0.4$ m,$h=1$ m。试计算会使闸门绕 O 点自动打开的水深 H。

解:取闸门为研究对象,受力如图 10.11 所示。

设闸门宽度为 b,注意在闸门将开启的临界状态下,A、B 处脱离接触,故有 $F_A=F_B=0$。

分布水压力在 A 端的载荷集度为 $\gamma(H-h)b$,在 B 端的载荷集度为 γHb,载荷图形矩形部分的合力为 $F_{1q}=\gamma(H-h)bh$,作用在距 O 点 $\frac{h}{2}-a$ 处;三角

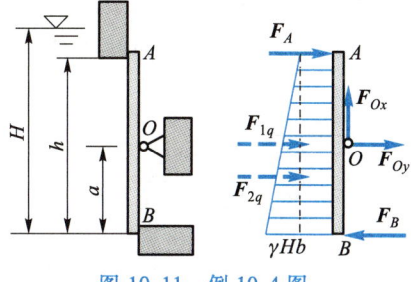

图 10.11　例 10.4 图

形部分的合力为 $F_{2q}=[\gamma Hb-\gamma(H-h)b]\times\frac{h}{2}=\gamma hb\times\frac{h}{2}$,作用在距 O 点 $a-\frac{h}{3}$ 处,如图所示。

闸门打开的条件为绕 O 点顺时针转动的力矩大于零,即

$$F_{1q}\left(\frac{h}{2}-a\right)-F_{2q}\left(a-\frac{h}{3}\right)\geqslant0$$

有

$$\gamma(H-h)bh\left(\frac{h}{2}-a\right)\geqslant\gamma hb\times\frac{h}{2}\times\left(a-\frac{h}{3}\right),\quad H\geqslant h+\frac{h}{2}\left(a-\frac{h}{3}\right)\Big/\left(\frac{h}{2}-a\right)$$

由此可求得闸门打开时应有

$$H\geqslant1.33\text{ m}$$

可见,当闸门左边水深 $H\geqslant1.33$ m 时,闸门开启溢流,H 回落后闸门关闭。

例 10.5　液力倍增器如图 10.12 所示。活塞自重 $W=3.92$ kN,$D=0.4$ m,$d=0.1$ m,输入压强 $p_1=0.45$ MPa,求 p_2。

解:注意到油缸尺寸很小,为零点几米的量级,相对压强项 γh 远小于 p_1。可认为同一缸内液体压强处处相等。

活塞受力如图所示。且有

$$F_1=p_1\times\frac{\pi D^2}{4},\quad F_2=p_2\times\frac{\pi d^2}{4}$$

列平衡方程有

$$F_2+W=F_1$$

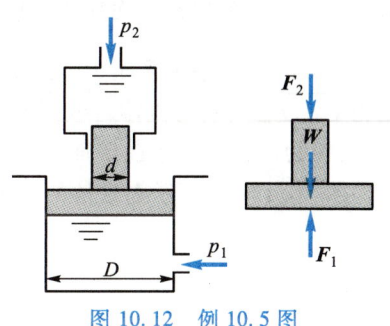

图 10.12　例 10.5 图

可求得

$$p_2 = \left(p_1 \times \frac{\pi D^2}{4} - W\right) \bigg/ \frac{\pi d^2}{4} = \left(p_1 D^2 - \frac{4W}{\pi}\right) \bigg/ d^2$$

$$= \left(450\,000 \times 0.4^2 - \frac{4 \times 3\,920}{\pi}\right) \bigg/ 0.1^2 \ \text{N/m}^2$$

$$= 6.7 \times 10^6 \ \text{Pa} = 6.7 \ \text{MPa}$$

10.3.2   静止流体作用于曲壁面上的压力

现在讨论二元曲壁面的情况。

设壁面在坐标平面 xz 内为曲线，沿 y 轴方向截面形状不变，等宽度为 b，如图 10.13（a）所示，求液体作用于壁面上的总压力 $\boldsymbol{F}_{\text{R}}$。

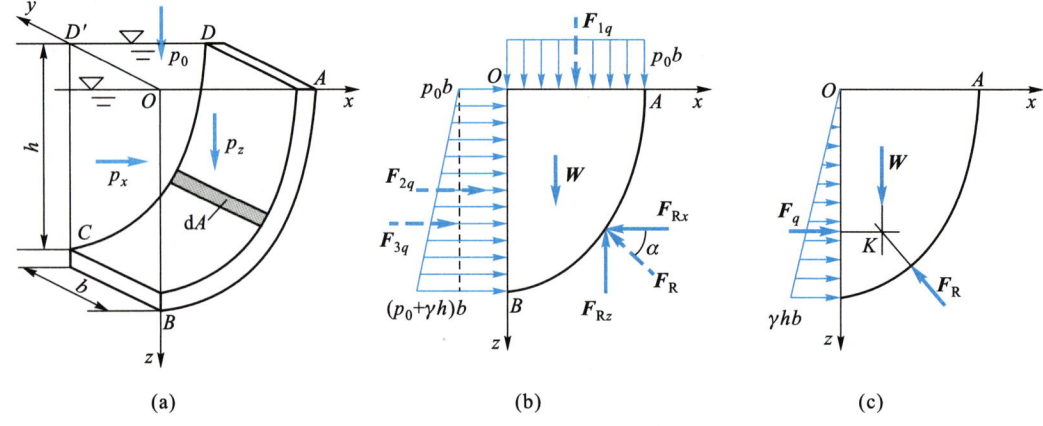

图 10.13   二元曲壁面上的流体力

注意到流体处于静止平衡状态，故其中的任一部分亦应处于平衡状态。取 $OABCD'D$ 部分体积为 V 的流体作为研究对象，将其分离出来，则分离体（水体）受力如图 10.13（b）所示。重力 $W = \gamma V$，作用线通过该分离体体积的重心，垂直向下；在 OA 面上作用着均匀分布的压力，其合力 $F_{1q} = p_0 b \cdot OA$，作用线通过分布载荷图形形心，垂直向下；在 OB 面上作用的流体线性分布压力可分为两部分，一部分是由 p_0 引起的均匀分布的压力，其合力 $F_{2q} = p_0 bh$，作用线通过分布载荷图形形心，即距 O 点 $h/2$ 处，是水平压力；另一部分是由流体重力引起的线性分布压力，其合力 $F_{3q} = \dfrac{1}{2}\gamma h^2 b$，作用线通过分布载荷图形形心，即距 O 点 $2h/3$ 处，也是水平压力；在 AB 曲面上作用着壁面对流体的约束力，即压力 $\boldsymbol{F}_{\text{R}}$（其分量为 $\boldsymbol{F}_{\text{Rx}}$、$\boldsymbol{F}_{\text{Rz}}$），它与流体对壁面的压力 $\boldsymbol{F}_{\text{R}}'$ 是作用力与反作用力关系。只要求出 $\boldsymbol{F}_{\text{R}}$，将其反向，即为流体作用于曲壁面 AB 的压力。

图 10.13（b）所示之水体的平衡条件为

$$\sum F_z = W + p_0 b \cdot OA - F_{\text{Rz}} = 0$$

即

$$F_{\text{Rz}} = \gamma V + p_0 b \cdot OA \tag{10.11}$$

$$\sum F_x = p_0 bh + \frac{1}{2}\gamma h^2 b - F_{\text{Rx}} = 0$$

即
$$F_{Rx} = p_0 bh + \frac{1}{2}\gamma h^2 b \tag{10.12}$$

由此可求出总压力 F_R，且 F_R 与水平面的夹角为
$$\tan \alpha = F_{Rz}/F_{Rx} \tag{10.13}$$

F_R 是垂直于壁面的压力，还有一个力矩平衡方程可确定其作用位置。

若 p_0 为大气压，不计其影响，则分离体在水压力 F_q、水体重力 W 和壁面约束力 F_R 三力作用下平衡，如图 10.13(c) 所示。若 F_q、W 二力相交于 K 点，则由三力平衡可知，F_R 必通过 K 点。F_R 的垂直、水平分力则为
$$F_{Rz} = W = \gamma V \tag{10.14}$$
$$F_{Rx} = \frac{1}{2}\gamma h^2 b \tag{10.15}$$

例 10.6 图 10.14 中 1/4 圆曲壁面 AB，宽度为 $b = 1$ m，$h = r = 2$ m，$\gamma = 9.8$ kN/m³。求壁面 AB 上的流体总压力。

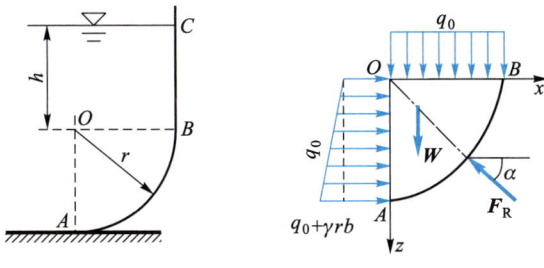

图 10.14 例 10.6 图

解：取 OAB 部分宽度为 1 m 的水体作为研究对象，分离体受力如图所示。

OB 面上的均布载荷集度为
$$q_0 = \gamma hb = 19.6 \text{ kN/m}$$

OA 面水压力载荷呈线性分布，载荷集度为
$$q_0 = \gamma hb, \quad q_A = \gamma b(h+r)$$

重力
$$W = \gamma b \times \frac{\pi r^2}{4}$$

由平衡方程可得
$$F_{Rz} = W + q_0 OB$$
$$= 9.8 \text{ kN/m}^3 \times 1 \text{ m} \times \frac{3.14 \times 2^2 \text{ m}^2}{4} + 19.6 \text{ kN/m} \times 2 \text{ m}$$
$$= 70.0 \text{ kN}$$

$$F_{Rx} = q_0 OA + \frac{1}{2}\gamma br \, OA$$
$$= (19.6 \text{ kN/m} + 0.5 \times 9.8 \text{ kN/m}^3 \times 1 \text{ m} \times 2 \text{ m}) \times 2 \text{ m}$$
$$= 58.8 \text{ kN}$$

且有

$$\alpha = \arctan(F_{Rz}/F_{Rx}) = 50°$$

又因为圆形曲面上各点压力均垂直于壁面且过 O 点,故合力 $\boldsymbol{F}_R$ 必过 O 点,由此即可确定 $\boldsymbol{F}_R$ 的作用位置,如图所示。其反作用力即流体作用于曲面壁 AB 上的总压力。

例 10.7 图 10.15 中圆筒直径 $D = 4$ m,长度 $l = 10$ m,上游水的深度 $H = 4$ m,下游水的深度 $h = 2$ m,$\gamma = 9.8$ kN/m^3。试求作用于筒体的总压力。

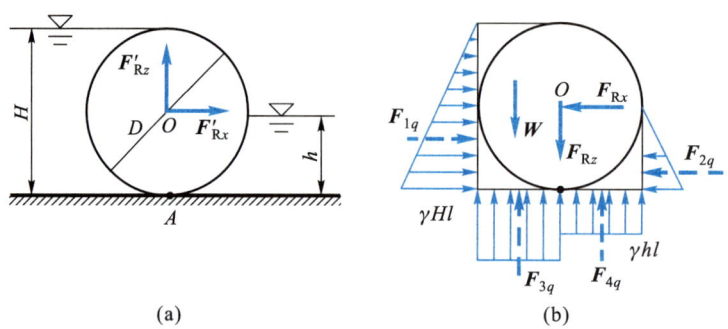

图 10.15 例 10.7 图

解:取筒体圆周及与其相切的垂直、水平截面间的水体作为研究对象,水体受力如图 10.15(b) 所示。

水体上边大气压力不计,左边压力呈线性分布,其总压力为

$$F_{1q} = \frac{1}{2}\gamma HlD$$

右边压力也为线性分布,且其总压力为

$$F_{2q} = \frac{1}{2}\gamma hl \times \frac{D}{2}$$

底面是均匀分布压力,但注意 A 处将水分为两部分,两边压强各为 γH 和 γh;故分布压力载荷为

$$F_{3q} = \gamma Hl \times \frac{D}{2}, \quad F_{4q} = \gamma hl \times \frac{D}{2}$$

水体的重量为

$$W = \frac{3}{4}\gamma l\left(D^2 - \frac{\pi D^2}{4}\right)$$

设流体总压力的水平和垂直分力如图所示,由平衡方程有

$$F_{Rx} = F_{1q} - F_{2q}$$

$$= \frac{1}{2}\gamma HlD - \frac{1}{2}\gamma hl \times \frac{D}{2}$$

$$= 0.5 \times 9.8 \text{ kN/m}^3 \times 10 \text{ m} \times (16-4) \text{ m}^2$$

$$= 588 \text{ kN}$$

$$F_{Rz} = F_{3q} + F_{4q} - W$$

$$= \gamma l \times \frac{D}{2}(H+h) - 3\gamma l D^2 \left(1 - \frac{\pi}{4}\right) \Big/ 4$$

$$= 9.8 \times 10 \times \left[2 \times 6 - 3 \times 4 \left(1 - \frac{3.14}{4}\right)\right] \text{ kN}$$

$$= 923 \text{ kN}$$

筒体实际所受流体总压力如图 10.15(a)所示。同样,因为圆筒壁上各点的水压力均垂直于壁面,过圆心 O,故其合力(总压力 $\boldsymbol{F}_R$)也必过 O 点。

例 10.8 汽油发动机自动调节供油装置如图 10.16(a)所示。汽油从喷油嘴流出后,油面降低,球浮子 A 下降,使针阀 B 打开,油泵供油补充。要求当液面升至杠杆 AB 为水平位置时针阀关闭,停止供油。若已知球的重量 $W_1 = 0.196$ N;针阀直径 $d_2 = 5$ mm,重量 $W_2 = 0.098$ N;$a = 50$ mm,$b = 15$ mm,汽油重度 $\gamma = 6.86$ kN/m^3,供油压强为 $p = 39\ 200$ Pa。试设计球浮子 A 的直径 d_1。

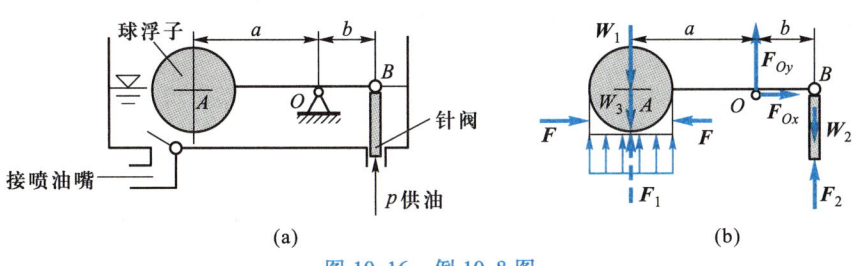

(a)   (b)

图 10.16   例 10.8 图

解: 讨论针阀刚好关闭的临界状态。此时,系统和流体均处于平衡状态。取针阀、杠杆、球及球下凹圆柱部分油体一起作为研究对象,受力如图 10.16(b)所示。

供油压力为

$$F_2 = p \times \frac{\pi}{4} d_2^2$$

油的重量为

$$W_3 = \gamma \left(\frac{d_1}{2} \times \frac{\pi}{4} d_1^2 - \frac{\pi d_1^3}{12}\right) = \frac{1}{24}\pi\gamma d_1^3$$

油体下部压力

$$F_1 = \gamma \times \frac{d_1}{2} \times \frac{\pi}{4} d_1^2 = \frac{1}{8}\pi\gamma d_1^3$$

油体圆柱面上的压力 $\boldsymbol{F}$ 对称分布,自成平衡,可不考虑。

以 O 为矩心,列平衡方程

$$\sum M_O(\boldsymbol{F}) = (F_2 - W_2)b + (W_1 + W_3 - F_1)a = 0$$

将上述各量代入,整理后有

$$d_1^3 = 12[W_1 a + (F_2 - W_2)b]/(\pi\gamma a)$$

$$= 12\left\{\left[0.196 \times 0.05 + \left(39\ 200 \times \frac{\pi}{4} \times 0.005^2 - 0.098\right) \times 0.015\right]\Big/(\pi \times 6\ 860 \times 0.05)\right\} \text{m}^3$$

$$= 0.000\ 22 \text{ m}^3$$

可解得
$$d_1 = 0.06 \text{ m} = 60 \text{ mm}$$

由上述分析和例题可见,由水平截面、垂直截面和壁面截取水体,分析明确直观,计算简单方便。同时进一步说明:除流体静压强分析外,含平衡流体的静力学分析可以应用刚体静力学的方法进行。这正是将物体简化为刚体讨论静力平衡问题的普遍意义所在。

§ 10.4　薄壁容器

现在研究承受内压 p 作用的圆筒形薄壁压力容器。因为容器尺寸一般不会很大,重力引起的压强 γh 与 p 相比很小而可以忽略不计,故认为容器内是处处压强相等的。现在讨论其应力及强度条件。

10.4.1　圆筒形薄壁压力容器的应力

1. 横截面上的纵向应力 σ_z

圆筒形薄壁压力容器内径为 d,壁厚为 t,受内压 p 作用,如图 10.17(a)所示。沿横截面 AB 将其截开,取其左边部分(连同流体一起)作为研究对象,如图10.17(b)所示。AB 平面上的流体总压力 $F_z = p \times \dfrac{\pi d^2}{4}$,与之平衡的是筒壁横截面上的内力(轴力)$\boldsymbol{F}_{Nz}$,且 $F_{Nz} = F_z = p \times \dfrac{\pi d^2}{4}$。拉伸的轴力 $\boldsymbol{F}_{Nz}$ 是分布在横截面面积 A_z 上的。对于薄壁容器,$t \ll d$,$A_z = \pi(d+t)t \approx t\pi d$。

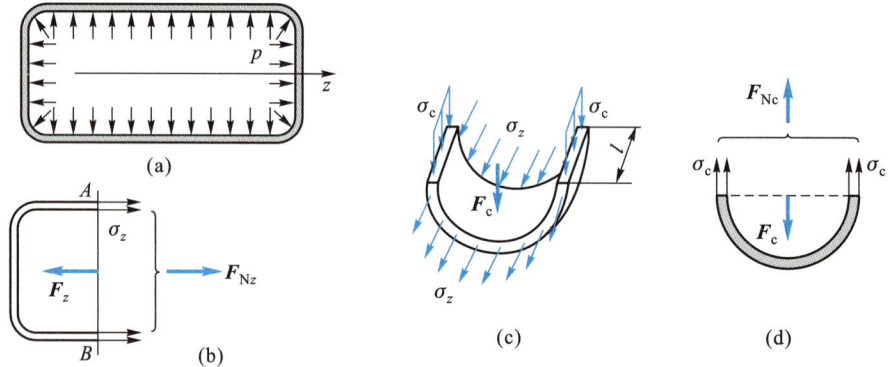

图 10.17　薄壁容器的轴向应力和环向应力

因为 t 很小,可以认为应力 σ_z 沿厚度是均匀分布的。又由关于 z 轴的对称性,σ_z 沿截面环向各处(如 A、B 处)也是相同的。故 σ_z 在环形横截面 AB 上均匀分布,且
$$\sigma_z = \frac{F_{Nz}}{A_z} = p \times \frac{\pi d^2}{4} \Big/ (t\pi d) = \frac{pd}{4t} \tag{10.16}$$

σ_z 称为圆筒形薄壁压力容器的纵向应力或轴向应力。

2. 纵向截面上的环向应力 σ_c

沿纵向将容器切开后取长 l 的一段研究,其受力如图 10.17(c)所示,流体重力不计。z 方向前后两面上流体压力 $\boldsymbol{F}_z$ 和纵向内力 $\boldsymbol{F}_{Nz}$ 相同,自成平衡;前后两壁面上的轴向应力 σ_z 也是相同的。在垂直于 z 方向的平面内,受力如图 10.17(d)所示。流体压力 $F_c = pld$,截面内力 $F_{Nc} = F_c$,均匀分布在截面上,截面面积为 $A_c = 2tl$,故应力为

$$\sigma_c = \frac{F_{Nc}}{A_c} = \frac{pld}{2tl} = \frac{pd}{2t} \tag{10.17}$$

σ_c 称为圆筒形薄壁压力容器的环向应力或周向应力。

由上述分析可知,容器壁上任一点(如点 A)的应力状态如图 10.18 所示,称为二向拉伸应力状态。

又由(10.17)和(10.16)两式知

$$\sigma_c = 2\sigma_z$$

即圆筒形薄壁压力容器壁上的环向应力是纵向应力的 2 倍。

上述应力计算公式适用于 $t \ll \dfrac{d}{2} = r$ 的薄壁压力容器,表 10.2 给出了按(10.17)式计算的 σ_c 与"弹性力学"精确解给出的 σ_{cmax} 结果的比较。

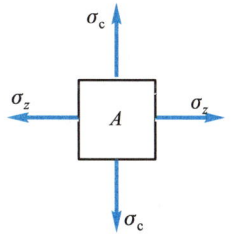

图 10.18 二向拉伸应力状态

表 10.2 薄壁压力容器环向应力公式计算的 σ_c 与精确解的比较

t/r	0.1	0.05	0.03	0.01
相对误差	5%	2.5%	1.6%	0.5%

由表可见,当 $t/r < 0.1$ 时,误差小于 5%。

10.4.2 球形薄壁压力容器的应力

球形薄壁压力容器也可以作与圆筒形薄壁压力容器类似的分析。设球形薄壁压力容器半径为 r,厚度为 t,受内压 p 作用。沿直径平面将其切开,取一半为研究对象,如图 10.19 所示。截面内力 $\boldsymbol{F}_{Nr}$ 等于流体压力 $\boldsymbol{F}_r$,且 $F_{Nr} = F_r = p\pi r^2$,截面面积为 $A = 2\pi rt$,由于 $t \ll r$,可假设应力在厚度方向变化不大;由对称性又可知压力沿截面径向不变,故应力在截面上均匀分布,有

$$\sigma_c = \frac{F_{Nr}}{A} = \frac{p\pi r^2}{2\pi rt} = \frac{pr}{2t}$$

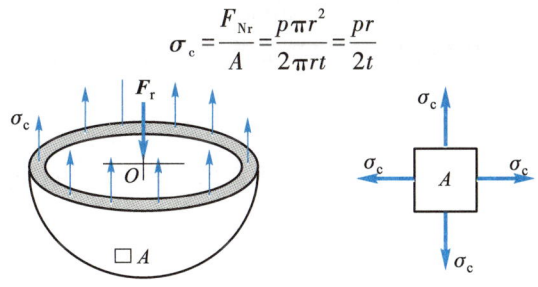

图 10.19 球形薄壁容器的应力

σ_c 称为环向应力或膜应力。

注意,过球壁任一点 A 都可以得到上述结果,故球壁各处应力是相同的。又因过任一点 A 沿任意直径平面切取研究对象也都可以得到同样结果,故点 A 的应力与所取平面无关,可用如图 10.19 中之应力状态表示,称为二向等拉应力状态。

10.4.3 强度条件

薄壁压力容器的强度条件可写为

$$\sigma_c \leqslant [\sigma] \tag{10.18}$$

对于圆筒形薄壁压力容器,$\sigma_c = \dfrac{pd}{2t}$;对于球形薄壁压力容器,$\sigma_c = \dfrac{pr}{2t}$。需要指出的是,与简单拉伸不同,薄壁压力容器中任一点均为二向应力状态。第九章讨论复杂应力状态下的强度理论时将表明,对于压力容器,(10.18)式是可用的。

例 10.9 某圆筒形容器直径 $d = 0.2$ m,工作压力为 150 个大气压,材料许用应力为 $[\sigma] = 250$ MPa,试设计其壁厚 t。

解:因为 1 个工程大气压为 0.098 MPa,工程中可按 1 个大气压为 0.1 MPa 计算。

故由强度条件(10.18)式有

$$\sigma_c = \frac{pd}{2t} \leqslant [\sigma]$$

即得

$$t \geqslant \frac{pd}{2[\sigma]} = \frac{15 \text{ MPa} \times 0.2 \text{ m}}{2 \times 250 \text{ MPa}} = 0.006 \text{ m} = 6 \text{ mm}$$

小 结

10.1 第十章知识图谱

1. 静止状态下的流体只能承受法向压力。

2. 静止流体中任一点的应力状态是静水应力状态,$\sigma_1 = \sigma_2 = \sigma_3 = -p$。即流体中任一点处的压强(压应力)在各个方向都是相同的。

计算均质静止流体中任一点压强的基本方程为

$$p_h = p_0 + \gamma h$$

均质静止流体中任两点压强间的关系为

$$p_2 = p_1 + \gamma(h_2 - h_1)$$

均质静止流体中,深度相同各点的静压强相同,即等压面是水平面。

3. 用线性分布压力载荷的方法求等宽度平壁面上的流体总压力,简单方便。需要注意的是正确计算壁面各点的压强,单位长度上的载荷集度 q 为压强 p 乘以壁面宽度 b。

4. 求解平衡流体作用于壁面上的总压力,除压强计算外,可利用刚体静力学方法。具体步骤归纳如下(图 10.20):

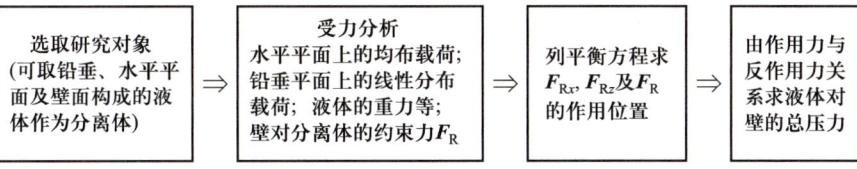

图 10.20　求解平衡流体作用于壁面上的总压力的具体步骤

5. 对于重力及由重力引起的相对压强可以不计的等压强液体，曲壁面上总压力在垂直或水平方向的分力分别等于压强乘以壁面在水平或垂直平面上的投影面积。作用点通过投影平面图形形心。

6. 薄壁压力容器内的压强是处处相等的。其上任一点的应力状态是二向拉伸应力状态。

圆筒形薄壁压力容器的环向应力 $\sigma_c = \dfrac{pd}{2t}$，纵向应力 $\sigma_z = \dfrac{pd}{4t}$，且 $\sigma_c = 2\sigma_z$。

球形薄壁压力容器壁上膜应力处处相同，为 $\sigma_c = \dfrac{pr}{2t}$。

强度条件为 $\sigma_c \leqslant [\sigma]$。

10.2　第十章知识点测试题

10.3　第十章知识点测试题答案

思　考　题

10.1　已知 p_0 为 1 个大气压，试求图示水中各点的绝对压强并画出点 1 的应力状态。

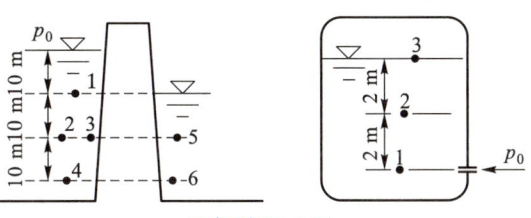

思考题 10.1 图

10.2　为求图（a）所示单位宽度平壁面上的水压力，给出了两种方法。图（b）是直接确定水下壁面上的水压力分布，进而求其合力 F_q；图（c）是取 $OO'B$ 水体作为研究对象，由平衡条件求壁面对水体的反作用力 F_R。指出两种方法是否正确，比较一下两种方法的结果。

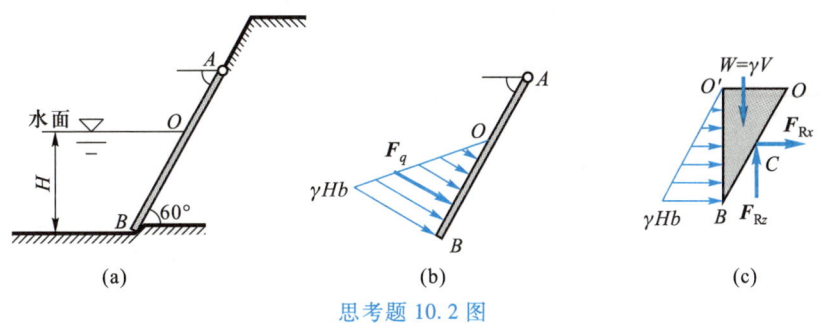

思考题 10.2 图

10.3　为求水对壁面的总压力,在下图中示出作为研究对象的水体并画出其受力图。

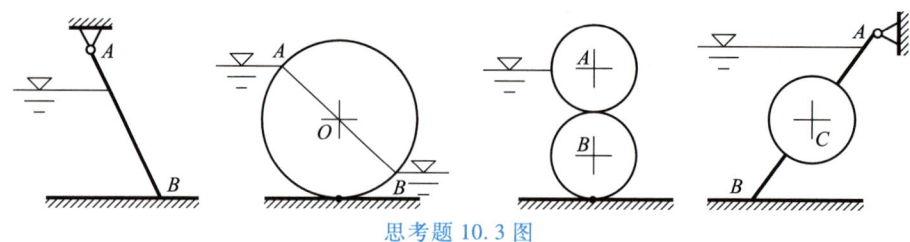

思考题 10.3 图

10.4　试讨论圆筒形薄壁压力容器和球形薄壁压力容器壁上一点的应力状态之同异。

习　题

10.1　某水渠木闸门如图所示。已知 $\gamma = 9.8 \text{ kN/m}^3$,宽度 $b = 2 \text{ m}$, $h = 1.5 \text{ m}$。求闸门上承受的水的总压力及其作用位置。

10.2　如图所示闸门 AB,宽度为 1 m,可绕铰链 A 转动。已知 $h = 1 \text{ m}$, $H = 3 \text{ m}$, $\gamma = 9.8 \text{ kN/m}^3$,不计闸门自重,求通过拉索开启闸门所需拉力 F。

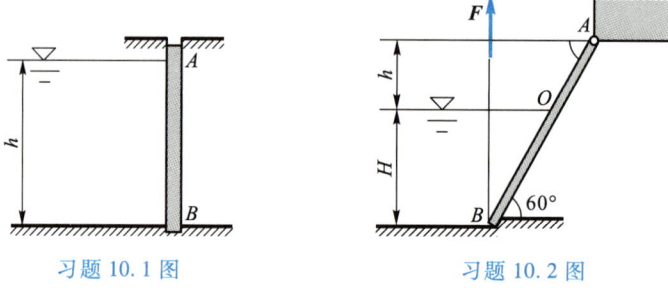

习题 10.1 图　　　　习题 10.2 图

10.3　闸门 AB 宽度为 1 m,左侧油深 $h_1 = 1 \text{ m}$, $\gamma_o = 7.84 \text{ kN/m}^3$;水深 $h_2 = 3 \text{ m}$, $\gamma_w = 9.81 \text{ kN/m}^3$。

(1) 求闸门所受到的液体总压力及其作用位置。

(2) 求 A、B 处的约束力。

(3) 求 C 截面上的内力。

10.4　水力变压装置如图所示。活塞直径 $D = 0.3 \text{ m}$, $d = 0.1 \text{ m}$, $H = 9 \text{ m}$, $\gamma_w = 9.8 \text{ kN/m}^3$。试求平衡状态时的 h 值。又若活塞杆材料许用应力为 $[\sigma] = 100 \text{ MPa}$,试设计其直径 d_0。

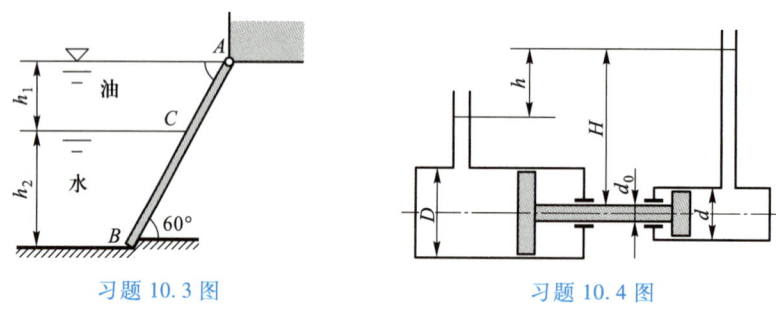

习题 10.3 图　　　　习题 10.4 图

10.5　求图中壁面上所受到的水的总压力, $\gamma = 9.8$ kN/m^3。

（1）图（a）中 $d = 10$ m, $h = 8$ m,宽度 $b = 2$ m;

（2）图（b）中 $d = 4$ m, $h = 6$ m,宽度 $b = 1$ m;

（3）图（c）中 $d = 4$ m, $h = 10$ m,宽度 $b = 2$ m。

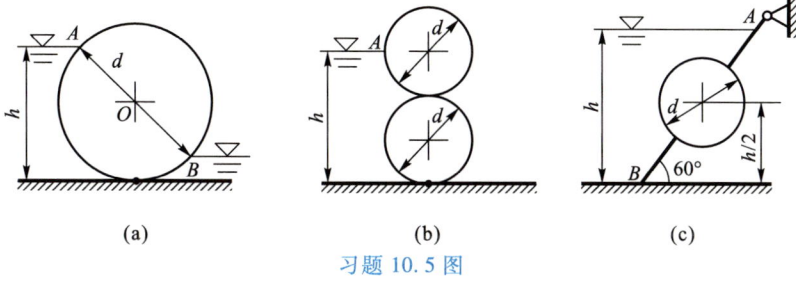

(a)　　　　　　　　　(b)　　　　　　　　　(c)

习题 10.5 图

10.6　图示压力容器,内径 $d = 1$ m,壁厚 $t = 10$ mm,材料许用应力为 $[\sigma] = 120$ MPa。试计算其最大许用压强 p。

10.7　球形压力容器外径 $D = 2$ m,工作压力为 20 个大气压,材料许用应力为 $[\sigma] = 150$ MPa。试设计其壁厚 t。

10.8　图示油缸内径 $D = 560$ mm,油压 $p = 2.5$ MPa,活塞杆直径 $d = 100$ mm。

（1）若活塞杆材料的 $\sigma_s = 300$ MPa,求其工作安全因数 n。

（2）若缸盖用直径 $d_1 = 30$ mm 的螺栓与油缸连接,螺栓材料许用应力为 $[\sigma] = 100$ MPa,求所需的螺栓个数 k。

（3）若缸体材料许用应力 $[\sigma] = 120$ MPa,试确定其壁厚 t。

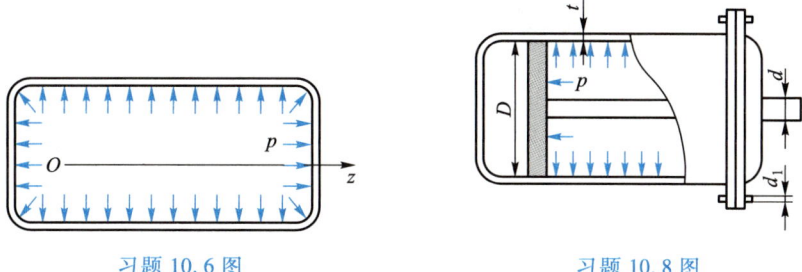

习题 10.6 图　　　　　　　　　　　　习题 10.8 图

10.9　球形压力容器直径为 $D = 2$ m,工作压强为 $p = 2$ MPa, $[\sigma] = 100$ MPa;两半球用 $d = 30$ mm 的螺栓紧固, $[\sigma] = 200$ MPa。试设计其壁厚 t 并确定螺栓个数 n。

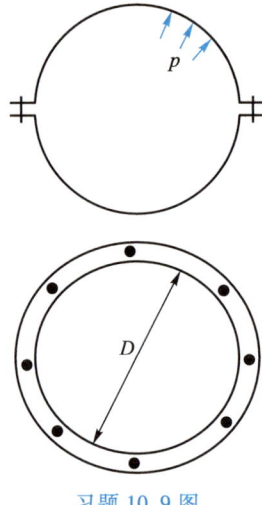

习题 10.9 图

10.10　水槽闸门开启机构如图所示。水深 $h=1$ m,水槽宽度为 $b=2$ m,$\gamma=9.8$ kN/m³。

（1）求为使水槽关闭,所需的最小力 F。

（2）若 B 处销的直径 $d=20$ mm,材料的许用应力为 $[\tau]=120$ MPa,$[\sigma_{\mathrm{bs}}]=200$ MPa,校核其强度。

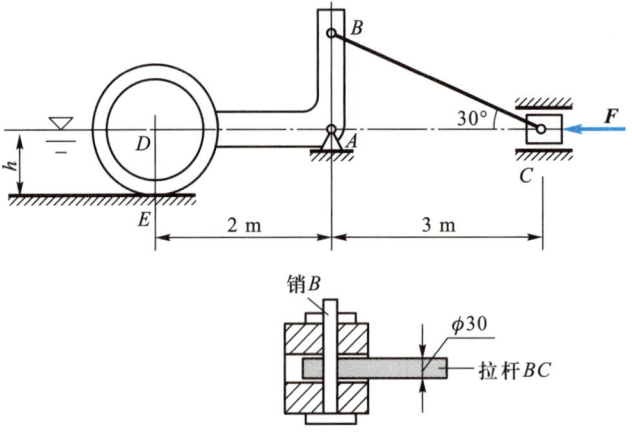

习题 10.10 图

第十一章　压杆的稳定

承受轴向压力的杆,称为压杆(columns)。如前所述,直杆在轴向压力的作用下,发生的是沿轴向的缩短,杆的轴线仍然保持为直线,直至压力增大到由于强度不足而发生屈服或破坏。直杆在轴向压力的作用下,是否发生屈服或破坏,由强度条件确定,这是我们已熟知的。然而,对于一些受轴向压力作用的细长杆,在满足强度条件的情况下,却会出现弯曲变形。杆在轴向载荷作用下发生的弯曲,称为屈曲(buckling),构件由屈曲引起的失效,称为失稳[丧失稳定性(stability)]。本章研究细长压杆的稳定。

§11.1　稳定的概念

物体的平衡存在稳定与不稳定的问题。物体的平衡受到外界干扰后,将会偏离平衡状态。若在外界的微小干扰消除后,物体能恢复原来的平衡状态,则称该平衡是稳定的;若在外界的微小干扰消除后物体仍不能恢复原来的平衡状态,则称该平衡是不稳定的。如图 11.1 所示,小球在凹弧面中的平衡是稳定的,因为虚箭头所示的干扰(如微小的力或位移)消除后,小球会回到其原来的平衡位置;反之,小球在凸弧面上的平衡,受到干扰后将不能恢复,故其平衡是不稳定的。

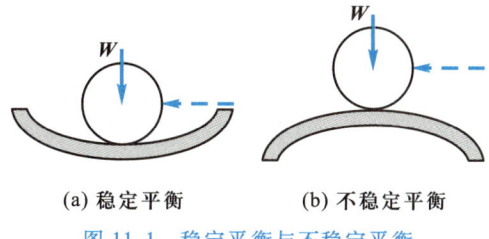

(a) 稳定平衡　　　　(b) 不稳定平衡

图 11.1　稳定平衡与不稳定平衡

11.1　工程中的不稳定案例

上述小球是作为未完全约束的刚体讨论的。对于受到完全约束的变形体,平衡状态也有稳定与不稳定的问题。如两端铰支的受压直杆,如图 11.2(a)所示,当杆受到水平方向的微小扰动(力或位移)时,杆的轴线将偏离铅垂位置而发生微小的弯曲,如图 11.2(b)所示。若轴向压力 F 较小,横向的微小扰动消除后,杆的轴线可恢复原来的铅垂平衡位置,即图 11.2(a),平衡是稳定的;若轴向压力 F 足够大,即使微小扰动已消除,在力 F 作用下,杆轴线的弯曲挠度也仍将越来越大,如图 11.2(c)所示,直至杆完全丧失承载能力。在 $F=F_{cr}$ 的临界状态下,压杆不能恢复原来的铅垂平衡位置,扰动引起的微小弯曲也不继续增大,保持微弯状态的平衡,如图 11.2(b)所示,这是不稳定的平衡。如前所述,直杆在轴向载荷作用下发生的弯曲称为屈曲,发生了屈曲就意味着构件失去稳定(失稳)。

压杆保持稳定与发生屈曲间的力 F_{cr} 称为压杆的临界载荷(critical load)或临界压力。

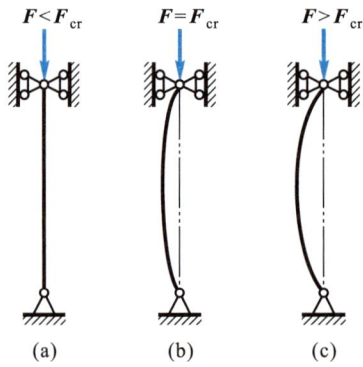

图 11.2 压杆稳定概念

建筑物中的立柱、桁架结构中的受压杆、液压装置中的活塞推杆、动力装置中的气门梃杆等都是工程中常见的压杆,细长压杆的稳定是设计中必须考虑的。

§11.2 两端铰支细长压杆的临界载荷

压杆是否能保持稳定,取决于压杆的临界载荷或临界压力 F_{cr}。当 $F=F_{cr}$ 时,压杆处于如图 11.2(b)所示的微弯平衡状态。现将两端铰支的细长压杆重画于图 11.3,用静力学的方法研究其平衡问题。

1. 力的平衡

取任一截面,由力的平衡方程可知,杆在任一距原点 O 为 x 处的弯矩为

$$M(x) = -Fy$$

2. 物理方程

讨论弹性小变形情况,有线弹性应力–应变关系

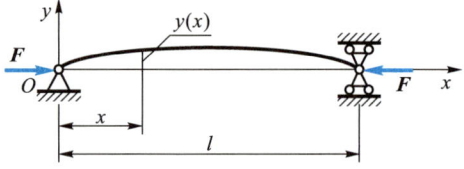

图 11.3 两端铰支的细长压杆

$$\sigma = E\varepsilon$$

3. 变形几何关系

在弹性小变形条件下,处于微弯平衡状态的杆的挠曲线微分方程由(8.16)式给出为

$$\frac{\mathrm{d}^2 y}{\mathrm{d}x^2} = \frac{M(x)}{EI}$$

将 $M(x) = -Fy$ 代入上式,杆的挠曲线微分方程可写为

$$\frac{\mathrm{d}^2 y}{\mathrm{d}x^2} + k^2 y = 0$$

式中,$k^2 = \dfrac{F}{EI}$。上式是一个二阶齐次常微分方程,其通解为

$$y = A\sin kx + B\cos kx$$

式中的积分常数 A、B 由边界条件确定。

图11.3中,杆的边界条件是在两支承处挠度为零,即

$$(1)\ x=0\ \text{处}, y=0$$

$$(2)\ x=l\ \text{处}, y=0$$

将边界条件(1)代入通解,有

$$B=0$$

再将边界条件(2)代入通解,有

$$A\sin kl=0$$

注意上式中如果 $A=0$,则因为 B 已经为零,挠曲线微分方程给出的解答将成为 y 恒为 0,其物理意义是杆各截面处挠度均为零,不发生弯曲变形,杆仍然为直杆。这与所研究的微弯平衡问题不符,故 $A\neq0$。于是,必有

$$\sin kl=0$$

上式给出

$$kl=n\pi \quad (n=0,1,2,\cdots)$$

注意前面已定义 $k^2=\dfrac{F}{EI}$,即 $F=k^2EI$,利用上式,可以得到

$$F=\frac{n^2\pi^2EI}{l^2} \quad (n=0,1,2,\cdots)$$

上述结果中若取 $n=0$,则 $F=0$,杆上无载荷,不会发生压杆稳定问题。故由 $n=1$ 可给出使两端铰支细长压杆发生微弯平衡(失稳)的最小临界载荷为

$$F_{cr}=\frac{\pi^2EI}{l^2} \tag{11.1}$$

式(11.1)称为确定两端铰支细长压杆稳定临界载荷的欧拉公式(Euler formula)。欧拉公式指出:压杆稳定的临界载荷 F_{cr} 与杆长 l 的平方成反比,l 越大,F_{cr} 越小,杆越容易发生屈曲失稳;压杆的临界载荷 F_{cr} 与杆的抗弯刚度 EI 成正比,杆的抗弯刚度越小,F_{cr} 越小,杆越容易发生屈曲失稳。细长杆件 l 大、抗弯刚度 EI 小,稳定问题是不可忽视的。

11.2　莱昂
哈德·欧拉

值得注意的是,对于图11.3所示的压杆屈曲问题,若两端为平面铰链支承,只允许杆在 xy 平面内弯曲,则截面惯性矩 $I=I_z$;若两端为球形铰链支承,则杆可在过轴线 x 的任一平面内发生弯曲。若截面对某轴惯性矩最小,则能承受的临界载荷也最小,将首先在垂直于该轴的平面内发生屈曲失稳。例如,对于图11.4所示两端为球形铰链支承的矩形截面压杆,若 $h>b$,则显然有 $I_y=\dfrac{hb^3}{12}<I_z=\dfrac{bh^3}{12}$,故 y 为中

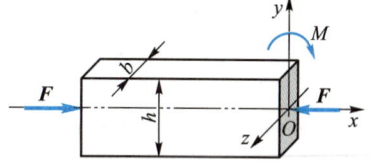

图11.4　失稳发生在 I 最小的方位

性轴的方位将先发生屈曲失稳,即失稳时杆的轴线是在垂直于 y 轴的 xz 平面内发生弯曲的,临界载荷应由 $F_{cr}=\dfrac{\pi^2EI_y}{l^2}$ 计算。

例 11.1　直径 $d=20$ mm 的圆截面细长直杆,长度 $l=800$ mm,两端铰支。已知材料

的弹性模量 $E = 200$ GPa，$\sigma_s = 240$ MPa，试求其临界载荷和屈服载荷。

解：由两端铰支压杆临界载荷的欧拉公式(11.1)式，有

$$F_{cr} = \frac{\pi^2 E}{l^2} \frac{\pi d^4}{64} = \frac{\pi^3 \times 200 \times 10^3 \times 20^4}{64 \times 800^2} \text{ N} = 24.2 \times 10^3 \text{ N}$$

压杆的屈服条件为 $\sigma = F/A = \sigma_s$，故屈服载荷为

$$F_s = \sigma_s A = \frac{\pi d^2 \sigma_s}{4} = \frac{\pi \times 20^2 \times 240}{4} \text{ N} = 75.4 \times 10^3 \text{ N}$$

显而易见，$F_{cr} \ll F_s$，故当轴向压力到达 F_{cr} 时，杆首先发生的是屈曲失稳。

§11.3   不同支承条件下细长压杆的临界载荷

采用与 §11.2 节类似的方法，可以由压杆微弯平衡的力学模型，研究不同支承情况下细长压杆的屈曲临界载荷。但是应当注意，当杆端约束情况改变时，挠曲线近似微分方程中的弯矩和挠曲线的边界约束条件也将发生变化，因而临界载荷也不同。

1. 两端固定的细长压杆

两端固定的细长压杆如图 11.5 所示。在 B 端施加轴向压力 F，讨论杆在微弯状态下的平衡。注意固定端 A 的约束力有轴向力 $F_{Ax} = F$，力偶 M_A；由对称性知 B 端也应有力偶 $M_B = M_A = M$，如图所示。固定端还可以有 y 方向的约束力，但因为本问题(载荷和几何)是左右对称的，若 A 端有约束力 F_{Ay}，则 B 端一定有同号的约束力 $F_{By} = F_{Ay}$，为满足平衡方程：

$$\sum F_y = F_{Ay} + F_{By} = 0$$

必有 $F_{Ay} = F_{By} = 0$。故两端固定的细长压杆，在微弯平衡状态时的受力如图 11.5 所示。

杆在任一截面 x 处的弯矩为

$$M(x) = M - Fy$$

挠曲线近似微分方程为

$$\frac{d^2 y}{dx^2} = \frac{M(x)}{EI} = \frac{M - Fy}{EI}$$

仍然定义 $k^2 = \dfrac{F}{EI}$，上式成为

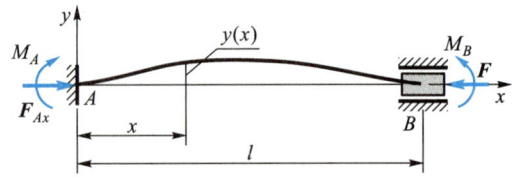

图 11.5   两端固定的细长压杆

$$\frac{d^2 y}{dx^2} + k^2 y = \frac{M}{EI}$$

上述二阶常微分方程的通解为

$$y = A\sin kx + B\cos kx + M/F$$

为确定积分常数 A、B，将挠度方程微分得到截面转角为

$$y' = \theta = Ak\cos kx - Bk\sin kx$$

两端固定杆的边界条件是两固定端处挠度和转角均为零，即

（1）$x = 0$ 处，$y_A = 0$，$\theta_A = 0$

（2）$x = l$ 处，$y_B = 0$，$\theta_B = 0$

将 4 个边界条件分别代入通解,得到

$$B+M/F=0$$

$$Ak=0$$

$$A\sin kl+B\cos kl+M/F=0$$

$$Ak\cos kl-Bk\sin kl=0$$

上述第一式说明 $B\neq0$。因为若 $B=0$,则必有 $M=0$,两固定端无约束力偶,相当于铰支,与所讨论的问题不符。将第二式 $Ak=0$ 代入上述第四式,并注意 B、k 均不为零,则必有

$$\sin kl=0$$

再将 $\sin kl=0$ 代入上述第三式,并利用上述第一式给出的 $B=-M/F$,还有

$$\cos kl-1=0$$

能使 $\sin kl=0$,$\cos kl-1=0$ 同时满足的解答是

$$kl=2n\pi \quad (n=0,1,2,\cdots)$$

若 $n=0$,因为杆长 $l\neq0$,则由 $k=0$,有 $F=0$,杆上无载荷,不会发生微弯平衡。

$n=1$ 时,$kl=2\pi$,有 $k=2\pi/l$,代入 $k^2=\dfrac{F}{EI}$,即得到两端固定的细长压杆的临界载荷为

$$F_{\text{cr}}=\frac{4\pi^2 EI}{l^2} \tag{11.2}$$

2. 欧拉公式的一般形式

§11.2 节导出的两端铰支细长压杆的临界压力公式(11.1)式和本节导出的两端固定细长压杆的临界压力公式(11.2)式,可以统一写成

$$F_{\text{cr}}=\frac{\pi^2 EI}{(\mu l)^2} \tag{11.3}$$

这就是确定细长压杆稳定临界载荷 $\boldsymbol{F}_{\text{cr}}$ 的欧拉公式的一般形式。对于两端铰支的细长压杆,$\mu=1$;对于两端固定的细长压杆,$\mu=1/2$。μl 可视为压杆的相当长度(equivalent length),即确定两端固定压杆稳定的临界载荷时,杆长相当于两端铰支细长压杆长度的 $1/2$;μ 则称为反映压杆不同支承情况的相当长度因数。

用类似的方法研究一端固定、另一端铰支,一端固定、另一端自由的细长压杆,结果表明其稳定临界载荷也可由(11.3)式描述,只不过 μ 值不同而已。

不同支承情况下,用欧拉公式的一般形式(11.3)式确定临界载荷时的相当长度因数 μ 为

$$\left.\begin{array}{ll}\mu=1 & \text{两端铰支}\\ \mu=0.7 & \text{一端铰支、一端固定}\\ \mu=2 & \text{一端自由、一端固定}\\ \mu=0.5 & \text{两端固定}\end{array}\right\} \tag{11.4}$$

可见,杆端支承对于细长压杆的临界载荷有显著影响。杆的几何尺寸一定时,一端自由、一端固定时临界载荷最小;两端铰支,一端铰支、一端固定次之;两端固定支承时临界载荷最大。

在工程实际中,受压杆件两端的支承情况往往是复杂的。需要根据具体情况,分析支承对于杆端的约束特性,选择适当的理想化支承模型。如桁架中的压杆,其节点处的连接常常用焊接或铆接,但因为连接处限制杆件转动的能力并不强,简化成铰接是比较恰当且偏于安全的。又如图 11.6 所示的圆柱销铰链连接,在 xy 平面内,杆可以绕圆柱销转动,接头处支承是铰支。在 yz 平面内,杆不能与接头发生相对转动,若接头固定牢靠,可以简化为固定端;但若杆插入接头的深度不够或杆与接头连接的间隙较大,有相对转动的可能,则接头处仍应简化为铰支。

例 11.2 矩形截面木杆如图 11.7 所示,$b = 0.12$ m,$h = 0.2$ m,$l = 8$ m。已知材料的弹性模量 $E = 10$ GPa,试求图中(a)、(b)两种情况下细长杆的临界载荷。

11.3 图
11.6 结构图

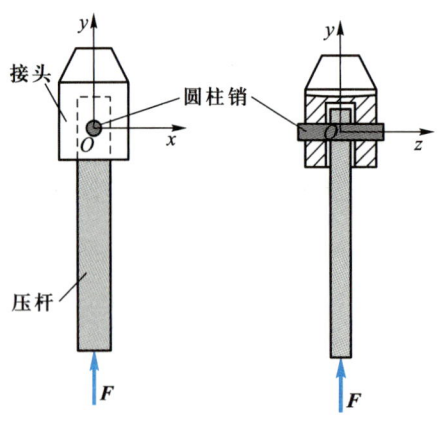

图 11.6　圆柱销铰链连接　　　　图 11.7　例 11.2 图

解: 1) 情况(a)

先讨论细长杆在 yz 平面失稳的情况,此时 $I = I_x = hb^3/12$,两端可视为固定端,故有

$$F_{\text{cra1}} = \frac{\pi^2 E I_x}{(0.5l)^2} = \frac{\pi^2 \times 10 \times 10^9 \times 0.2 \times 0.12^3}{12 \times (0.5 \times 8)^2} \text{ N}$$

$$= 177.7 \times 10^3 \text{ N}$$

$$= 177.7 \text{ kN}$$

再讨论细长杆在 yx 平面失稳的情况,此时 $I = I_z = bh^3/12$,两端应视为铰支,故有

$$F_{\text{cra2}} = \frac{\pi^2 E I_x}{l^2} = \frac{\pi^2 \times 10 \times 10^9 \times 0.12 \times 0.2^3}{12 \times 8^2} \text{ N}$$

$$= 123.4 \times 10^3 \text{ N} = 123.4 \text{ kN}$$

因为 $F_{\text{cra2}} < F_{\text{cra1}}$,故细长杆如情况(a)放置时,失稳将在 yx 平面内发生,且

$$F_{\text{cra}} = 123.4 \text{ kN}$$

2) 情况(b)

先讨论细长杆在 yz 平面失稳的情况,此时 $I = I_x = bh^3/12$,两端可视为固定端,故有

$$F_{\text{crb1}} = \frac{\pi^2 E I_x}{(0.5l)^2} = \frac{\pi^2 \times 10 \times 10^9 \times 0.12 \times 0.2^3}{12 \times (0.5 \times 8)^2} \text{ N}$$

$$= 493.5 \times 10^3 \text{ N} = 493.5 \text{ kN}$$

再讨论细长杆在 yx 平面失稳的情况,此时 $I = I_z = hb^3/12$,两端可视为铰支,故有

$$F_{\text{crb2}} = \frac{\pi^2 E I_x}{l^2} = \frac{\pi^2 \times 10 \times 10^9 \times 0.2 \times 0.12^3}{12 \times 8^2} \text{ N}$$

$$= 44.4 \times 10^3 \text{ N}$$

$$= 44.4 \text{ kN}$$

因为 $F_{\text{crb2}} < F_{\text{crb1}}$,故细长杆如情况(b)放置时,失稳将在 yx 平面发生,且

$$F_{\text{crb}} = 44.4 \text{ kN}$$

可见,矩形截面细长压杆易于在截面惯性矩较小的平面内发生屈曲失稳。若支承条件在惯性矩较小的平面内也较弱,则临界载荷将大大降低,更易发生屈曲失稳。因此,在本题的支承条件下,情况(b)中的截面放置是不合理的,情况(a)中的截面设置是较合理的。如果两端支承条件在 yx、yz 平面相同,则对于稳定而言,截面设计成正方形比矩形合理。

§11.4 中小柔度杆的临界应力

欧拉公式是由挠曲线近似微分方程导出的,而挠曲线近似微分方程只在线弹性条件下才成立。换言之,只有压杆所受的应力在线弹性范围内时,欧拉公式才适用。超出此范围,欧拉公式能否利用?如何利用?这就是本节所要讨论的。

1. 临界应力与杆的柔度

压杆在稳定临界状态时,横截面上的应力,由欧拉公式(11.3)式给出为

$$\sigma_{\text{cr}} = \frac{F_{\text{cr}}}{A} = \frac{\pi^2 E I}{A(\mu l)^2}$$

式中,A 是压杆的横截面面积;σ_{cr} 是压杆稳定的临界应力(critical stress)。

将截面惯性矩 I 写成 $I = i^2 A$,i 称为截面的惯性半径,单位为 mm。

则临界应力公式成为

$$\sigma_{\text{cr}} = \frac{\pi^2 E}{(\mu l/i)^2} = \frac{\pi^2 E}{\lambda^2} \tag{11.5}$$

式中,λ 为

$$\lambda = \mu l/i \tag{11.6}$$

上述参数 λ 为量纲一的量,称为压杆的柔度或细长比(slenderness ratio)。λ 反映了杆端约束、压杆长度、杆截面形状和尺寸对临界应力的综合影响。杆端约束情况 μ 一定时,杆长 l 越大,截面惯性半径 i 越小,则 λ 越大,杆越细长,临界应力越小,越容易发生屈曲失稳。

由于欧拉公式是在线性弹性条件下得到的,故由此给出的临界应力公式(11.5)式的适用条件,应当是压杆中的应力不大于材料的比例极限 σ_{p},即

$$\sigma_{\text{cr}} = \frac{\pi^2 E}{\lambda^2} \leqslant \sigma_{\text{p}}$$

上式给出

$$\lambda \geqslant \pi\sqrt{E/\sigma_p}$$

若令

$$\lambda_p = \pi\sqrt{E/\sigma_p} \tag{11.7}$$

则只有在 $\lambda \geqslant \lambda_p$ 时,欧拉临界应力公式(11.5)式或临界载荷(11.3)式才成立。

2. 临界应力总图

$\lambda \geqslant \lambda_p$ 的杆,称为**大柔度杆**(long columns),前面讨论中所说的细长杆,就是指大柔度杆,其破坏形式是弹性屈曲失稳,临界应力可由欧拉公式确定。

另一方面,对于长度短、截面尺寸大的杆,由于杆的柔度很小而不至失稳;其破坏形式是强度不足,临界应力为 $\sigma_{cr} = \sigma_s$(延性材料)或 $\sigma_{cr} = \sigma_b$(脆性材料)。

压杆的临界应力总图如图 11.8 所示。在柔度较小的 AB 段($\lambda \leqslant \lambda_s$),杆称为**小柔度杆**(short columns),临界应力 $\sigma_{cr} = \sigma_s$,发生的破坏是强度不足;在柔度较大的 CD 段($\lambda \geqslant \lambda_p$),杆是大柔度杆,临界应力 $\sigma_{cr} = \pi^2 E/\lambda^2$,发生的破坏是应力小于比例极限的线性弹性屈曲失稳;在中等柔度的 BC 段($\lambda_s \leqslant \lambda \leqslant \lambda_p$),杆称为**中柔度杆**(intermediate columns),对应的临界应力则为 $\sigma_p \leqslant \sigma_{cr} \leqslant \sigma_s$,发生的也是屈曲失稳破坏(并非线性弹性屈曲失稳)。

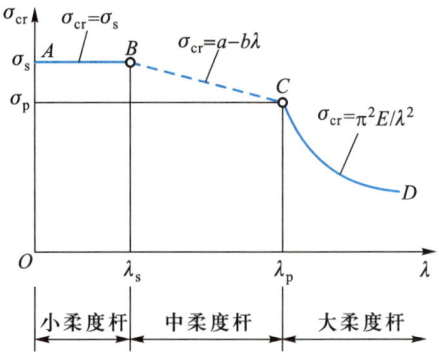

图 11.8　压杆的临界应力总图

对于图 11.8 中 BC 段的中柔度杆,失稳临界应力的分析比较复杂,其工程计算方法是由下述经验公式给出的

$$\sigma_{cr} = a - b\lambda \quad (\lambda_s \leqslant \lambda \leqslant \lambda_p) \tag{11.8}$$

此即临界应力总图中的虚直线段。a、b 分别是与材料相关的参数,单位为 MPa。表 11.1 列出了一些常用材料的 a、b 值。

表 11.1　一些常用材料的 a、b 值

材　　料	a/MPa	b/MPa	λ_p	λ_s
低碳钢	310	1.14	100	60
优质碳钢	461	2.57	100	60
铬锰钢	980	5.29	55	
铸　铁	332	1.45	80	
硬　铝	372	2.14	50	
木　材	28.7	0.19	110	

由(11.8)式可知,中柔度杆的下限 λ_s 可写为

$$\lambda_s = (a - \sigma_{cr})/b \tag{11.9}$$

对于延性材料,式中 $\sigma_{cr}=\sigma_s$,对于脆性材料,$\sigma_{cr}=\sigma_b$。

在工程实际中,对于临界应力总图中 BC 段的中柔度杆,除用线性经验公式(11.8)式外,还有抛物线型的压杆临界应力经验公式。无论经验公式如何描述,临界应力 σ_{cr} 在两端点 B 和 C 处之值,必然应分别为 σ_s(或 σ_b)和 σ_p。

综上所述,计算压杆临界应力的基本方法与步骤如图 11.9 所示。

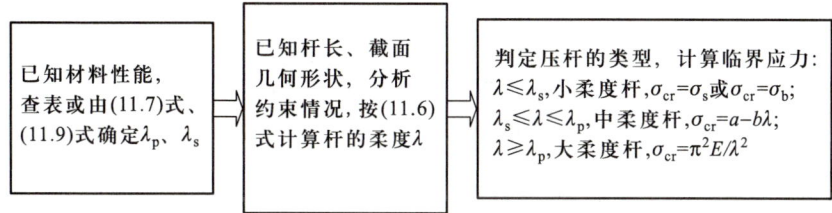

图 11.9　确定压杆临界应力的基本方法与步骤

例 11.3　低碳钢压杆两端铰支,杆的直径 $d=40$ mm。已知 $\sigma_s=242$ MPa,$E=200$ GPa,若杆长 $l_1=1.5$ m、$l_2=0.8$ m、$l_3=0.5$ m,试计算各杆的临界应力和临界载荷。

解:1)查表确定 λ_s、λ_p

由表 11.1 知,对于低碳钢有

$$\lambda_p=100,\quad \lambda_s=60,\quad a=310\ \text{MPa},\quad b=1.14\ \text{MPa}$$

2)计算杆的柔度 λ

$$\lambda=\mu l/i$$

两端铰支压杆:

$$\mu=1$$

圆形截面的截面惯性半径:

$$i=(I/A)^{1/2}=\left[(\pi d^4/64)/(\pi d^2/4)\right]^{1/2}=d/4=10\ \text{mm}$$

杆 1 的柔度为

$$\lambda_1=\mu l_1/i=1\ 500\ \text{mm}/10\ \text{mm}=150$$

杆 2 的柔度为

$$\lambda_2=\mu l_2/i=800\ \text{mm}/10\ \text{mm}=80$$

杆 3 的柔度为

$$\lambda_3=\mu l_3/i=500\ \text{mm}/10\ \text{mm}=50$$

3)判定压杆的类型,计算临界应力和临界载荷

杆 1:$\lambda_1=150>\lambda_p=100$,为大柔度杆,由欧拉公式(11.5)式有

$$\sigma_{cr1}=\frac{\pi^2 E}{\lambda^2}=\frac{200\times10^3\pi^2}{150^2}\ \text{MPa}=87.73\ \text{MPa}$$

$$F_{cr1}=\sigma_{cr1}A=87.73\times40^2\pi/4\ \text{N}=110\ 245\ \text{N}\approx110\ \text{kN}$$

杆 2:$\lambda_s=60<\lambda_2=80<\lambda_p=100$,为中柔度杆,由经验公式(11.8)式有

$$\sigma_{cr2}=a-b\lambda=310\ \text{MPa}-1.14\times80\ \text{MPa}=218.8\ \text{MPa}$$

$$F_{cr2}=\sigma_{cr2}A=218.8\times40^2\pi/4\ \text{N}=274\ 952\ \text{N}=275\ \text{kN}$$

杆 3：$\lambda_3 = 50 < \lambda_s = 60$，为小柔度杆，有

$$\sigma_{cr3} = \sigma_s = 242 \text{ MPa}$$

$$F_{cr3} = \sigma_{cr3}A = 242 \times 40^2 \pi / 4 \text{ N} = 304\ 106 \text{ N} = 304 \text{ kN}$$

例 11.4　矩形截面木杆如图 11.10 所示，$b = 0.12$ m，$h = 0.2$ m。已知 $\sigma_s = 25$ MPa，$E = 9.5$ GPa。若 F 分别取 120 kN、240 kN，试求杆的临界长度。

11.4　图
11.10 结构图

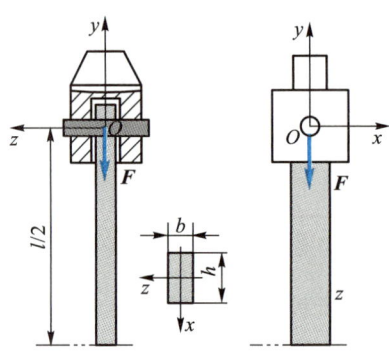

图 11.10　例 11.4 图

解：1）由材料性能确定 λ_s、λ_p

由表 11.1 知，对于木材有

$$a = 28.7 \text{ MPa}, \quad b = 0.19 \text{ MPa}, \quad \lambda_p = 110$$

$$\lambda_s = (a - \sigma_s)/b = (28.7 - 25)/0.19 = 19.5$$

2）不同柔度压杆的临界应力

由临界应力总图知，$\lambda = \lambda_p = 110$ 时的临界应力可由线性经验公式（或欧拉公式）求得为

$$\sigma_{crp} = \sigma_p = a - b\lambda_p = 28.7 \text{ MPa} - 0.19 \text{ MPa} \times 110 = 7.8 \text{ MPa}$$

$\lambda_s = 19.5$ 时的临界应力为

$$\sigma_{crs} = \sigma_s = 25 \text{ MPa}$$

3）判断杆的类型，设计杆长

$F_1 = 120$ kN 时：

$$\sigma_{cr1} = F_1/A = 120\ 000 \text{ N}/(120 \times 200) \text{ mm}^2 = 5 \text{ MPa}$$

由于 $\sigma_{cr1} = 5 \text{ MPa} < \sigma_p = 7.8 \text{ MPa}$，故可按大柔度杆设计，由欧拉公式有

$$\lambda_1 = \sqrt{\frac{\pi^2 E}{\sigma_{cr}}} = \sqrt{\frac{9\ 500\pi^2}{5}} = 137$$

杆在 yz 平面失稳时，$I = I_x = hb^3/12$；两端可视为固定端，$\mu = 0.5$。由（11.6）式有

$$l_{11} = \lambda i/\mu = \lambda_1 (I/A)^{1/2}/\mu = [137 \times (0.12^2/12)^{1/2}/0.5] \text{ m} = 9.49 \text{ m}$$

杆在 yx 平面失稳时，$I = I_z = bh^3/12$，两端可视为铰支，$\mu = 1$。有

$$l_{12} = \lambda i/\mu = \lambda_1 (I/A)^{1/2}/\mu = 137 \times (0.2^2/12)^{1/2} \text{ m} = 7.9 \text{ m}$$

故当 $F = F_1 = 120$ kN 时，杆的临界长度为

$$l_1 = \min\{l_{11}, l_{12}\} = 7.9 \text{ m}$$

$F_2 = 240$ kN 时：
$$\sigma_{\mathrm{cr}2} = F_2/A = 240\ 000\ \mathrm{N}/(120\times200)\ \mathrm{mm}^2 = 10\ \mathrm{MPa}$$

由于 $\sigma_{\mathrm{s}} > 10$ MPa $> \sigma_{\mathrm{p}} = 7.8$ MPa，故可按中柔度杆设计，由(11.8)式有
$$\lambda_2 = (a - \sigma_{\mathrm{cr}2})/b = (28.7 - 10)/0.19 = 98.4$$

杆在 yz 平面失稳时，$I = I_x = hb^3/12$；两端可视为固定端，$\mu = 0.5$。由(11.6)式同样有
$$l_{21} = \lambda i/\mu = \lambda_2(I/A)^{1/2}/\mu = [98.4\times(0.12^2/12)^{1/2}/0.5]\ \mathrm{m} = 6.82\ \mathrm{m}$$

杆在 yx 平面失稳时，$I = I_z = bh^3/12$，两端可视为铰支，$\mu = 1$。有
$$l_{22} = \lambda i/\mu = \lambda_2(I/A)^{1/2}/\mu = 98.4\times(0.2^2/12)^{1/2}\ \mathrm{m} = 5.68\ \mathrm{m}$$

故当 $F = F_2 = 240$ kN 时，杆的临界长度应为
$$l_2 = \min\{l_{21}, l_{22}\} = 5.68\ \mathrm{m}$$

讨论：利用临界应力总图，除可由杆的柔度 λ 判断其类型外，也可由临界应力判断杆的类型，即 $\sigma_{\mathrm{cr}} \leqslant \sigma_{\mathrm{p}}$，大柔度杆；$\sigma_{\mathrm{p}} \leqslant \sigma_{\mathrm{cr}} \leqslant \sigma_{\mathrm{s}}$，中柔度杆；$\sigma_{\mathrm{s}} \leqslant \sigma_{\mathrm{cr}}$，小柔度杆。

§11.5　压杆的稳定计算

受压杆件的屈曲失稳是在截面应力小于极限强度时发生的。前面的讨论已经给出了压杆稳定临界应力的计算方法。即对于大柔度杆，临界应力 σ_{cr} 按欧拉公式计算，对于中柔度杆，临界应力按线性经验公式计算，然后得到临界载荷 $\boldsymbol{F}_{\mathrm{cr}}$。考虑到载荷估计、约束简化、杆件的几何尺寸及计算等误差，考虑到材料性能的分散性及可能的偶然超载等，与强度设计一样，在压杆稳定设计时，同样需要留有保证杆的稳定性的安全储备。

引入许用稳定安全因数 n_{st}，则许用压力为 $[F_{\mathrm{st}}] = F_{\mathrm{cr}}/n_{\mathrm{st}}$，稳定性条件(stability condition)是

$$F \leqslant \frac{F_{\mathrm{cr}}}{n_{\mathrm{st}}} = [F_{\mathrm{st}}] \tag{11.10}$$

上式要求杆件的工作压力 F 小于许用压力 $[F_{\mathrm{st}}]$。稳定性条件还可以写为

$$n = \frac{F_{\mathrm{cr}}}{F} \geqslant n_{\mathrm{st}} \tag{11.11}$$

即实际工作稳定安全因数(safety factor for stability) n 应大于许用稳定安全因数 n_{st}。

许用稳定安全因数的选取，一般应大于强度安全因数。因为加载的偏心、杆件的初始曲率、支承条件的实际情况等对强度影响并不显著的因素，对于稳定性却有较大的影响；同时，失稳垮塌的后果也更为严重。一般情况下，钢材许用稳定安全因数取 $1.8\sim3.0$，铸铁取 $5.0\sim5.5$，丝杆、活塞杆、发动机挺杆取 $2.0\sim6.0$，矿山、冶金设备取 $4.0\sim8.0$ 等。许用稳定安全因数可在相关专业设计手册中查得。

利用压杆的稳定条件，可以进行稳定性设计。与强度设计一样，稳定性设计也包括稳定性校核、截面尺寸或杆长设计、确定许用载荷等。

例 11.5　千斤顶如图 11.11 所示。丝杆由优质碳钢制成，丝杆的内径 $d = 40$ mm，最大顶升高度 $l = 350$ mm，最大起重量 $F = 80$ kN。若规定的许用稳定安全因数为 $n_{\mathrm{st}} = 4$，试

校核其稳定性。

解：1）由材料性能确定 λ_s、λ_p

由表 11.1 知,对于优质碳钢,有

$$a=461 \text{ MPa}, \quad b=2.57 \text{ MPa}, \quad \lambda_p=100, \quad \lambda_s=60$$

2）计算丝杆的柔度

丝杆可简化为下端固定、上端自由的压杆,$\mu=2$。

圆截面惯性半径为

$$i=(I/A)^{1/2}=d/4$$

故丝杆的柔度为

$$\lambda=\mu l/i=2\times350/10=70$$

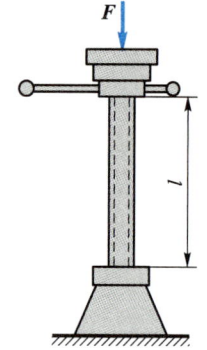

图 11.11   例 11.5 图

3）判断压杆的类型,计算临界载荷

由于丝杆的柔度 $\lambda_s=60<\lambda=70<\lambda_p=100$,故为中柔度杆,按经验公式有

$$\sigma_{cr}=a-b\lambda=461 \text{ MPa}-2.57 \text{ MPa}\times70=281.1 \text{ MPa}$$

$$F_{cr}=\sigma_{cr}A=281.1 \text{ MPa}\times(40^2\pi/4) \text{ mm}^2=353\ 241 \text{ N}=353.24 \text{ kN}$$

4）稳定性校核

由稳定性条件(11.11)式,有

$$n=F_{cr}/F=353.24/80=4.416>n_{st}=4$$

可见,丝杆是稳定的。

例 11.6   活塞杆 BC 由铬锰钢制成（图 11.12）,$\sigma_s=780 \text{ MPa}$,$E=210 \text{ GPa}$,直径 $d=36 \text{ mm}$,最大外伸长度 $l=1 \text{ m}$,若规定的许用稳定安全因数为 $n_{st}=6$,试确定其最大许用压力 F_{max}。

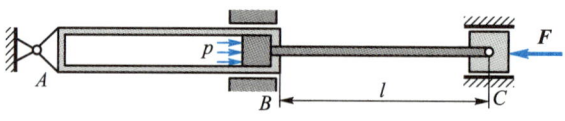

图 11.12   例 11.6 图

解：1）由材料性能确定 λ_s、λ_p

查表 11.1,有

$$a=980 \text{ MPa}, \quad b=5.29 \text{ MPa}$$

$$\lambda_p=55$$

$$\lambda_s=(a-\sigma_s)/b=(980-780)/5.29=37.8$$

2）计算活塞杆的柔度

活塞杆可简化为 B 端固定、C 端铰支的压杆,$\mu=0.7$。

圆截面惯性半径为

$$i=d/4=9 \text{ mm}$$

故活塞杆的柔度为

$$\lambda=\mu l/i=0.7\times1\ 000/9=77.8$$

3）判断压杆的类型，计算临界载荷

由于活塞杆的柔度 $\lambda = 77.8 > \lambda_p = 55$，故为大柔度杆，按欧拉公式有

$$\sigma_{cr} = \pi^2 E / \lambda^2 = 210 \times 10^3 \pi^2 / 77.8^2 \text{ MPa} = 342.4 \text{ MPa}$$

$$F_{cr} = \sigma_{cr} A = \pi d^2 \sigma_{cr} / 4 = 342.4 \times 36^2 \pi / 4 \text{ N} = 348\ 521 \text{ N} = 348.521 \text{ kN}$$

4）确定最大许用载荷 F_{max}

由稳定性条件(11.11)式，有

$$F_{max} \leqslant F_{cr} / n_{st} = 348.521 \text{ kN} / 6 = 58.09 \text{ kN}$$

例 11.7 某圆截面硬铝合金压杆长度 $l = 1$ m，两端铰支，受压力 $F = 12$ kN 作用。已知 $\sigma_s = 320$ MPa，$E = 70$ GPa，若规定许用稳定安全因数为 $n_{st} = 5$，试设计其直径 d。

解： 1）由材料性能确定 λ_s、λ_p

查表 11.1，有

$$a = 372 \text{ MPa}, \quad b = 2.14 \text{ MPa}$$

$$\lambda_p = 50$$

$$\lambda_s = (a - \sigma_s) / b = (372 - 320) / 2.14 = 24.3$$

2）确定临界载荷

由稳定性条件(11.10)式，有

$$F_{cr} \geqslant F n_{st} = 12 \text{ kN} \times 5 = 60 \text{ kN}$$

3）估计截面直径 d

按大柔度杆设计，由欧拉公式有

$$F_{cr} = \frac{\pi^2 E I}{(\mu l)^2} = \frac{\pi^2 \times 70 \times 10^3 \times (\pi d^4 / 64)}{(1 \times 1\ 000)^2} \text{ N} = 60\ 000 \text{ N}$$

解得

$$d = 36.47 \text{ mm}$$

取 $d = 38$ mm。

4）计算杆的柔度，检验按欧拉公式设计的正确性

$$\lambda = \frac{\mu l}{i} = \frac{1 \times 1\ 000}{38 / 4} = 105.26 > \lambda_p = 50$$

可见，按欧拉公式设计是正确的。

讨论： 在满足稳定性条件的情况下设计截面尺寸，由于柔度 λ 不能确定，故只有先假定压杆的类型，选取欧拉公式或经验公式计算，估计截面尺寸后，再计算柔度，校核其是否满足所假定压杆类型的柔度要求。

已知截面尺寸和压力载荷，设计杆长时，可求出截面上的工作应力，然后与材料的应力 σ_p、σ_s 比较，即可依据临界应力总图判断杆的类型，如例 11.4 所述。

最后指出，欲提高压杆的稳定性，可采取如下措施：

（1）选择合理的截面形状。在横截面面积不变的情况下，提高截面惯性矩 I 或惯性半径 i，可使压杆的柔度减小，临界应力增大，提高其稳定性。如用空心圆形、矩形截面代替实心截面等。

（2）改善杆端约束。自由端最不利于压杆的稳定。一端固定，一端自由的压杆，$\mu =$

2;换成一端固定,一端铰支,则 $\mu = 0.7$;由大柔度压杆的欧拉公式可知,临界载荷与 μ 的平方成反比,故后者可使临界载荷提高到前者的 $4/0.7^2 = 8.16$ 倍。若杆长 l 过大,还可以考虑在杆中部增加约束,欧拉公式中临界载荷与杆长 l 的平方也是成反比的,在杆中部增加一可动铰支座,杆长缩短一半,失稳临界载荷可提高到 4 倍。

小　结

11.5　第十一章知识图谱

1. 直杆在轴向载荷作用下发生的弯曲称为屈曲,屈曲就意味着构件失稳。压杆保持稳定的临界力 F_{cr} 称为压杆的临界载荷或临界压力。

2. 杆的柔度用量纲一的参数 λ 表示,且

$$\lambda = \mu l / i$$

式中, μ 为反映压杆不同支承情况的相当长度因数,截面的惯性半径 $i = (I/A)^{1/2}$。 λ 反映了杆端约束、压杆长度、杆横截面形状和尺寸对临界应力的综合影响。 λ 越大,临界应力越小,越容易发生屈曲失稳。

3. 对于 $\lambda \geqslant \lambda_p$ 的大柔度杆,计算临界应力的欧拉公式为

$$\sigma_{cr} = \frac{\pi^2 E}{(\mu l / i)^2} = \frac{\pi^2 E}{\lambda^2}$$

杆两端固定时, $\mu = 0.5$;一端固定、一端铰支时, $\mu = 0.7$;两端铰支时, $\mu = 1$;一端固定,一端自由时, $\mu = 2$。注意分析屈曲失稳平面,正确计算截面惯性矩 I。

4. 对于 $\lambda_s \leqslant \lambda \leqslant \lambda_p$ 的中柔度杆,临界应力由经验公式求解,即

$$\sigma_{cr} = a - b\lambda$$

5. 对于 $\lambda \leqslant \lambda_s$ 的小柔度杆,将不发生屈曲失稳,临界应力由材料的极限强度确定,即

$$\sigma_{cr} = \sigma_s \text{ 或 } \sigma_b$$

6. 临界应力总图中的柔度界限值为

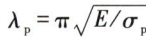

$$\lambda_p = \pi \sqrt{E/\sigma_p}$$

$$\lambda_s = (a - \sigma_u)/b, \quad \sigma_u = \begin{cases} \sigma_s \text{（延性材料）} \\ \sigma_b \text{（脆性材料）} \end{cases}$$

11.6　第十一章知识点测试题

7. 压杆的稳定性条件为

$$n = \frac{F_{cr}}{F} \geqslant n_{st}$$

或

$$F \leqslant \frac{F_{cr}}{n_{st}} = [F_{st}]$$

11.7　第十一章知识点测试题答案

8. 利用稳定性条件设计杆长时,可由临界应力判断杆的类型;设计截面几何尺寸时,可先假定杆的类型,取相应公式计算几何尺寸,再校核柔度。

思 考 题

11.1 什么是稳定性？稳定性与强度、刚度有什么不同？

11.2 杆在轴向压缩载荷作用下的屈曲与在横向载荷作用下的弯曲有什么区别？

11.3 受拉直杆是否有稳定问题？为什么？

11.4 两端铰支的圆截面低碳钢压杆，长细比 l/d 为多大时，需要考虑稳定性问题？长细比 l/d 为多大时，才能应用欧拉公式求临界载荷？

11.5 矩形截面的梁承受平面弯曲时，不宜设计成方形截面；矩形截面的柱承受轴向压缩时，宜于设计成方形截面。为什么？

11.6 何谓杆的柔度，量纲是什么？何谓截面的惯性半径，量纲是什么？圆截面的惯性半径 i 等于 $d/4$，矩形截面 $(b\times h)$ 的惯性半径 i 等于多少？

11.7 将某圆截面压杆的直径和长度都加大 1 倍，对杆的柔度有无影响？对杆的临界应力有无影响？对杆的临界载荷有无影响？

11.8 某材料的 $\sigma_p = 180$ MPa，$\sigma_s = 260$ MPa。问当杆的工作应力 σ 为 100 MPa、200 MPa 时，应如何设计杆的长度？

习 题

11.1 一端固定，另一端自由的细长压杆如图所示。假定在微弯平衡状态时自由端的挠度为 δ，试由挠曲线近似微分方程求解临界载荷 F_{cr}。

11.2 图中 AB 为刚性梁，低碳钢细长撑杆 CD 的直径 $d = 40$ mm，长度 $l = 1.2$ m，$E = 200$ GPa。试计算使该撑杆 CD 失稳的载荷 F。

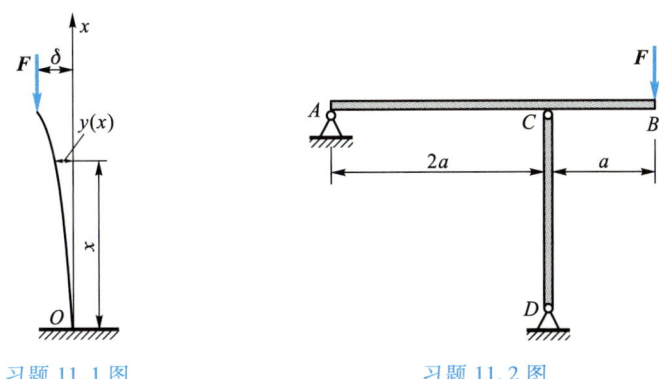

习题 11.1 图　　　　　　　　习题 11.2 图

11.3 两端球形铰支的细长压杆，横截面面积 $A = 1\,500$ mm²，$l = 1.5$ m，$E = 200$ GPa。试计算下述不同截面情况下的临界载荷 F_{cr}，并进行比较。

（1）直径为 d 的圆形截面；

（2）边长为 a 的方形截面；

（3）$b/h = 3/5$ 的矩形截面。

11.4　一端固定、另一端铰支的细长压杆,横截面面积 $A=16$ cm^2,承受压力 $F=240$ kN 作用,$E=$ 200 GPa。试用欧拉公式计算下述不同截面情况下的临界长度 l_{cr},并进行比较。

（1）边长为 4 cm 的方形截面;

（2）外边长为 5 cm、内边长为 3 cm 的空心方框形截面。

11.5　图中矩形截面低碳钢制连杆 AB 受压。在 xy 平面内失稳时,可视为两端铰支;在 xz 平面内失稳时,可视为两端固定,考虑接触间隙后取 $\mu=0.7$。若按大柔度杆设计,试问截面尺寸 B/H 设计成何值为佳? 讨论按中柔度杆、小柔度杆设计又如何。

11.6　图示矩形截面木杆,两端约束相同,$B=0.2$ m,$H=0.3$ m,$l=10$ m。已知 $F=120$ kN,$\sigma_{\text{s}}=$ 20 MPa,$E=10$ GPa。若取 $n_{\text{st}}=3.5$,试校核杆的稳定性。

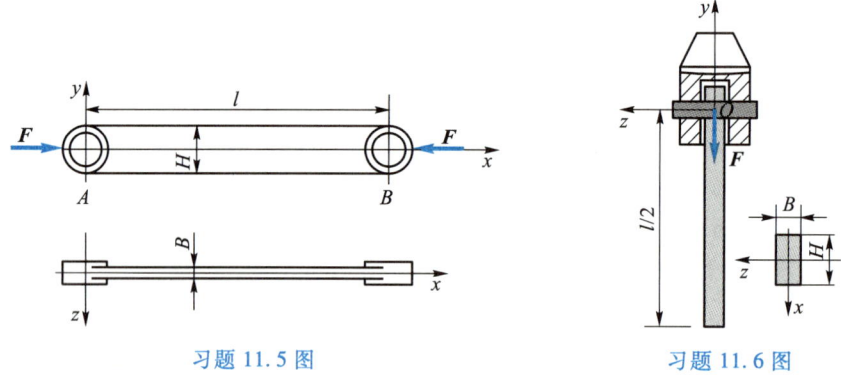

习题 11.5 图　　　　　　　　　　习题 11.6 图

11.7　某铬锰钢制成的挺杆两端铰支,直径 $d=8$ mm,长度 $l=100$ mm。若规定的许用稳定安全因数为 $n_{\text{st}}=4$,试确定该杆的许用载荷。

11.8　活塞杆 BC 由优质碳钢制成,$E=210$ GPa,直径 $d=40$ mm,长度 $l=1$ m。若规定许用稳定安全因数为 $n_{\text{st}}=5$,试确定许用最大压力。

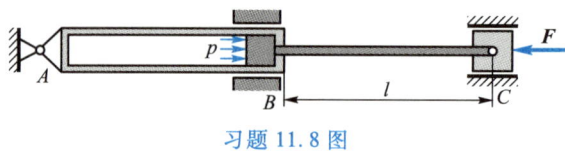

习题 11.8 图

11.9　图示简易起重机的起重臂 AO 由 $E=200$ GPa 的优质碳钢钢管制成,长度 $l=3$ m,截面外径 $D=100$ mm,内径 $d=80$ mm,规定的许用稳定安全因数为 $n_{\text{st}}=4$。试确定允许起吊的载荷 P。（提示:起重臂支承可简化为 O 端固定,A 端自由。）

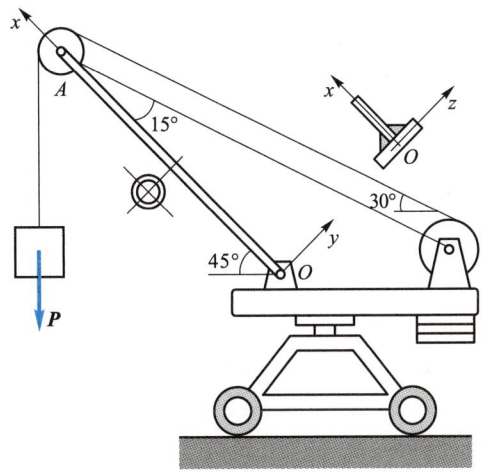

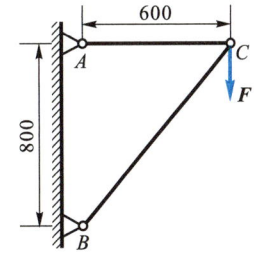

习题 11.9 图

11.10　图中 AC、BC 均为圆截面低碳钢杆,载荷 $F = 120$ kN。材料弹性模量 $E = 200$ GPa,若许用应力 $[\sigma] = 180$ MPa,许用稳定安全因数 $n_{st} = 4$,试设计两杆的直径。

11.11　长度 $l = 6$ m 的 20a 号工字钢(低碳钢)直杆,在温度为 $t_1 = 20$ ℃时两端固定安装,此时杆不受力。若已知材料的线胀系数 $\alpha = 1.2 \times 10^{-5}$/℃,$E = 200$ GPa,试估计温度升至 $t_2 = 50$ ℃时,工作安全因数 n 为多大?

（提示:查附录中型钢表可知,20a 号工字钢横截面面积 $A = 35.55$ cm^2,$I_y = 158$ cm^4,$W_y = 31.5$ cm^3,$I_z = 2\,370$ cm^4,$W_z = 237$ cm^4。）

习题 11.10 图

第十二章 疲劳与断裂

在前面的讨论中,研究的是无缺陷材料在静载荷下的强度和稳定。结构或构件除可能发生强度(刚度)失效、稳定失效之外,还可能发生多次重复载荷作用下的疲劳破坏和含缺陷材料的断裂破坏。工程实际中发生的疲劳与断裂破坏,占全部力学破坏的50%~90%,是机械、结构失效的最常见形式。材料或构件中的缺陷往往是不可避免的。如焊接缺陷、铸造缺陷,材料的冶金夹杂,以及载荷多次重复作用后萌生的缺陷等。构件中最严重的缺陷是裂纹。在多次重复载荷作用下,材料或构件中的裂纹是如何萌生的?含有裂纹的构件能否继续使用?裂纹在使用载荷作用下是否进一步扩展?如何预测材料和结构中裂纹的萌生和扩展寿命?如何进行断裂控制设计?这些都是当代工程师应当了解的问题,本章将就此作简单的介绍和讨论。

§12.1 疲劳破坏及其断口特征

12.1 疲劳破坏工程案例

12.1.1 什么是疲劳

人们认识和研究疲劳问题,已经有150余年的历史。在不懈地探究材料与结构疲劳破坏奥秘的研究与实践中,对疲劳的认识不断地得到修正和深化。

什么是疲劳?这里引述美国试验与材料协会(ASTM)在"疲劳试验及数据统计分析之有关术语的标准定义"(ASTM E206-72)中所作的定义:在某点或某些点承受扰动应力,且在足够多的循环扰动作用之后形成裂纹或完全断裂的材料中所发生的局部永久结构变化的发展过程,称为疲劳(fatigue)。

上述定义清楚地指出疲劳问题具有以下特点:

(1)只有在承受扰动应力作用的条件下,疲劳才会发生。

扰动应力是指随时间变化的应力。更一般地,也可称之为扰动载荷,载荷可以是力、应力、应变、位移等。图12.1所示的是最简单的恒幅扰动应力,应力 S 是随使用时间呈正弦型循环变化的,称为正弦型恒幅循环应力。

显然,描述一个应力循环,至少需要两个量,如循环最大应力 S_{max} 和最小应力 S_{min},两者是描述循环应力水平的基本量。

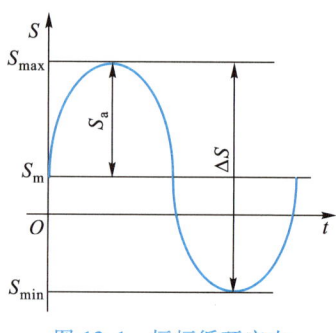

图12.1 恒幅循环应力

疲劳分析中还常常使用到下述参量,即

应力变程 ΔS,定义为

$$\Delta S = S_{\max} - S_{\min} \tag{12.1}$$

应力幅 S_a,定义为

$$S_a = \Delta S/2 = (S_{\max} - S_{\min})/2 \tag{12.2}$$

平均应力 S_m,定义为

$$S_m = (S_{\max} + S_{\min})/2 \tag{12.3}$$

应力比 r,定义为

$$r = S_{\min}/S_{\max} \tag{12.4}$$

其中,应力比(stress ratio)r 反映了不同的循环特征,如当 $S_{\max} = -S_{\min}$ 时,$r = -1$,称为对称循环;$S_{\min} = 0$ 时,$r = 0$,称为脉冲循环;$S_{\max} = S_{\min}$ 时,$r = 1$,$S_a = 0$,是静载荷;如图 12.2 所示。注意,研究疲劳时应力用 S 表示,是指名义应力,也符合惯例。

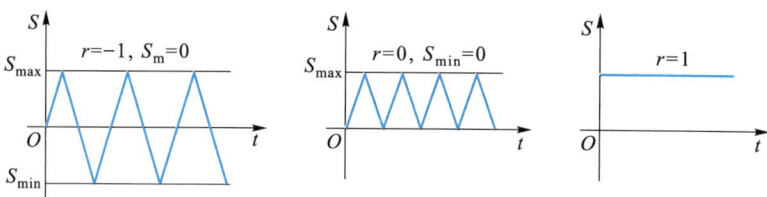

图 12.2　应力比 r 与循环特性

如车轮轴,若弯矩不变,旋转轴中某点的应力,即 $r = -1$ 的恒幅对称循环应力。

上述参量中,需且只需已知其中任意两个,即可确定循环应力水平。为使用方便,设计时一般用最大应力 $S_{\max}$ 和最小应力 $S_{\min}$,两者比较直观,便于设计控制;试验时,一般用平均应力 S_m 和应力幅 S_a,便于施加载荷;分析时,一般用应力幅 S_a 和应力比 r,便于按循环特性分类研究。

此外,还有循环频率和波形的不同,但其影响是次要的。

(2) 疲劳破坏起源于高应力或高应变的局部。

静载下的破坏,取决于结构整体;疲劳破坏则由应力或应变较高的局部开始,形成损伤并逐渐累积,导致破坏发生。可见,局部性是疲劳的明显特点。零、构件应力集中处,常常是疲劳破坏的起源。因此,要注意结构细节(孔、槽、台阶等)设计,尽可能减小应力集中。

(3) 疲劳破坏是在足够多次的扰动载荷作用之后,形成裂纹直至完全断裂。

足够多的扰动载荷作用之后,从高应力或高应变的局部开始,形成裂纹,称为裂纹起始(或裂纹萌生)。此后,在扰动载荷继续作用下,裂纹进一步扩展,直至到达临界尺寸而发生完全断裂。裂纹萌生—扩展—断裂三个阶段是疲劳破坏的又一特点。研究疲劳裂纹萌生和扩展的机理及规律,是疲劳研究的主要任务。

(4) 疲劳是一个发展过程。

由于扰动应力的作用,零、构件或结构一开始使用,就进入了疲劳的"发展过程"。所谓裂纹萌生和扩展,是这一发展过程中不断形成的损伤累积的结果。最后的断裂,标志着疲劳过程的终结。这一发展过程所经历的时间或扰动载荷作用的次数,称为"寿命"。构件的使用寿命不仅取决于载荷水平,还取决于材料抵抗疲劳破坏的能力。疲劳研究的目的就是要预测寿命,因此,要研究寿命预测的方法。

材料发生疲劳破坏,要经历裂纹起始或萌生、裂纹稳定扩展和最后断裂三个阶段,疲劳总寿命也由相应的部分组成。因为断裂是快速扩展,对寿命的影响很小,故一般可将总寿命分为裂纹萌生(或起始)寿命与裂纹扩展寿命两部分,即

$$N_t = N_i + N_p \tag{12.5}$$

完整的疲劳分析,既要研究裂纹的萌生,也要研究裂纹的扩展,并应注意两部分寿命的衔接。但在某些情况下,也可能只需要考虑裂纹萌生或扩展其中之一,并由此给出寿命的估计。例如,高强度脆性材料,一出现裂纹就会迅速引起断裂破坏,裂纹扩展寿命很短。故对于由高强度脆性材料制造的零、构件,通常只需考虑其裂纹萌生寿命,即 $N_t = N_i$。延性材料构件有相当长的裂纹扩展寿命,则一般不宜忽略。而对于一些焊接、铸造的构件或结构,因为在制造过程中已不可避免地引入了裂纹或类裂纹缺陷,故可以忽略其裂纹起始寿命,取 $N_t = N_p$,即只需考虑其裂纹扩展寿命即可。

12.1.2 疲劳断口特征

疲劳破坏的断口,大都有一些共同的特征。图 12.3 是由试验得到的某飞机机轮铸造镁合金轮毂实物疲劳断口照片。

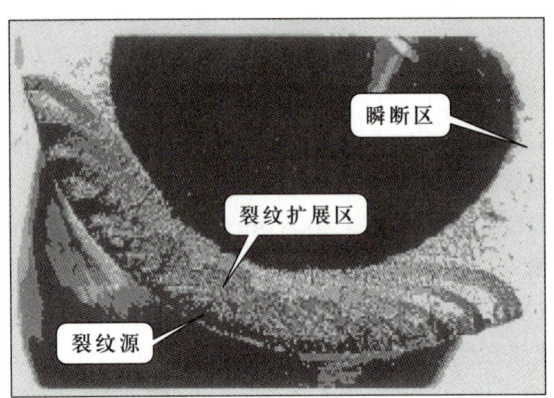

图 12.3 典型的疲劳破坏断口

典型的疲劳破坏断口,有如下明显特征:

(1) 有裂纹源、裂纹扩展区和最后断裂区三个部分。

图 12.3 中上部较白的粗糙部分是最后断裂区,也称瞬断区,是裂纹扩展到足够大尺寸后,发生瞬间断裂形成的新鲜断面;下部是明显可见的裂纹扩展区,裂纹扩展区的大小与材料延性和所承受的载荷水平有关;进一步仔细观察(或借助于光学、电子显微镜)可以发现裂纹起源于下表面,该处是轮毂圆弧过渡引入应力集中的最大应力部位。裂纹起源处,称为裂纹源。

（2）裂纹扩展区断面较光滑平整,通常可见"海滩条带",有腐蚀痕迹。

在与不同使用工况对应的变幅循环载荷作用下的裂纹扩展过程中,裂纹以不同的速率扩展,在断面上留下了不同使用时刻的裂纹形状痕迹,形成了明暗相间的条带。这些条带称为"海滩条带",就像海水退离沙滩后留下的痕迹一样,显示出了疲劳裂纹不断扩展的过程,如图 12.3 所示。裂纹的两个表面在扩展过程中不断地张开、闭合,相互摩擦,使得断口较为平整、光滑;有时也会使海滩条带变得不太明显。由于疲劳裂纹扩展有一个较长的时间过程,在环境介质的作用下,裂纹扩展区还常常留有腐蚀的痕迹。

利用电子显微镜,在裂纹扩展区取样进行仔细的微观分析,可在微观层次上观察裂纹扩展行为,图 12.4 即在透射电子显微镜下得到的 $Cr_{12}Ni_2WMoV$ 钢疲劳断口微观照片（放大 2.9 万倍）。

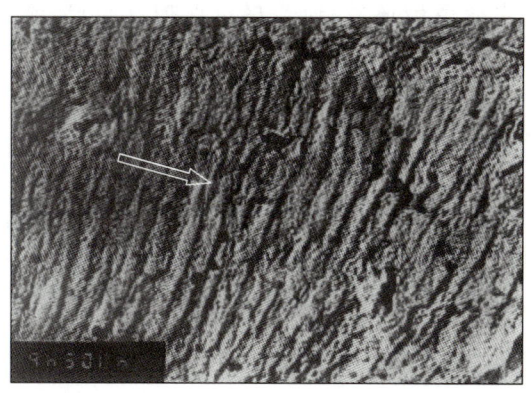

图 12.4　$Cr_{12}Ni_2WMoV$ 钢疲劳断口微观照片

裂纹扩展区的大小,宏观海滩条带的形状和尺寸,以及断口微观条纹间距等,可为失效分析提供十分丰富的信息。

（3）裂纹源通常在高应力局部或材料缺陷处。

裂纹源一般是一个,也可以有多个。裂纹的起源位置在高应力区,高应力区通常在材料表面附近。如果材料含有夹杂、空隙等缺陷,局部应力也将升高,使缺陷处成为可能的裂纹源。

（4）与静载破坏相比,即使是延性材料,疲劳破坏断口也没有明显的塑性变形。

若将疲劳断裂破坏后的断口对合在一起,一般都能吻合得很好。这表明疲劳破坏之前构件并未发生大的塑性变形;即使延性很好的材料,也是如此。这是与静载荷下破坏的显著不同。

（5）工程实际中的表面裂纹,一般呈半椭圆形。

如图 12.3 所示,起源于表面的裂纹,在循环载荷的作用下扩展,通常沿表面扩展较快,沿深度方向扩展较慢,呈半椭圆形。且宏观裂纹一般在最大拉应力平面内扩展。

疲劳破坏与静载破坏相比较,有着明显不同的特点。即静载破坏是在高应力作用下构件整体强度不足时瞬间发生的;疲劳破坏则是在满足静强度条件的较低应力多次作用下,构件局部损伤累积的结果。静载破坏断口粗糙、新鲜、无表面磨蚀或腐蚀痕迹;疲劳破坏断口则比较光滑,有裂纹源、裂纹扩展区、瞬断区,有海滩条带或腐蚀痕迹。延性材料静载破坏时塑性变形明显;疲劳断口则无明显塑性变形。局部应力集中对结构极限承载能力影响不大,但对疲劳寿命(fatigue life)影响很大。

由疲劳破坏断口提供的大量信息,可以对构件或结构的失效原因进行分析。

例如,首先观察断口的宏观形貌,由是否存在着裂纹源、裂纹扩展区及瞬断区等三个特征区域,判断是否为疲劳破坏;若为疲劳破坏,则可由裂纹扩展区的大小,判断破坏时的裂纹最大尺寸;进而可利用断裂力学方法,由构件几何尺寸及最大裂纹尺寸估计破坏载荷,判断破坏是否在正常工作载荷状态下发生;还可以观察裂纹起源的位置在何处,对裂纹源的观察,可以判断裂纹是否因为材料缺陷所引起,缺陷的类型和大小如何,等等。

疲劳断口分析,不仅有助于判断构件的失效原因,也可为改进疲劳研究和抗疲劳设计提供参考。因此,发生疲劳破坏后,应当尽量保护好断口,避免损失了宝贵的实际信息。

§12.2　S-N 曲线及疲劳裂纹萌生寿命预测

材料在最大工作应力低于极限应力时,是不会发生静载破坏的。然而,在循环应力的作用下,即使 S_{max} 比屈服应力 S_s 小得多,经历足够多的循环次数后,将使裂纹萌生、扩展直至引起最后断裂。循环应力水平 $S_{max}<S_s$ 的疲劳,称为应力疲劳。因为循环应力水平较低,用载荷循环周次描述的裂纹萌生寿命较高,故也称为高周疲劳。本节讨论高周应力疲劳。

12.2.1　基本 S-N 曲线

因为疲劳问题的复杂性,难以用分析的方法直接研究,故先由试验研究材料的疲劳性能。材料的疲劳性能,由作用应力 S 与到破坏时的寿命 N 之间的关系描述。在疲劳载荷作用下,最简单的载荷谱是恒幅循环应力。描述循环应力水平需要两个量,为了分析的方便,使用应力比 r 和应力幅 S_a。如前所述,应力比给定了循环特性,应力幅是疲劳破坏的控制参量。

$r=-1$ 时,恒幅对称循环载荷控制下,试验给出的应力-寿命关系,用 S_a-N 曲线表达,是材料的基本疲劳性能曲线。此时有 $S_a=S_{max}$,故 S-N 曲线中的应力 S 可以是 S_a,也可以是 S_{max},因为 $r=-1$ 时,两者数值相等。

N 是到破坏的循环次数。这里研究的是裂纹萌生寿命,故"破坏"可定义如下:

(1) 标准小尺寸试样断裂。对于高强度或脆性材料,裂纹一旦萌生,则扩展至小尺寸截面试样断裂的寿命很短,整个寿命基本上就是裂纹萌生寿命。考虑到裂纹萌生时尺度小,观察困难,故用小尺寸试样断裂定义破坏是合理的。

(2) 出现可见小裂纹(如 1 mm),或 5%～15% 的应变降。对于延性较好的材料,裂纹萌生后有相当长的一段扩展阶段,不应当计入裂纹萌生寿命。小尺寸裂纹观察困难时,可以监测恒幅循环应力作用下的应变变化。当试样出现裂纹后,刚度改变,应变也随之变化,故可用应变变化量确定裂纹是否已萌生。

用一组标准试样(通常为 7~10 件),在应力比 $r=-1$ 下,施加不同的应力幅 S_a,进行恒幅疲劳试验,记录相应的寿命 N,即可得到图 12.5 所示的 $S-N$ 曲线。

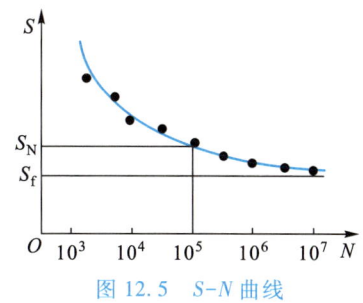

图 12.5 *S-N* 曲线

由图 12.5 可知,在给定的应力比下,应力 $S(S_a$ 或 $S_{max})$ 越小,寿命越长。当应力 S 小于某极限值时,试样将不发生破坏,寿命趋于无限长。

由 $S-N$ 曲线确定的,对应于寿命 N 的应力,称为寿命为 N 循环的疲劳强度(fatigue strength),记作 S_N。

寿命 N 趋于无穷大时所对应的应力 S 的极限值 S_f,称为材料的疲劳持久极限(endurance limit)。特别地,$r=-1$ 时,对称循环下的疲劳极限,记作 $S_{f(r=-1)}$,简记为 S_{-1}。

由于疲劳极限是由试验确定的,试验又不可能一直做下去,故在许多试验研究的基础上,所谓的"寿命无穷大"一般被定义如下:

钢材,10^7 次循环;   焊接件,$2×10^6$ 次循环;   有色金属,10^8 次循环。

满足 $S<S_f$ 的设计,称为无限寿命设计,即若循环应力水平 $S<S_f$,则构件将不萌生裂纹,寿命趋于无限长。

试验表明,S、N 在双对数图上通常有线性关系,即

$$\lg S = A + B\lg N \tag{12.6}$$

故 $S-N$ 曲线可用幂函数形式描述,即

$$S^m N = C \tag{12.7}$$

式中,m 与 C 是与材料、应力比、加载方式等有关的参数,且有 $A=\lg C/m$,$B=-1/m$。这些参数可由 S、N 试验数据拟合确定。

12.2.2 平均应力的影响

反映材料疲劳性能的 $S-N$ 曲线,是在给定应力比 r 下得到的。$r=-1$,对称循环时的 $S-N$ 曲线,是基本 $S-N$ 曲线。

注意到 $S_{max}=S_m+S_a$,$S_{min}=S_m-S_a$,若 S_a 不变,平均应力 S_m 增大,则循环最大和最小应力均增大。试验表明这将使得疲劳寿命 N 降低;或在同样的寿命下,平均应力 S_m 增大,对应的疲劳强度下降,如图 12.6 所示。

图 12.6(a)中的曲线称为等寿命线。当寿命给定时,平均应力 S_m 越大,对应的应力幅 S_a 越小;且若 $S_m=0$,应力幅 S_a 即为基本 $S-N$ 曲线给出的疲劳强度;若 $S_a=0$,平均应力 S_m 即为静载荷,破坏应力等于材料的极限强度 S_u。极限强度 S_u 为高强脆性材料的极限强度或延性材料的屈服极限。

对于任一给定寿命 N,其 S_a-S_m 关系曲线还可以画成图 12.6(b)所示的量纲一的形式,这种图称为 Haigh 图。图中给出了金属材料在 $N=10^7$ 时的 S_a-S_m 关系,纵横坐标分别用疲劳极限 S_{-1} 和 S_u 进行了归一化。当 $S_m=0$ 时,S_a 就是 $r=-1$ 时的疲劳极限 S_{-1},$S_a/S_{-1}=1$;当 $S_a=0$ 时,载荷成为静载,在极限强度 S_u 下破坏,有 $S_m/S_u=1$。

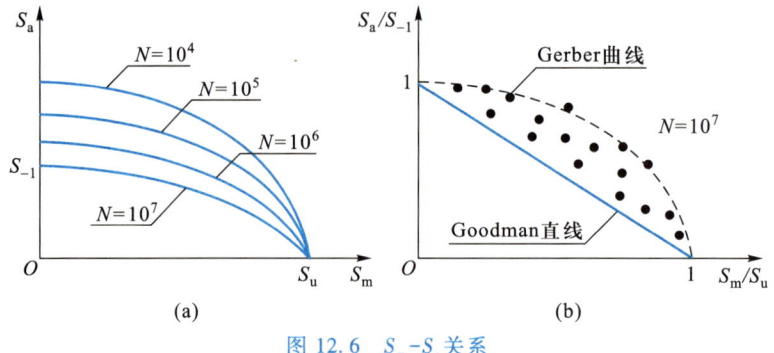

图 12.6 S_m-S_a 关系

由图 12.6(b)中的试验数据点可见,等寿命条件下的 S_a-S_m 关系可以表达为

$$S_a/S_{-1}+(S_m/S_u)^2 = 1 \qquad (12.8)$$

这是图中的抛物线,称为 Gerber 曲线,数据点基本上在此抛物线附近。

另一表达形式,是图中的直线。即

$$S_a/S_{-1}+S_m/S_u = 1 \qquad (12.9)$$

上式称为 Goodman 直线,试验点基本都在这一直线的上方。直线形式简单,且在给定寿命下,由此作出的 S_a-S_m 关系的估计是偏于保守的,故在工程实际中常用。

对于其他给定的 N,只需将上述 S_{-1} 换成 $S_{a(r=-1)}$ 即可。后者即是由基本 S-N 曲线给出的 N 循环寿命所对应的疲劳强度。

利用上述关系,已知材料的极限强度 S_u 和基本 S-N 曲线,按图 12.7 给出的步骤,即可估计不同应力比 r 或平均应力 S_m 下的恒幅疲劳裂纹萌生寿命 N_f。

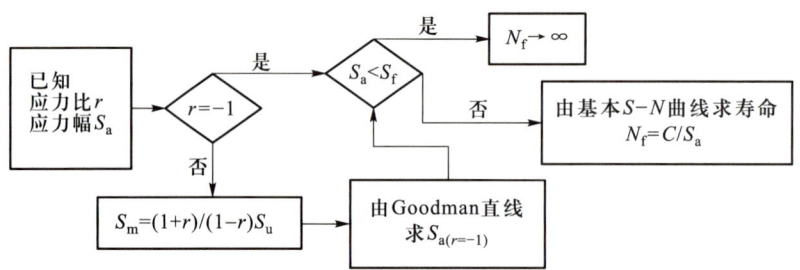

图 12.7 由基本 S-N 曲线估计寿命

例 12.1 构件受循环应力作用,$S_{max}=800$ MPa,$S_{min}=80$ MPa。若已知材料的极限强度为 $S_u=1\,200$ MPa,基本 S-N 曲线为 $S^4N=1.2\times10^{16}$,试估算其疲劳寿命。

解:1)应力比

$$r=S_{min}/S_{max} = 80/800 = 0.1 \neq -1$$

2)工作循环应力幅和平均应力

$$S_a = (S_{max}-S_{min})/2 = 360 \text{ MPa}$$

$$S_m = (S_{max}+S_{min})/2 = 440 \text{ MPa}$$

3)将 $r \neq -1$ 的工作循环应力水平等寿命地转换成 $r=-1$ 时的 $S_{a(r=-1)}$

为了利用基本 S-N 曲线估计疲劳寿命,需要将实际工作循环应力水平等寿命地转

换为对称循环($r=-1, S_m=0$)下的应力水平 $S_{a(r=-1)}$,由 Goodman 方程有

$$S_a/S_{a(r=-1)} + S_m/S_u = 1 \quad 即 \quad 360\ \text{MPa}/S_{a(r=-1)} + 440/1\,200 = 1$$

可解出

$$S_{a(r=-1)} = 568.4\ \text{MPa}$$

4）估计构件寿命 N_f

对称循环($S_a = 568.4\ \text{MPa}, S_m = 0$)条件下的寿命,可由基本 *S–N* 曲线得到,即

$$N_f = C/S^m = 1.2\times10^{16}/568.4^4 = 1.15\times10^5$$

由于工作循环应力水平($S_a = 360\ \text{MPa}, S_m = 440\ \text{MPa}$)与转换后的对称循环($S_a = 568.4\ \text{MPa}, S_m = 0$)是等寿命的,故可估计构件的寿命为 $N = 1.15\times10^5$ 次循环。

大多数描述材料疲劳性能的基本 *S–N* 曲线,是小尺寸试样在旋转弯曲对称循环载荷作用下得到的。试样加工精细,光洁度高。除前面讨论的平均应力的影响外,还有许多因素对于疲劳裂纹萌生寿命有着不可忽视的影响。如载荷形式、构件尺寸、表面光洁度、表面处理、使用温度及环境,等等。故在构件疲劳设计时,应当参考相关手册对材料的疲劳性能进行适当的修正。

12.2.3   线性累积损伤理论和变幅载荷谱下的疲劳寿命

前面已经讨论了恒幅载荷下的疲劳裂纹萌生寿命预测。利用 *S–N* 曲线,在已知应力水平(如工作应力幅 S_a 和应力比 r)时,可以估计寿命;若给定了设计寿命,则可估计允许使用的应力水平。

然而,大部分构件的实际工作载荷是如图 12.8 所示的变幅载荷。这里进一步讨论变幅循环载荷作用下的疲劳裂纹萌生的寿命估计。

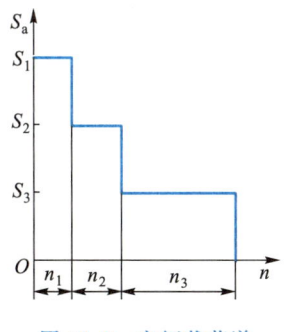

图 12.8   变幅载荷谱

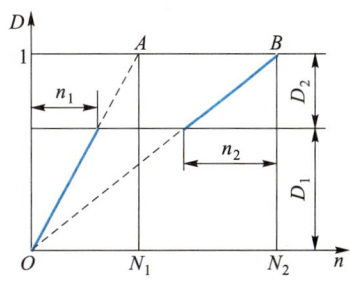

图 12.9   线性累积损伤

若构件在某恒幅应力水平 S 作用下,循环至破坏的寿命为 N,则可定义其在经受 n 次循环时的损伤为

$$D = n/N \tag{12.10}$$

显然,在恒幅应力水平 S 作用下,若 $n = 0$,则 $D = 0$,构件未受疲劳损伤;若 $n = N$,则 $D = 1$,构件发生疲劳破坏。此模型假定疲劳损伤 D 是随载荷循环次数 n 线性增加的,如图 12.9 中直线 OA、OB 所示。

构件在应力水平 S_i 下作用 n_i 次循环的损伤为 $D_i = n_i/N_i$。若在 k 个应力水平 S_i 作用

下,各经受 n_i 次循环,则可定义其总损伤为

$$D = \sum_1^k D_i = \sum \frac{n_i}{N_i} \qquad (i=1,2,\cdots,k) \qquad (12.11)$$

疲劳裂纹萌生的准则为

$$D = \sum \frac{n_i}{N_i} = 1 \qquad (12.12)$$

这就是最简单、使用最广泛的 Miner 线性累积损伤(accumulated damage)理论。其中,n_i 是在应力水平 S_i 作用下的循环次数,由载荷谱给出;N_i 是在应力水平 S_i 作用下循环到破坏的寿命,由 S-N 曲线确定。

图 12.9 中示出了最简单的变幅载荷(两水平载荷)下的累积损伤。从图中坐标原点出发的射线 OA,是给定应力水平 S_1 下的损伤线。构件在应力水平 S_1 下经受 n_1 次循环后的损伤为 D_1,再在应力水平 S_2 下经受 n_2 次循环,损伤为 D_2,若总损伤 $D = D_1 + D_2 = 1$,则构件发生疲劳破坏。

由(12.12)式还可看到,Miner 线性累积损伤是与载荷 S_i 的作用次序无关的。

利用 Miner 理论进行疲劳分析的一般步骤如下:

(1)确定构件在设计寿命期间的载荷谱,选取拟用的设计载荷或应力水平。

(2)选用适合构件使用的 S-N 曲线。

(3)确定恒幅应力水平 S_i 下的寿命 N_i;由载荷谱给出的、在应力水平 S_i 下的循环次数 n_i,计算损伤 $D_i = n_i/N_i$;按(12.12)式计算总损伤 D。

(4)判断是否满足疲劳设计要求,若在设计寿命内的总损伤 $D < 1$,构件是安全的;若 $D > 1$,则构件将发生疲劳破坏,应降低应力水平或缩短使用寿命。

例 12.2　已知构件可用的 S-N 曲线为 $S^2 N = 2.5 \times 10^{10}$;设计寿命期间的载荷谱如表 12.1 中前两栏所列。试估计其可承受的最大应力水平。

表 12.1　例 12.2 表

设计载荷 F_i	循环次数 n_i	第一次试算			第二次试算		
		S_i/MPa	N_i	$D_i = n_i/N_i$	S_i/MPa	N_i	$D_i = n_i/N_i$
F	0.05×10^6	200	0.625×10^6	0.080	150	1.111×10^6	0.045
$0.8F$	0.1×10^6	160	0.976×10^6	0.102	120	1.736×10^6	0.058
$0.6F$	0.5×10^6	120	1.736×10^6	0.288	90	3.068×10^6	0.162
$0.4F$	5.0×10^6	80	3.306×10^6	1.280	60	6.944×10^6	0.719
		总损伤 $D = \sum D_i = \sum \dfrac{n_i}{N_i} = 1.75$			总损伤 $D = \sum D_i = \sum \dfrac{n_i}{N_i} = 0.984$		

解:假定对应于 100% 载荷 F 时的应力为 $S = 200$ MPa,其余各级载荷对应的应力水平 S_i 列于表中第三栏,进行第一次试算。

依据 S-N 曲线得到在各恒幅应力循环下的寿命 $N_i = 2.5 \times 10^{10}/S^2$,如表中第四栏所

列。计算各级应力下的损伤,列于第五栏。求得的总损伤为 $\sum D_i = \sum n_i / N_i = 1.75$。

由上述计算结果可知,若选取应力 $S = 200$ MPa,则在设计寿命内总损伤 $D = 1.75 > 1$,构件将发生疲劳破坏。因此,需要降低所选取的应力水平,重新计算。

再取应力 $S = 150$ MPa,计算得到 $D = \sum D_i = \sum n_i / N_i = 0.984 < 1$,即构件在设计寿命内不会萌生疲劳裂纹。故 $S = 150$ MPa 基本上是构件可承受的最大应力水平。

例 12.3　某构件 S-N 曲线为 $S^2 N = 2.5 \times 10^{10}$。若其一年内所承受的典型应力谱如表 12.2 中前两栏所列,试估计其寿命。

表 12.2　例 12.3 表

S_i/MPa	n_i	N_i	n_i / N_i
150	0.01×10^6	1.111×10^6	0.009
120	0.05×10^6	1.736×10^6	0.029
90	0.10×10^6	3.086×10^6	0.033
60	0.35×10^6	6.944×10^6	0.050
	$\sum \dfrac{n_i}{N_i} = 0.121$		

解: 如前所述,如果构件的使用以年为周期,则可由此形成构件一年的典型应力谱,其后各年所承受的循环载荷,是该典型应力谱的重复。若将典型应力谱作为一个循环块,损伤为 $\sum \dfrac{n_i}{N_i}$;整个寿命有 λ 个循环块,则总损伤应当是

$$D = \lambda \sum \frac{n_i}{N_i}$$

因此,按照 Miner 理论,疲劳裂纹萌生的判据应为

$$D = \lambda \sum \frac{n_i}{N_i} = 1 \tag{12.13}$$

此式与(12.12)式形式上相差一个 λ,实质上两者反映的都是寿命期间内的总损伤。

由表 12.2 中计算结果可知,该构件一年内形成的损伤为 $\sum \dfrac{n_i}{N_i} = 0.121$,故由(12.13)式有

$$\lambda = 1 / \sum \frac{n_i}{N_i} = 1/0.121 \text{ 年} = 8.26 \text{ 年}$$

通过上述两例可见,对于承受变幅疲劳载荷的构件,应用 Miner 累积损伤理论,可解决下述两类问题。

(1)已知设计寿命期间的应力谱型,确定使用应力水平。

一般分析步骤如下:

a. 选取一假定应力水平 S(一般可由 n_i 最大一级载荷估计,使 $n_i / N_i = 0.8 \sim 0.9$)。

b. 由 S-N 曲线计算各 S_i 下的寿命 N_i。

c. 计算各 n_i/N_i，求损伤和 $D = \sum \dfrac{n_i}{N_i}$。

d. 若 $D>1$，选取较小的 S，重新按 a 到 c 的步骤计算；$D<1$，选取较大的 S，重新按 a 到 c 的步骤计算。直到 $D=1$ 为止，求得所能允许的最大应力水平 S。

（2）已知一典型周期内的应力块谱，估算使用寿命。

一般分析步骤如下：

a. 列表计算典型应力块（如年、万公里、小时等）内的损伤和 $\sum \dfrac{n_i}{N_i}$。

b. 假定使用寿命为 λ 个典型周期，由 Miner 理论有

$$D = \lambda \sum \frac{n_i}{N_i} = 1, \quad \lambda = 1/\sum \frac{n_i}{N_i} \tag{12.14}$$

应当指出，Miner 理论只是一种近似的、经验的累积损伤理论。如果将其写为

$$D = \sum \frac{n_i}{N_i} = Q$$

则裂纹萌生时 Q 值可能大于 1，也可能小于 1，其分散性是很大的。大量试验研究的结果表明，Q 的变化范围为 $0.3\sim3.0$。这种分散性除受材料疲劳性能本身分散性的影响外，主要是来自载荷的次序效应。载荷谱中，高、低载荷的作用次序和排列形式，对疲劳寿命是有影响的。因此，在实际应用时，必须考虑到足够的安全储备。设计时，视构件的重要程度及其疲劳分析的可靠性，一般取 Q 为 $0.1\sim0.5$。

随机载荷可先通过计数法转换成变幅载荷，再按前述方法预测寿命。

§12.3　断裂失效与断裂控制设计

材料或结构中的缺陷（其最严重的形式是裂纹）是不可避免的。由缺陷引起断裂所发生的机械、结构的失效，是现代工程中最重要、最常见的失效模式。在人们还不能深刻认识由材料缺陷引起断裂破坏的机理、规律的时候，若发现零、构件出现了裂纹，大都只能够按报废处理。用裂纹萌生寿命控制疲劳破坏，也是受到对断裂认识的局限的结果。20 世纪起（尤其是 20 世纪 50 年代后），人们对于裂纹体的广泛研究，深化了认识，逐步形成了"断裂力学"。以此为基础，人们控制断裂、控制裂纹扩展的能力不断增强。断裂控制设计是对传统的基于强度设计概念的重要发展，了解断裂力学的基本概念、理论和断裂控制设计基本方法，对于 21 世纪的工程师们是十分必要的。

12.3.1　结构中的裂纹

按照静强度设计，控制工作应力 σ 小于材料的许用应力 $[\sigma]$，人们完成了许多成功的设计。但是，即使在 $\sigma \le [\sigma]$ 时，结构发生破坏的事例也并不鲜见。

例如，20 世纪 50 年代，美国北极星导弹固体燃料发动机壳体在发射时发生断裂。该壳体材料为高强度钢，屈服强度 $\sigma_s = 1\,400$ MPa，计算工作应力 $\sigma \approx 900$ MPa。按传统设计，

强度是足够的。然而,该材料的断裂韧性 K_{IC}(含缺陷材料抵抗断裂破坏能力的指标)仅为 60 MPa$\sqrt{m}$,按断裂力学分析,1 mm 左右的裂纹即可引起断裂。

这类在静强度足够的情况下由裂纹引发的断裂,称为低应力断裂。

材料或结构中的裂纹,来源于材料本身的冶金缺陷或加工、制造、装配及使用等过程中的损伤。有的直接以裂纹的形式出现,有的是在疲劳载荷作用下逐渐形成的裂纹。

图 12.10 所示是工程中最常见的两种裂纹。图中所示"中心裂纹"和"边裂纹"是穿透板的整个厚度的,称为穿透厚度裂纹,尺寸用裂纹长度表示即可,其扩展是沿长度方向的。为了数学上的方便,将中心穿透裂纹总长记作 $2a$,边裂纹长度记作 a。在垂直于裂纹面的应力 σ 的作用下,图中裂纹上下表面将张开并沿裂纹所在平面扩展,故称为张开型裂纹或 I 型裂纹。I 型裂纹是工程中最常见的、最易于引起断裂破坏发生的裂纹,本节只讨论 I 型穿透裂纹。

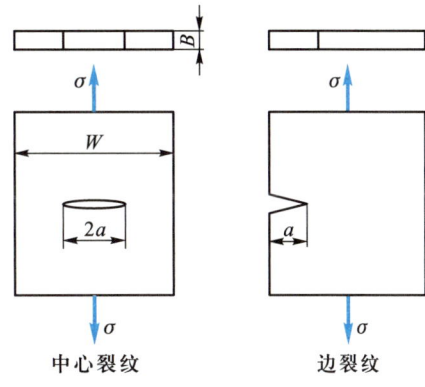

图 12.10 常见的裂纹

12.3.2　断裂控制参量和断裂判据

控制材料或结构断裂的是下述三个主要因素,即裂纹尺寸与形状、作用应力和材料的断裂韧性。裂纹尺寸 a 越大,作用应力 σ 越大,发生断裂的可能越大;材料的断裂韧性越高,抵抗断裂破坏的能力越强,发生断裂的可能越小。

控制断裂是否发生的上述三个因素中,前两者是作用,为断裂的发生提供条件;后者(材料的断裂韧性)是抗力,阻止断裂的发生。

提供断裂条件的作用是裂纹尺寸 a 和作用应力 σ 两者,在线弹性断裂力学(linear elastic fracture mechanics)中用裂纹尖端的应力强度因子 K 来描述,且

$$K = f\left(\frac{a}{W}, \cdots\right) \sigma\sqrt{\pi a} \tag{12.15}$$

可见,应力强度因子 K 正比于作用应力 σ(σ 是假设裂纹不存在时,裂纹位置处的应力)和裂纹长度 $a^{\frac{1}{2}}$;K 越大,发生断裂的可能越大。

形状修正因数 $f(a/W, \cdots)$ 是裂纹尺寸 a 和构件几何尺寸(如板的宽度 W 等)的函数。一般情况下,裂纹尖端的应力强度因子可在应力强度因子手册中查到。特别地,对于无限大板($a \ll W$),图 12.10 中的中心穿透裂纹,$f = 1.0$;在边裂纹情况下,$f = 1.12$。

注意到 f 是量纲一的量,应力单位一般用 MPa,长度单位用 m,则裂纹尖端的应力强度因子 K 的单位为 MPa $\cdot$ m$^{\frac{1}{2}}$。

含裂纹材料抵抗断裂破坏的能力用材料的断裂韧性 K_C 度量。它与材料、厚度等因素有关。若厚度足够大(满足平面应变条件,$\varepsilon_z = 0$),材料的断裂韧性趋于常数,称为材料的平面应变断裂韧性(plane strain fracture toughness),记作 K_{IC},由断裂韧性试验确定。

断裂韧性测试常用图 12.11 所示的标准三点弯曲试样或紧凑拉伸试样进行。这两种

标准试样的应力强度因子表达式为

三点弯曲试样：

$$K_1 = \frac{3FL}{2BW^2}\sqrt{\pi a}\left[1.090 - 1.735\left(\frac{a}{W}\right) + 8.20\left(\frac{a}{W}\right)^2 - 14.18\left(\frac{a}{W}\right)^3 + 14.57\left(\frac{a}{W}\right)^4\right] \quad (12.16)$$

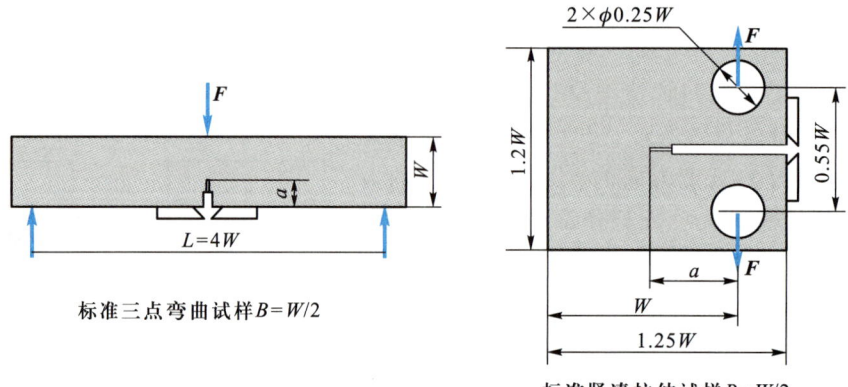

图 12.11　断裂韧性测试标准试样

紧凑拉伸试样：

$$K_1 = \frac{F\sqrt{a}}{BW}\left[29.6 - 185.5\left(\frac{a}{W}\right) + 655.7\left(\frac{a}{W}\right)^2 - 1\,017.0\left(\frac{a}{W}\right)^3 + 638.9\left(\frac{a}{W}\right)^4\right] \quad (12.17)$$

预制裂纹后的试样，可用于进行断裂韧性测试。基本试验装置如图 12.12 所示。将由力传感器输出的载荷 F、由位移引伸计输出的裂纹张开位移 V 的信息经放大后输入 X-Y 记录仪，监测并记录试验 F-V 曲线，按照国家标准《金属材料　准静态断裂韧度的统一试验方法》(GB/T 21143—2014)的规定，确定裂纹开始扩展时的载荷 F_Q，代入相应的应力强度因子表达式[(12.16)式或(12.17)式]，即可计算材料发生断裂时的应力强度因子 K 的临界值 K_Q。

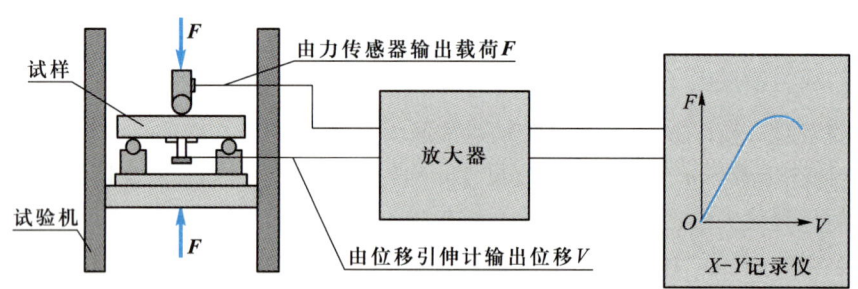

图 12.12　断裂韧性测试装置

若 K_Q 满足国家标准规定的下述试验有效性条件：

$$F_{max}/F_Q \leqslant 1.1 \quad (12.18)$$

$$B \geqslant 2.5(K_Q/\sigma_s)^{1/2} \quad (12.19)$$

则所测得的 K_Q 即为材料的平面应变断裂韧性 K_{IC}。(12.18)式是要求材料为脆性的，线弹性理论适用;(12.19)式是要求试样满足平面应变条件。

例 12.4 用尺寸为 $B = 30$ mm,$W = 60$ mm,$L = 240$ mm 的三点弯曲试样测试断裂韧性,裂纹长度为 $a = 32$ mm。由试验记录的 $F-V$ 曲线得到 $F_Q = 56$ kN,$F_{max} = 60.5$ kN。若已知材料的 $\sigma_{0.2} = 905$ MPa,试计算其 K_{IC} 值并检查其是否有效。

解:因为 $a/W = 32/60 = 0.533$,且 $F_Q = 56$ kN,代入(12.16)式可得

$$K_Q = 90.5 \text{ MPa} \cdot \text{m}^{\frac{1}{2}}$$

有效性检验:

(1) $F_{max}/F_Q = 60.5/56 = 1.08 \leqslant 1.1$

(2) $B = 30$ mm $\geqslant 2.5(K_Q/\sigma_{0.2})^2 = 2.5(90.5/905)^2$ m $= 0.025$ m $= 25$ mm

可见,满足有效性条件,所得 K_Q 即为材料的 K_{IC},故有

$$K_{IC} = K_Q = 90.5 \text{ MPa} \cdot \text{m}^{\frac{1}{2}}$$

显然,应力强度因子 K 是低应力脆性断裂(线弹性断裂)发生与否的控制参量,**断裂判据**(fracture criterion)可写为

$$K = f\left(\frac{a}{W}, \cdots\right) \sigma\sqrt{\pi a} \leqslant K_{IC} \tag{12.20}$$

至此,我们知道,控制材料或构件强度、稳定的参数是应力 σ;控制疲劳裂纹萌生的参数是循环应力水平(S_a, r);控制含裂纹构件断裂的是裂纹尖端的应力强度因子 K。

12.3.3 断裂控制设计的基本概念

在线弹性条件下,低应力脆性断裂的判据为(12.20)式。如同利用强度条件可进行强度计算一样,利用断裂判据,则可以进行断裂控制设计。

断裂控制设计或抗断裂设计计算包括:

(1) 已知工作应力 σ、裂纹尺寸 a,计算 K,选择材料使其 K_{IC} 值满足断裂判据,保证不发生断裂。

(2) 已知裂纹尺寸 a、材料的 K_{IC} 值,确定允许使用的工作应力 σ_c 或载荷。

(3) 已知工作应力 σ、材料的 K_{IC} 值,确定允许存在的最大裂纹尺寸 a_c。

例 12.5 某超高强宽钢板,有一长度为 $a = 1$ mm 的单边穿透裂纹,承受 $\sigma = 1\ 000$ MPa 的拉伸应力作用。现有两种材料可供设计选择:

$$\text{材料 1} \quad \sigma_{s1} = 1\ 800 \text{ MPa}, \quad K_{IC1} = 50 \text{ MPa} \cdot \text{m}^{\frac{1}{2}}$$

$$\text{材料 2} \quad \sigma_{s2} = 1\ 400 \text{ MPa}, \quad K_{IC2} = 75 \text{ MPa} \cdot \text{m}^{\frac{1}{2}}$$

试问选用哪种材料较好?

解:1) 不考虑缺陷,按传统强度设计考虑,选用两种材料时的安全因数分别为

$$\text{材料 1} \quad n_{\sigma 1} = \sigma_{s1}/\sigma = 1\ 800/1\ 000 = 1.8$$

$$\text{材料 2} \quad n_{\sigma 1} = \sigma_{s2}/\sigma = 1\ 400/1\ 000 = 1.4$$

选用材料 1 安全因数大一些。

2) 考虑缺陷,按抗断裂设计考虑。由于板宽且 a 很小,对于单边穿透裂纹有

$$K_1 = 1.12\sigma\sqrt{\pi a} \leqslant K_{IC} \quad \text{或} \quad \sigma \leqslant \frac{K_{IC}}{1.12\sqrt{\pi a}}$$

选用上述两种材料时,断裂时的应力分别如下:

材料 1　$\sigma_{1C} = 50/[1.12(3.14\times0.001)^{\frac{1}{2}}]\text{MPa} = 797 \text{ MPa} < \sigma$　（发生断裂）

材料 2　$\sigma_{2C} = 75/[1.12(3.14\times0.001)^{\frac{1}{2}}]\text{MPa} = 1\,195 \text{ MPa} > \sigma$　（不发生断裂）

可见,在设计应力 $\sigma = 1\,000$ MPa 作用下,由于 $\sigma > \sigma_{1C}$,选用材料 1,将发生低应力脆性断裂;选用材料 2,则在满足强度条件的同时,也满足抗断要求。所以选择材料 2 较好。

例 12.6　铝合金材料制作的标准三点弯曲试样,$B = 50$ mm,$W = 100$ mm,加载跨距 $L = 4W = 400$ mm,$K_{IC} = 39.4$ MPa·$\text{m}^{\frac{1}{2}}$。若试样裂纹长度为 $a = 53$ mm,试估计试样发生断裂时的载荷。

解:由(12.16)式可知,$L = 4W$ 的标准三点弯曲试样的应力强度因子为

$$K_1 = \frac{3FL}{2BW^2}\sqrt{\pi a}\, f\left(\frac{a}{W}\right)$$

$$f\left(\frac{a}{W}\right) = 1.090 - 1.735\left(\frac{a}{W}\right) + 8.20\left(\frac{a}{W}\right)^2 - 14.18\left(\frac{a}{W}\right)^3 + 14.57\left(\frac{a}{W}\right)^4$$

对于本题,$a/W = 0.53$,算得 $f(a/W) = 1.512\,4$,发生断裂时应有 $K_1 = K_{IC}$,即

$$K_1 = \frac{3FL}{2BW^2}\sqrt{\pi a}\, f\left(\frac{a}{W}\right) = K_{IC}$$

故有

$$F = \frac{2BW^2 K_{IC}}{3L\sqrt{\pi a}\, f\left(\frac{a}{W}\right)} = \frac{2\times0.05\times0.1^2\times39.4\times10^6}{3\times0.4(0.053\pi)^{\frac{1}{2}}\times1.512\,4}\ \text{N} = 53.2 \text{ kN}$$

讨论:若用标准紧凑拉伸试样,同样取 $B = 50$ mm,$W = 100$ mm,裂纹长度为 $a = 53$ mm,则 K 表达式为

$$K_1 = \frac{F\sqrt{a}}{BW} f\left(\frac{a}{W}\right)$$

$$f\left(\frac{a}{W}\right) = 29.6 - 185.5\left(\frac{a}{W}\right) + 655.7\left(\frac{a}{W}\right)^2 - 1\,017.0\left(\frac{a}{W}\right)^3 + 638.9\left(\frac{a}{W}\right)^4$$

已知 $(a/W) = 0.53$,$K_{IC} = 39.4$ MPa·$\text{m}^{\frac{1}{2}}$;可算得 $F = 59$ kN。与三点弯曲试样比较,所需的载荷要大一些,但紧凑拉伸试样重量要小得多(请读者自行验证)。

例 12.7　直径 $d = 5$ m 的球形压力容器,厚度 $t = 10$ mm,有一长度为 $2a$ 的穿透裂纹。已知材料的断裂韧性 $K_{IC} = 80$ MPa·$\text{m}^{\frac{1}{2}}$。若容器承受内压 $p = 4$ MPa,试估计发生断裂时

的临界裂纹尺寸 a_c。

解： 由球形压力容器膜应力计算公式有

$$\sigma = \frac{pd}{4t} = \frac{5 \times 4}{4 \times 0.01}\ \mathrm{MPa} = 500\ \mathrm{MPa}$$

压力容器直径大，曲率小，可视为承受拉伸的无限大中心裂纹板，故有

$$K_{\mathrm{I}} = \sigma\sqrt{\pi a} \leqslant K_{\mathrm{IC}} \quad \text{或} \quad a \leqslant \frac{1}{\pi}\left(\frac{K_{\mathrm{IC}}}{\sigma}\right)^2$$

在发生断裂的临界状态下有

$$a_c = (1/3.14)(80/500)^2\ \mathrm{m} = 0.008\,2\ \mathrm{m} = 8.2\ \mathrm{mm}$$

讨论： 由本题分析可知，材料的断裂韧性 K_{IC} 越大，临界裂纹尺寸 a_c 越大；内压 p 越大，作用的膜应力 σ 越大，临界裂纹尺寸越小；若内压不变，压力容器直径 d 越大，作用的膜应力 σ 越大，临界裂纹尺寸越小，抗断裂能力越差。

由上述各例可知，对于含缺陷的材料，抗断裂设计计算是十分重要的。

为了避免断裂破坏的发生，需要注意：

（1）控制材料的缺陷和加工、制造过程中的损伤。注意加强材质检验，提高加工质量，杜绝零、构件碰摔。

（2）当缺陷的存在不可避免时，应当依据检验能力和实际经验估计可能存在的初始缺陷尺寸 a_0，进行抗断设计。

（3）选用断裂韧性较好的材料，使得发生断裂前可允许的临界裂纹尺寸较大，以便在使用检查中发现并排除裂纹。

（4）随着温度降低，材料的断裂韧性下降，要注意这种低温脆性对于断裂的影响。

此外，腐蚀环境也会加速裂纹的扩展和断裂发生，其影响也值得注意。

§ 12.4 $\dfrac{\mathrm{d}a}{\mathrm{d}N}-\Delta K$ 曲线及疲劳裂纹扩展寿命

前面讨论了构件在使用中发现了裂纹，能否继续使用的问题。如果含裂纹的结构还能继续使用，则裂纹是否继续扩展？有多少剩余寿命？这也是工程中需要研究与回答的问题。近 70 年来，大量的研究和应用经验表明：线弹性断裂力学是研究疲劳裂纹扩展十分有力的工具。线弹性断裂力学认为，裂纹尖端附近的应力场是由应力强度因子 K 控制的，故裂纹在疲劳载荷作用下的扩展应当能够利用应力强度因子的变幅 ΔK 进行定量的描述。

12.4.1   疲劳裂纹扩展速率 $\dfrac{\mathrm{d}a}{\mathrm{d}N}$

疲劳裂纹扩展速率（fatigue crack growth rate）$\dfrac{\mathrm{d}a}{\mathrm{d}N}$ 是在疲劳载荷作用下，裂纹长度 a 随

循环周次 N 的变化率,反映裂纹扩展的快慢。

利用带有预制疲劳裂纹的标准试样,在给定载荷条件下进行恒幅疲劳裂纹扩展试验,记录裂纹扩展过程中的尺寸 a 和载荷循环次数 N,即可得到如图 12.13 所示的 a-N 曲线。a-N 曲线给出了裂纹长度随载荷循环次数的变化。

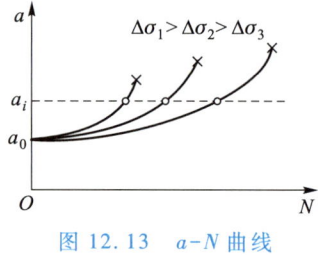

图 12.13 中示出了应力比 $r=0$ 时,三种不同恒幅载荷 $\Delta\sigma$ 作用下的 a-N 曲线。a-N 曲线的斜率,就是裂纹扩展速率 $\dfrac{\mathrm{d}a}{\mathrm{d}N}$。注意到裂纹尖端应力强度因子 $K=f\sigma\sqrt{\pi a}$,f 是几何修正因子。则由图中 a-N 曲线可知:

图 12.13 a-N 曲线

对于给定的 a,循环应力幅 $\Delta\sigma$ 增大,即 ΔK 增大,则曲线斜率 $\dfrac{\mathrm{d}a}{\mathrm{d}N}$ 增大。

对于给定的 $\Delta\sigma$,裂纹长度 a 增大,即 ΔK 增大,则曲线斜率 $\dfrac{\mathrm{d}a}{\mathrm{d}N}$ 增大。

故 裂纹扩展速率 $\dfrac{\mathrm{d}a}{\mathrm{d}N}$ 的控制参量是应力强度因子幅度 ΔK。

由 a-N 曲线中任一裂纹尺寸 a_i 处的斜率,即可知其扩展速率 $\left(\dfrac{\mathrm{d}a}{\mathrm{d}N}\right)_i$;同时,由已知载荷 $\Delta\sigma$ 和 a_i,还可以计算相应的 ΔK_i。这样就由 a-N 曲线得到了一组 $\left[\Delta K_i,\left(\dfrac{\mathrm{d}a}{\mathrm{d}N}\right)_i\right]$ 数据,进而可绘出 $\dfrac{\mathrm{d}a}{\mathrm{d}N}$-$\Delta K$ 曲线。

在双对数坐标中画出的 $\dfrac{\mathrm{d}a}{\mathrm{d}N}$-$\Delta K$ 曲线,如图 12.14 所示。图中 $\dfrac{\mathrm{d}a}{\mathrm{d}N}$-$\Delta K$ 曲线可分为低、中、高速率三个区域:

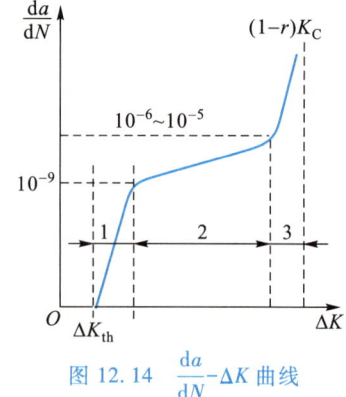

1 区是低速率裂纹扩展区。该区域内,随着应力强度因子幅度 ΔK 的降低,裂纹扩展速率迅速下降。到某一下限值 ΔK_{th} 时,裂纹扩展速率趋近于零 $\left(\dfrac{\mathrm{d}a}{\mathrm{d}N}<10^{-10}\ \mathrm{m/c}\right)$。

图 12.14 $\dfrac{\mathrm{d}a}{\mathrm{d}N}$-$\Delta K$ 曲线

若 $\Delta K<\Delta K_{\mathrm{th}}$,则可以认为裂纹不发生扩展。$\Delta K_{\mathrm{th}}$ 是反映疲劳裂纹是否扩展的一个重要的材料参数,称为疲劳裂纹扩展的 门槛应力强度因子幅度,是 $\dfrac{\mathrm{d}a}{\mathrm{d}N}$-$\Delta K$ 曲线的下限。

2 区是中速率裂纹扩展区。此时,裂纹扩展速率一般在 $10^{-9}\sim10^{-5}$ m/c 范围内。大量的试验研究表明:中速率区内,$\dfrac{\mathrm{d}a}{\mathrm{d}N}$-$\Delta K$ 有良好的对数线性关系。利用这一关系进行疲劳裂纹扩展寿命预测,是疲劳裂纹扩展研究的重点。

3 区是高速率裂纹扩展区。在这一区域内,$\frac{\mathrm{d}a}{\mathrm{d}N}$ 大,裂纹扩展快,寿命短。其对裂纹扩展寿命的贡献,通常可以不考虑。此区域的上限为 $\Delta K = (1-r)K_{\mathrm{C}}$,是由 §12.3 节的断裂判据 $K_{\max} = K_{\mathrm{C}}$ 给出的。

对于中速率裂纹扩展区的稳定裂纹扩展,$\lg \frac{\mathrm{d}a}{\mathrm{d}N}$-$\lg \Delta K$ 间的线性关系可表达为

$$\frac{\mathrm{d}a}{\mathrm{d}N} = C(\Delta K)^m \qquad (12.21)$$

这就是 Paris 公式(1963)。上式指出:应力强度因子幅度 ΔK 是疲劳裂纹扩展的主要控制参量;ΔK 增大(即载荷水平 $\Delta\sigma$ 增大或裂纹尺寸 a 增大),则裂纹扩展速率 $\frac{\mathrm{d}a}{\mathrm{d}N}$ 增大。裂纹扩展参数 C、m 是描述材料疲劳裂纹扩展性能的基本参数,由疲劳裂纹扩展速率试验确定。

裂纹只有在张开的情况下才能扩展,压缩载荷的作用将使裂纹闭合。因此,应力循环的负应力部分对疲劳裂纹扩展基本无贡献,故疲劳裂纹扩展控制参量——应力强度因子幅度 ΔK 被定义为

$$\begin{aligned} \Delta K &= K_{\max} - K_{\min} \qquad (r \geq 0) \\ \Delta K &= K_{\max} \qquad\qquad\ (r < 0) \end{aligned} \qquad (12.22)$$

$\frac{\mathrm{d}a}{\mathrm{d}N}$-$\Delta K$ 曲线与 S-N 曲线一样,都表示了材料的疲劳性能;只不过 S-N 曲线所描述的是疲劳裂纹萌生性能,$\frac{\mathrm{d}a}{\mathrm{d}N}$-$\Delta K$ 曲线描述的是疲劳裂纹扩展性能而已。值得指出的是 S-N 曲线以 $r = -1$(对称循环)时的曲线作为基本曲线,$\frac{\mathrm{d}a}{\mathrm{d}N}$-$\Delta K$ 曲线则是以 $r = 0$(脉冲循环)时的曲线作为基本曲线的。

12.4.2 疲劳裂纹扩展寿命预测

由 $\frac{\mathrm{d}a}{\mathrm{d}N}$-$\Delta K$ 曲线的下限——门槛应力强度因子幅度 ΔK_{th},可写出裂纹不发生疲劳扩展的条件为

$$\Delta K < \Delta K_{\mathrm{th}} \qquad (12.23)$$

类似于判断是否有裂纹萌生的疲劳持久极限 S_{f},ΔK_{th} 也是由试验确定的描述材料疲劳裂纹扩展性能的重要参数。

从初始裂纹长度 a_0 扩展到临界裂纹长度 a_{c},所经历的载荷循环次数 N_{c},称为疲劳裂纹扩展寿命。这里,以 Paris 公式(12.21)式为基础,讨论疲劳裂纹扩展寿命的预测和抗疲劳断裂设计计算方法。

要估算疲劳裂纹扩展寿命,首先必须确定在给定载荷作用下,构件发生断裂时的临界裂纹尺寸 a_C。依据线弹性断裂判据有

$$K_{max} = f\sigma_{max}\sqrt{\pi a_C} \leqslant K_C \quad 或 \quad a_C \leqslant \frac{1}{\pi}\left(\frac{K_C}{f\sigma_{max}}\right)^2 \tag{12.24}$$

式中,σ_{max} 是最大循环应力;K_C 是材料的断裂韧性;f 是构件几何尺寸与裂纹尺寸的函数,可由应力强度因子手册查得。§12.3 节已指出:对于无限大中心裂纹板(板的宽度 $W \gg a$),$f=1$;对于单边裂纹无限大板(板的宽度 $W \gg a$),$f=1.12$。

将描述疲劳裂纹扩展速率的(12.21)式由 $N=0$、$a=a_0$ 到 $N=N_C$、$a=a_C$ 积分,有

$$\int_{a_0}^{a_C} \frac{da}{C(f\Delta\sigma\sqrt{\pi a})^m} = \int_0^{N_C} dN$$

如果几何修正因数 f 是裂纹尺寸的函数,则需要利用数值积分求解。

对于含裂纹无限大板,$f=C$(常量),在恒幅载荷($\Delta\sigma=C$(常量))作用下,上式积分后可给出

$$N_C = \begin{cases} \dfrac{1}{C(f\Delta\sigma\sqrt{\pi})^m(0.5m-1)}\left[\dfrac{1}{a_0^{0.5m-1}}-\dfrac{1}{a_C^{0.5m-1}}\right], & m \neq 2 \\[3mm] \dfrac{1}{C(f\Delta\sigma\sqrt{\pi})^m}\ln\left(\dfrac{a_C}{a_0}\right), & m=2 \end{cases} \tag{12.25}$$

利用(12.23)式,可判断疲劳裂纹是否扩展。如果裂纹会扩展,则估算裂纹扩展寿命的基本方程是(12.24)式和(12.25)式。利用这些公式,可以按不同的需要,进行疲劳裂纹扩展控制设计。

疲劳裂纹扩展控制设计计算的主要工作包括:

(1) 已知载荷条件 $\Delta\sigma$、r,初始裂纹尺寸 a_0,估算临界裂纹尺寸 a_C 和剩余寿命 N_C。

(2) 已知载荷条件 $\Delta\sigma$、r,给定寿命 N_C,确定 a_C 及可允许的初始裂纹尺寸 a_0。

(3) 已知 a_0、a_C,给定寿命 N_C,估算在使用工况(r)下所允许使用的最大应力 σ_{max}。

例 12.8　某大尺寸钢板有一边裂纹 $a_0=0.5$ mm,受到 $r=0$、$\sigma_{max}=200$ MPa 的循环应力作用。已知材料的屈服极限 $\sigma_s=630$ MPa,强度极限 $\sigma_u=670$ MPa,弹性模量 $E=207$ GPa,门槛应力强度因子幅度 $\Delta K_{th}=5.5$ MPa·$m^{\frac{1}{2}}$,断裂韧性 $K_C=104$ MPa·$m^{\frac{1}{2}}$,疲劳裂纹扩展速率为 $\dfrac{da}{dN}=6.9\times10^{-12}(\Delta K)^3$,$\dfrac{da}{dN}$ 的单位为 m/c。试估算此裂纹板的寿命。

解: 1)确定应力强度因子 K 的表达式

当裂纹长度 a 与板宽 W 之比 $a/W < 0.1$ 时,可以采用无限大板的解。即对于边裂纹,几何修正因子为 $f=1.12$。故应力强度因子的表达式为

$$K = 1.12\sigma\sqrt{\pi a}$$

2)确定应力强度因子幅度 ΔK

$$\Delta K = K_{\max} - K_{\min} = 1.12(\sigma_{\max} - \sigma_{\min})\sqrt{\pi a} = 1.12\Delta\sigma\sqrt{\pi a}$$

注意本题为 $r=0$，即 $\sigma_{\min}=0$，所以 $\Delta\sigma = \sigma_{\max} - \sigma_{\min} = 200$ MPa。

3）确定长度为 a_0 的初始裂纹在给定应力水平作用下是否扩展

裂纹是否扩展由（12.23）式判断，当 $a = a_0 = 0.5$ mm $= 0.5 \times 10^{-3}$ m 时，有

$$\Delta K = 1.12\Delta\sigma\sqrt{\pi a} = 1.12 \times 200(0.5 \times 10^{-3}\pi)^{\frac{1}{2}} \text{ MPa} \cdot \text{m}^{\frac{1}{2}}$$

$$= 9 \text{ MPa} \cdot \text{m}^{\frac{1}{2}} > \Delta K_{\text{th}} = 5.5 \text{ MPa} \cdot \text{m}^{\frac{1}{2}}$$

故可知裂纹将发生疲劳扩展。

4）计算临界裂纹长度 a_{C}

由（12.24）式计算 a_{C}，有

$$a_{\text{C}} = \frac{1}{\pi}\left(\frac{K_{\text{C}}}{1.12\sigma_{\max}}\right)^2 = \frac{104^2}{(1.12 \times 200)^2\pi} \text{ m} = 0.069 \text{ m} = 69 \text{ mm}$$

5）估算裂纹扩展寿命 N_{C}

疲劳裂纹扩展寿命估算由（12.25）式计算。将 $a_0 = 0.0005$ m，$a_{\text{C}} = 0.069$ m，$m = 3$，$\Delta\sigma = 200$ MPa，$C = 6.9 \times 10^{-12}$ 代入（12.25）式中第一式即得

$$N_{\text{C}} = 189\ 300 \text{ 次}$$

讨论： 初始裂纹长度和材料断裂韧性对疲劳裂纹扩展寿命的影响。

假定初始裂纹长度 $a_0 = 0.5$ mm、1.5 mm、2.5 mm，材料断裂韧性 $K_{\text{C}} = 52$ MPa $\cdot$ m$^{\frac{1}{2}}$、104 MPa $\cdot$ m$^{\frac{1}{2}}$、208 MPa $\cdot$ m$^{\frac{1}{2}}$，按上述方法计算得到的疲劳裂纹扩展寿命 N_{C} 列于表 12.3 中。

表 12.3　例 12.8 表

a_0/mm	K_{C}/(MPa $\cdot$ m$^{\frac{1}{2}}$)	a_{C}/mm	N_{C}/(10^3 次)	N_{C} 的增幅/%
0.5	104	69	189.3	—
1.5	104	69	14.5	7.7
2.5	104	69	4.9	2.6
0.5	208	275	198.3	104.8
0.5	52	17	171	90.3

由表 12.3 中结果可知：材料的断裂韧性 K_{C} 增加 1 倍，临界裂纹长度 a_{C} 增至约 4 倍，疲劳裂纹扩展寿命 N_{C} 只增加约 5%；断裂韧性降低一半，临界裂纹长度 a_{C} 降至约 1/4，但寿命 N_{C} 只降低不到 10%。若材料的断裂韧性不变，初始裂纹长度 a_0 从 0.5 mm 增至 1.5 mm，疲劳裂纹扩展寿命 N_{C} 大大降低；当 a_0 从 0.5 mm 增至 2.5 mm 时，疲劳裂纹扩展寿命 N_{C} 降低了约 97%。所以，严格控制构件中的初始裂纹尺寸，对于提高疲劳裂纹扩展寿命是十分重要的。材料断裂韧性 K_{C} 的改变，将引起临界裂纹长度极大的改变，但对于疲劳裂扩展寿命的影响不大。然而，为保证裂纹有一定的尺寸以便于检测，材料必须有较高的断裂韧性。断裂韧性很低的高强脆性材料，裂纹扩展寿命很短，可以只考虑裂纹萌生寿命。

例 **12.9**　中心裂纹宽板,受循环应力 $\sigma_{max} = 200$ MPa、$\sigma_{min} = 20$ MPa 作用。$K_C = 104$ MPa,工作频率为 0.1 Hz。为保证安全,每 1 000 h 进行一次无损检验。试确定检验时所能允许的最大裂纹尺寸 a_i。设 $da/dN = 4 \times 10^{-14} (\Delta K)^4$ m/c。

解:1) 计算临界裂纹尺寸 a_C

对于中心裂纹宽板,$f = 1$,$K = \sigma \sqrt{\pi a}$。有

$$a_C = \frac{1}{\pi} \left(\frac{K_C}{\sigma_{max}} \right)^2 = 0.086 \text{ m}$$

2) 检验期间的循环次数

$$N = 0.1 \times 3\,600 \times 1\,000 \text{ 次} = 3.6 \times 10^5 \text{次}$$

3) 检验时所能允许的裂纹尺寸 a_i

在下一检查周期内,即经过 N 次循环后,a_i 不应扩展到引起破坏的裂纹尺寸 a_C。由 (12.25) 式,注意本题 $m = 4$,有

$$\frac{1}{a_i} = NC(\Delta\sigma\sqrt{\pi})^m + \frac{1}{a_C}$$

式中,$\Delta\sigma = \sigma_{max} - \sigma_{min} = 180$ MPa,即有

$$\frac{1}{a_i} = \left[3.6 \times 10^5 \times 4 \times 10^{-14} (180\sqrt{\pi})^4 + \frac{1}{0.086} \right] \text{ m}^{-1} = 160.8 \text{ m}^{-1}$$

最后得到

$$a_i = (1/160.8) \text{ m} = 0.006\,2 \text{ m} = 6.2 \text{ mm}$$

讨论:若检验时发现裂纹 $a_i > 6.2$ mm,继续使用是不安全的。若要继续使用,则应当降低应力水平或者缩短检验周期。

如检验时发现裂纹 $a_i = 10$ mm,希望不改变检验周期继续使用,则应满足

$$\Delta\sigma^m \leq \frac{1}{CN[f(a)\sqrt{\pi}]^m} \left(\frac{1}{a_i^{m/2-1}} - \frac{1}{a_C^{m/2-1}} \right)$$

注意,由于此时应力水平改变,临界裂纹尺寸 a_C 不再为 0.086 m,而应写为

$$a_C = \frac{1}{\pi} \left(\frac{K_C}{\sigma_{max}} \right)^2 = \frac{1}{\pi} \left(\frac{(1-r)K_C}{\Delta\sigma} \right)^2$$

由上述两式,用数值方法可解得

$$\Delta\sigma < 159 \text{ MPa}$$

故有

$$\sigma_{max} \leq \Delta\sigma / (1-r) \leq 159 \text{ MPa}/(1-0.1) = 176.7 \text{ MPa}$$

即若在检验时发现裂纹 $a_i = 10$ mm,希望不改变检验周期继续使用,则应将使用载荷降低到 $\sigma_{max} \leq 176.7$ MPa。

如不降载,采用缩短检验周期的方法,则同样可求得由 $a_i = 10$ mm 到 $a_C = 86$ mm 的循环次数为 $N \leq 213\,238$ 次。即应将检验周期缩短为

$$T \leq [N/(0.1 \times 3\,600)] \text{ h} = 592 \text{ h}$$

小　结

1. 疲劳的特点是:有扰动应力作用;破坏起源于高应力或高应变的局部;有裂纹萌生—扩展—断裂三个阶段;是一个发展过程。

2. 描述循环应力水平的基本量是 S_{max} 和 S_{min}。导出量有

应力变程：　$\Delta S = S_{max} - S_{min}$

应力幅：　　$S_a = \Delta S/2 = (S_{max} - S_{min})/2$

平均应力：　$S_m = (S_{max} + S_{min})/2$

应力比：　　$r = S_{min}/S_{max}$

12.2　第十二章知识图谱

3. 疲劳持久极限 S_f 是无限寿命设计的基础,即若 $S_a < S_f$,则寿命趋于无限长。

4. 估算疲劳裂纹萌生寿命的基本公式是

S-N 曲线：　　$S^m N = C$

Goodman 直线：　$S_a/S_{a(r=-1)} + S_m/S_u = 1$

Miner 理论：　　$D = \sum D_i = \sum (n_i/N_i) = 1$

5. 含裂纹构件在静强度足够的情况下发生的断裂,称为低应力断裂。控制断裂的三个主要因素是裂纹几何及尺寸、作用应力和材料的断裂韧性。

6. 应力强度因子 K 是断裂控制参量,断裂判据为

12.3　第十二章知识点测试题

$$K = f\left(\frac{a}{W}, \cdots\right) \sigma \sqrt{\pi a} \leqslant K_{IC}$$

对于无限大板,中心裂纹：$f = 1.0$;边裂纹：$f = 1.12$。

7. 疲劳裂纹扩展速率的主要控制参量是应力强度因子幅度 ΔK,门槛值为 ΔK_{th}。若 $\Delta K < \Delta K_{th}$,则疲劳裂纹将不发生扩展。

8. 估算疲劳裂纹扩展寿命的基本公式为

裂纹不扩展条件：　$\Delta K \leqslant \Delta K_{th}$

临界裂纹尺寸：　　$a_c = (1/\pi)(K_c/f\sigma_{max})^2$

Paris 公式：　　　$da/dN = C(\Delta K)^m$

12.4　第十二章知识点测试题答案

若 f = 常量,则在恒幅载荷作用下,Paris 公式可解析积分,得到

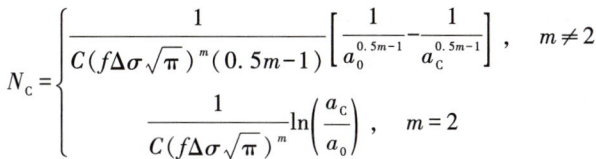

$$N_c = \begin{cases} \dfrac{1}{C(f\Delta\sigma\sqrt{\pi})^m(0.5m-1)}\left[\dfrac{1}{a_0^{0.5m-1}} - \dfrac{1}{a_c^{0.5m-1}}\right], & m \neq 2 \\[4mm] \dfrac{1}{C(f\Delta\sigma\sqrt{\pi})^m}\ln\left(\dfrac{a_c}{a_0}\right), & m = 2 \end{cases}$$

思 考 题

12.1　什么是疲劳？疲劳问题有哪些特征？

12.2　试述疲劳断口与静载破坏断口有何不同。在失效分析中,疲劳断口可能提供哪些信息？

12.3　疲劳裂纹萌生的控制参量是什么？含裂纹构件断裂的控制参量是什么？疲劳裂纹扩展的控制参量是什么？

12.4　基本 S-N 曲线是在 $r=-1$ 下得到的,基本 $\dfrac{\mathrm{d}a}{\mathrm{d}N}$-$\Delta K$ 曲线是在应力比 $r=0$ 下给出的,为什么？

12.5　无限寿命设计的条件是什么？裂纹不扩展的条件是什么？

12.6　试述初始裂纹尺寸 a_0、材料断裂韧性 K_{IC}(或 K_C)对临界裂纹尺寸、疲劳裂纹扩展寿命的影响。

习 题

12.1　已知循环最大应力 $S_{\max}=200$ MPa,最小应力 $S_{\min}=50$ MPa,计算循环应力变程 ΔS、应力幅 S_a、平均应力 S_m 和应力比 r。

12.2　已知循环应力幅 $S_a=100$ MPa,$r=0.2$,计算 $S_{\max}$、$S_{\min}$、S_m 和 ΔS。

12.3　若疲劳试验频率选取为 $f=20$ Hz,试估算施加 10^7 次循环需要多少小时。

12.4　某构件承受循环应力 $S_{\max}=525$ MPa,$S_{\min}=-35$ MPa 作用,材料的基本 S-N 曲线为 $S_{\max}^3 N=8.2\times10^{12}$,$S_u=900$ MPa。试估算构件的寿命。

12.5　某起重杆承受脉冲循环($r=0$)载荷作用,每年作用的载荷谱统计如下表所示,S-N 曲线为 $S_{\max}^3 N=2.9\times10^{13}$。

（1）试估算拉杆的寿命为多少年。

（2）若要求使用寿命为 5 年,试确定可允许的 $S_{\max}$。

$S_{\max i}$/MPa	500	400	300	200
n_i/次	0.01×10^6	0.03×10^6	0.1×10^6	0.5×10^6

12.6　某材料的 $\sigma_s=350$ MPa,用 $B=50$ mm,$W=100$ mm,$L=4W$ 的标准三点弯曲试样测试其断裂韧性,预制裂纹尺寸 $a=53$ mm。由试验得到的 F-V 曲线知断裂载荷 $F_Q=54$ kN,$F_{\max}=58$ kN。试计算该材料的断裂韧性 K_{IC} 并校核其有效性。

12.7　材料同上题,若采用 $B=50$ mm,$W=100$ mm 的标准紧凑拉伸试样测试其断裂韧性,预制裂纹尺寸仍为 $a=53$ mm。试估算试验所需施加的断裂载荷 F。

12.8　已知某一含中心裂纹 $2a=100$ mm 的大尺寸钢板,受到拉应力 $\sigma_{c1}=304$ MPa 作用时发生断裂。若在另一相同的钢板中,有一中心裂纹 $2a=40$ mm,试估计其断裂应力 σ_{c2}。

12.9　某合金钢在不同热处理状态下的性能如下：

（1）275 ℃回火：$\sigma_s=1\,780$ MPa,$K_{IC}=52$ MPa $\cdot$ m$^{\frac{1}{2}}$；

（2）600 ℃回火：$\sigma_s = 1\,500$ MPa，$K_{IC} = 100$ MPa·m$^{\frac{1}{2}}$。

设工作应力 $\sigma = 750$ MPa，应力强度因子表达式为 $K = 1.12\sigma\sqrt{\pi a}$，试问两种情况下的临界裂纹长度 a_c 各为多少？

12.10　某宽板含有中心裂纹 $2a_0$，受 $r = 0$ 的循环载荷作用，$K_C = 120$ MPa·m$^{\frac{1}{2}}$，裂纹扩展速率为 $\mathrm{d}a/\mathrm{d}N = 2\times10^{-12}(\Delta K)^3$ m/c（K 的单位为 MPa·m$^{\frac{1}{2}}$）。试对于 $a_0 = 0.5$ mm，$a_0 = 2$ mm 两种情况分别计算 $\sigma_{max} = 300$ MPa 时的寿命。

12.11　某构件含一边裂纹，受 $\sigma_{max} = 200$ MPa，$\sigma_{min} = 20$ MPa 的循环应力作用。已知 $K_C = 150$ MPa·m$^{\frac{1}{2}}$，构件的工作频率为 $f = 0.1$ Hz，为保证安全，每 1 000 h 进行一次无损检查，试确定检查时所能允许的最大裂纹尺寸 a_i。可用裂纹扩展速率为 $\mathrm{d}a/\mathrm{d}N = 4\times10^{-14}(\Delta K)^4$ m/c。

12.12　某中心裂纹宽板承受循环载荷作用，$r = 0$。已知 $K_C = 100$ MPa·m$^{\frac{1}{2}}$，$\Delta K_{th} = 6$ MPa·m$^{\frac{1}{2}}$，$\mathrm{d}a/\mathrm{d}N = 3\times10^{-12}(\Delta K)^3$ m/c；假定 $a_0 = 0.5$ mm，试估算：

（1）裂纹不扩展时的最大应力 σ_{max1}。

（2）寿命为 $N = 0.5\times10^6$ 次时所能允许的最大循环应力 σ_{max2}。

附录　型钢表

表 1　热轧等边角钢（GB/T 706—2016）

符号意义：
b——边宽度；
d——边厚度；
r——内圆弧半径；
r_1——边端圆弧半径；
Z_0——重心距离。

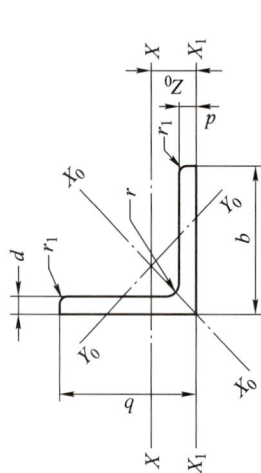

型号	截面尺寸/mm b	截面尺寸/mm d	截面尺寸/mm r	截面面积/cm²	理论重量/(kg/m)	外表面积/(m²/m)	惯性矩/cm⁴ I_x	I_{x1}	I_{x0}	I_{y0}	惯性半径/cm i_x	i_{x0}	i_{y0}	截面模数/cm³ W_x	W_{x0}	W_{y0}	重心距离/cm Z_0
2	20	3	3.5	1.132	0.89	0.078	0.40	0.81	0.63	0.17	0.59	0.75	0.39	0.29	0.45	0.20	0.60
		4		1.459	1.15	0.077	0.50	1.09	0.78	0.22	0.58	0.73	0.38	0.36	0.55	0.24	0.64
2.5	25	3	3.5	1.432	1.12	0.098	0.82	1.57	1.29	0.34	0.76	0.95	0.49	0.46	0.73	0.33	0.73
		4		1.859	1.46	0.097	1.03	2.11	1.62	0.43	0.74	0.93	0.48	0.59	0.92	0.40	0.76
3.0	30	3	4.5	1.749	1.37	0.117	1.46	2.71	2.31	0.61	0.91	1.15	0.59	0.68	1.09	0.51	0.85
		4		2.276	1.79	0.117	1.84	3.63	2.92	0.77	0.90	1.13	0.58	0.87	1.37	0.62	0.89
3.6	36	3	4.5	2.109	1.66	0.141	2.58	4.68	4.09	1.07	1.11	1.39	0.71	0.99	1.61	0.76	1.00
		4		2.756	2.16	0.141	3.29	6.25	5.22	1.37	1.09	1.38	0.70	1.28	2.05	0.93	1.04
		5		3.382	2.65	0.141	3.95	7.84	6.24	1.65	1.08	1.36	0.7	1.56	2.45	1.00	1.07

① 本书称为弯曲截面模量。

续表

型号	截面尺寸/mm			截面面积/cm²	理论重量/(kg/m)	外表面积/(m²/m)	惯性矩/cm⁴				惯性半径/cm			截面模数/cm³			重心距离/cm
	b	d	r				I_x	I_{x1}	I_{x0}	I_{y0}	i_x	i_{x0}	i_{y0}	W_x	W_{x0}	W_{y0}	Z_0
4	40	3	5	2.359	1.85	0.157	3.59	6.41	5.69	1.49	1.23	1.55	0.79	1.23	2.01	0.96	1.09
		4		3.086	2.42	0.157	4.60	8.56	7.29	1.91	1.22	1.54	0.79	1.60	2.58	1.19	1.13
		5		3.792	2.98	0.156	5.53	10.7	8.76	2.30	1.21	1.52	0.78	1.96	3.10	1.39	1.17
4.5	45	3	5	2.659	2.09	0.177	5.17	9.12	8.20	2.14	1.40	1.76	0.89	1.58	2.58	1.24	1.22
		4		3.486	2.74	0.177	6.65	12.2	10.6	2.75	1.38	1.74	0.89	2.05	3.32	1.54	1.26
		5		4.292	3.37	0.176	8.04	15.2	12.7	3.33	1.37	1.72	0.88	2.51	4.00	1.81	1.30
		6		5.077	3.99	0.176	9.33	18.4	14.8	3.89	1.36	1.70	0.80	2.95	4.64	2.06	1.33
5	50	3	5.5	2.971	2.33	0.197	7.18	12.5	11.4	2.98	1.55	1.96	1.00	1.96	3.22	1.57	1.34
		4		3.897	3.06	0.197	9.26	16.7	14.7	3.82	1.54	1.94	0.99	2.56	4.16	1.96	1.38
		5		4.803	3.77	0.196	11.2	20.9	17.8	4.64	1.53	1.92	0.98	3.13	5.03	2.31	1.42
		6		5.688	4.46	0.196	13.1	25.1	20.7	5.42	1.52	1.91	0.98	3.68	5.85	2.63	1.46
5.6	56	3	6	3.343	2.62	0.221	10.2	17.6	16.1	4.24	1.75	2.20	1.13	2.48	4.08	2.02	1.48
		4		4.39	3.45	0.220	13.2	23.4	20.9	5.46	1.73	2.18	1.11	3.24	5.28	2.52	1.53
		5		5.415	4.25	0.220	16.0	29.3	25.4	6.61	1.72	2.17	1.10	3.97	6.42	2.98	1.57
		6		6.42	5.04	0.220	18.7	35.3	29.7	7.73	1.71	2.15	1.10	4.68	7.49	3.40	1.61
		7		7.404	5.81	0.219	21.2	41.2	33.6	8.82	1.69	2.13	1.09	5.36	8.49	3.80	1.64
		8		8.367	6.57	0.219	23.6	47.2	37.4	9.89	1.68	2.11	1.09	6.03	9.44	4.16	1.68
6	60	5	6.5	5.829	4.58	0.236	19.9	36.1	31.6	8.21	1.85	2.33	1.19	4.59	7.44	3.48	1.67
		6		6.914	5.43	0.235	23.4	43.3	36.9	9.60	1.83	2.31	1.18	5.41	8.70	3.98	1.70
		7		7.977	6.26	0.235	26.4	50.7	41.9	11.0	1.82	2.29	1.17	6.21	9.88	4.45	1.74
		8		9.02	7.08	0.235	29.5	58.0	46.7	12.3	1.81	2.27	1.17	6.98	11.0	4.88	1.78
6.3	63	4	7	4.978	3.91	0.248	19.0	33.4	30.2	7.89	1.96	2.46	1.26	4.13	6.78	3.29	1.70
		5		6.143	4.82	0.248	23.2	41.7	36.8	9.57	1.94	2.45	1.25	5.08	8.25	3.90	1.74
		6		7.288	5.72	0.247	27.1	50.1	43.0	11.2	1.93	2.43	1.24	6.00	9.66	4.46	1.78
		7		8.412	6.60	0.247	30.9	58.6	49.0	12.8	1.92	2.41	1.23	6.88	11.0	4.98	1.82
		8		9.515	7.47	0.247	34.5	67.1	54.6	14.3	1.90	2.40	1.23	7.75	12.3	5.47	1.85
		10		11.66	9.15	0.246	41.1	84.3	64.9	17.3	1.88	2.36	1.22	9.39	14.6	6.36	1.93

续表

型号	截面尺寸/mm			截面面积/cm²	理论重量/(kg/m)	外表面积/(m²/m)	惯性矩/cm⁴				惯性半径/cm			截面模数/cm³			重心距离/cm
	b	d	r				I_x	I_{x1}	I_{x0}	I_{y0}	i_x	i_{x0}	i_{y0}	W_x	W_{x0}	W_{y0}	Z_0
7	70	4	8	5.570	4.37	0.275	26.4	45.7	41.8	11.0	2.18	2.74	1.40	5.14	8.44	4.17	1.86
		5		6.876	5.40	0.275	32.2	57.2	51.1	13.3	2.16	2.73	1.39	6.32	10.3	4.95	1.91
		6		8.160	6.41	0.275	37.8	68.7	59.9	15.6	2.15	2.71	1.38	7.48	12.1	5.67	1.95
		7		9.424	7.40	0.275	43.1	80.3	68.4	17.8	2.14	2.69	1.38	8.59	13.8	6.34	1.99
		8		10.67	8.37	0.274	48.2	91.9	76.4	20.0	2.12	2.68	1.37	9.68	15.4	6.98	2.03
7.5	75	5	9	7.412	5.82	0.295	40.0	70.6	63.3	16.6	2.33	2.92	1.50	7.32	11.9	5.77	2.04
		6		8.797	6.91	0.294	47.0	84.6	74.4	19.5	2.31	2.90	1.49	8.64	14.0	6.67	2.07
		7		10.16	7.98	0.294	53.6	98.7	85.0	22.2	2.30	2.89	1.48	9.93	16.0	7.44	2.11
		8		11.50	9.03	0.294	60.0	113	95.1	24.9	2.28	2.88	1.47	11.2	17.9	8.19	2.15
		9		12.83	10.1	0.294	66.1	127	105	27.5	2.27	2.86	1.46	12.4	19.8	8.89	2.18
		10		14.13	11.1	0.293	72.0	142	114	30.1	2.26	2.84	1.46	13.6	21.5	9.56	2.22
8	80	5	9	7.912	6.21	0.315	48.8	85.4	77.3	20.3	2.48	3.13	1.60	8.34	13.7	6.66	2.15
		6		9.397	7.38	0.314	57.4	103	91.0	23.7	2.47	3.11	1.59	9.87	16.1	7.65	2.19
		7		10.86	8.53	0.314	65.6	120	104	27.1	2.46	3.10	1.58	11.4	18.4	8.58	2.23
		8		12.30	9.66	0.314	73.5	137	117	30.4	2.44	3.08	1.57	12.8	20.6	9.46	2.27
		9		13.73	10.8	0.314	81.1	154	129	33.6	2.43	3.06	1.56	14.3	22.7	10.3	2.31
		10		15.13	11.9	0.313	88.4	172	140	36.8	2.42	3.04	1.56	15.6	24.8	11.1	2.35
9	90	6	10	10.64	8.35	0.354	82.8	146	131	34.3	2.79	3.51	1.80	12.6	20.6	9.95	2.44
		7		12.30	9.66	0.354	94.8	170	150	39.2	2.78	3.50	1.78	14.5	23.6	11.2	2.48
		8		13.94	10.9	0.353	106	195	169	44.0	2.76	3.48	1.78	16.4	26.6	12.4	2.52
		9		15.57	12.2	0.353	118	219	187	48.7	2.75	3.46	1.77	18.3	29.4	13.5	2.56
		10		17.17	13.5	0.353	129	244	204	53.3	2.74	3.45	1.76	20.1	32.0	14.5	2.59
		12		20.31	15.9	0.352	149	294	236	62.2	2.71	3.41	1.75	23.6	37.1	16.5	2.67

续表

型号	截面尺寸/mm b	d	r	截面面积/cm²	理论重量/(kg/m)	外表面积/(m²/m)	惯性矩/cm⁴ I_x	I_{x1}	I_{x0}	I_{y0}	惯性半径/cm i_x	i_{x0}	i_{y0}	截面模数/cm³ W_x	W_{x0}	W_{y0}	重心距离/cm Z_0
10	100	6	12	11.93	9.37	0.393	115	200	182	47.9	3.10	3.90	2.00	15.7	25.7	12.7	2.67
		7		13.80	10.8	0.393	132	234	209	54.7	3.09	3.89	1.99	18.1	29.6	14.3	2.71
		8		15.64	12.3	0.393	148	267	235	61.4	3.08	3.88	1.98	20.5	33.2	15.8	2.76
		9		17.46	13.7	0.392	164	300	260	68.0	3.07	3.86	1.97	22.8	36.8	17.2	2.80
		10		19.26	15.1	0.392	180	334	285	74.4	3.05	3.84	1.96	25.1	40.3	18.5	2.84
		12		22.80	17.9	0.391	209	402	331	86.8	3.03	3.81	1.95	29.5	46.8	21.1	2.91
		14		26.26	20.6	0.391	237	471	374	99.0	3.00	3.77	1.94	33.7	52.9	23.4	2.99
		16		29.63	23.3	0.390	263	540	414	111	2.98	3.74	1.94	37.8	58.6	25.6	3.06
11	110	7	12	15.20	11.9	0.433	177	311	281	73.4	3.41	4.30	2.20	22.1	36.1	17.5	2.96
		8		17.24	13.5	0.433	199	355	316	82.4	3.40	4.28	2.19	25.0	40.7	19.4	3.01
		10		21.26	16.7	0.432	242	445	384	100	3.38	4.25	2.17	30.6	49.4	22.9	3.09
		12		25.20	19.8	0.431	283	535	448	117	3.35	4.22	2.15	36.1	57.6	26.2	3.16
		14		29.06	22.8	0.431	321	625	508	133	3.32	4.18	2.14	41.3	65.3	29.1	3.24
12.5	125	8	14	19.75	15.5	0.492	297	521	471	123	3.88	4.88	2.50	32.5	53.3	25.9	3.37
		10		24.37	19.1	0.491	362	652	574	149	3.85	4.85	2.48	40.0	64.9	30.6	3.45
		12		28.91	22.7	0.491	423	783	671	175	3.83	4.82	2.46	47.2	76.0	35.0	3.53
		14		33.37	26.2	0.490	482	916	764	200	3.80	4.78	2.45	54.2	86.4	39.1	3.61
		16		37.74	29.6	0.489	537	1 050	851	224	3.77	4.75	2.43	60.9	96.3	43.0	3.68
14	140	10	14	27.37	21.5	0.551	515	915	817	212	4.34	5.46	2.78	50.6	82.6	39.2	3.82
		12		32.51	25.5	0.551	604	1 100	959	249	4.31	5.43	2.76	59.8	96.9	45.0	3.90
		14		37.57	29.5	0.550	689	1 280	1 090	284	4.28	5.40	2.75	68.8	110	50.5	3.98
		16		42.54	33.4	0.549	770	1 470	1 220	319	4.26	5.36	2.74	77.5	123	55.6	4.06
15	150	8	14	23.75	18.6	0.592	521	900	827	215	4.69	5.90	3.01	47.4	78.0	38.1	3.99
		10		29.37	23.1	0.591	638	1 130	1 010	262	4.66	5.87	2.99	58.4	95.5	45.5	4.08
		12		34.91	27.4	0.591	749	1 350	1 190	308	4.63	5.84	2.97	69.0	112	52.4	4.15
		14		40.37	31.7	0.590	856	1 580	1 360	352	4.60	5.80	2.95	79.5	128	58.8	4.23
		15		43.06	33.8	0.590	907	1 690	1 440	374	4.59	5.78	2.95	84.6	136	61.9	4.27
		16		45.74	35.9	0.589	958	1 810	1 520	395	4.58	5.77	2.94	89.6	143	64.9	4.31

续表

型号	截面尺寸/mm			截面面积/cm²	理论重量/(kg/m)	外表面积/(m²/m)	惯性矩/cm⁴				惯性半径/cm			截面模数/cm³			重心距离/cm
	b	d	r				I_x	I_{x1}	I_{x0}	I_{y0}	i_x	i_{x0}	i_{y0}	W_x	W_{x0}	W_{y0}	Z_0
16	160	10	16	31.50	24.7	0.630	780	1 370	1 240	322	4.98	6.27	3.20	66.7	109	52.8	4.31
		12		37.44	29.4	0.630	917	1 640	1 460	377	4.95	6.24	3.18	79.0	129	60.7	4.39
		14		43.30	34.0	0.629	1 050	1 910	1 670	432	4.92	6.20	3.16	91.0	147	68.2	4.47
		16		49.07	38.5	0.629	1 180	2 190	1 870	485	4.89	6.17	3.14	103	165	75.3	4.55
18	180	12	18	42.24	33.2	0.710	1 320	2 330	2 100	543	5.59	7.05	3.58	101	165	78.4	4.89
		14		48.90	38.4	0.709	1 510	2 720	2 410	622	5.56	7.02	3.56	116	189	88.4	4.97
		16		55.47	43.5	0.709	1 700	3 120	2 700	699	5.54	6.98	3.55	131	212	97.8	5.05
		18		61.96	48.6	0.708	1 880	3 500	2 990	762	5.50	6.94	3.51	146	235	105	5.13
20	200	14	18	54.64	42.9	0.788	2 100	3 730	3 340	864	6.20	7.82	3.98	145	236	112	5.46
		16		62.01	48.7	0.788	2 370	4 270	3 760	971	6.18	7.79	3.96	164	266	124	5.54
		18		69.30	54.4	0.787	2 620	4 810	4 160	1 080	6.15	7.75	3.94	182	294	136	5.62
		20		76.51	60.1	0.787	2 870	5 350	4 550	1 180	6.12	7.72	3.93	200	322	147	5.69
		24		90.66	71.2	0.785	3 340	6 460	5 290	1 380	6.07	7.64	3.90	236	374	167	5.87
22	220	16	21	68.67	53.9	0.866	3 190	5 680	5 060	1 310	6.81	8.59	4.37	200	326	154	6.03
		18		76.75	60.3	0.866	3 540	6 400	5 620	1 450	6.79	8.55	4.35	223	361	168	6.11
		20		84.76	66.5	0.865	3 870	7 110	6 150	1 590	6.76	8.52	4.34	245	395	182	6.18
		22		92.68	72.8	0.865	4 200	7 830	6 670	1 730	6.73	8.48	4.32	267	429	195	6.26
		24		100.5	78.9	0.864	4 520	8 550	7 170	1 870	6.71	8.45	4.31	289	461	208	6.33
		26		108.3	85.0	0.864	4 830	9 280	7 690	2 000	6.68	8.41	4.30	310	492	221	6.41
25	250	18	24	87.84	69.0	0.985	5 270	9 380	8 370	2 170	7.75	9.76	4.97	290	473	224	6.84
		20		97.05	76.2	0.984	5 780	10 400	9 180	2 380	7.72	9.73	4.95	320	519	243	6.92
		22		106.2	83.3	0.983	6 280	11 500	9 970	2 580	7.69	9.69	4.93	349	564	261	7.00
		24		115.2	90.4	0.983	6 770	12 500	10 700	2 790	7.67	9.66	4.92	378	608	278	7.07
		26		124.2	97.5	0.982	7 240	13 600	11 500	2 980	7.64	9.62	4.90	406	650	295	7.15
		28		133.0	104	0.982	7 700	14 600	12 200	3 180	7.61	9.58	4.89	433	691	311	7.22
		30		141.8	111	0.981	8 160	15 700	12 900	3 380	7.58	9.55	4.88	461	731	327	7.30
		32		150.5	118	0.981	8 600	16 800	13 600	3 570	7.56	9.51	4.87	488	770	342	7.37
		35		163.4	128	0.980	9 230	18 400	14 600	3 850	7.52	9.46	4.86	527	827	364	7.48

注：截面图中的 $r_1=1/3d$ 及表中 r 的数据用于孔型设计，不做交货条件。

表 2　热轧不等边角钢（GB/T 706—2016）

符号意义：
B——长边宽度；
b——短边宽度；
d——边厚度；
r——内圆弧半径；
r₁——边端圆弧半径；
X_0——重心距离；
Y_0——重心距离。

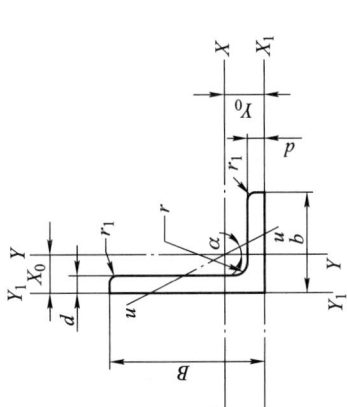

型号	截面尺寸/mm				截面面积/cm²	理论重量/(kg/m)	外表面积/(m²/m)	惯性矩/cm⁴					惯性半径/cm			截面模数/cm³			tan α	重心距离/cm	
	B	b	d	r				I_x	I_{x1}	I_y	I_{y1}	I_u	i_x	i_y	i_u	W_x	W_y	W_u		X_0	Y_0
2.5/1.6	25	16	3	3.5	1.162	0.91	0.080	0.70	1.56	0.22	0.43	0.14	0.78	0.44	0.34	0.43	0.19	0.16	0.392	0.42	0.86
			4		1.499	1.18	0.079	0.88	2.09	0.27	0.59	0.17	0.77	0.43	0.34	0.55	0.24	0.20	0.381	0.46	0.90
3.2/2	32	20	3		1.492	1.17	0.102	1.53	3.27	0.46	0.82	0.28	1.01	0.55	0.43	0.72	0.30	0.25	0.382	0.49	1.08
			4		1.939	1.52	0.101	1.93	4.37	0.57	1.12	0.35	1.00	0.54	0.42	0.93	0.39	0.32	0.374	0.53	1.12
4/2.5	40	25	3	4	1.890	1.48	0.127	3.08	5.39	0.93	1.59	0.56	1.28	0.70	0.54	1.15	0.49	0.40	0.385	0.59	1.32
			4		2.467	1.94	0.127	3.93	8.53	1.18	2.14	0.71	1.36	0.69	0.54	1.49	0.63	0.52	0.381	0.63	1.37
4.5/2.8	45	28	3	5	2.149	1.69	0.143	4.45	9.10	1.34	2.23	0.80	1.44	0.79	0.61	1.47	0.62	0.51	0.383	0.64	1.47
			4		2.806	2.20	0.143	5.69	12.1	1.70	3.00	1.02	1.42	0.78	0.60	1.91	0.80	0.66	0.380	0.68	1.51
5/3.2	50	32	3	5.5	2.431	1.91	0.161	6.24	12.5	2.02	3.31	1.20	1.60	0.91	0.70	1.84	0.82	0.68	0.404	0.73	1.60
			4		3.177	2.49	0.160	8.02	16.7	2.58	4.45	1.53	1.59	0.90	0.69	2.39	1.06	0.87	0.402	0.77	1.65
5.6/3.6	56	36	3	6	2.743	2.15	0.181	8.88	17.5	2.92	4.7	1.73	1.80	1.03	0.79	2.32	1.05	0.87	0.408	0.80	1.78
			4		3.590	2.82	0.180	11.5	23.4	3.76	6.33	2.23	1.79	1.02	0.79	3.03	1.37	1.13	0.408	0.85	1.82
			5		4.415	3.47	0.180	13.9	29.3	4.49	7.94	2.67	1.77	1.01	0.78	3.71	1.65	1.36	0.404	0.88	1.87
6.3/4	63	40	4	7	4.058	3.19	0.202	16.5	33.3	5.23	8.63	3.12	2.02	1.14	0.88	3.87	1.70	1.40	0.398	0.92	2.04
			5		4.993	3.92	0.202	20.0	41.6	6.31	10.9	3.76	2.00	1.12	0.87	4.74	2.07	1.71	0.396	0.95	2.08
			6		5.908	4.64	0.201	23.4	50.0	7.29	13.1	4.34	1.96	1.11	0.86	5.59	2.43	1.99	0.393	0.99	2.12
			7		6.802	5.34	0.201	26.5	58.1	8.24	15.5	4.97	1.98	1.10	0.86	6.40	2.78	2.29	0.389	1.03	2.15

续表

型号	B	b	d	r	截面面积/cm²	理论重量/(kg/m)	外表面积/(m²/m)	I_x	I_{x1}	I_y	I_{y1}	I_u	i_x	i_y	i_u	W_x	W_y	W_u	tan α	X_0	Y_0
								惯性矩/cm⁴					惯性半径/cm			截面模数/cm³				重心距离/cm	
7/4.5	70	45	4	7.5	4.553	3.57	0.226	23.2	45.9	7.55	12.3	4.40	2.26	1.29	0.98	4.86	2.17	1.77	0.410	1.02	2.24
			5		5.609	4.40	0.225	28.0	57.1	9.13	15.4	5.40	2.23	1.28	0.98	5.92	2.65	2.19	0.407	1.06	2.28
			6		6.644	5.22	0.225	32.5	68.4	10.6	18.6	6.35	2.21	1.26	0.98	6.95	3.12	2.59	0.404	1.09	2.32
			7		7.658	6.01	0.225	37.2	80.0	12.0	21.8	7.16	2.20	1.25	0.97	8.03	3.57	2.94	0.402	1.13	2.36
7.5/5	75	50	5	8	6.126	4.81	0.245	34.9	70.0	12.6	21.0	7.41	2.39	1.44	1.10	6.83	3.3	2.74	0.435	1.17	2.40
			6		7.260	5.70	0.245	41.1	84.3	14.7	25.4	8.54	2.38	1.42	1.08	8.12	3.88	3.19	0.435	1.21	2.44
			8		9.467	7.43	0.244	52.4	113	18.5	34.2	10.9	2.35	1.40	1.07	10.5	4.99	4.10	0.429	1.29	2.52
			10		11.59	9.10	0.244	62.7	141	22.0	43.4	13.1	2.33	1.38	1.06	12.8	6.04	4.99	0.423	1.36	2.60
8/5	80	50	5	8	6.376	5.00	0.255	42.0	85.2	12.8	21.1	7.66	2.56	1.42	1.10	7.78	3.32	2.74	0.388	1.14	2.60
			6		7.560	5.93	0.255	49.5	103	15.0	25.4	8.85	2.56	1.41	1.08	9.25	3.91	3.20	0.387	1.18	2.65
			7		8.724	6.85	0.255	56.2	119	17.0	29.8	10.2	2.54	1.39	1.08	10.6	4.48	3.70	0.384	1.21	2.69
			8		9.867	7.75	0.254	62.8	136	18.9	34.3	11.4	2.52	1.38	1.07	11.9	5.03	4.16	0.381	1.25	2.73
9/5.6	90	56	5	9	7.212	5.66	0.287	60.5	121	18.3	29.5	11.0	2.90	1.59	1.23	9.92	4.21	3.49	0.385	1.25	2.91
			6		8.557	6.72	0.286	71.0	146	21.4	35.6	12.9	2.88	1.58	1.23	11.7	4.96	4.13	0.384	1.29	2.95
			7		9.881	7.76	0.286	81.0	170	24.4	41.7	14.7	2.86	1.57	1.22	13.5	5.70	4.72	0.382	1.33	3.00
			8		11.18	8.78	0.286	91.0	194	27.2	47.9	16.3	2.85	1.56	1.21	15.3	6.41	5.29	0.380	1.36	3.04
10/6.3	100	63	6	10	9.618	7.55	0.320	99.1	200	30.9	50.5	18.4	3.21	1.79	1.38	14.6	6.35	5.25	0.394	1.43	3.24
			7		11.11	8.72	0.320	113	233	35.3	59.1	21.0	3.20	1.78	1.38	16.9	7.29	6.02	0.394	1.47	3.28
			8		12.58	9.88	0.319	127	266	39.4	67.9	23.5	3.18	1.77	1.37	19.1	8.21	6.78	0.391	1.50	3.32
			10		15.47	12.1	0.319	154	333	47.1	85.7	28.3	3.15	1.74	1.35	23.3	9.98	8.24	0.387	1.58	3.40
10/8	100	80	6	10	10.64	8.35	0.354	107	200	61.2	103	31.7	3.17	2.40	1.72	15.2	10.2	8.37	0.627	1.97	2.95
			7		12.30	9.66	0.354	123	233	70.1	120	36.2	3.16	2.39	1.72	17.5	11.7	9.60	0.626	2.01	3.00
			8		13.94	10.9	0.353	138	267	78.6	137	40.6	3.14	2.37	1.71	19.8	13.2	10.8	0.625	2.05	3.04
			10		17.17	13.5	0.353	167	334	94.7	172	49.1	3.12	2.35	1.69	24.2	16.1	13.1	0.622	2.13	3.12
11/7	110	70	6	10	10.64	8.35	0.354	133	266	42.9	69.1	25.4	3.54	2.01	1.54	17.9	7.90	6.53	0.403	1.57	3.53
			7		12.30	9.66	0.354	153	310	49.0	80.8	29.0	3.53	2.00	1.53	20.6	9.09	7.50	0.402	1.61	3.57
			8		13.94	10.9	0.353	172	354	54.9	92.7	32.5	3.51	1.98	1.53	23.3	10.3	8.45	0.401	1.65	3.62
			10		17.17	13.5	0.353	208	443	65.9	117	39.2	3.48	1.96	1.51	28.5	12.5	10.3	0.397	1.72	3.70

续表

型号	截面尺寸/mm B	b	d	r	截面面积/cm²	理论重量/(kg/m)	外表面积/(m²/m)	惯性矩/cm⁴ I_x	I_{x1}	I_y	I_{y1}	I_u	惯性半径/cm i_x	i_y	i_u	截面模数/cm³ W_x	W_y	W_u	tan α	重心距离/cm X_0	Y_0
12.5/8	125	80	7	11	14.10	11.1	0.403	228	455	74.4	120	43.8	4.02	2.30	1.76	26.9	12.0	9.92	0.408	1.80	4.01
			8		15.99	12.6	0.403	257	520	83.5	138	49.2	4.01	2.28	1.75	30.4	13.6	11.2	0.407	1.84	4.06
			10		19.71	15.5	0.402	312	650	101	173	59.5	3.98	2.26	1.74	37.3	16.6	13.6	0.404	1.92	4.14
			12		23.35	18.3	0.402	364	780	117	210	69.4	3.95	2.24	1.72	44.0	19.4	16.0	0.400	2.00	4.22
14/9	140	90	8	12	18.04	14.2	0.453	366	731	121	196	70.8	4.50	2.59	1.98	38.5	17.3	14.3	0.411	2.04	4.50
			10		22.26	17.5	0.452	446	913	140	246	85.8	4.47	2.56	1.96	47.3	21.2	17.5	0.409	2.12	4.58
			12		26.40	20.7	0.451	522	1 100	170	297	100	4.44	2.54	1.95	55.9	25.0	20.5	0.406	2.19	4.66
			14		30.46	23.9	0.451	594	1 280	192	349	114	4.42	2.51	1.94	64.2	28.5	23.5	0.403	2.27	4.74
15/9	150	90	8	12	18.84	14.8	0.473	442	898	123	196	74.1	4.84	2.55	1.98	43.9	17.5	14.5	0.364	1.97	4.92
			10		23.26	18.3	0.472	539	1 120	149	246	89.9	4.81	2.53	1.97	54.0	21.4	17.7	0.362	2.05	5.01
			12		27.60	21.7	0.471	632	1 350	173	297	105	4.79	2.50	1.95	63.8	25.1	20.8	0.359	2.12	5.09
			14		31.86	25.0	0.471	721	1 570	196	350	120	4.76	2.48	1.94	73.3	28.8	23.8	0.356	2.20	5.17
			15		33.95	26.7	0.471	764	1 680	207	376	127	4.74	2.47	1.93	78.0	30.5	25.3	0.354	2.24	5.21
			16		36.03	28.3	0.470	806	1 800	217	403	134	4.73	2.45	1.93	82.6	32.3	26.8	0.352	2.27	5.25
16/10	160	100	10	13	25.32	19.9	0.512	669	1 360	205	337	122	5.14	2.85	2.19	62.1	26.6	21.9	0.390	2.28	5.24
			12		30.05	23.6	0.511	785	1 640	239	406	142	5.11	2.82	2.17	73.5	31.3	25.8	0.388	2.36	5.32
			14		34.71	27.2	0.510	896	1 910	271	476	162	5.08	2.80	2.16	84.6	35.8	29.6	0.385	2.43	5.40
			16		39.28	30.8	0.510	1 000	2 180	302	548	183	5.05	2.77	2.16	95.3	40.2	33.4	0.382	2.51	5.48
18/11	180	110	10	14	28.37	22.3	0.571	956	1 940	278	447	167	5.80	3.13	2.42	79.0	32.5	26.9	0.376	2.44	5.89
			12		33.71	26.5	0.571	1 120	2 330	325	539	195	5.78	3.10	2.40	93.5	38.3	31.7	0.374	2.52	5.98
			14		38.97	30.6	0.570	1 290	2 720	370	632	222	5.75	3.08	2.39	108	44.0	36.3	0.372	2.59	6.06
			16		44.14	34.6	0.569	1 440	3 110	412	726	249	5.72	3.06	2.38	122	49.4	40.9	0.369	2.67	6.14
20/12.5	200	125	12	14	37.91	29.8	0.641	1 570	3 190	483	788	286	6.44	3.57	2.74	117	50.0	41.2	0.392	2.83	6.54
			14		43.87	34.4	0.640	1 800	3 730	551	922	327	6.41	3.54	2.73	135	57.4	47.3	0.390	2.91	6.62
			16		49.74	39.0	0.639	2 020	4 260	615	1 060	366	6.38	3.52	2.71	152	64.9	53.3	0.388	2.99	6.70
			18		55.53	43.6	0.639	2 240	4 790	677	1 200	405	6.35	3.49	2.70	169	71.7	59.2	0.385	3.06	6.78

注:截面图中的 $r_1 = 1/3d$ 及表中 r 的数据用于孔型设计,不做交货条件。

表 3　热轧工字钢（GB/T 706—2016）

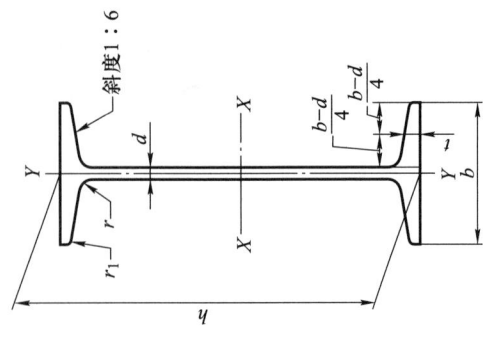

符号意义：
h——高度；
b——腿宽度；
d——腰厚度；
t——腿中间厚度；
r——内圆弧半径；
r_1——腿端圆弧半径。

型号	截面尺寸/mm						截面积/cm²	理论重量/(kg/m)	外表面积/(m²/m)	惯性矩/cm⁴		惯性半径/cm		截面模数/cm³	
	h	b	d	t	r	r_1				I_x	I_y	i_x	i_y	W_x	W_y
10	100	68	4.5	7.6	6.5	3.3	14.33	11.3	0.432	245	33.0	4.14	1.52	49.0	9.72
12	120	74	5.0	8.4	7.0	3.5	17.80	14.0	0.493	436	46.9	4.95	1.62	72.7	12.7
12.6	126	74	5.0	8.4	7.0	3.5	18.10	14.2	0.505	488	46.9	5.20	1.61	77.5	12.7
14	140	80	5.5	9.1	7.5	3.8	21.50	16.9	0.553	712	64.4	5.76	1.73	102	16.1
16	160	88	6.0	9.9	8.0	4.0	26.11	20.5	0.621	1 130	93.1	6.58	1.89	141	21.2
18	180	94	6.5	10.7	8.5	4.3	30.74	24.1	0.681	1 660	122	7.36	2.00	185	26.0
20a	200	100	7.0	11.4	9.0	4.5	35.55	27.9	0.742	2 370	158	8.15	2.12	237	31.5
20b	200	102	9.0	11.4	9.0	4.5	39.55	31.1	0.746	2 500	169	7.96	2.06	250	33.1
22a	220	110	7.5	12.3	9.5	4.8	42.10	33.1	0.817	3 400	225	8.99	2.31	309	40.9
22b	220	112	9.5	12.3	9.5	4.8	46.50	36.5	0.821	3 570	239	8.78	2.27	325	42.7

续表

型号	截面尺寸/mm						截面面积/cm²	理论重量/(kg/m)	外表面积/(m²/m)	惯性矩/cm⁴		惯性半径/cm		截面模数/cm³	
	h	b	d	t	r	r_1				I_x	I_y	i_x	i_y	W_x	W_y
24a	240	116	8.0	13.0	10.0	5.0	47.71	37.5	0.878	4 570	280	9.77	2.42	381	48.4
24b		118	10.0				52.51	41.2	0.882	4 800	297	9.57	2.38	400	50.4
25a	250	116	8.0	13.0			48.51	38.1	0.898	5 020	280	10.2	2.40	402	48.3
25b		118	10.0				53.51	42.0	0.902	5 280	309	9.94	2.40	423	52.4
27a	270	122	8.5	13.7	10.5	5.3	54.52	42.8	0.958	6 550	345	10.9	2.51	485	56.6
27b		124	10.5				59.92	47.0	0.962	6 870	366	10.7	2.47	509	58.9
28a	280	122	8.5	13.7			55.37	43.5	0.978	7 110	345	11.3	2.50	508	56.6
28b		124	10.5				60.97	47.9	0.982	7 480	379	11.1	2.49	534	61.2
30a	300	126	9.0	14.4	11.0	5.5	61.22	48.1	1.031	8 950	400	12.1	2.55	597	63.5
30b		128	11.0				67.22	52.8	1.035	9 400	422	11.8	2.50	627	65.9
30c		130	13.0				73.22	57.5	1.039	9 850	445	11.6	2.46	657	68.5
32a	320	130	9.5	15.0	11.5	5.8	67.12	52.7	1.084	11 100	460	12.8	2.62	692	70.8
32b		132	11.5				73.52	57.7	1.088	11 600	502	12.6	2.61	726	76.0
32c		134	13.5				79.92	62.7	1.092	12 200	544	12.3	2.61	760	81.2
36a	360	136	10.0	15.8	12.0	6.0	76.44	60.0	1.185	15 800	552	14.4	2.69	875	81.2
36b		138	12.0				83.64	65.7	1.189	16 500	582	14.1	2.64	919	84.3
36c		140	14.0				90.84	71.3	1.193	17 300	612	13.8	2.60	962	87.4
40a	400	142	10.5	16.5	12.5	6.3	86.07	67.6	1.285	21 700	660	15.9	2.77	1 090	93.2
40b		144	12.5				94.07	73.8	1.289	22 800	692	15.6	2.71	1 140	96.2
40c		146	14.5				102.1	80.1	1.293	23 900	727	15.2	2.65	1 190	99.6
45a	450	150	11.5	18.0	13.5	6.8	102.4	80.4	1.411	32 200	855	17.7	2.89	1 430	114
45b		152	13.5				111.4	87.4	1.415	33 800	894	17.4	2.84	1 500	118
45c		154	15.5				120.4	94.5	1.419	35 300	938	17.1	2.79	1 570	122
50a	500	158	12.0	20.0	14.0	7.0	119.2	93.6	1.539	46 500	1 120	19.7	3.07	1 860	142
50b		160	14.0				129.2	101	1.543	48 600	1 170	19.4	3.01	1 940	146
50c		162	16.0				139.2	109	1.547	50 600	1 220	19.0	2.96	2 080	151

续表

型号	截面尺寸/mm						截面面积/cm²	理论重量/(kg/m)	外表面积/(m²/m)	惯性矩/cm⁴		惯性半径/cm		截面模数/cm³	
	h	b	d	t	r	r_1				I_x	I_y	i_x	i_y	W_x	W_y
55a	550	166	12.5	21.0	14.5	7.3	134.1	105	1.667	62 900	1 370	21.6	3.19	2 290	164
55b	550	168	14.5	21.0	14.5	7.3	145.1	114	1.671	65 600	1 420	21.2	3.14	2 390	170
55c	550	170	16.5	21.0	14.5	7.3	156.1	123	1.675	68 400	1 480	20.9	3.08	2 490	175
56a	560	166	12.5	21.0	14.5	7.3	135.4	106	1.687	65 600	1 370	22.0	3.18	2 340	165
56b	560	168	14.5	21.0	14.5	7.3	146.6	115	1.691	68 500	1 490	21.6	3.16	2 450	174
56c	560	170	16.5	21.0	14.5	7.3	157.8	124	1.695	71 400	1 560	21.3	3.16	2 550	183
63a	630	176	13.0	22.0	15.0	7.5	154.6	121	1.862	93 900	1 700	24.5	3.31	2 980	193
63b	630	178	15.0	22.0	15.0	7.5	167.2	131	1.866	98 100	1 810	24.2	3.29	3 160	204
63c	630	180	17.0	22.0	15.0	7.5	179.8	141	1.870	102 000	1 920	23.8	3.27	3 300	214

注:表中 r、r_1 的数据用于孔型设计,不做交货条件。

表 4　热轧槽钢（GB/T 706—2016）

符号意义：

h——高度；
b——腿宽度；
d——腰厚度；
t——腿中间厚度；
r——内圆弧半径；
r_1——腿端圆弧半径；
Z_0——重心距离。

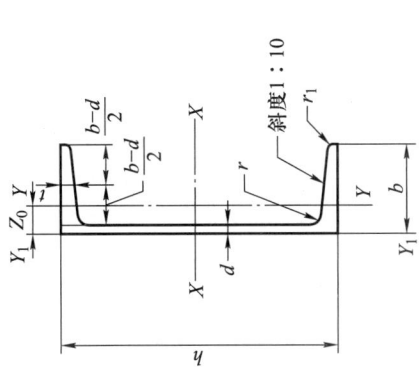

型号	截面尺寸/mm						截面面积/cm²	理论重量/(kg/m)	外表面积/(m²/m)	惯性矩/cm⁴			惯性半径/cm		截面模数/cm³		重心距离/cm
	h	b	d	t	r	r_1				I_x	I_y	I_{y1}	i_x	i_y	W_x	W_y	Z_0
5	50	37	4.5	7.0	7.0	3.5	6.925	5.44	0.226	26.0	8.30	20.9	1.94	1.10	10.4	3.55	1.35
6.3	63	40	4.8	7.5	7.5	3.8	8.446	6.63	0.262	50.8	11.9	28.4	2.45	1.19	16.1	4.50	1.36
6.5	65	40	4.3	7.5	7.5	3.8	8.292	6.51	0.267	55.2	12.0	28.3	2.54	1.19	17.0	4.59	1.38
8	80	43	5.0	8.0	8.0	4.0	10.24	8.04	0.307	101	16.6	37.4	3.15	1.27	25.3	5.79	1.43
10	100	48	5.3	8.5	8.5	4.2	12.74	10.0	0.365	198	25.6	54.9	3.95	1.41	39.7	7.80	1.52
12	120	53	5.5	9.0	9.0	4.5	15.36	12.1	0.423	346	37.4	77.7	4.75	1.56	57.7	10.2	1.62
12.6	126	53	5.5	9.0	9.0	4.5	15.69	12.3	0.435	391	38.0	77.1	4.95	1.57	62.1	10.2	1.59
14a	140	58	6.0	9.5	9.5	4.8	18.51	14.5	0.480	564	53.2	107	5.52	1.70	80.5	13.0	1.71
14b	140	60	8.0	9.5	9.5	4.8	21.31	16.7	0.484	609	61.1	121	5.35	1.69	87.1	14.1	1.67
16a	160	63	6.5	10.0	10.0	5.0	21.95	17.2	0.538	866	73.3	144	6.28	1.83	108	16.3	1.80
16b	160	65	8.5	10.0	10.0	5.0	25.15	19.8	0.542	935	83.4	161	6.10	1.82	117	17.6	1.75
18a	180	68	7.0	10.5	10.5	5.2	25.69	20.2	0.596	1 270	98.6	190	7.04	1.96	141	20.0	1.88
18b	180	70	9.0	10.5	10.5	5.2	29.29	23.0	0.600	1 370	111	210	6.84	1.95	152	21.5	1.84
20a	200	73	7.0	11.0	11.0	5.5	28.83	22.6	0.654	1 780	128	244	7.86	2.11	178	24.2	2.01
20b	200	75	9.0	11.0	11.0	5.5	32.83	25.8	0.658	1 910	144	268	7.64	2.09	191	25.9	1.95

续表

型号	截面尺寸/mm						截面面积/cm²	理论重量/(kg/m)	外表面积/(m²/m)	惯性矩/cm⁴			惯性半径/cm		截面模数/cm³		重心距离/cm
	h	b	d	t	r	r_1				I_x	I_y	I_{y1}	i_x	i_y	W_x	W_y	Z_0
22a	220	77	7.0	11.5	11.5	5.8	31.83	25.0	0.709	2 390	158	298	8.67	2.23	218	28.2	2.10
22b		79	9.0	11.5	11.5	5.8	36.23	28.5	0.713	2 570	176	326	8.42	2.21	234	30.1	2.03
24a	240	78	7.0	12.0	12.0	6.0	34.21	26.9	0.752	3 050	174	325	9.45	2.25	254	30.5	2.10
24b		80	9.0	12.0	12.0	6.0	39.01	30.6	0.756	3 280	194	355	9.17	2.23	274	32.5	2.03
24c		82	11.0	12.0	12.0	6.0	43.81	34.4	0.760	3 510	213	388	8.96	2.21	293	34.4	2.00
25a	250	78	7.0	12.0	12.0	6.0	34.91	27.4	0.722	3 370	176	322	9.82	2.24	270	30.6	2.07
25b		80	9.0	12.0	12.0	6.0	39.91	31.3	0.776	3 530	196	353	9.41	2.22	282	32.7	1.98
25c		82	11.0	12.0	12.0	6.0	44.91	35.3	0.780	3 690	218	384	9.07	2.21	295	35.9	1.92
27a	270	82	7.5	12.5	12.5	6.2	39.27	30.8	0.826	4 360	216	393	10.5	2.34	323	35.5	2.13
27b		84	9.5	12.5	12.5	6.2	44.67	35.1	0.830	4 690	239	428	10.3	2.31	347	37.7	2.06
27c		86	11.5	12.5	12.5	6.2	50.07	39.3	0.834	5 020	261	467	10.1	2.28	372	39.8	2.03
28a	280	82	7.5	12.5	12.5	6.2	40.02	31.4	0.846	4 760	218	388	10.9	2.33	340	35.7	2.10
28b		84	9.5	12.5	12.5	6.2	45.62	35.8	0.850	5 130	242	428	10.6	2.30	366	37.9	2.02
28c		86	11.5	12.5	12.5	6.2	51.22	40.2	0.854	5 500	268	463	10.4	2.29	393	40.3	1.95
30a	300	85	7.5	13.5	13.5	6.8	43.89	34.5	0.897	6 050	260	467	11.7	2.43	403	41.1	2.17
30b		87	9.5	13.5	13.5	6.8	49.89	39.2	0.901	6 500	289	515	11.4	2.41	433	44.0	2.13
30c		89	11.5	13.5	13.5	6.8	55.89	43.9	0.905	6 950	316	560	11.2	2.38	463	46.4	2.09
32a	320	88	8.0	14.0	14.0	7.0	48.50	38.1	0.947	7 600	305	552	12.5	2.50	475	46.5	2.24
32b		90	10.0	14.0	14.0	7.0	54.90	43.1	0.951	8 140	336	593	12.2	2.47	509	49.2	2.16
32c		92	12.0	14.0	14.0	7.0	61.30	48.1	0.955	8 690	374	643	11.9	2.47	543	52.6	2.09
36a	360	96	9.0	16.0	16.0	8.0	60.89	47.8	1.053	11 900	455	818	14.0	2.73	660	63.5	2.44
36b		98	11.0	16.0	16.0	8.0	68.09	53.5	1.057	12 700	497	880	13.6	2.70	703	66.9	2.37
36c		100	13.0	16.0	16.0	8.0	75.29	59.1	1.061	13 400	536	948	13.4	2.67	746	70.0	2.34
40a	400	100	10.5	18.0	18.0	9.0	75.04	58.9	1.144	17 600	592	1 070	15.3	2.81	879	78.8	2.49
40b		102	12.5	18.0	18.0	9.0	83.04	65.2	1.148	18 600	640	1 140	15.0	2.78	932	82.5	2.44
40c		104	14.5	18.0	18.0	9.0	91.04	71.5	1.152	19 700	688	1 220	14.7	2.75	986	86.2	2.42

注：表中 r、r_1 的数据用于孔型设计，不做交货条件。

部分习题参考答案

第二章　刚体静力学基本概念与理论

2.1　$F_R = 247.9$ kN，　$\alpha = 6.2°$（第二象限）

2.2　$F_R = 7.48$ kN，　$\alpha = 70.2°$（第三象限）

2.3　（a）$F_R = 23.4$ N

　　　（b）$F_R = 1.115$ kN，　$\alpha = 67.55°$（第三象限）

2.4　（1）$F_2 = 1.59$ kN，　$\alpha = 47.6°$

　　　（2）$F_R = 1.25$ kN，　$\alpha = 110°$

2.5　$F_2 = 318.8$ N，　$\alpha = 18.6°$

2.8　（b）$M = F[(l+a)\sin\alpha - b\cos\alpha]$

　　　（d）$M = F\sqrt{a^2+b^2}\sin\alpha$

2.9　（a）$F_R = 3.59$ kN，$\alpha = 46.59°$，距 O 点 1.32 m

　　　（b）$F_R = 14.23$ kN，过 O 点向上

　　　（c）$F_R = 20.03$ kN，$\alpha = 82.75°$，距 O 点 1.01 m

　　　（d）$F_R = 3$ kN，作用于 $x = 4/3$ m 处

2.10　（a）$F_R = 1.4$ kN，作用点距 A 为 0.79 m 向下

　　　（b）$F_R = 8$ kN，作用点在梁中间向下

　　　（c）$F_R = 8$ kN，作用点距铰 A 为 5/3 m 向下

第三章　静力平衡问题

3.1　$F_D = 58.7$ kN

3.2　$F_{AD} = 30$ kN

3.3　$F_{Ay} = 24$ kN，　$F_{Ax} = 0$，　$F_B = 12$ kN

3.5　$F_{Ay} = 10$ kN，　$F_{By} = 20$ kN，　$F_{Cy} = 20$ kN，　$M_C = -60$ kN·m

3.6　$26.8F$

3.7　$h = 1.51$ m，　$F_{Ox} = 360$ kN，　$F_{Oy} = 200$ kN

3.8　$P_{max} = 7.41$ kN

3.9　$F_E = F(1+l/a)^2$

3.11　$\alpha \geqslant 74°12'$

3.12　$e \leqslant fd/2$

3.13　（1）$F \geqslant W\tan(\alpha - \rho)$

（2）$F \geqslant W\tan(\alpha+\rho)$

3.14　$b \leqslant 2Maf/(M-Fd)$

3.15　12 mm<d<34 mm

3.16　$x = 0.8$ m

3.17　（a）$F_1 = -\sqrt{2}/4F$，　$F_2 = 0$，　$F_3 = -F/2$

　　　（b）$F_1 = 3F$，　$F_2 = -F$，　$F_3 = -2F$

3.18　（a）$F_1 = -6.5$ kN（压），　$F_2 = 4.33$ kN（拉），　$F_3 = -8$ kN（压）

　　　（b）$F_1 = 10.94$ kN（拉），　$F_2 = 6.56$ kN（拉），　$F_3 = -4.69$（压）

3.19　$F_{Ax} = -0.79$ kN，　$F_{Ay} = 0$，　$F_{Az} = 0.8$ kN，　$F_{Bx} = -2.28$ kN，　$F_{Bz} = 0.29$ kN，　$F_2 = 4$ kN

3.21　（1）$x_C = (3a+b)/4$

　　　（2）$x_C = (5a+2b)/6$

　　　（3）$x_C = (5a+2b)/6$，　$y_C = (b-a)/3$

3.22　$x_C = D/60$

3.23　$x = 0.7l$

3.24　（40,38.9,40）

第四章　变形体静力学基础

4.1　（a）$F_{N1} = 2F$，　$F_{N2} = 4F$，　$F_{N3} = 3F$

　　　（d）$F_{N1} = -F$，　$M_1 = Fa$

　　　（e）$F_{N1} = -F\cos\alpha$，　$F_{S1} = F\sin\alpha$，　$M_1 = Fr\cos\alpha$

　　　（f）$F_S = ql/4$，$M = 3ql/32$

第五章　材料的力学性能

5.1　（a）$\Delta l = 1.4 \times 10^{-6}$ m

　　　（b）$\Delta l = 1.27 \times 10^{-4}$ m

5.2　$\Delta l = 0.57$ mm

5.3　$\sigma_{OB} = 50$ MPa，　$\sigma_{BC} = 0$；　$\sigma_{CD} = -50$ MPa；　$\Delta l_{OD} = 0$

5.4　$\Delta l_{CA} = 0.25$ mm，　$\Delta l_{BA} = -0.75$ mm；　$x = 0.5$ m

5.5　$E = 208$ GPa，　$\mu = 0.317$，　$\Delta V/V_0 = (1-2\mu)\varepsilon = 4.4 \times 10^{-5}$

5.7　$A_{AD} = 10.8$ cm²，　$A_{DK} = 0$（零杆），　$A_{BK} = 20$ cm²

5.8　$F_{max} = 2.26$ kN

5.10　（1）$F_1 = 3F/5$，　$F_2 = 6F/5$

　　　（2）$F_1 = 3F/(1+2^{n+1})$，　$F_2 = 3F \times 2^n/(1+2^{n+1})$

　　　（3）$F_s = 5\sigma_s A/6$，　$F_u = \sigma_s A$

5.12　（1）$F_1 = F_3 = (\sqrt{2}-1)F/2$，　$F_{AK} = (2-\sqrt{2})F/2$，　$F_{KB} = \sqrt{2}F/2$

　　　（2）$F_s = \sqrt{2}\sigma_s A$，　$F_u = 2\sigma_s A$

第六章　强度与连接件设计

6.1　$l \leqslant 1\ 102$ m

6.2　$F = 0.292$ kN

6.3　$l = 5\pi D / 12$

6.4　$F \geqslant 120$ kN

6.5　螺栓：$\tau = 31.85$ MPa，　$\sigma_{bs} = 12.5$ MPa
　　　键：$\tau = 40$ MPa，　$\sigma_{bs} = 100$ MPa

6.6　$F_{max} \leqslant 245$ kN

6.8　$A \geqslant 240$ mm²

6.9　（2）$\sigma_1 = 16.7$ MPa，　$\sigma_2 = -33.4$ MPa

6.10　$F_A = F / 12$，　$F_B = 7F / 12$，　$F_C = F / 3$

6.11　$\sigma_{AC} = 116.67$ MPa，　$\sigma_{CD} = 1.67$ MPa，　$\sigma_{DB} = 183.33$ MPa

6.12　$\sigma_s = -15.3$ MPa，　$\sigma_c = -1.53$ MPa

6.13　$\sigma = -125$ MPa

第七章　圆轴的扭转

7.2　$\tau = 127$ MPa、255 MPa、509 MPa

7.3　（1）$\tau_{max实} = 14.9$ MPa，　$\tau_{min空} = 14.6$ MPa
　　　（2）$\varphi_{BA} = 0.53°$

7.5　$D_1 = 45$ mm；　$D_2 = 46$ mm；　$d_2 = 23$ mm

7.7　$T_{max} = 9.64$ kN·m，　$\tau_{max} = 52.4$ MPa

7.8　$d_1 = 85$ mm，$d_2 = 75$ mm

7.9　$M_B = 4.79$ kN·m，　$M_C = 3.22$ kN·m

7.12　8.5°

7.13　109 kW

7.15　11.18 mm

第八章　梁的平面弯曲

8.3　$W(l-a) = $ 常量

8.5　$M_a : M_b = \sqrt{2}$

8.6　$\sigma_{max} = 108.5$ MPa

8.7　$b = 122$ mm

8.8　$F_{max} = 3.93$ kN

8.9　$h / b = \sqrt{2}$

8.10　$\lambda = 104 : 148$

8.11　$\sigma_{max} / \tau_{max} = 32$

8. 12   (c) $y_B = \dfrac{45ql^4}{128EI}$ $\downarrow$, $\theta_B = \dfrac{25ql^3}{48EI}$ ⤵

(d) $y_B = 0$, $\theta_B = -\dfrac{M_0 l}{12EI}$ ⤴

(e) $y_B = \dfrac{Fl^3}{24EI}$ $\uparrow$, $\theta_B = 0$

(f) $y_A = \dfrac{Fa^2}{3EI}(l+a)$ $\downarrow$, $\theta_A = \dfrac{Fa}{6EI}(2l+3a)$ ⤵

第九章   强度理论与组合变形

9. 3   (a) $\sigma_1 = 32.36$ MPa, $\varepsilon_1 = 1.8 \times 10^{-4}$

9. 5 W 作用在距 B 处为 $x = 145$ cm 时, 截面应力值最大; $W_{max} = 57.2$ kN

9. 6 $h = 180$ mm, $b = 90$ mm

9. 8 $d = 50.72$ mm

9. 10   2 : 3 : 5, 4 : 5 : 7

第十章   流体力、容器

10. 1 $F_R = 22.05$ kN, 距水面 1 m

10. 2 $F > 76.35$ kN

10. 3   (1) $F_R = 45.3$ kN, 距水面 $h = 2.033$ m

10. 5   (a) $F_{Rx} = 588$ kN, $F_{Ry} = 769.7$ kN

(b) $F_{Rx} = 176.4$ kN, $F_{Ry} = 92.3$ kN

10. 7 $t = 6.75$ mm

10. 8   (1) $n = 3.95$

(2) $k = 9$

(3) $t = 5.8$ mm

10. 9 $t = 10$ mm, $n = 40$

第十一章   压杆的稳定

11. 2 $F = 114.8$ kN

11. 4   (1) $l_{cr} = 1\,892$ mm

(2) $l_{cr} = 2\,758$ mm

11. 5 $B/H = 0.7$

11. 7   9 kN

11. 9 $P \leqslant 4.62$ kN

第十二章   疲劳与断裂

12. 5   (1) 2.94 年

$\qquad$（2）$S_{max} = 418.9$ MPa

12.7　　$F = 60$ kN

12.8　　$\sigma_{c2} = 480$ MPa

12.11　　$a_i = 4.14$ mm

12.12　　（1）$\sigma_{max1} = 151.4$ MPa

$\qquad$（2）$\sigma_{max2} = 214$ MPa

索　引
（按汉语拼音字母顺序）

主要参考文献

[1] BAULD N R. Mechanics of materials[M]. Boston：PWS Publishers，1986.

[2] FRENCH S E. Determinate structures—Statics，Strength，Analysis，Design[M]. Delmar Publishers，1996.

[3] 刘延柱,朱本华,杨海兴. 理论力学[M]. 3版. 北京:高等教育出版社,2009.

[4] 清华大学理论力学教研组. 理论力学:上册[M]. 4版. 北京:高等教育出版社,1994.

[5] 哈尔滨工业大学理论力学教研室. 理论力学（Ⅰ）[M]. 9版. 北京:高等教育出版社,2023.

[6] 郑权旄. 工程静力学[M]. 2版. 武汉:华中理工大学出版社,1995.

[7] 单辉祖,谢传锋. 工程力学[M]. 2版. 北京:高等教育出版社,2021.

[8] 范钦珊,庄茁,王波,等. 工程力学教程[M]. 北京:高等教育出版社,1998.

[9] 陈传尧. 工程力学基础[M]. 武汉:华中理工大学出版社,1999.

[10] 梅凤翔. 工程力学[M]. 北京:高等教育出版社,2003.

[11] 刘鸿文. 简明材料力学[M]. 3版. 北京:高等教育出版社,2016.

[12] HIBBELER R C. Mechanics of materials[M]. 5th ed. 北京:高等教育出版社,2004.

[13] ANDREW P，JAAN K. 工程力学:静力学[M]. 2版. 北京:清华大学出版社,2001.

[14] 马格努斯 K,缪勒 H H. 工程力学基础[M]. 张维,译. 北京:北京理工大学出版社,1997.

[15] 武际可. 力学史[M]. 重庆:重庆出版社,2000.

[16] 陈传尧. 疲劳与断裂[M]. 武汉:华中科技大学出版社,2002.

Synopsis

This book is mainly about the basic concepts, basic theories, basic methods and applications of rigid-body statics, deformable body statics and hydrostatics. Following the main line of the equilibrium of force system, the compatibility of deformation, and the physical relation between force and deformation, highlight to help the students form a clear overview about Engineering Mechanics.

The book consists of 12 chapters. Chapter 1 to 3 are the introduction, the basic concepts and theories of rigid-body statics, and the equilibrium problems of force system. These belong to rigid-body statics. Chapter 4 to 6 are concerned with the fundamentals of statics for deformable body, the mechanical properties of materials, strength and design of the axial tension/compression of the bar, and the design of connections. Chapter 7−9 are concerned with the torsion of circular shafts, the bending of beams in the symmetric plane, strength theory and combined deformation. Chapter 10 is about fluid force and pressure vessels, using the rigid-body statics to study the static fluid force on the wall of solid, and discuss the stress and strength of thin-walled pressure vessels. Chapter 11 is concerned with the stability of columns, using the basic methods of deformable body statics to study various deformable bodies' mechanics problems. Chapter 12 is concerned with fatigue and fracture, in which the basic concepts, basic laws and modern design control methods of fatigue and fracture failure are briefly described. This belongs to failure mechanics.

The authors try to make the book's accurate in concept, clear in research main line, and enlightening students on thinking. This book can be used as the text book of Engineering Mechanics (40~72 course hours) for different majors in university. It can also be chosen or referred to by the students and faculty of technical schools and adult education institutions.

作者简介

陈传尧（**Chen Chuanyao**），华中科技大学二级教授，国家级教学名师，曾任华中科技大学土木工程与力学学院院长、校学术委员会副主任、校教学指导委员会副主任，教育部力学类专业教学指导分委员会委员，中国力学学会常务理事，固体力学专业委员会副主任委员，《固体力学学报》副主编等。

主要从事固体力学教学与科研工作。主持工程力学国家精品课程建设、国家级教学团队建设。主持教育部面向 21 世纪"力学系列课程体系与教学内容改革"项目研究，2001 年获湖北省教学成果一等奖；主持教育部新世纪教改工程项目"理工科力学本科学生创新能力培养与课程体系改革"的研究，2005 年获湖北省教学成果特等奖；提出以课程为载体，多方位、全过程培养学生研究性思维教学理念，2009 年获湖北省教学成果一等奖。出版教材与专著 4 部，其中《工程力学基础》《疲劳与断裂》两本为教育部面向 21 世纪课程教材。

从事疲劳破坏机理与寿命预测、结构耐久性及可靠性、材料与结构的断裂与损伤等研究等。主持完成国家"六五"重大项目"工程力学中若干重大问题的研究"子项、"七五""八五""九五"重点国防预研项目和"十五"国防预研基金、国家自然科学基金及三峡攻关项目等二十余项课题研究。在国内外期刊发表论文 120 余篇，获部级科技进步二等奖三次，自然科学奖两次，1993 年获国务院政府特殊津贴。

王元勋（**Wang Yuanxun**），华中科技大学教授，博士生导师。华中科技大学基础力学教学中心主任，湖北省力学学会第九届、第十届理事会常务理事，中国机械工程学会材料分会第六届理事会理事。工程力学湖北省名师工作室主持人、优秀基层组织负责人。主要从事工程力学、智能制造领域的教学和研究工作，主持完成二十多项国家级教学与科研项目研究。在国内外重要核心期刊上发表第一作者论文 80 余篇。2005 年获山东省科学技术进步三等奖，2008 年获湖北省自然科学三等奖等，2011 年获湖北省科技进步奖二等奖，2014 年获宝钢全国优秀教师奖，2019 年、2022 年两次获湖北省教学成果奖一等奖，2023 年获国家教学成果奖二等奖。担任华中科技大学工程力学课程责任教授，工程力学国家级精品资源共享课程负责人，工程力学国家级线上一流本科课程负责人。